普通高等教育"十一五"国家级规划教材

数字信号处理

（第五版）

高西全　丁玉美　编著

 西安电子科技大学出版社
http://www.xduph.com

内 容 简 介

本书第三版为普通高等教育"十一五"国家级规划教材。

本书是 2016 年出版的《数字信号处理(第四版)》的修订版。本次修订保持了上一版的结构和风格。本书根据普通大学本科生的教学大纲要求选材,系统地讲解了数字信号处理的基本原理、基本概念与基本分析方法。

全书共 10 章(不含绪论部分),分别为时域离散信号和时域离散系统、时域离散信号和系统的频域分析、离散傅里叶变换(DFT)、快速傅里叶变换(FFT)、时域离散系统的网络结构、无限脉冲响应数字滤波器的设计、有限脉冲响应数字滤波器的设计、多采样率数字信号处理、数字信号处理的实现、上机实验(含五个基础理论实验和一个综合应用实验)。

为了方便教师教学以及帮助学生进行上机仿真实验,本书在前 8 章中结合各章内容,介绍了相应的MATLAB 信号处理工具箱函数,并给出了书中部分插图的绘图程序和大部分例题的求解程序。

本书适合作为普通高等学校电子信息类专业及相近专业的本科生和工程硕士研究生的教材,也可作为非电子信息类专业硕士研究生的教材,还可作为科技人员的参考书或大专生的选用教材。

为了便于教与学,本书配有学习指导书,其中含有习题参考解答。

★本书配有电子教案,有需要者可登录出版社网站 http://www.xduph.com 下载,也可由任课教师通过电子邮件向作者索取。作者邮箱地址:xqgao@mail.xidian.edu.cn。

图书在版编目(CIP)数据

数字信号处理/高西全,丁玉美编著. —5 版. —西安:西安电子科技大学出版社,2022.5
(2024.3 重印)
ISBN 978 - 7 - 5606 - 6482 - 8

Ⅰ. ①数… Ⅱ. ①高… ②丁… Ⅲ. ①数字信号处理—高等学校—教材 Ⅳ. ①TN911.72

中国版本图书馆 CIP 数据核字(2022)第 073685 号

责任编辑 阎 彬
出版发行 西安电子科技大学出版社(西安市太白南路 2 号)
电 话 (029)88202421 88201467 邮 编 710071
网 址 www.xduph.com 电子邮箱 xdupfxb001@163.com
经 销 新华书店
印刷单位 陕西天意印务有限责任公司
版 次 2022 年 5 月第 5 版 2024 年 3 月第 6 次印刷
开 本 787 毫米×1092 毫米 1/16 印 张 22.5
字 数 529 千字
定 价 52.00 元
ISBN 978 - 7 - 5606 - 6482 - 8/TN
XDUP 6784005 - 6

* * * 如有印装问题可调换 * * *

Preface 前言

随着信息科学和计算技术的迅速发展，数字信号处理的理论与应用得到了飞跃式发展，成为一门极其重要的学科。数字信号处理也已经成为大专院校相关专业的必修课程，其教学内容、教学方法和仿真实验工具也都有了新的变化。为此，1994 年我们中标编写并出版了全国统编教材《数字信号处理》。

《数字信号处理》前四版分别于 1994 年、2001 年、2008 年、2016 年出版。其中第一版为全国统编教材，第三版入选普通高等教育"十一五"国家级规划教材。二十多年来，我们根据数字信号处理新理论与新技术的发展，参考广大用户的反馈意见和国内外优秀教材，对本书进行了多次修订，使其内容更趋于完善，以满足广大师生和其他读者的需求。

多年来，本书的读者群体稳定发展，有 128 所[①]大专院校选用本书作为本科生数字信号处理课程的教材。

本书先后重印 60 多次，印数达 80 多万册。2002 年本书获第五届全国高校出版社优秀畅销书一等奖，2005 年获陕西省高校优秀教材一等奖。

本书第五版是在第四版的基础上修订的。本次修订内容主要有两点：

（1）更正了第四版中的编写错误和印刷错误，对原来叙述不完备或疏漏之处进行了修改和补充。

（2）考虑到信号处理和检测领域中相关检测已经发展成一个独立的分支，引起了广泛关注，所以新增补了 1.6 节内容，给出了确定性信号相关函数的基本概念、定义、计算和应用举例，使学生能够初步建立信号相关性的基本概念，了解相关检测的基本原理及其应用领域。

本书的具体内容可参看目录，这里不再赘述，下面主要介绍本书的主要特色和特点。

（1）保持第四版的编写风格，突出基本原理、基本概念与基本分析方法，选材精练。

随着科学技术的发展，数字信号处理的新内容很多，但本科阶段主要是培养学生学习知识、分析问题和解决问题的能力，而不是灌输大量的具体知识和技术。培养这些

---

① 这里只统计了任课教师通过电子邮件与作者联系过的 128 所学校。

能力的主要途径是：打好理论基础，掌握本学科的基本原理、基本概念与基本分析方法，了解并学会使用现代设计、分析、开发、仿真与实验的工具。所以，选材必须少而精，使学生在有限的课时内，通过学习、思考和仿真实验，真正掌握所讲的基本知识。

（2）理论联系实际，满足社会对应用型人才的培养需求。

利用基本理论解决实际工程问题的能力是应用型人才必须具备的基本素质。数字信号处理是电子信息类各专业学生学习后续课程的基础，是一门实践性很强的课程。为了更好地满足教学需要，我们在讲清基本原理、基本概念的基础上，注重基础理论知识与实际工程应用之间的紧密结合，丰富工程应用实例和实验等。例如：利用抽取和内插技术解决数字语音系统中的工程实现问题；注重例题的选择与讲解，适当增加了例题和习题的数量；第 10 章中精心选择了 6 个上机实验。

（3）增加或补充新内容和新分析方法。

多采样率数字信号处理广泛应用于通信与信号处理领域，为此，本书进一步加强了多采样率数字信号处理的内容，单列第 8 章讲授多采样率数字信号处理的基本原理、采样率变换系统的实现方法和高效实现网络结构等内容。

（4）将数字信号处理的基础理论、滤波器分析设计等与 MATLAB 进行适当的结合。

国外近几年新出版的数字信号处理的优秀教材或者参考书没有一本不使用 MATLAB 的。利用 MATLAB 可以使一些很难理解的抽象理论得到直观演示和解释，解决各种复杂问题的分析与计算等难题。

本书各章的基本原理，均使用 MATLAB 释疑与实现。通过 MATLAB，可使数字滤波器分析与设计的繁杂计算问题变成学生易接受、易实现的简单问题，使学生能够进行高效的上机实验、设计与仿真，验证基本理论，极大地提高教与学的效率。

但是本书的重点仍是对数字信号处理的基本原理和基本分析方法的介绍，因此本书主要结合例题和习题介绍一些 MATLAB 程序，而且这些程序尽可能调用 MATLAB 工具箱函数来实现，因而简单易读。这样既避免了有些作者将数字信号处理教材写成 MATLAB 编程教材这种喧宾夺主现象，又能使读者利用 MATLAB 软件高效地进行上机实验、设计与仿真。

（5）教辅材料比较完善。本书有配套的学习指导书，并提供书中例题的求解程序和插图的绘图程序，既便于教师制作课件并进行课堂演示教学，也便于学生自学。

本书的先修课程是工程数学、信号与系统、数字电路、微机原理和 MATLAB 语言等。对于本科学生，本书的参考教学时数为 60 课时。如果在信号与系统课程中已讲授本书第 1 章和第 2 章的内容，则教学时数可减少到 46 课时。第 8 章 8.6.2 小节中多相滤波器结构较难讲解，如果课时数紧张可以不讲，但要向学生说明这种实现结构在工程实际中的重要性。对于大专学生，可以只讲前 7 章，参考学时数为 60 学时。

本书在编写构思和选材过程中，参考了书后所列参考文献的一些编写思想，采用了其中的一些内容、例题和习题，在此向这些教材的作者们表示诚挚的感谢！

本书的出版得到了西安电子科技大学出版社臧延新总编和阎彬编辑的大力支持，在此深表感谢！

由于作者水平有限，书中难免有不足和疏漏之处，欢迎广大读者指正。欢迎读者反馈宝贵建议和意见，交流教学体会和经验，以便不断修正错误，去粗取精，使本书进一步完善和提高。

为了便于教师授课和学生上机仿真实验，编者免费提供本书完整的程序集，读者可以登录西安电子科技大学出版社网站（http：//www.xduph.com）下载，也可以由任课教师通过电子邮件向作者索取。

作者电子邮件地址：xqgao@mail.xidian.edu.cn。

编　者
2022 年 3 月
于西安电子科技大学

Catalog 目录

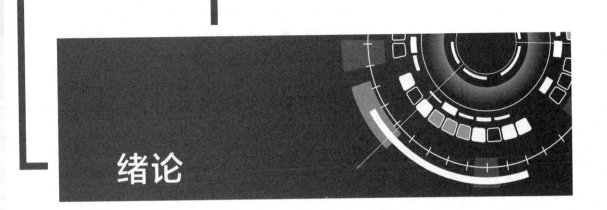

1. 数字信号处理的基本概念

几乎在所有的工程技术领域中都会涉及信号处理问题,其信号表现形式有电、磁、机械以及热、光、声等。信号处理一般包括数据采集以及对信号进行分析、变换、综合、估值与识别等。这里的信号类别有 4 种:第 1 种是连续信号(即模拟信号),它的幅度和时间都取连续变量;第 2 种是时域离散信号,其幅度取连续变量,而时间取离散值;第 3 种是幅度离散信号,其时间变量取连续值,幅度取离散值,如振幅键控信号;第 4 种是数字信号,它的幅度和时间都取离散值。一般来说,数字信号处理的对象是数字信号,模拟信号处理的对象是模拟信号。但是,如果系统中增加数/模转换器和模/数转换器,那么,数字信号处理系统也可以处理模拟信号。这里关键的问题是两种信号处理系统对信号处理的方式不同,数字信号处理是采用数值计算的方法完成对信号的处理,而模拟信号处理则是通过一些模拟器件(例如晶体管、运算放大器、电阻、电容、电感等)组成的网络来完成对信号的处理。例如,图 0.0.1(a)所示的是一个简单的模拟高通滤波器,它是由电阻 R 和电容 C 组成的,而图 0.0.1(b)所示的则是一个简单的数字滤波器,它是由一个加法器、一个乘法器和一个延时器组成的。因此,简单地说,数字信号处理就是用数值计算的方法对信号进行处理,这里"处理"的实质是"运算",处理对象则包括模拟信号和数字信号。

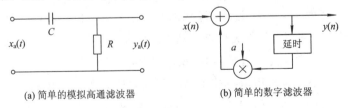

(a) 简单的模拟高通滤波器　　　　(b) 简单的数字滤波器

图 0.0.1　高通滤波器简型

2. 数字信号处理的实现方法

数字信号处理的主要对象是数字信号,且是采用数值运算的方法达到处理目的的。因此，其实现方法不同于模拟信号处理的实现方法。数字信号处理的实现方法基本上可以分成两种，即软件实现方法和硬件实现方法。软件实现方法指的是按照原理和算法，自己编写程序或者采用现成的程序在通用计算机上实现；硬件实现是按照具体的要求和算法，设计硬件结构图，用乘法器、加法器、延时器、控制器、存储器以及输入输出接口等基本部件实现的一种方法。显然，软件实现灵活，只要改变程序中的有关参数，例如只要改变图0.0.1(b) 中的参数 a，数字滤波器可能就是低通、带通或高通滤波器，但是运算速度慢，一般达不到实时处理，因此，这种方法适合于算法研究和仿真。硬件实现运算速度快，可以达到实时处理要求，但是不灵活。

用单片机实现的方法属于软硬结合实现，现在单片机发展很快，功能也很强，配以数字信号处理软件，既灵活，速度又比软件方法快。采用专用的数字信号处理芯片(DSP 芯片)是目前发展最快、应用最广的一种方法。因为 DSP 芯片比通用单片机有更为突出的优点，它结合了数字信号处理的特点，内部配有乘法器和累加器，结构上采用了流水线工作方式以及并行结构、多总线，且配有适合数字信号处理的指令，是一类可实现高速运算的微处理器。DSP 芯片已由最初的 8 位发展为 16 位、32 位，且性能优良的高速 DSP 不断面市，价格也在不断下降。可以说，用 DSP 芯片实现数字信号处理，正在变成或已经变成工程技术领域中的主要实现方法。

综上所述，如果从数字信号处理的实际应用情况和发展考虑，数字信号处理的实现方法分成软件实现和硬件实现两大类。而硬件实现指的是选用合适的 DSP 芯片，配有适合芯片语言及任务要求的软件，实现某种信号处理功能的一种方法。这种系统无疑是一种最佳的数字信号处理系统。对于更高速的实时系统，DSP 的速度也不满足要求时，应采用可编程超大规模器件或开发专用芯片来实现。

3. 数字信号处理的特点

由于数字信号处理是用数值运算的方式实现对信号的处理的，因此，相对模拟信号处理，数字信号处理主要有以下优点：

1) 灵活性

数字信号处理系统(简称数字系统)的性能取决于系统参数，这些参数存储在存储器中，很容易改变，因此系统的性能容易改变，甚至通过参数的改变，系统可以变成各种完全不同的系统。灵活性还表现在数字系统可以时分复用，用一套数字系统分时处理几路信号。数字系统可以实现智能系统的功能，可以根据环境条件、用户需求，自动选择最佳的处理算法，例如，软件无线电等。软件无线电的基本思想就是：将宽带 A/D 变换器及 D/A 变换器尽可能地靠近射频天线，建立一个具有"A/D - DSP - D/A"模型的通用的、开放的硬件平台，在这个硬件平台上尽量利用软件技术来实现电台的各种功能模块。例如，通过可编程数字滤波器对信道进行分离；使用数字信号处理器(DSP)技术，通过软件编程来实现通信频段的选择以及完成传送信息抽样、量化、编码/解码、运算处理和变换等；通过软件编程实现不同的信道调制方式的选择，如调幅、调频、单边带、跳频和扩频等；通过软件编程实现不同的保密结构、网络协议和控制终端功能等。

2）高精度和高稳定性

数字系统的特性不易随使用条件变化而变化，尤其使用了超大规模集成的 DSP 芯片，使设备简化，进一步提高了系统的稳定性和可靠性。运算位数又由 8 位提高到 16、32 位，在计算精度方面，模拟系统是不能和数字系统相比拟的，为此，许多测量仪器为满足高精度的要求只能采用数字系统。

3）便于大规模集成

数字部件具有高度的规范性，对电路元件参数要求不严，容易大规模集成和大规模生产，价格不断降低，这也是 DSP 芯片和超大规模可编程器件发展迅速的主要因素之一。由于采用了大规模集成电路，数字系统体积小、重量轻、可靠性强。

4）可以实现模拟系统无法实现的诸多功能

数字信号可以存储，数字系统可以进行各种复杂的变换和运算。这一优点更加使数字信号处理不再仅仅限于对模拟系统的逼近，它可以实现模拟系统无法实现的诸多功能。例如，电视系统中的画中画、多画面以及各种视频特技，包括画面压缩、画面放大、画面坐标旋转、演员特技制作；变声变调的特殊的配音制作；解卷积；图像信号的压缩编码；高级加密解密；数字滤波器严格的线性相位特性；等等。

4. 数字信号处理涉及的理论、实现技术与应用

正是由于以上的优点，数字信号处理的理论和技术一出现就受到人们的极大关注，发展非常迅速。国际上一般把 1965 年作为数字信号处理这一门新学科的开端，50 多年以来，这门学科基本上形成了自己一套完整的理论体系，其中也包括各种快速的和优良的算法。而且随着各种电子技术及计算机技术的飞速发展，数字信号处理的理论和技术还在不断丰富和完善，新的理论和新技术层出不穷。可以说，数字信号处理是发展最快、应用最广泛、成效最显著的新学科之一，目前已广泛地应用在语音、雷达、声呐、地震、图像、通信、控制、生物医学、遥感遥测、地质勘探、航空航天、故障检测、自动化仪表等领域。

数字信号处理涉及的内容非常丰富广泛。其所应用的数学工具涉及微积分、随机过程、高等代数、数值分析、复变函数、数值方法和各种变换（傅里叶变换，Z 变换，离散傅里叶变换，小波变换 ……）等；数字信号处理的理论基础包括网络理论、信号与系统、神经网络等；数字信号处理的实现技术又涉及计算机、DSP 技术、微电子技术、专用集成电路设计和程序设计等方面；应用领域包括通信、雷达、人工智能、模式识别、航空航天、图像处理、语音处理等。

由此可见，要从事数字信号处理理论研究和应用开发工作，需要学习的知识很多。本书作为数字信号处理的基础教材，主要讲述数字信号处理的基本原理和基本分析方法，是今后学习上述专门知识和技术的基础。

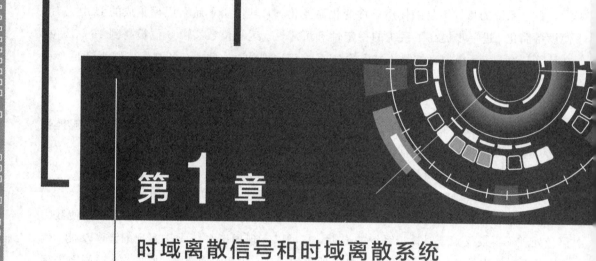

第 **1** 章

时域离散信号和时域离散系统

1.1 引　言

　　信号通常是一个自变量或几个自变量的函数。如果仅有一个自变量，则称为一维信号；如果有两个以上的自变量，则称为多维信号。本书仅研究一维数字信号处理的理论与技术。物理信号的自变量有多种，可以是时间、距离、温度、位置等，本书一般把信号看做时间的函数。针对信号的自变量和函数值的取值情况，信号可分为以下三种。

　　如果信号的自变量和函数值都取连续值，则称这种信号为模拟信号或者称为时域连续信号，例如语言信号、温度信号等；如果自变量取离散值，而函数值取连续值，则称这种信号为时域离散信号，这种信号通常来源于对模拟信号的采样；如果信号的自变量和函数值均取离散值，则称为数字信号。我们知道，计算机或者专用数字信号处理芯片的位数是有限的，用它们分析与处理信号，信号的函数值必须用有限位的二进制编码表示，这样信号本身的取值不再是连续的，而是离散值。这种用有限位二进制编码表示的时域离散信号就是数字信号，因此，数字信号是幅度量化了的时域离散信号。

　　例如：$x_a(t)=0.9 \sin(50\pi t)$，这是一个模拟信号，如果将它按照时间采样间隔 $T=0.005$ s 进行等间隔采样，便得到时域离散信号 $x(n)$，即

$$x(n)= x_a(t) \mid_{t=nT} = 0.9 \sin(50\pi nT)$$

$$= \{\cdots, 0.0, 0.6364, 0.9, 0.6364, 0.0, -0.6364, -0.9, -0.6364, \cdots\}$$

显然，时域离散信号是时间离散化的模拟信号。如果用四位二进制数表示该时域离散信号，便得到相应的数字信号 $x[n]$，即

$$x[n] = \{\cdots, 0.000, 0.101, 0.111, 0.101, 0.000, 1.101, 1.111, 1.101, \cdots\}$$

显然，数字信号是幅度、时间均离散化的模拟信号，或者说是幅度离散化的时域离散信号。

信号有模拟信号、时域离散信号和数字信号之分，按照系统的输入输出信号的类型，系统也分为模拟系统、时域离散系统和数字系统。当然，也存在模拟网络和数字网络构成的混合系统。

数字信号处理最终要处理的是数字信号，但为简单，在理论研究中一般研究时域离散信号和系统。时域离散信号和数字信号之间的差别，仅在于数字信号存在量化误差，本书将在第 9 章中专门分析实现中的量化误差问题。

本章作为全书的基础，主要学习时域离散信号的表示方法和典型信号、时域离散线性时不变系统的时域分析方法，最后介绍模拟信号数字处理方法。

1.2　时域离散信号

实际中遇到的信号一般是模拟信号，对它进行等间隔采样便可以得到时域离散信号。

假设模拟信号为 $x_a(t)$，在离散时间点 t_n 对它进行采样，得到 $x_a(t_n)$，n 为整数。$x_a(t_n)$ 是离散时间变量 t_n 的函数，仅在离散时间点 t_n 上有意义，而在其他时间则没有定义。在实际应用中，通常采样间隔为常数 T，即 $t_n = nT$。这种采样称为等间隔采样(均匀采样)，采样得到的信号记为

$$x(n) = x_a(t)\big|_{t=nT} = x_a(nT) \qquad -\infty < n < \infty \tag{1.2.1}$$

这里，$x(n)$ 称为时域离散信号，式中的 n 取整数，将 $n = \cdots, -2, -1, 0, 1, 2, 3, \cdots$ 代入上式，得到：

$$x(n) = \{\cdots, x_a(-2T), x_a(-T), x_a(0), x_a(T), x_a(2T), x_a(-3T), \cdots\}$$

显然 $x(n)$ 是一个有序的数字的集合，因此时域离散信号也可以称为序列。注意，这里 n 取整数，非整数时 $x(n)$ 无定义。时域离散信号有三种表示方法。

1. 用集合符号表示序列

数的集合用集合符号{•}表示。时域离散信号是一个有序的数的集合，可表示成集合：

$$x(n) = \{x_n, n = \cdots, -2, -1, 0, 1, 2, \cdots\}$$

例如，一个有限长序列可表示为

$$x(n) = \{1, 2, 3, 4, 3, 2, 1; n = 0, 1, 2, 3, 4, 5, 6\}$$

也可简单地表示为

$$x(n) = \{\underline{1}, 2, 3, 4, 3, 2, 1\}$$

集合中有下划线的元素表示 $n = 0$ 时刻的采样值。

2. 用公式表示序列

例如：

$$x(n) = a^{|n|} \qquad 0 < a < 1, -\infty < n < \infty$$

3. 用图形表示序列

例如,时域离散信号 $x(n)=\sin(\pi n/5)$,$n=-5,-4,\cdots,0,\cdots,4,5$,图 1.2.1 就是它的图形表示。

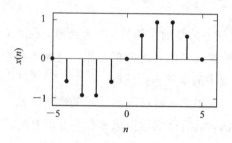

图 1.2.1 $x(n)=\sin(\pi n/5)$ 的波形图

这是一种很直观的表示方法。为了醒目,常常在每一条竖线的顶端加一个小黑点。

实际中要根据具体情况灵活运用三种表示方法,对于一般序列,例如由实际模拟信号采样得到的序列,或者是一些没有明显规律的数据,可以用集合或波形图表示。

下面介绍用 MATLAB 语言表示序列。

MATLAB 用两个参数向量 x 和 n 表示有限长序列 x(n),x 是 x(n) 的样值向量,n 是位置向量(相当于图形表示方法中的横坐标 n),n 与 x 长度相等,向量 n 的第 m 个元素 n(m) 表示样值 x(m) 的位置。位置向量 n 一般都是单位增向量,产生语句为:n=ns:nf;其中 ns 表示序列 x(n) 的起始点,nf 表示序列 x(n) 的终止点。这样将有限长序列 x(n) 记为 {x(n);n=ns:nf}。

例如,x(n)={ −0.0000 , −0.5878 , −0.9511, −0.9511, −0.5878, 0.0000, 0.5878, 0.9511, 0.9511, 0.5878, 0.0000},相应的 n=−5,−4,−3,⋯,5,所以序列 x(n) 的 MATLAB 表示如下:

n=−5:5;

x=[−0.0000 , −0.5878 , −0.9511 , −0.9511 , −0.5878, 0.0000, 0.5878, 0.9511, 0.9511, 0.5878, 0.0000]

这里 x(n) 的 11 个样值是正弦序列的采样值,即

$$x(n)=\sin(\pi n/5) \qquad n=-5,-4,\cdots,0,\cdots,4,5$$

所以,也可以用计算的方法产生序列向量:

n=−5:5; x= sin(pi ∗ n/5);

这样用 MATLAB 计算产生 x(n) 并绘图的程序如下:

```
%fig121.m:sin(pi * n/5)信号产生及图1.2.1绘图程序
n=−5:5;              %位置向量n从−5到5
x=sin(pi * n/5);     %计算序列向量x(n)的11个样值
subplot(3, 2, 1); stem(n, x, '.'); line([−5, 6], [0, 0])
axis([−5, 6, −1.2, 1.2]); xlabel('n'); ylabel('x(n)')
```

运行程序输出波形如图 1.2.1 所示。

数字信号处理(第五版)

1.2.1 常用的典型序列

1. 单位脉冲序列 $\delta(n)$

$$\delta(n) = \begin{cases} 1 & n = 0 \\ 0 & n \neq 0 \end{cases} \tag{1.2.2}$$

单位脉冲序列也称为单位采样序列，特点是仅在 $n=0$ 时取值为 1，其他均为零。它在时域离散线性时不变系统中的作用类似于模拟信号和系统中的单位冲激函数 $\delta(t)$，但不同的是，$\delta(t)$ 在 $t=0$ 时取值为无穷大，$t\neq0$ 时取值为零，对时间 t 的积分为 1。单位脉冲序列和单位冲激信号如图 1.2.2 所示。

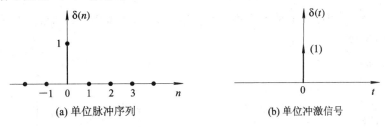

(a) 单位脉冲序列　　　　　　　(b) 单位冲激信号

图 1.2.2　单位脉冲序列和单位冲激信号

2. 单位阶跃序列 $u(n)$

$$u(n) = \begin{cases} 1 & n \geqslant 0 \\ 0 & n < 0 \end{cases} \tag{1.2.3}$$

单位阶跃序列如图 1.2.3 所示。它类似于模拟信号中的单位阶跃函数 $u(t)$。$\delta(n)$ 与 $u(n)$ 之间的关系如下列公式所示：

$$\delta(n) = u(n) - u(n-1) \tag{1.2.4}$$

$$u(n) = \sum_{k=0}^{\infty} \delta(n-k) \tag{1.2.5}$$

令 $n-k=m$，代入式(1.2.5)得

$$u(n) = \sum_{m=-\infty}^{n} \delta(m) \tag{1.2.6}$$

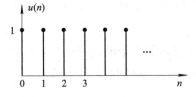

图 1.2.3　单位阶跃序列

3. 矩形序列 $R_N(n)$

$$R_N(n) = \begin{cases} 1 & 0 \leqslant n \leqslant N-1 \\ 0 & 其他\ n \end{cases} \tag{1.2.7}$$

式中，N 称为矩形序列的长度。当 $N=4$ 时，$R_4(n)$ 的波形如图 1.2.4 所示。矩形序列可用

单位阶跃序列表示，如下式：

$$R_N(n) = u(n) - u(n-N) \tag{1.2.8}$$

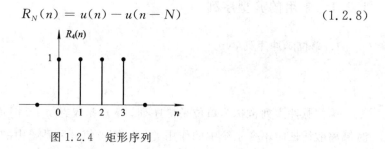

图 1.2.4　矩形序列

4. 实指数序列

$$x(n) = a^n u(n) \qquad a\ \text{为实数}$$

如果 $|a| < 1$，$x(n)$ 的幅度随 n 的增大而减小，称 $x(n)$ 为收敛序列；如果 $|a| > 1$，则称为发散序列。其波形如图 1.2.5 所示。

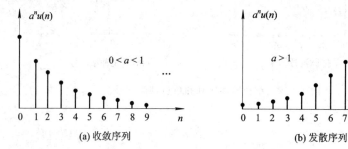

图 1.2.5　实指数序列

5. 正弦序列

$$x(n) = \sin(\omega n)$$

式中，ω 称为正弦序列的数字域频率（也称数字频率），单位是弧度（rad），它表示序列变化的速率，或者说表示相邻两个序列值之间相位变化的弧度数。

如果正弦序列是由模拟信号 $x_a(t)$ 采样得到的，那么

$$x_a(t) = \sin(\Omega t)$$

$$x(n) = x_a(t)\,|_{t=nT} = \sin(\Omega nT) = \sin(\omega n)$$

因此得到数字频率 ω 与模拟角频率 Ω 之间的关系为

$$\omega = \Omega T \tag{1.2.9}$$

(1.2.9)式具有普遍意义，它表示凡是由模拟信号采样得到的序列，模拟角频率 Ω 与序列的数字域频率 ω 呈线性关系。由于采样频率 F_s 与采样周期 T 互为倒数，因而有

$$\omega = \frac{\Omega}{F_s} \tag{1.2.10}$$

上式表示数字域频率是模拟角频率对采样频率的归一化频率。本书中用 ω 表示数字域频率，Ω 和 f 分别表示模拟角频率和模拟频率。

6. 复指数序列

复指数序列用下式表示：

$$x(n) = e^{(\sigma + j\omega_0)n}$$

式中，ω_0 为数字域频率。设 $\sigma = 0$，用极坐标和实部虚部表示如下式：

$$x(n) = e^{j\omega_0 n}$$

$$x(n) = \cos(\omega_0 n) + j\sin(\omega_0 n)$$

由于 n 取整数，下面等式成立：

$$e^{j(\omega_0 + 2\pi M)n} = e^{j\omega_0 n}$$

$$\cos[(\omega_0 + 2\pi M)n] = \cos(\omega_0 n)$$

$$\sin[(\omega_0 + 2\pi M)n] = \sin(\omega_0 n)$$

上面公式中 M 取整数，所以对数字域频率而言，正弦序列和复指数序列都是以 2π 为周期的。在以后的研究中，在频率域只分析研究其主值区 $[-\pi, \pi]$ 或 $[0, 2\pi]$ 就够了。

7. 周期序列

如果对所有 n，存在一个最小的正整数 N，使下面等式成立：

$$x(n) = x(n + mN) \qquad m \text{ 为整数} \tag{1.2.11}$$

则称序列 $x(n)$ 为周期性序列，周期为 N。

例如：

$$x(n) = \sin\left(\frac{\pi}{4}n\right)$$

式中数字频率是 $\pi/4$，n 取整数，可以写成下式：

$$x(n) = \sin\left(\frac{\pi}{4}n\right) = \sin\left(\frac{\pi}{4}n + 2\pi m\right) = \sin\left[\frac{\pi}{4}(n + 8m)\right] \qquad m \text{ 为整数}$$

因此，$x(n) = \sin\left(\frac{\pi}{4}n\right)$ 是周期为 8 的周期序列，波形如图 1.2.6 所示。下面讨论一般正弦序列的周期性。

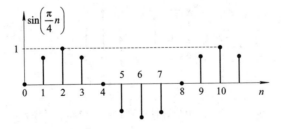

图 1.2.6 正弦序列

设

$$x(n) = A\sin(\omega_0 n + \varphi)$$

那么

$$x(n + mN) = A\sin(\omega_0(n + mN) + \varphi) = A\sin(\omega_0 n + \omega_0 mN + \varphi)$$

如果

$$x(n+mN) = x(n)$$

则对于 $m=1$，要求 $N=(2\pi/\omega_0)k$。式中，k 与 N 均取整数，且 k 的取值要保证 N 是最小的正整数，满足这些条件，正弦序列才是以 N 为周期的周期序列。

具体正弦序列有以下三种情况：

(1) 当 $2\pi/\omega_0$ 为整数时，$k=1$，正弦序列是以 $2\pi/\omega_0$ 为周期的周期序列。例如，$\sin\left(\dfrac{\pi}{8}n\right)$，$\omega_0=\dfrac{\pi}{8}$，$\dfrac{2\pi}{\omega_0}=16$，该正弦序列周期为 16。

(2) $2\pi/\omega_0$ 不是整数，是一个有理数时，设 $2\pi/\omega_0=P/Q$，式中 P、Q 是互为素数的整数，取 $k=Q$，那么 $N=P$，则该正弦序列是以 P 为周期的周期序列。例如，$\sin(4\pi n/5)$，$2\pi/\omega_0=5/2$，$k=2$，该正弦序列是以 5 为周期的周期序列。

(3) $2\pi/\omega_0$ 是无理数，任何整数 k 都不能使 N 为正整数，因此，此时的正弦序列不是周期序列。例如，$\omega_0=1/4$，$\sin(\omega_0 n)$ 即不是周期序列。

对于复数指数序列 $e^{j\omega_0 n}$ 的周期性也有和上面同样的分析结果。

以上介绍了几种常用的典型序列，对于任意序列 $x(n)$，可以用单位脉冲序列的移位加权和表示，即

$$x(n) = \sum_{m=-\infty}^{\infty} x(m)\delta(n-m) \tag{1.2.12}$$

这种任意序列的表示方法，在信号分析中是一个很有用的公式。例如，$x(n)$ 的波形如图 1.2.7 所示，可以用 (1.2.12) 式表示成：

$$x(n) = -2\delta(n+2) + 0.5\delta(n+1) + 2\delta(n) + \delta(n-1) + 1.5\delta(n-2)$$
$$-\delta(n-4) + 2\delta(n-5) + \delta(n-6)$$

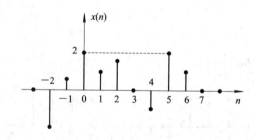

图 1.2.7　用单位脉冲序列移位加权和表示序列

1.2.2　序列的运算

序列的简单运算有加法、乘法、移位、翻转及尺度变换。

1. 加法和乘法

序列之间的加法和乘法，是指它的同序号的序列值逐项对应相加和相乘，如图 1.2.8 所示。

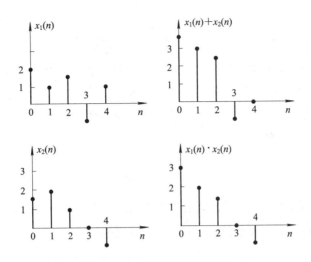

图 1.2.8　序列的加法和乘法

2. 移位、翻转及尺度变换

序列 $x(n)$ 如图 1.2.9(a)所示，其移位序列 $x(n-n_0)$（当 $n_0=2$ 时）如图 1.2.9(b)所示。当 $n_0>0$ 时，称为 $x(n)$ 的延时序列；当 $n_0<0$ 时，称为 $x(n)$ 的超前序列。$x(-n)$ 则是 $x(n)$ 的翻转序列，如图 1.2.9(c)所示。$x(mn)$ 是 $x(n)$ 序列每 m 点取一点形成的序列，相当于 n 轴的尺度变换。当 $m=2$ 时，其波形如图 1.2.9(d)所示。

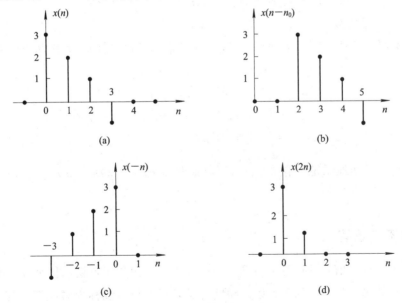

图 1.2.9　序列的移位、翻转和尺度变换

1.3　时域离散系统

设时域离散系统的输入为 $x(n)$，经过规定的运算，系统输出序列用 $y(n)$ 表示。设运算关系用 $T[\cdot]$ 表示，输出与输入之间关系用下式表示：

$$y(n) = T[x(n)] \tag{1.3.1}$$

其框图如图 1.3.1 所示。

在时域离散系统中，最重要和最常用的是线性时不变系统，这是因为很多物理过程都可用这类系统表征，在一定条件下，有些非线性时变系统可以用线性时不变系统近似。线性时不变系统便于分析、设计与实现。

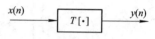

图 1.3.1　时域离散系统

1.3.1　线性系统

系统的输入、输出之间满足线性叠加原理的系统称为线性系统。设 $x_1(n)$ 和 $x_2(n)$ 分别作为系统的输入序列，其输出分别用 $y_1(n)$ 和 $y_2(n)$ 表示，即

$$y_1(n) = T[x_1(n)], \quad y_2(n) = T[x_2(n)]$$

那么线性系统一定满足下面两个公式：

$$T[x_1(n) + x_2(n)] = y_1(n) + y_2(n) \tag{1.3.2}$$
$$T[ax_1(n)] = ay_1(n) \tag{1.3.3}$$

(1.3.2)式表征线性系统的可加性；(1.3.3)式表征线性系统的比例性或齐次性，式中 a 是常数。将以上两个公式结合起来，可表示成

$$y(n) = T[ax_1(n) + bx_2(n)] = ay_1(n) + by_2(n) \tag{1.3.4}$$

上式中 a 和 b 均是常数。

【例 1.3.1】　证明 $y(n) = ax(n) + b$（a 和 b 是常数）所代表的系统是非线性系统。

证明
$$y_1(n) = T[x_1(n)] = ax_1(n) + b$$
$$y_2(n) = T[x_2(n)] = ax_2(n) + b$$
$$y(n) = T[x_1(n) + x_2(n)] = ax_1(n) + ax_2(n) + b$$
$$y(n) \neq y_1(n) + y_2(n)$$

因此，该系统不是线性系统。用同样方法可以证明 $y(n) = x(n)\sin\left(\omega_0 n + \dfrac{\pi}{4}\right)$ 所代表的系统是线性系统。

1.3.2　时不变系统

如果系统对输入信号的运算关系 $T[\cdot]$ 在整个运算过程中不随时间变化，或者说系统对于输入信号的响应与信号加于系统的时间无关，则这种系统称为时不变系统，用公式表示如下：

$$\left.\begin{array}{c} y(n) = T[x(n)] \\ y(n - n_0) = T[x(n - n_0)] \end{array}\right\} \tag{1.3.5}$$

式中 n_0 为任意整数。检查一个系统是否是时不变系统，就是检查其是否满足(1.3.5)式。

【例 1.3.2】　检查 $y(n) = ax(n) + b$ 所代表的系统是否是时不变系统，式中 a 和 b 是常数。

解
$$y(n) = ax(n) + b$$
$$y(n-n_0) = ax(n-n_0) + b$$
$$y(n-n_0) = T[x(n-n_0)]$$

因此该系统是时不变系统。

【例 1.3.3】 检查 $y(n) = nx(n)$ 所代表的系统是否是时不变系统。

解
$$y(n) = nx(n)$$
$$y(n-n_0) = (n-n_0)x(n-n_0)$$
$$T[x(n-n_0)] = nx(n-n_0)$$
$$y(n-n_0) \neq T[x(n-n_0)]$$

因此该系统不是时不变系统。此例从物理概念上可以理解成该系统是一个放大器,放大器的放大量是 n,它随 n 变化,因此是一个时变系统。依同样方法可以证明 $y(n) = x(n)\sin\left(\omega_0 n + \dfrac{\pi}{4}\right)$ 所代表的系统也是时变系统。

1.3.3 线性时不变系统及其输入与输出之间的关系

线性时不变系统:同时满足线性和时不变特性的系统称为**时域离散线性时不变系统**。

时域离散系统的零输入响应、零状态响应和完全响应:设 n_0 为初始观察时刻,则可将系统的输入分为两部分,称 n_0 以前的输入为**历史输入信号**,称 n_0 及 n_0 以后的输入为**当前输入信号**(简称**输入信号**)。仅由 n_0 时刻的初始状态或历史输入信号引起的响应称为**零输入响应**;仅由当前输入信号引起的响应称为**零状态响应**;将零输入响应与零状态响应之和称为系统的**完全响应**。

设系统的输入 $x(n) = \delta(n)$,系统输出 $y(n)$ 的初始状态为零,定义这种条件下的系统输出为系统的单位脉冲响应,用 $h(n)$ 表示。换句话说,单位脉冲响应即系统对于 $\delta(n)$ 的零状态响应。用公式表示为

$$h(n) = T[\delta(n)] \tag{1.3.6}$$

$h(n)$ 和模拟系统中的单位冲激响应 $h(t)$ 相类似,都代表系统的时域特征。

设系统的输入用 $x(n)$ 表示,按照(1.2.12)式表示成单位脉冲序列移位加权和为

$$x(n) = \sum_{m=-\infty}^{\infty} x(m)\delta(n-m)$$

那么系统输出为

$$y(n) = T\left[\sum_{m=-\infty}^{\infty} x(m)\delta(n-m)\right]$$

根据线性系统的叠加性质

$$y(n) = \sum_{m=-\infty}^{\infty} x(m)T[\delta(n-m)]$$

又根据时不变性质

$$y(n) = \sum_{m=-\infty}^{\infty} x(m)h(n-m) = x(n) * h(n) \tag{1.3.7}$$

式中的符号"*"代表卷积运算,(1.3.7)式表示线性时不变系统的输出等于输入序列和该系统的单位脉冲响应的卷积。计算卷积有三种方法:图解法,解析法,利用 MATLAB 语言的工具箱函数计算法。下面先介绍图解法。

1) 图解法

观察(1.3.7)式,计算卷积的基本运算是翻转、移位、相乘和相加,这类卷积称为序列的线性卷积。如果两个序列的长度分别为 N 和 M,那么卷积结果的长度为 $N+M-1$。下面用例题说明如何用图解法计算卷积。

【例 1.3.4】 已知 $x(n)=R_4(n)$, $h(n)=R_4(n)$, 求 $y(n)=x(n)*h(n)$。

解
$$y(n) = \sum_{m=-\infty}^{\infty} x(m)h(n-m) = \sum_{m=-\infty}^{\infty} R_4(m)R_4(n-m)$$

首先将 $h(n)$ 用 $h(m)$ 表示,并将波形翻转,得到 $h(-m)$,如图 1.3.2(c)所示。然后将

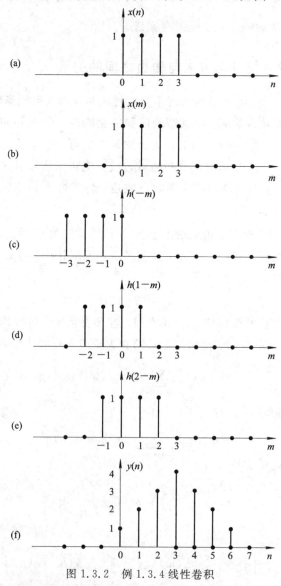

图 1.3.2 例 1.3.4 线性卷积

14

$h(-m)$ 移位 n，得到 $h(n-m)$，$n>0$，序列右移；$n<0$，序列左移。如 $n=1$，得到 $h(1-m)$，如图 1.3.2(d) 所示。接着将 $x(m)$ 和 $h(n-m)$ 相乘后，再相加，得到 $y(n)$ 的一个值。对所有的 n 重复这种计算，最后得到卷积结果，如图 1.3.2(f) 所示，$y(n)$ 表达式为

$$y(n)=\{\underline{1},\,2,\,3,\,4,\,3,\,2,\,1\}$$

其实这种图解法可以用列表法代替，上面的图解过程如表 1.3.1 所示。

表 1.3.1　图解法(列表法)

$x(m)$				1	1	1	1				
$h(m)$				1	1	1	1				
$h(-m)$	1	1	1	1							$y(0)=1$
$h(1-m)$		1	1	1	1						$y(1)=2$
$h(2-m)$			1	1	1	1					$y(2)=3$
$h(3-m)$				1	1	1	1				$y(3)=4$
$h(4-m)$					1	1	1	1			$y(4)=3$
$h(5-m)$						1	1	1	1		$y(5)=2$
$h(6-m)$							1	1	1	1	$y(6)=1$

这种列表法的原理和图解法一样，但可以省去作图过程。

2) 解析法

如果已知两个卷积信号的解析表达式，则可以直接按照卷积式进行计算，下面举例说明。

【例 1.3.5】　设 $x(n)=a^n u(n)$，$h(n)=R_4(n)$，求 $y(n)=x(n)*h(n)$。

解　$y(n)=h(n)*x(n)=\displaystyle\sum_{m=-\infty}^{\infty}R_4(m)a^{n-m}u(n-m)$

要计算上式，关键是根据求和号内的两个信号乘积的非零值区间确定求和的上、下限。因为 $m\leqslant n$ 时，$u(n-m)$ 才能取非零值；$0\leqslant m\leqslant 3$ 时，$R_4(m)$ 取非零值，所以，求和区间中 m 要同时满足下面两式：

$$m\leqslant n$$
$$0\leqslant m\leqslant 3$$

这样求和限与 n 有关系，必须将 n 进行分段然后计算。

$n<0$ 时，

$$y(n)=0$$

$0\leqslant n\leqslant 3$ 时，乘积的非零值范围为 $0\leqslant m\leqslant n$，因此

$$y(n)=\sum_{m=0}^{n}a^{n-m}=a^n\frac{1-a^{-n-1}}{1-a^{-1}}$$

$n\geqslant 4$ 时，乘积的非零区间为 $0\leqslant m\leqslant 3$，因此

$$y(n)=\sum_{m=0}^{3}a^{n-m}=a^n\frac{1-a^{-4}}{1-a^{-1}}$$

写成统一表达式为

$$y(n) = \begin{cases} 0 & n < 0 \\ a^n \dfrac{1-a^{-n-1}}{1-a^{-1}} & 0 \leqslant n \leqslant 3 \\ a^n \dfrac{1-a^{-4}}{1-a^{-1}} & 4 \leqslant n \end{cases}$$

3）用 MATLAB 计算两个有限长序列的卷积

MATLAB 信号处理工具箱提供了 conv 函数，该函数用于计算两个有限长序列的卷积（或计算两个多项式相乘）。

C＝conv(A，B) 计算两个有限长序列向量 A 和 B 的卷积。如果向量 A 和 B 的长度分别为 N 和 M，则卷积结果向量 C 的长度为 N＋M－1。如果向量 A 和 B 为两个多项式的系数，则 C 就是这两个多项式乘积的系数。应当注意，conv 函数默认 A 和 B 表示的两个序列都是从 0 开始，所以不需要位置向量。当然，默认卷积结果序列 C 也是从 0 开始，即卷积结果也不提供特殊的位置信息。例 1.3.4 中的两个序列满足上述条件，直接调用 conv 函数求解例 1.3.4 的卷积计算程序 ep134.m 如下：

```
％ep134.m：例 1.3.4 的卷积计算程序
xn＝[1 1 1 1]；hn＝[1 1 1 1]；
yn＝conv(xn，hn)；
```

运行结果：

```
yn＝[1，2，3，4，3，2，1]
```

显然，当两个序列不是从 0 开始时，必须对 conv 函数稍加扩展。设两个位置向量已知的序列：{x(n)；nx＝nxs：nxf}，{h(n)；nh＝nhs：nhf}，要求计算卷积：y(n)＝h(n) * x(n) 以及 y(n) 的位置向量 ny。下面编写计算这种卷积的通用卷积函数 convu。

根据卷积原理知道，y(n) 的起始点和终止点分别为：nys＝nhs＋nxs，nyf＝nhf＋nxf。调用 conv 函数写出通用卷积函数 convu 如下：

```
function [y，ny]＝convu(h，nh，x，nx)    ％convu 通用卷积函数，y 为卷积结果序列向量，
                                        ％ny 是 y 的位置向量，h 和 x 是有限长序列，
                                        ％nh 和 nx 分别是 h 和 x 的位置向量
nys＝nh(1)＋nx(1)；nyf＝nh(end)＋nx(end)；   ％end 表示最后一个元素的下标
y＝conv(h，x)；ny＝nys：nyf；
```

如果 h(n)＝x(n)＝R₅(N＋2)，则调用 convu 函数计算 y(n)＝h(n) * x(n) 的程序如下：

```
h＝ones(1，5)；nh＝－2：2；
x＝h；nx＝nh；
[y，ny]＝convu(h，nh，x，nx)
```

运行结果：

```
y ＝[1 2 3 4 5 4 3 2 1]
```

ny=[−4 −3 −2 −1 0 1 2 3 4]

线性卷积服从交换律、结合律和分配律。它们分别用公式表示如下：

$$x(n) * h(n) = h(n) * x(n) \tag{1.3.8}$$

$$x(n) * [h_1(n) * h_2(n)] = [x(n) * h_1(n)] * h_2(n) \tag{1.3.9}$$

$$x(n) * [h_1(n) + h_2(n)] = x(n) * h_1(n) + x(n) * h_2(n) \tag{1.3.10}$$

以上三个性质请读者自己证明。(1.3.8)式表示卷积服从交换律。(1.3.9)和(1.3.10)式分别表示卷积的结合律和分配律。设 $h_1(n)$ 和 $h_2(n)$ 分别是两个系统的单位脉冲响应，$x(n)$ 表示输入序列。按照(1.3.9)式的右端，信号通过 $h_1(n)$ 系统后再通过 $h_2(n)$ 系统，等效于按照(1.3.9)式左端，信号通过一个系统，该系统的单位脉冲响应为 $h_1(n) * h_2(n)$，如图1.3.3(a)、(b)所示。该式还表明两系统级联，其等效系统的单位脉冲响应等于两系统分别的单位脉冲响应的卷积。按照(1.3.10)式，信号同时通过两个系统后相加，等效于信号通过一个系统，该系统的单位脉冲响应等于两个系统分别的单位脉冲响应之和，如图1.3.3(c)、(d)所示。换句话说，系统并联的等效系统的单位脉冲响应等于两个系统分别的单位脉冲响应之和。

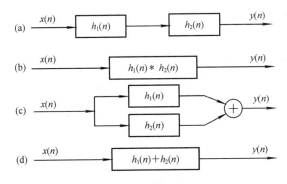

图 1.3.3　卷积的结合律和分配律

需要再次说明的是，关于系统级联、并联的等效系统的单位脉冲响应与原来两系统分别的单位脉冲响应的关系，是基于线性卷积的性质，而线性卷积是基于线性时不变系统满足线性叠加原理和时不变特性。因此，对于非线性或者时变系统，这些结论是不成立的。

再考察(1.3.11)式，它也是一个线性卷积式，它表示序列 $x(n)$ 与单位脉冲序列的线性卷积等于序列本身 $x(n)$，

$$x(n) = \sum_{m=-\infty}^{\infty} x(m)\delta(n-m) = x(n) * \delta(n) \tag{1.3.11}$$

如果序列与一个移位的单位脉冲序列 $\delta(n-n_0)$ 进行线性卷积，就相当于将序列本身移位 n_0（n_0 是整常数），如下式表示：

$$y(n) = x(n) * \delta(n-n_0) = \sum_{m=-\infty}^{\infty} x(m)\delta(n-n_0-m)$$

上式中求和项只有当 $m = n - n_0$ 时才有非零值，因此得到：

$$x(n) * \delta(n-n_0) = x(n-n_0) \tag{1.3.12}$$

【例 1.3.6】 在图 1.3.4 中，$h_1(n)$ 系统与 $h_2(n)$ 系统级联，设

$$x(n) = u(n)$$
$$h_1(n) = \delta(n) - \delta(n-4)$$
$$h_2(n) = a^n u(n) \qquad |a| < 1$$

求系统的输出 $y(n)$。

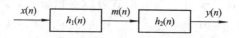

图 1.3.4　例 1.3.6 框图

解　先求第一级的输出 $m(n)$，再求 $y(n)$。

$$
\begin{aligned}
m(n) &= x(n) * h_1(n) \\
&= u(n) * [\delta(n) - \delta(n-4)] \\
&= u(n) * \delta(n) - u(n) * \delta(n-4) \\
&= u(n) - u(n-4) \\
&= R_4(n) \\
y(n) &= m(n) * h_2(n) \\
&= R_4(n) * a^n u(n)
\end{aligned}
$$

由例 1.3.5 的计算结果知道：

$$
y(n) = \begin{cases}
0 & n < 0 \\
a^n \dfrac{1 - a^{-n-1}}{1 - a^{-1}} & 0 \leqslant n \leqslant 3 \\
a^n \dfrac{1 - a^{-4}}{1 - a^{-1}} & 4 \leqslant n
\end{cases}
$$

1.3.4　系统的因果性和稳定性

一般因果系统定义：

如果系统 n 时刻的输出只取决于 n 时刻以及 n 时刻以前的输入序列，而和 n 时刻以后的输入序列无关，则称该系统具有因果性质，或称该系统为因果系统。如果 n 时刻的输出还取决于 n 时刻以后的输入序列，在时间上违背了因果性，系统无法实现，则系统被称为非因果系统。因此系统的因果性是指系统的可实现性。

线性时不变系统具有因果性的充分必要条件：

系统的单位脉冲响应满足下式：

$$h(n) = 0 \qquad n < 0 \tag{1.3.13}$$

满足 (1.3.13) 式的序列称为因果序列，因此因果系统的单位脉冲响应必然是因果序列。因果系统条件 (1.3.13) 式从概念上也容易理解，因为单位脉冲响应是输入为 $\delta(n)$ 的零状态响应，在 $n=0$ 时刻以前即 $n < 0$ 时，没有加入信号，输出只能等于零，因此得到因果性条件 (1.3.13) 式。

一般稳定系统定义：

如果对有界输入，系统产生的输出也是有界的，则称该系统具有稳定性，或称该系统为**稳定系统**。

线性时不变系统稳定的充分必要条件：

系统的单位脉冲响应绝对可和，用公式表示为

$$\sum_{n=-\infty}^{\infty} \mid h(n) \mid < \infty \tag{1.3.14}$$

证明　先证明充分性。

$$y(n) = \sum_{k=-\infty}^{\infty} h(k)x(n-k)$$

$$\mid y(n) \mid \leqslant \sum_{k=-\infty}^{\infty} \mid h(k) \mid \mid x(n-k) \mid$$

因为输入序列 $x(n)$ 有界，即

$$\mid x(n) \mid < B \qquad -\infty < n < \infty，B \text{ 为任意常数}$$

因此

$$\mid y(n) \mid \leqslant B \sum_{k=-\infty}^{\infty} \mid h(k) \mid$$

如果系统的单位脉冲响应满足(1.3.14)式，那么输出 $y(n)$ 一定也是有界的，即

$$\mid y(n) \mid < \infty$$

下面用反证法证明其必要性。如果 $h(n)$ 不满足(1.3.14)式，即 $\sum\limits_{n=-\infty}^{\infty} \mid h(n) \mid = \infty$，那么总可以找到一个或若干个有界的输入来引起无界的输出，例如：

$$x(n) = \begin{cases} \dfrac{h^*(-n)}{\mid h(-n) \mid} & h(n) \neq 0 \\ 0 & h(n) = 0 \end{cases}$$

$$y(n) = \sum_{k=-\infty}^{\infty} h(k)x(n-k)$$

令 $n=0$，有

$$y(0) = \sum_{k=-\infty}^{\infty} h(k)x(-k) = \sum_{k=-\infty}^{\infty} h(k)\frac{h^*(k)}{\mid h(k) \mid}$$

$$= \sum_{k=-\infty}^{\infty} \mid h(k) \mid = \infty$$

上式说明 $n=0$ 时刻的输出为无界，系统不稳定，证明了(1.3.14)式条件的必要性。

应当注意：线性时不变系统因果稳定性的判断方法仅适用于线性时不变系统，所以，利用该方法判定系统是否因果稳定时，首先必须确定系统是线性时不变的。而一般因果稳定系统的定义适用于判定任何系统。

【例 1.3.7】　设系统的输入输出关系方程为 $y(n) = e^{x(n)}$，试分析该系统的因果稳定性。

解　因为 $y(n)$ 只与 $x(n)$ 有关，与 n 时刻以后的输入无关，所以，根据一般因果系统的

定义，该系统是因果系统。

如果 $|x(n)|<A$，则 $e^{-A}<y(n)<e^A$，所以，根据一般稳定系统定义，该系统是稳定系统。

值得注意：如果不加判断，直接利用线性时不变系统因果稳定性的充分必要条件求证，就会得出如下错误的结论：

令 $x(n)=\delta(n)$，代入系统差分方程得到 $h(n)=e^{\delta(n)}$，当 $n<0$ 时，$h(n)=e^0=1\neq0$，由此得出结论，该系统是非因果系统。

又因为 $\sum\limits_{n=-\infty}^{\infty}|h(n)|=\sum\limits_{n=-\infty}^{\infty}|e^{\delta(n)}|=\infty$，所以，该系统是不稳定系统。

之所以得出错误结论，是因为线性时不变系统因果稳定性的充分必要条件只适用于线性时不变系统。但对该系统

$$T[ax_1(n)+bx_2(n)]=e^{ax_1(n)+bx_2(n)}=e^{ax_1(n)}\cdot e^{bx_2(n)}$$
$$=T[ax_1(n)]\cdot T[bx_2(n)]$$
$$\neq aT[x_1(n)]+bT[x_2(n)]$$

显然是非线性系统，不能用线性时不变系统因果稳定性的充分必要条件求证。此例说明，应用性质和定理时，一定要注意其适用范围。

【例 1.3.8】 设线性时不变系统的单位脉冲响应 $h(n)=a^n u(n)$，式中 a 是实常数，试分析该系统的因果稳定性。

解 由于 $n<0$ 时，$h(n)=0$，因此系统是因果系统。

$$\sum_{n=-\infty}^{\infty}|h(n)|=\sum_{n=0}^{\infty}|a|^n=\lim_{N\to\infty}\sum_{n=0}^{N-1}|a|^n=\lim_{N\to\infty}\frac{1-|a|^N}{1-|a|}$$

只有当 $|a|<1$ 时，才有

$$\sum_{n=-\infty}^{\infty}|h(n)|=\frac{1}{1-|a|}$$

因此系统稳定的条件是 $|a|<1$；否则，$|a|\geqslant1$ 时，系统不稳定。系统稳定时，$h(n)$ 的模值随 n 加大而减小，此时序列 $h(n)$ 称为收敛序列。如果系统不稳定，$h(n)$ 的模值随 n 加大而增大，则称为发散序列。

【例 1.3.9】 设系统的单位脉冲响应 $h(n)=u(n)$，求对于任意输入序列 $x(n)$ 的输出 $y(n)$，并检验系统的因果性和稳定性。

解
$$h(n)=u(n)$$
$$y(n)=x(n)*h(n)=\sum_{k=-\infty}^{\infty}x(k)u(n-k)$$

因为当 $n-k<0$ 时，$u(n-k)=0$；$n-k\geqslant0$ 时，$u(n-k)=1$，因此，求和限为 $k\leqslant n$，所以

$$y(n)=\sum_{k=-\infty}^{n}x(k) \qquad (1.3.15)$$

上式表示该系统是一个累加器，它将输入序列从加上之时开始，逐项累加，一直加到 n 时刻为止。

下面分析该系统的稳定性：由于

$$\sum_{n=-\infty}^{\infty} |h(n)| = \sum_{n=0}^{\infty} |u(n)| = \infty$$

因此该系统是一个不稳定系统。显然，该系统是一个因果系统。

根据以上介绍的稳定概念，可以通过检查系统单位脉冲响应是否满足绝对可和的条件来判断线性时不变系统是否稳定。实际中，如何用实验信号测定系统是否稳定是一个重要问题，显然，不可能对所有有界输入都检查是否得到有界输出。可以证明[19]，只要用单位阶跃序列作为输入信号，如果稳态输出趋于常数（包括零），则系统一定稳定，否则系统不稳定。不必要对所有有界输入都进行实验。

1.4 时域离散系统的输入输出描述法——线性常系数差分方程

描述一个系统时，可以不管系统内部的结构如何，将系统看成一个黑盒子，只描述或者研究系统输出和输入之间的关系，这种方法称为输入输出描述法。对于模拟系统，我们知道由微分方程描述系统输出输入之间的关系。对于时域离散系统，则用差分方程描述输出输入之间的关系。线性时不变系统用线性常系数差分方程来描述。本节主要介绍这类差分方程及其解法。差分方程均指线性常系数差分方程，本书中不另说明。

1.4.1 线性常系数差分方程

一个 N 阶线性常系数差分方程用下式表示：

$$y(n) = \sum_{i=0}^{M} b_i x(n-i) - \sum_{i=1}^{N} a_i y(n-i) \tag{1.4.1}$$

或者

$$\sum_{i=0}^{N} a_i y(n-i) = \sum_{i=0}^{M} b_i x(n-i) \qquad a_0 = 1 \tag{1.4.2}$$

式中，$x(n)$ 和 $y(n)$ 分别是系统的输入序列和输出序列，a_i 和 b_i 均为常数，式中 $y(n-i)$ 和 $x(n-i)$ 项只有一次幂，也没有相互交叉相乘项，故称为线性常系数差分方程。差分方程的阶数是用方程 $y(n-i)$ 项中 i 的最大取值与最小取值之差确定的。在(1.4.2)式中，$y(n-i)$ 项 i 最大的取值为 N，i 的最小取值为零，因此称为 N 阶差分方程。

1.4.2 线性常系数差分方程的求解

已知系统的输入序列，通过求解差分方程可以求出输出序列。求解差分方程的基本方法有以下三种：

(1) 经典解法。这种方法类似于模拟系统中求解微分方程的方法，它包括齐次解与特解，由边界条件求待定系数，较麻烦，实际中很少采用，这里不作介绍。

(2) 递推解法。这种方法简单，且适合用计算机求解，但只能得到数值解，对于阶次较高的线性常系数差分方程不容易得到封闭式（公式）解答。

（3）变换域方法。这种方法是将差分方程变换到 z 域进行求解，方法简便有效，这部分内容放在第 2 章学习。

当然还可以不直接求解差分方程，而是先由差分方程求出系统的单位脉冲响应，再与已知的输入序列进行卷积运算，得到系统的输出。但是系统的单位脉冲响应如果不是预先知道，仍然需要求解差分方程，求其零状态响应解。

本节只介绍递推法，其中包括如何用 MATLAB 求解差分方程。

观察(1.4.1)式，求 n 时刻的输出，要知道 n 时刻以及 n 时刻以前的 M 个输入序列值，还要知道 n 时刻以前的 N 个输出序列值（初始条件）。因此求解差分方程在给定输入序列的条件下，还需要确定 N 个初始条件。以上介绍的三种基本解法都只能在已知 N 个初始条件的情况下，才能得到唯一解。如果求 n_0 时刻以后的输出，n_0 时刻以前的 N 个输出值 $y(n_0-1)$、$y(n_0-2)$、$\cdots$、$y(n_0-N)$ 就构成了初始条件。

(1.4.1)式表明，已知输入序列和 N 个初始条件，则可以求出 n 时刻的输出；如果将该公式中的 n 用 $n+1$ 代替，可以求出 $n+1$ 时刻的输出，因此(1.4.1)式表示的差分方程本身就是一个适合递推法求解的方程。

【例 1.4.1】 设因果系统用差分方程 $y(n)=ay(n-1)+x(n)$ 描述，输入序列 $x(n)=\delta(n)$，求输出序列 $y(n)$。

解 该系统差分方程是一阶差分方程，需要一个初始条件。

（1）设初始条件为 $y(-1)=0$，则递推得到：

$$y(n) = ay(n-1) + x(n)$$
$$n = 0 \text{ 时}，y(0) = ay(-1) + \delta(0) = 1$$
$$n = 1 \text{ 时}，y(1) = ay(0) + \delta(1) = a$$
$$n = 2 \text{ 时}，y(2) = ay(1) + \delta(2) = a^2$$
$$\vdots$$
$$n = n \text{ 时}，y(n) = a^n$$
$$y(n) = a^n u(n)$$

（2）设初始条件为 $y(-1)=1$，则递推得到：

$$n = 0 \text{ 时}，y(0) = ay(-1) + \delta(0) = 1+a$$
$$n = 1 \text{ 时}，y(1) = ay(0) + \delta(1) = (1+a)a$$
$$n = 2 \text{ 时}，y(2) = ay(1) + \delta(2) = (1+a)a^2$$
$$\vdots$$
$$n = n \text{ 时}，y(n) = (1+a)a^n$$
$$y(n) = (1+a)a^n u(n)$$

该例表明，对于同一个差分方程和同一个输入信号，因为初始条件不同，得到的输出信号是不相同的。

对于实际系统，用递推解法求解，总是由初始条件向 $n>0$ 的方向递推，是一个因果解。但对于差分方程，其本身也可以向 $n<0$ 的方向递推，得到的是非因果解。因此差分方

程本身不能确定该系统是因果系统还是非因果系统，还需要用初始条件进行限制。下面就是向方向 $n<0$ 递推的例题。

【例 1.4.2】 设差分方程为

$$y(n) = ay(n-1) + x(n) \qquad x(n) = \delta(n), \, y(n) = 0, \, n > 0$$

求输出序列 $y(n)$。

解
$$y(n-1) = a^{-1}(y(n) - \delta(n))$$
$$n = 1 \text{ 时}, \, y(0) = a^{-1}(y(1) - \delta(1)) = 0$$
$$n = 0 \text{ 时}, \, y(-1) = a^{-1}(y(0) - \delta(0)) = -a^{-1}$$
$$n = -1 \text{ 时}, \, y(-2) = a^{-1}(y(-1) - \delta(-1)) = -a^{-2}$$
$$\vdots$$
$$n = -|n| \text{ 时}, \, y(n-1) = -a^{n-1}$$

将 $n-1$ 用 n 代替，得到：

$$y(n) = -a^n u(-n-1)$$

这确实是一个非因果的输出信号。用差分方程求系统的单位脉冲响应，由于单位脉冲响应是当系统输入 $\delta(n)$ 时的零状态响应，因此只要令差分方程中的输入序列为 $\delta(n)$，N 个初始条件都为零，其解就是系统的单位脉冲响应。实际上例题 1.4.1(1)中求出的 $y(n)$ 就是该系统的单位脉冲响应，例题 1.4.2 求出的 $y(n)$ 则是一个非因果系统的单位脉冲响应。

最后要说明的是，一个线性常系数差分方程描述的系统不一定是线性非时变系统，这和系统的初始状态有关。如果系统是因果的，一般在输入 $x(n) = 0(n<n_0)$ 时，则输出 $y(n) = 0(n<n_0)$，系统是线性非时变系统。

下面介绍用 MATLAB 求解差分方程。

MATLAB 信号处理工具箱提供的 filter 函数实现线性常系数差分方程的递推求解，调用格式如下：

　　yn＝filter(B, A. xn)

计算系统对输入信号向量 xn 的零状态响应输出信号向量 yn，yn 与 xn 长度相等，其中，B 和 A 是(1.4.2)式所给差分方程的系数向量，即

$$B = [b_0, b_1, \cdots, b_M], \quad A = [a_0, a_1, \cdots, a_N]$$

其中 $a_0 = 1$，如果 $a_0 \neq 1$，则 filter 用 a_0 对系数向量 B 和 A 归一化。

　　yn＝filter(B, A. xn, xi)

计算系统对输入信号向量 xn 的完全响应输出信号 yn。其中，xi 是等效初始条件的输入序列，所以 xi 是由初始条件确定的。MATLAB 信号处理工具箱提供的 filtic 就是由初始条件计算 xi 的函数，其调用格式如下：

　　xi＝filtic(B, A, ys, xs)

其中，ys 和 xs 是初始条件向量：ys＝[$y(-1), y(-2), y(-3), \cdots, y(-N)$], xs＝[$x(-1), x(-2), x(-3), \cdots, x(-M)$]。如果 xn 是因果序列，则 xs＝0，调用时可缺省 xs。

例 1.4.1 的 MATLAB 求解程序 ep141.m 如下：

```
%ep141.m: 调用 filter 解差分方程 y(n)－ay(n－1)＝x(n)
a＝0.8；ys＝1；            %设差分方程系数 a＝0.8, 初始状态: y(－1)＝1
xn＝[1, zeros(1, 30)];    %x(n)＝单位脉冲序列, 长度 N＝31
B＝1; A＝[1, －a];        %差分方程系数
xi＝filtic(B, A, ys);      %由初始条件计算等效初始条件的输入序列 xi
yn＝filter(B, A, xn, xi); %调用 filter 解差分方程, 求系统输出信号 y(n)
n＝0:length(yn)－1;
subplot(3, 2, 1); stem(n, yn, '.')
title('(a)'); xlabel('n'); ylabel('y(n)')
```

程序中取差分方程系数 a＝0.8 时，得到系统输出 y(n) 如图 1.4.1(a)所示，与例 1.4.1 的解析递推结果完全相同。如果令初始条件 y(－1)＝0（仅修改程序中 ys＝0），则得到系统输出 y(n)＝h(n)，如图 1.4.1(b)所示。

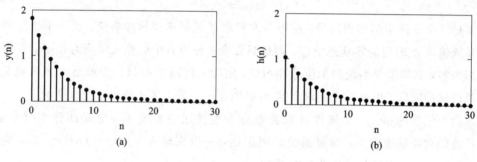

图 1.4.1　例 1.4.1 求解程序输出波形

1.5　模拟信号数字处理方法

在绪论中已介绍了数字信号处理技术相对于模拟信号处理技术的许多优点，因此人们往往希望将模拟信号经过采样和量化编码形成数字信号，再采用数字信号处理技术进行处理；处理完毕，如果需要，再转换成模拟信号。这种处理方法称为模拟信号数字处理方法，其原理框图如图 1.5.1 所示。图中的预滤波与平滑滤波所起的作用在后面介绍。本节主要介绍采样定理和采样恢复。

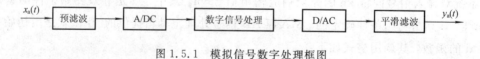

图 1.5.1　模拟信号数字处理框图

1.5.1　采样定理及 A/D 变换

对模拟信号进行采样可以看做一个模拟信号通过一个电子开关 S。设电子开关每隔周

期 T 合上一次，每次合上的时间为 $\tau(\tau \ll T)$，在电子开关输出端得到其采样信号 $\hat{x}_a(t)$。该电子开关的作用等效成一宽度为 τ，周期为 T 的矩形脉冲串 $p_T(t)$，采样信号 $\hat{x}_a(t)$ 就是 $x_a(t)$ 与 $p_T(t)$ 相乘的结果。采样过程如图 1.5.2(a)所示。如果让电子开关合上的时间 $\tau \rightarrow 0$，则形成理想采样，此时上面的脉冲串变成单位冲激串，用 $p_\delta(t)$ 表示。$p_\delta(t)$ 中每个单位冲激处在采样点上，强度为 1，理想采样则是 $x_a(t)$ 与 $p_\delta(t)$ 相乘的结果，采样过程如图 1.5.2(b)所示。用公式表示为

$$p_\delta(t) = \sum_{n=-\infty}^{\infty} \delta(t-nT) \tag{1.5.1}$$

$$\hat{x}_a(t) = x_a(t)p_\delta(t) = \sum_{n=-\infty}^{\infty} x_a(t)\delta(t-nT)$$

上式中 $\delta(t)$ 是单位冲激信号，在上式中只有当 $t=nT$ 时，才可能有非零值，因此写成下式：

$$\hat{x}_a(t) = \sum_{n=-\infty}^{\infty} x_a(nT)\delta(t-nT) \tag{1.5.2}$$

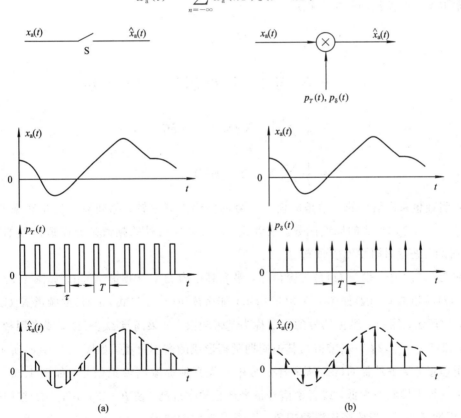

图 1.5.2　对模拟信号进行采样

下面研究理想采样前后信号频谱的变化，从而找出为了使采样信号能不失真地恢复原模拟信号，采样速率 $F_s(F_s=T^{-1})$ 与模拟信号最高频率 f_c 之间的关系。

我们知道在傅里叶变换中，两信号在时域乘积的傅里叶变换等于两个信号分别的傅里叶变换的卷积除以 2π，按照(1.5.2)式，推导如下：

设

$$X_a(j\Omega) = \mathrm{FT}[x_a(t)]$$

$$\hat{X}_a(j\Omega) = \mathrm{FT}[\hat{x}_a(t)]$$

$$P_\delta(j\Omega) = \mathrm{FT}[p_\delta(t)]$$

对(1.5.1)式进行傅里叶变换，得到

$$P_\delta(j\Omega) = \sum_{k=-\infty}^{\infty} 2\pi a_k \delta(\Omega - k\Omega_s) \tag{1.5.3}$$

式中，$\Omega_s = 2\pi/T$，称为采样角频率，单位是 rad/s。

$$a_k = \frac{1}{T} \int_{-T/2}^{T/2} \delta(t) \mathrm{e}^{-jk\Omega_s t} \, \mathrm{d}t = \frac{1}{T}$$

因此

$$P_\delta(j\Omega) = \frac{2\pi}{T} \sum_{k=-\infty}^{\infty} \delta(\Omega - k\Omega_s) \tag{1.5.4}$$

根据傅里叶变换的频域卷积定理有

$$\hat{X}_a(j\Omega) = \frac{1}{2\pi} X_a(j\Omega) * P_\delta(j\Omega)$$

$$= \frac{1}{2\pi} \cdot \frac{2\pi}{T} \int_{-\infty}^{\infty} X_a(j\theta) \sum_{k=-\infty}^{\infty} \delta(\Omega - k\Omega_s - \theta) \mathrm{d}\theta$$

$$= \frac{1}{T} \sum_{k=-\infty}^{\infty} \int_{-\infty}^{\infty} X_a(j\theta) \delta(\Omega - k\Omega_s - \theta) \mathrm{d}\theta$$

$$= \frac{1}{T} \sum_{k=-\infty}^{\infty} X_a(j\Omega - jk\Omega_s) \tag{1.5.5}$$

上式表明理想采样信号的频谱是原模拟信号的频谱沿频率轴，每间隔采样角频率 Ω_s 重复出现一次，并叠加形成的周期函数。或者说，理想采样信号的频谱是原模拟信号的频谱以 Ω_s 为周期，进行周期性延拓而成的。

在图 1.5.3 中，设 $x_a(t)$ 是带限信号，最高频率为 Ω_c，其频谱 $X_a(j\Omega)$ 如图 1.5.3(a) 所示。$p_\delta(t)$ 的频谱 $P_\delta(j\Omega)$ 如图 1.5.3(b) 所示，那么按照(1.5.5)式，$\hat{x}_a(t)$ 的频谱 $\hat{X}_a(j\Omega)$ 如图 1.5.3(c) 所示，图中原模拟信号的频谱称为基带频谱。如果满足 $\Omega_s \geqslant 2\Omega_c$，或者用频率表示该式，即满足 $F_s \geqslant 2f_c$，基带谱与其他周期延拓形成的谱不重叠，如图 1.5.3(c) 所示情况，可以用理想低通滤波器 $G(j\Omega)$ 从采样信号中不失真地提取原模拟信号，如图 1.5.4 所示。但如果选择采样频率太低，或者说信号最高截止频率过高，使 $F_s < 2f_c$，$X_a(j\Omega)$ 按照采样频率 F_s 周期延拓时，形成频谱混叠现象，用图 1.5.3(d) 表示。这种情况下，再用图 1.5.4 所示的理想低通滤波器对 $\hat{x}_a(t)$ 进行滤波，得到的是失真了的模拟信号。用公式表示如下：

$$G(j\Omega) = \begin{cases} T & |\Omega| < \dfrac{1}{2}\Omega_s \\[2mm] 0 & |\Omega| \geqslant \dfrac{1}{2}\Omega_s \end{cases} \tag{1.5.6}$$

$$Y_a(j\Omega) = \mathrm{FT}[y_a(t)] = \hat{X}_a(j\Omega) \cdot G(j\Omega)$$

数字信号处理（第五版）

$$y_a(t) = FT^{-1}[Y_a(j\Omega)]$$

$$y_a(t) = x_a(t) \qquad \Omega_c \leqslant \frac{1}{2}\Omega_s$$

$$y_a(t) \neq x_a(t) \qquad \Omega_c > \frac{1}{2}\Omega_s$$

这里需要说明的是，一般频谱函数是复函数，相加应是复数相加，图 1.5.3 和图 1.5.4 仅是示意图。一般称 $F_s/2$ 为折叠频率，只有当信号最高频率不超过 $F_s/2$ 时，才不会产生频率混叠现象，否则超过 $F_s/2$ 的频谱会折叠回来而形成混叠现象，因此频率混叠在 $F_s/2$ 附近最严重。

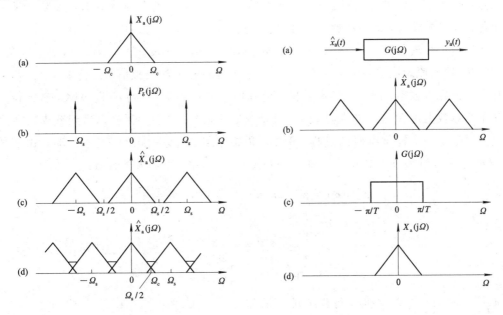

图 1.5.3 采样信号的频谱   图 1.5.4 采样恢复

总结上述内容，采样定理叙述如下：

(1) 对连续信号进行等间隔采样形成采样信号，采样信号的频谱是原连续信号的频谱以采样频率 Ω_s 为周期进行周期性的延拓形成的，用公式 (1.5.5) 表示。

(2) 设连续信号 $x_a(t)$ 属带限信号，最高截止频率为 Ω_c，如果采样角频率 $\Omega_s \geqslant 2\Omega_c$，那么让采样信号 $\hat{x}_a(t)$ 通过一个增益为 T、截止频率为 $\Omega_s/2 = \pi/T$ 的理想低通滤波器，可以唯一地恢复出原连续信号 $x_a(t)$。否则，$\Omega_s < 2\Omega_c$ 会造成采样信号中的频谱混叠现象，不可能无失真地恢复原连续信号。

实际中对模拟信号进行采样，需根据模拟信号的截止频率，按照采样定理的要求选择采样频率，即 $\Omega_s \geqslant 2\Omega_c$，但考虑到理想滤波器 $G(j\Omega)$ 不可实现，要有一定的过渡带，为此可选 $\Omega_s = (2+\alpha)\Omega_c$，$\alpha > 0$。另外，可以在采样之前加一抗混叠的低通滤波器，滤除高于 $\Omega_s/2$ 的一些无用的高频分量和其他的一些杂散信号。这就是在图 1.5.1 中采样之前加预滤波的原因。

上面我们通过对模拟信号进行理想采样分析推导出采样定理。采样定理表示的是采样信号 $\hat{x}_a(t)$ 的频谱与原模拟信号 $x_a(t)$ 的频谱之间的关系，以及由采样信号不失真地恢复原模拟信号的条件。要进一步说明的是，采样信号用(1.5.2)式表示，它是用一串延时的单位冲激加权和表示的。按照该式，在 $t=nT$ 时，即在每个采样点上，采样信号的强度(幅度)准确地等于对模拟信号的采样值 $x_a(nT)$，而在 $t \neq nT$ 非采样点上采样信号的幅度为零。时域离散信号(序列) $x(n)$ 只有在 n 为整数时才有定义，否则无定义，因此采样信号和时域离散信号不相同。但如果序列是通过对模拟信号采样得到的，即 $x(n)=x_a(nT)$，序列值等于采样信号在 $t=nT$ 时的幅度，在第 2 章将通过分析时域离散信号的频谱，得到此时序列的频谱依然是模拟信号频谱的周期延拓，因此由模拟信号通过采样得到序列时，依然要服从采样定理，否则同样也会产生频谱混叠现象。

将模拟信号转换成数字信号由模/数转换器(Analog/Digital Converter，ADC)完成，模/数转换器的原理框图如图 1.5.5 所示。通过按等间隔 T 对模拟信号进行采样，得到一串采样点上的样本数据，这一串样本数据可看作时域离散信号(序列)。设 ADC 有 M 位，那么每个样本数据用 M 位二进制数表示，即形成数字信号。因此，采样以后到形成数字信号的这一过程是一个量化编码的过程。例如：模拟信号 $x_a(t)=\sin(2\pi ft+\pi/8)$，式中 $f=50$ Hz，选采样频率 $F_s=200$ Hz，将 $t=nT$ 代入 $x_a(t)$ 中，得到采样数据：

$$x_a(nT) = \sin\left(2\pi fnT + \frac{\pi}{8}\right) \qquad T = \frac{1}{F_s}$$

$$= \sin\left(2\pi \frac{50}{200}n + \frac{\pi}{8}\right)$$

$$= \sin\left(\frac{1}{2}\pi n + \frac{\pi}{8}\right)$$

当 $n=\cdots, 0, 1, 2, 3, \cdots$ 时，得到序列 $x(n)$ 如下：

$$x(n) = \{\cdots, \underline{0.382\,683}, 0.923\,879, -0.382\,683, -0.923\,879, \cdots\}$$

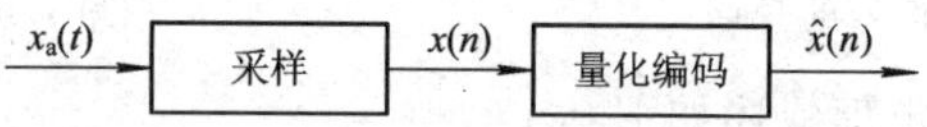

图 1.5.5　模/数转换器原理框图

如果 ADC 按照 $M=6$ 进行量化编码，即上面的采样数据均用 6 位二进制码表示，其中一位为符号位，则数字信号用 $\hat{x}(n)$ 表示：

$$\hat{x}(n) = \{\cdots, \underline{0.01100}, 0.11101, 1.01100, 1.11101, \cdots\}$$

用十进制数表示的 $\hat{x}(n)$ 为

$$\hat{x}(n) = \{\cdots, \underline{0.375\,00}, 0.906\,25, -0.375\,00, -0.906\,25, \cdots\}$$

显然量化编码以后的 $\hat{x}(n)$ 和原 $x(n)$ 不同。这样产生的误差称为量化误差，这种量化误差的影响称为量化效应，这部分内容将在第 9 章介绍。

1.5.2　将数字信号转换成模拟信号

我们已经知道模拟信号 $x_a(t)$ 经过理想采样，得到采样信号 $\hat{x}_a(t)$，$x_a(t)$ 和 $\hat{x}_a(t)$ 之间

的关系用(1.5.2)式描述。如果选择采样频率 F_s 满足采样定理，$\hat{x}_a(t)$ 的频谱没有频谱混叠现象，可用一个传输函数为 $G(\mathrm{j}\Omega)$ 的理想低通滤波器不失真地将原模拟信号 $x_a(t)$ 恢复出来，这是一种理想恢复。下面先分析推导该理想低通滤波器的输入和输出之间的关系，以便了解理想低通滤波器是如何由采样信号恢复原模拟信号的，然后再介绍在实际中数字信号如何转换成模拟信号。

下面由(1.5.6)式表示的低通滤波器的传输函数 $G(\mathrm{j}\Omega)$ 推导其单位冲激响应 $g(t)$：

$$g(t) = \frac{1}{2\pi}\int_{-\infty}^{\infty} G(\mathrm{j}\Omega)\mathrm{e}^{\mathrm{j}\Omega t}\,\mathrm{d}\Omega = \frac{1}{2\pi}\int_{-\Omega_s/2}^{\Omega_s/2} T\mathrm{e}^{\mathrm{j}\Omega t}\,\mathrm{d}\Omega = \frac{\sin(\Omega_s t/2)}{\Omega_s t/2}$$

因为 $\Omega_s = 2\pi F_s = 2\pi/T$，因此 $g(t)$ 也可以用下式表示：

$$g(t) = \frac{\sin(\pi t/T)}{\pi t/T} \tag{1.5.7}$$

理想低通滤波器的输入、输出分别为 $\hat{x}_a(t)$ 和 $y_a(t)$，

$$y_a(t) = \hat{x}_a(t) * g(t) = \int_{-\infty}^{\infty} \hat{x}_a(\tau)g(t-\tau)\mathrm{d}\tau$$

将(1.5.7)式表示的 $g(t)$ 和(1.5.2)式表示的 $\hat{x}_a(t)$ 代入上式，得到：

$$\begin{aligned}
y_a(t) &= \int_{-\infty}^{\infty}\Big[\sum_{n=-\infty}^{\infty} x_a(nT)\delta(\tau-nT)\Big]g(t-\tau)\mathrm{d}\tau\\
&= \sum_{n=-\infty}^{\infty}\int_{-\infty}^{\infty} x_a(nT)\delta(\tau-nT)g(t-\tau)\mathrm{d}\tau\\
&= \sum_{n=-\infty}^{\infty} x_a(nT)g(t-nT)\\
&= \sum_{n=-\infty}^{\infty} x_a(nT)\frac{\sin[\pi(t-nT)/T]}{\pi(t-nT)/T} \tag{1.5.8}
\end{aligned}$$

由于满足采样定理，$y_a(t) = x_a(t)$，因此得到：

$$x_a(t) = \sum_{n=-\infty}^{\infty} x_a(nT)\frac{\sin[\pi(t-nT)/T]}{\pi(t-nT)/T} \tag{1.5.9}$$

式中，当 $n = \cdots, -1, 0, 1, 2, \cdots$ 时，$x_a(nT)$ 是一串离散的采样值，而 $x_a(t)$ 是模拟信号，t 取连续值，$g(t)$ 的波形如图 1.5.6 所示。其特点是：$t=0$ 时，$g(0)=1$；$t=nT(n\neq0)$ 时，$g(t)=0$。在(1.5.9)式中，$g(t)$ 保证了在各个采样点上，即 $t=nT$ 时，恢复的 $x_a(t)$ 等于原采样值，而在采样点之间，则是各采样值乘以 $g(t-nT)$ 的波形伸展叠加而成的。这种伸展波形叠加的情况如图 1.5.7 所示。$g(t)$ 函数所起的作用是在各采样点之间内插，因此称为

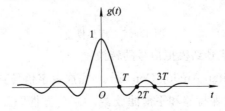

图 1.5.6　内插函数 $g(t)$ 波形

内插函数，而(1.5.9)式则称为内插公式。这种用理想低通滤波器恢复的模拟信号完全等于原模拟信号 $x_a(t)$，是一种无失真的恢复。但由于 $g(t)$ 是非因果的，因此理想低通滤波器是非因果不可实现的。

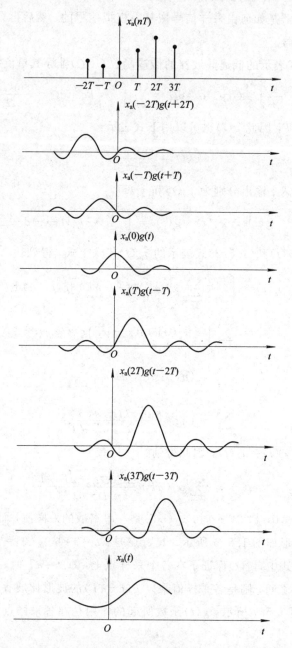

图 1.5.7 理想恢复

下面介绍实际的数字信号到模拟信号的转换。

实际中采用 DAC(Digital/Analog Converter)完成数字信号到模拟信号的转换。DAC包括三部分，即解码器、零阶保持器和平滑滤波器，DAC 方框图如图 1.5.8 所示。解码器的作用是将数字信号转换成时域离散信号 $x_a(nT)$，零阶保持器和平滑滤波器则将 $x_a(nT)$ 变成模拟信号。

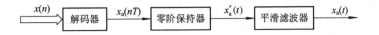

图 1.5.8 DAC方框图

由时域离散信号 $x_a(nT)$ 恢复模拟信号的过程是内插的过程。理想低通滤波的方法是用 $g(t)$ 函数作内插函数，还可以用一阶线性函数作内插。零阶保持器是将前一个采样值进行保持，一直到下一个采样值来到，再跳到新的采样值并保持，因此相当于进行常数内插。零阶保持器的单位冲激函数 $h(t)$ 以及输出波形如图 1.5.9 所示。对 $h(t)$ 进行傅里叶变换，得到其传输函数：

$$H(\mathrm{j}\Omega) = \int_{-\infty}^{\infty} h(t)\mathrm{e}^{-\mathrm{j}\Omega t}\,\mathrm{d}t = \int_{0}^{T} \mathrm{e}^{-\mathrm{j}\Omega t}\,\mathrm{d}t = T\frac{\sin(\Omega T/2)}{\Omega T/2}\mathrm{e}^{-\mathrm{j}\Omega T/2} \qquad (1.5.10)$$

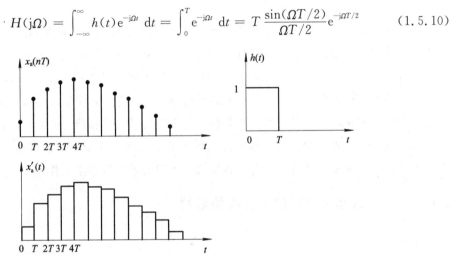

图 1.5.9 零阶保持器的输出波形

其幅频特性和相频特性如图 1.5.10 所示。由该图看到，零阶保持器是一个低通滤波器，能

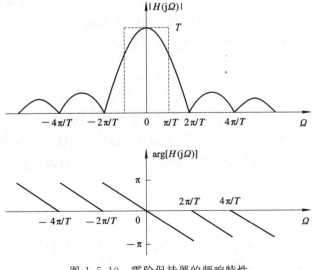

图 1.5.10 零阶保持器的频响特性

够起到将时域离散信号恢复成模拟信号的作用。图中虚线表示理想低通滤波器的幅度特性。零阶保持器的幅度特性与理想低通滤波器有明显的差别，主要是在 $|\Omega| > \pi/T$ 区域有较多的高频分量，表现在时域上，就是恢复出的模拟信号是台阶形的。因此需要在 D/AC 之后加平滑低通滤波器，滤除多余的高频分量，对时间波形起平滑作用，这也就是在图 1.5.1 模拟信号数字处理框图中，最后加平滑滤波器的原因。虽然这种零阶保持器恢复的模拟信号有些失真，但简单、易实现，是经常使用的方法。实际中，将解码器与零阶保持器集成在一起，就是工程上的 DAC 器件。

1.6　确定性信号的相关函数

在检测技术中，相关检测已经发展成一个独立的分支，并引起人们的广泛关注。相关函数的估计和计算是经典谱估计和现代谱估计的基础。相关函数是与卷积十分类似的数学运算。与卷积运算一样，相关函数也涉及两个信号序列。但卷积主要关心对其中一个信号的处理功能和处理效果，例如去除其中的干扰噪声。而相关运算是研究两个信号的相似性，或一个信号经过延迟后与原信号的相似性，以实现对信号的检测、识别与信息提取。

本节主要介绍确定性信号的相关函数的定义、性质与应用。但在实际中，相关函数是描述随机信号的重要统计量，在随机信号的分析与处理中有着重要作用。

1.6.1　信号的互相关函数和自相关函数

定义

$$r_{xy}(m) = \sum_{n=-\infty}^{\infty} x(n) y(n-m) \tag{1.6.1}$$

为信号 $x(n)$ 和 $y(n)$ 的互相关函数[①]。从式(1.6.1)可见，将 $x(n)$ 保持不动，若 $y(n)$ 右移 m 个采样周期，则得到 $y(n-m)$，再将 $x(n)$ 与 $y(n-m)$ 相乘并求和，则得到 $r_{xy}(m)$ 在 m 时刻的值。$r_{xy}(m)$ 反映了 $x(n)$ 与 $y(n-m)$ 两个波形的相似程度。

与序列卷积运算相比较，相关运算仅缺少了将 $y(n)$ 翻转变成 $y(-n)$ 的步骤，其他运算过程完全相同。所以

$$r_{xy}(m) = x(n) * y(-n) \big|_{n=m} \tag{1.6.2}$$

因此，用于卷积的计算过程和程序都可以直接用于计算序列的相关函数。将 $y(n)$ 翻转变成 $y(-n)$，再调用卷积函数计算 $x(m) * y(-m)$，则得到 $x(n)$ 和 $y(n)$ 的互相关函数 $r_{xy}(m)$。

如果式(1.6.1)中 $y(n) = x(n)$，则上面定义的互相关函数即变成 $x(n)$ 的自相关函数，记为 $r_{xx}(m)$，即

[①]　互相关函数也可以定义为 $r_{xy}(m) = \sum\limits_{n=-\infty}^{\infty} x(n) y(n+m)$，二者本质上是相同的。式(1.6.1)更便于工程上借用卷积算法和程序进行计算。

$$r_{xx}(m) = \sum_{n=-\infty}^{\infty} x(n)x(n-m) \tag{1.6.3}$$

自相关函数表示了信号 $x(n)$ 与其自身移位后的 $x(n-m)$ 的相似程度。为了表示简单，一般将自相关函数记为 $r_x(m)$。

$$r_x(0) = \sum_{n=-\infty}^{\infty} x^2(n) \xlongequal{\text{def}} E_x \tag{1.6.4}$$

式(1.6.4)说明，$r_x(0)$ 表示 $x(n)$ 的能量，记为 E_x。当 $E_x < \infty$ 时，信号 $x(n)$ 称为能量信号；当 $E_x = \infty$ 时，信号 $x(n)$ 称为能量无限信号。对能量无限信号，我们主要研究其平均功率。信号 $x(n)$ 的功率定义为

$$P_x = \lim_{N \to \infty} \frac{1}{2N+1} \sum_{n=-N}^{N} |x(n)|^2 \tag{1.6.5}$$

当 $P_x < \infty$ 时，称 $x(n)$ 为功率信号。功率信号是工程实际和理论研究中的常用信号，如周期信号。

当输入序列是有限长序列，或只能获得无限长序列的有限个序列值时，通常将互相关函数和自相关函数表示成有限和的形式。特别是当 $x(n)$ 和 $y(n)$ 是长度为 N 的因果序列时，互相关函数和自相关函数可以表示为

$$r_{xy}(m) = \begin{cases} \displaystyle\sum_{n=m}^{N-1} x(n)y(n-m) & 0 \leqslant m < N \\ \displaystyle\sum_{n=0}^{N-|m|-1} x(n)y(n-m) & -N < m < 0 \\ 0 & m \text{ 为其他值} \end{cases} \tag{1.6.6}$$

$$r_x(m) = \begin{cases} \displaystyle\sum_{n=m}^{N-1} x(n)x(n-m) & 0 \leqslant m < N \\ \displaystyle\sum_{n=0}^{N-|m|-1} x(n)x(n-m) & -N < m < 0 \\ 0 & m \text{ 为其他值} \end{cases} \tag{1.6.7}$$

上述对相关函数的定义都是针对实信号的，如果 $x(n)$ 和 $y(n)$ 是复信号，其相关函数也是复信号，此时定义式(1.6.1)和式(1.6.3)应该为

$$r_{xy}(m) = \sum_{n=-\infty}^{\infty} x(n)y^*(n-m) \tag{1.6.8}$$

$$r_x(m) = \sum_{n=-\infty}^{\infty} x(n)x^*(n-m) \tag{1.6.9}$$

在后面的讨论中，如果不做特别说明，$x(n)$ 和 $y(n)$ 一律都视为实信号。

【例 1.6.1】 设信号为 $x(n) = a^n u(n)$，$0 < a < 1$。求其自相关函数。

解 由于 $x(n)$ 是无限时宽的，所以 $r_x(m)$ 也是无限时宽的。下面分 $m \geqslant 0$ 和 $m < 0$ 两种情况来求解。

当 $m \geqslant 0$ 时，由图 1.6.1 可见：

$$r_x(m) = \sum_{n=m}^{\infty} x(n)x(n-m) = \sum_{n=m}^{\infty} a^n a^{n-m} = a^{-m} \sum_{n=m}^{\infty} (a^2)^n$$

因为 $a<1$，无限级数收敛，所以有

$$r_x(m) = a^{-m} \sum_{n=m}^{\infty} (a^2)^n = \frac{a^m}{1-a^2} \qquad m \geqslant 0$$

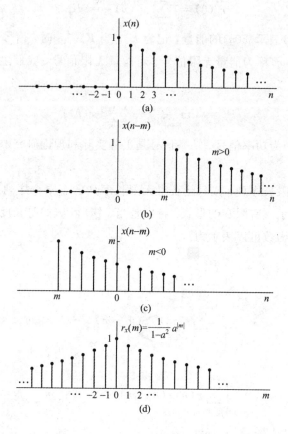

图 1.6.1 信号 $x(n)=a^n u(n)$ 的自相关函数运算示意图

当 $m<0$ 时，由图 1.6.1 可见：

$$r_x(m) = \sum_{n=0}^{\infty} x(n)x(n-m) = \sum_{n=0}^{\infty} a^n a^{n-m} = a^{-m} \sum_{n=0}^{\infty} (a^2)^n = \frac{a^{-m}}{1-a^2} \qquad m<0$$

因为 $m<0$ 时，$a^{-m}=a^{|m|}$，于是，$r_x(m)$ 的上述两段表示式可以合并为

$$r_x(m) = \frac{a^{|m|}}{1-a^2} \qquad -\infty < m < \infty \tag{1.6.10}$$

自相关函数 $r_x(m)$ 如图 1.6.1 所示。由图可以观察到，$r_x(m)$ 是偶对称函数，即 $r_x(-m)=r_x(m)$。后面会证明，自相关函数都是偶函数。

【例 1.6.2】 已知序列 $x(n)$ 和 $y(n)$ 分别为

$$x(n) = \{\cdots, 0, 0, 2, \underline{-1}, 3, 7, 1, 2, -3, 0, 0, \cdots\}$$

$$y(n) = \{\cdots, 0, 0, 1, \underline{-1}, 2, -2, 4, 1, -2, 5, 0, 0, \cdots\}$$

求 $x(n)$ 和 $y(n)$ 的互相关函数 $r_{xy}(m)$。

解 序列 $x(n)$ 和 $y(n)$ 均为有限长序列，但不是因果序列，所以不能直接套用式(1.6.6)，必须用式(1.6.1)计算。

(1) 当 $m=0$ 时，$r_{xy}(m)=\sum\limits_{n=-\infty}^{\infty}x(n)y(n)$，乘积序列

$$v_0(n)=x(n)y(n)=\{\cdots,0,0,2,1,6,-14,4,2,6,0,0,0,\cdots\}$$

对于 n 的所有值，对乘积序列各项求和，可得

$$r_{xy}(m)=\sum\limits_{n=-\infty}^{\infty}v_0(n)=2+1+6-14+4+2+6=7$$

(2) 当 $m>0$ 时，只要将 $y(n)$ 相对 $x(n)$ 向右平移 m 个时间单位，得到 $y(n-m)$，再计算乘积序列 $v_m(n)=x(n)y(n-m)$，最后求 $r_x(m)=\sum\limits_{n=-\infty}^{\infty}v_m(n)$ 可得

$$r_{xy}(1)=13;\quad r_{xy}(2)=-18;\quad r_{xy}(3)=16;\quad r_{xy}(4)=-7;$$
$$r_{xy}(5)=5;\quad r_{xy}(6)=-3;\quad r_{xy}(m)=0,\quad m\geqslant 7$$

(3) 当 $m<0$ 时，只要将 $y(n)$ 相对 $x(n)$ 向左平移 $|m|$ 个采样间隔，再进行同样的计算可得

$$r_{xy}(-1)=0;\quad r_{xy}(-2)=33;\quad r_{xy}(-3)=-14;\quad r_{xy}(-4)=36;$$
$$r_{xy}(-5)=19;\quad r_{xy}(-6)=-9;\quad r_{xy}(-7)=10;\quad r_{xy}(m)=0,\quad m\leqslant -8$$

综上可得 $x(n)$ 和 $y(n)$ 的互相关函数 $r_{xy}(m)$ 为

$$r_{xy}(m)=\{0,0,10,-9,19,36,-14,33,0,7,13,-18,16,-7,5,-3,0,0\}$$

1.6.2 周期信号的相关性

在 1.6.1 节中定义了能量信号的互相关函数和自相关函数。在工程实际中，常常涉及功率信号的相关性。下面讨论功率信号，特别是周期信号的相关性。

设 $x(n)$ 和 $y(n)$ 是两个功率信号，其互相关函数定义为

$$r_{xy}(m)=\lim_{N\to\infty}\frac{1}{2N+1}\sum\limits_{n=-N}^{N}x(n)y(n-m) \tag{1.6.11}$$

当 $y(n)=x(n)$ 时，功率信号的自相关函数定义为

$$r_x(m)=\lim_{N\to\infty}\frac{1}{2N+1}\sum\limits_{n=-N}^{N}x(n)x(n-m) \tag{1.6.12}$$

特别是，如果 $x(n)$ 和 $y(n)$ 是两个周期为 N 的周期信号，则式(1.6.11)和式(1.6.12)中有限区间上的平均值就等于一个周期上的平均值，因此，式(1.6.11)和式(1.6.12)就可以简化为

$$r_{xy}(m)=\frac{1}{N}\sum\limits_{n=0}^{N-1}x(n)y(n-m) \tag{1.6.13}$$

$$r_x(m)=\frac{1}{N}\sum\limits_{n=0}^{N-1}x(n)x(n-m) \tag{1.6.14}$$

由周期信号的定义可得

$$r_x(m+N) = \frac{1}{N}\sum_{n=0}^{N-1}x(n)x(n-m-N) = \frac{1}{N}\sum_{n=0}^{N-1}x(n)x(n-m) = r_x(m)$$

$$(1.6.15)$$

所以,周期为 N 的周期信号的自相关函数也是以 N 为周期的。这样,如果一个周期信号的周期未知,我们可以根据其自相关函数的周期性质,估计其周期。

【例 1.6.3】 已知 $x(n) = \sin(\omega n)$,其周期为 N,即 $\omega = 2\pi/N$,求 $x(n)$ 的自相关函数。

解 由式(1.6.14)得

$$\begin{aligned}
r_x(m) &= \frac{1}{N}\sum_{n=0}^{N-1}\sin(\omega n)\sin(\omega(n-m)) \\
&= \frac{1}{N}\sum_{n=0}^{N-1}\sin(\omega n)[\sin(\omega n)\cos(\omega m) - \cos(\omega n)\sin(\omega m)] \\
&= \frac{1}{N}\left[\cos(\omega m)\sum_{n=0}^{N-1}\sin^2(\omega n) - \sin(\omega m)\sum_{n=0}^{N-1}\sin(\omega n)\cos(\omega n)\right]
\end{aligned}$$

由于第二项中 $\sum\limits_{n=0}^{N-1}\sin(\omega n)\cos(\omega n) = 0$,第一项中

$$\sum_{n=0}^{N-1}\sin^2(\omega n) = \frac{1}{2}\sum_{n=0}^{N-1}[1 - \cos(2\omega n)] = \frac{N}{2}$$

所以

$$r_x(m) = \frac{1}{2}\cos(\omega m)$$

由此可见,正弦序列的自相关函数是同频率的余弦序列,显然自相关函数与原序列周期相同。

1.6.3 相关函数的性质

互相关函数和自相关函数都有很重要的性质,这些性质可以使很多问题的分析和判断更加简单。本节中,假设两个信号 $x(n)$ 和 $y(n)$ 均为能量信号,其能量分别为 $r_x(0) = \sum\limits_{n=-\infty}^{\infty}x^2(n) = E_x$ 和 $r_y(0) = \sum\limits_{n=-\infty}^{\infty}y^2(n) = E_y$。

1. 互相关函数性质

(1) $r_{xy}(m)$ 不是偶函数,而且 $r_{xy}(m) \neq r_{yx}(m)$,但有

$$r_{xy}(m) = r_{yx}(-m)$$

$$(1.6.16)$$

证明 $r_{xy}(m) = \sum\limits_{n=-\infty}^{\infty}x(n)y(n-m) = \sum\limits_{k=-\infty}^{\infty}x(k+m)y(k) = \sum\limits_{k=-\infty}^{\infty}y(k)x(k+m) = r_{yx}(-m)$

(2) $r_{xy}(m)$ 满足

$$|r_{xy}(m)| \leqslant \sqrt{r_x(0)r_y(0)} = \sqrt{E_x E_y}$$

$$(1.6.17)$$

证明 生成线性组合序列

$$ax(n) + by(n-m)$$

其中，a 和 b 为任意常数，m 为整数(表示延时)。该线性组合序列的能量可以表示为

$$\sum_{n=-\infty}^{\infty} [ax(n) + by(n-m)]^2 = a^2 \sum_{n=-\infty}^{\infty} x^2(n) + b^2 \sum_{n=-\infty}^{\infty} y^2(n-m) + 2ab \sum_{n=-\infty}^{\infty} x(n)y(n-m)$$
$$= a^2 r_x(0) + b^2 r_y(0) + 2abr_{xy}(m) \tag{1.6.18}$$

我们知道能量是非负的，所以下式成立：

$$a^2 r_x(0) + b^2 r_y(0) + 2abr_{xy}(m) \geqslant 0 \tag{1.6.19}$$

假设 $b \neq 0$，则式(1.6.19)两边除以 b^2 得

$$r_x(0) \left(\frac{a}{b}\right)^2 + 2r_{xy}(m)\left(\frac{a}{b}\right) + r_y(0) \geqslant 0$$

把上式看成关于 $\left(\dfrac{a}{b}\right)$ 的一元二次方程，其三个系数分别为 $r_x(0)$、$2r_{xy}(m)$ 和 $r_y(0)$。由于方程非负，所以二次判别式非正，即

$$4[r_{xy}^2(m) - r_x(0)r_y(0)] \leqslant 0$$

由上式可得互相关函数满足的条件：

$$|r_{xy}(m)| \leqslant \sqrt{r_x(0)r_y(0)} = \sqrt{E_x E_y}$$

如果互相关函数中任一信号或两个信号的幅度增大或缩小，其互相关函数的形状不会改变，只是其幅度随之发生变化。由于相关函数幅度并不重要，所以为了检测判决方便，实际中通常把互相关函数和自相关函数归一化到 $[-1,1]$ 上。为此，定义归一化互相关函数为

$$\rho_{xy}(m) = \frac{r_{xy}(m)}{\sqrt{r_x(0)r_y(0)}} = \frac{r_{xy}(m)}{\sqrt{E_x E_y}} \tag{1.6.20}$$

(3) $r_{xy}(m)$ 满足

$$\lim_{m \to \infty} r_{xy}(m) = 0 \tag{1.6.21}$$

式(1.6.21)说明，将 $y(n)$ 相对 $x(n)$ 移至无穷远处，则二者无相关性。这是因为一般能量信号都是有限非零时宽的，所以当 $m \to \infty$ 时，$x(n)$ 和 $y(n-m)$ 的非零区不重叠，则式(1.6.21)成立。

2. 自相关函数性质

(1) 若 $x(n)$ 是实信号，$r_x(m)$ 是实偶函数，即

$$r_x(m) = r_x(-m) \tag{1.6.22}$$

当式(1.6.16)中 $y(n) = x(n)$ 时，即可得式(1.6.22)。若 $x(n)$ 是复信号，则 $r_x(m)$ 是共轭对称函数，即 $r_x(m) = r_x^*(-m)$。

(2) $r_x(m)$ 在 $m=0$ 时取得最大值，即 $r_x(0) \geqslant r_x(m)$。

证明 令式(1.6.17)中 $y(n) = x(n)$，则 $|r_x(m)| \leqslant \sqrt{r_x(0)r_x(0)} = r_x(0)$，因此满足 $r_x(0) \geqslant r_x(m)$。

同理，定义归一化自相关函数为

$$\rho_x(m) = \frac{r_x(m)}{r_x(0)} = \frac{r_x(m)}{E_x} \tag{1.6.23}$$

(3) 对于能量信号 $x(n)$，将 $x(n)$ 相对自身移至无穷远处，则二者不相关。即

$$\lim_{m \to \infty} r_x(m) = 0 \qquad (1.6.24)$$

1.6.4　输入信号与输出信号的相关函数

下面讨论时域离散线性时不变系统输出信号与输入信号的互相关函数。假设系统输入信号 $x(n)$ 的自相关函数 $r_x(m)$ 已知，系统单位脉冲响应为 $h(n)$，系统输出信号为

$$y(n) = h(n) * x(n) = \sum_{k=-\infty}^{\infty} h(k)x(n-k)$$

由式(1.6.2)可知，输出信号与输入信号的互相关函数可表示为

$$\begin{aligned} r_{yx}(m) &= y(m) * x(-m) = h(m) * x(m) * x(-m) \\ &= h(m) * [x(m) * x(-m)] \\ &= h(m) * r_x(m) \end{aligned} \qquad (1.6.25)$$

由式(1.6.25)可见，输出信号与输入信号的互相关函数等于系统单位脉冲响应 $h(m)$ 与输入信号自相关函数 $r_x(m)$ 的卷积。所以，$r_{yx}(m)$ 可以看成线性时不变系统对输入序列 $r_x(m)$ 的响应输出，如图 1.6.2 所示。

$$r_x(m) \longrightarrow \boxed{\begin{matrix} \text{LTI系统} \\ h(m) \end{matrix}} \longrightarrow r_{yx}(m)$$

图 1.6.2　$r_{yx}(m)$ 的输入与输出关系

在式(1.6.2)中令 $x(n) = y(n)$，再利用卷积的性质，可以得到系统输出信号的自相关函数 $r_y(m)$：

$$\begin{aligned} r_y(m) &= y(m) * y(-m) = [h(m) * x(m)] * [h(-m) * x(-m)] \\ &= [h(m) * h(-m)] * [x(m) * x(-m)] \\ &= r_h(m) * r_x(m) \end{aligned} \qquad (1.6.26)$$

如果系统稳定，则 $h(n)$ 为能量信号，$r_h(m)$ 存在。这样，如果 $r_x(m)$ 存在，则 $r_y(m)$ 存在，即输出信号也是能量信号。在式(1.6.26)中令 $m = 0$，可得输出信号的能量为

$$r_y(0) = \sum_{n=-\infty}^{\infty} r_h(n)r_x(n) \qquad (1.6.27)$$

式(1.6.27)以相关函数的形式给出了输出信号的能量。实际上，本节所得输入信号与输出信号的相关函数关系式对于能量信号和功率信号都适用。

1.6.5　相关函数的应用

如前所述，相关运算用来衡量两个信号之间的相似程度，并提取相关的有用信息。相关函数的应用很广，在雷达、声呐、数字通信、地质和其他科学和工程领域的信号的相关性分析中都有广泛的应用，例如噪声中信号的检测、信号中隐含周期性的检测、信号相关性的检测、信号延时时间的测量等。

1. 相关函数在雷达和主动声呐系统中的的应用

假设信号序列 $x(n)$ 和 $y(n)$ 是我们需要比较的两路信号，在雷达和主动声呐系统中，

$x(n)$一般是发射信号的采样,而 $y(n)$ 表示接收端 A/D 变换器输出的信号。如果目标是某个被雷达或声呐搜索的物体,则接收信号 $y(n)$ 由发射信号被目标反射,并经加性噪声污染后的延迟信号组成。雷达目标检测示意图如图 1.6.3 所示。

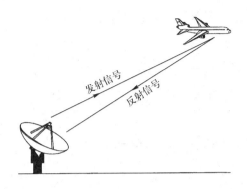

图 1.6.3 雷达目标检测示意图

接收信号 $y(n)$ 可以表示为

$$y(n) = ax(n-D) + w(n) \tag{1.6.28}$$

其中,a 是衰减因子,表示发射信号 $x(n)$ 在发射信道和反射信道中的损耗;D 是延迟量(假设 D 为采样间隔的整数倍);$w(n)$ 表示天线接收到的加性噪声以及接收机前端电子器件或放大器产生的噪声。如果在雷达或声呐搜索空间没有目标,则接收信号 $y(n)$ 仅含有噪声信号 $w(n)$。

通常称 $x(n)$ 为发射信号或参考信号,称 $y(n)$ 为接收信号或观测信号。雷达探测的目的是通过比较 $x(n)$ 和 $y(n)$,判断目标是否存在。如果存在,则通过求延迟 D 来确定目标的距离。工程实际中,由于加性噪声的污染严重,已经不可能从 $y(n)$ 的波形判断目标是否存在,而相关函数却提供了良好的检测方法。接收信号与发射信号的相关函数为

$$
\begin{aligned}
r_{yx}(m) &= \sum_{n=-\infty}^{\infty} y(n)x(n-m) = \sum_{n=-\infty}^{\infty} \left[ax(n-D) + w(n) \right] x(n-m) \\
&= \sum_{n=-\infty}^{\infty} ax(n-D)x(n-m) + \sum_{n=-\infty}^{\infty} w(n)x(n-m) \\
&= ar_x(m-D) + r_{wx}(m)
\end{aligned}
\tag{1.6.29}
$$

由于信号 $x(n)$ 与噪声 $w(n)$ 的相关性很小,即 $r_{wx}(m)$ 非常小,所以当目标不存在时,无反射信号,$r_{yx}(m) = r_{wx}(m) \approx 0$;当目标存在时,$r_{yx}(m) \approx ar_x(m-D)$,当 $m=D$ 时,$r_{yx}(m)$ 取得最大值,$r_{yx}(m) = r_{yx}(D) \approx ar_x(0) = aE_x$。这时雷达检测到目标,并根据 $r_{yx}(m)$ 取得最大值时的 m 值换算出目标距离。

2. 使用相关函数检测物理信号隐含的周期性

在实际应用中,自相关函数可以用来检测被随机噪声污染的观测物理信号 $y(n)$ 隐含的周期性。

假设

$$y(n) = x(n) + w(n) \tag{1.6.30}$$

其中，$x(n)$是一个未知周期 N 的周期信号，$w(n)$表示加性随机干扰噪声。假定观测到$y(n)$的 M 个采样值，观测区间为 $0 \leqslant n \leqslant M-1$，且 $M \gg N$。实际计算时，可以将 $y(n)$ 看作长度为 M 的因果序列，并引入归一化因子 $1/M$，则 $y(n)$ 的自相关函数为

$$\begin{aligned}
r_y(m) &= \frac{1}{M} \sum_{n=0}^{M-1} y(n) y(n-m) \\
&= \frac{1}{M} \sum_{n=0}^{M-1} [x(n)+w(n)][x(n-m)+w(n-m)] \\
&= \frac{1}{M} \sum_{n=0}^{M-1} x(n)x(n-m) + \frac{1}{M} \sum_{n=0}^{M-1} x(n)w(n-m) + \\
&\quad \frac{1}{M} \sum_{n=0}^{M-1} w(n)x(n-m) + \frac{1}{M} \sum_{n=0}^{M-1} w(n)w(n-m)] \\
&= r_x(m) + r_{xw}(m) + r_{wx}(m) + r_w(m)
\end{aligned} \tag{1.6.31}$$

式(1.6.31)等号右边有四项，第一项为 $x(n)$ 的自相关函数 $r_x(m)$，由于 $x(n)$ 是周期序列，所以 $r_x(m)$ 也是周期序列，且周期与 $x(n)$ 的周期相同，因而在 $m=0,N,2N,\cdots$ 时，$r_x(m)$ 会周期性地出现较大峰值。但随着 m 接近 M 值，峰值会逐渐减小，这是因为 $y(n)$ 是长度为 M 的有限长序列，当 m 接近 M 值时，乘积序列 $x(n)x(n-m)$ 中大多数点为零。因此，当 $m > M/2$ 时，通常就不再计算了。

设计时，一般使信号 $x(n)$ 与干扰噪声 $w(n)$ 完全不相关，所以式(1.6.31)右边的 $r_{xw}(m)$ 和 $r_{wx}(m)$ 相对很小。式(1.6.31)等号右边第四项为干扰噪声的自相关函数 $r_w(m)$，由于干扰噪声 $w(n)$ 一般近似于白噪声，所以只有在 $m=0$ 时出现峰值 $r_w(0)$，但会迅速衰减到很小。所以当 $m > 0$ 时，只有 $r_x(m)$ 会周期性地出现较大峰值，根据这一特点，我们就可以从干扰噪声中检测出 $y(n)$ 中是否存在周期信号 $x(n)$，并确定其周期 N。

【例 1.6.4】 设信号 $x(n) = \sin(\pi n/5)$，$0 \leqslant n \leqslant 199$，$x(n)$ 与加性噪声 $w(n)$ 混合在一起，$w(n)$ 是在$[-A/2, A/2]$上均匀分布的白噪声序列，A 为分布参数。观测序列是 $y(n) = x(n) + w(n)$。求自相关函数 $r_y(m)$，并确定信号 $x(n)$ 的周期。

解 本例中，假设仅知道已被噪声污染的观测信号 $y(n)$ 的 200 个采样值，而且 $y(n)$ 中包含一周期信号 $x(n)$，但并不知道其周期是多少。现在要通过计算 $y(n)$ 的自相关函数确定 $x(n)$ 的周期。噪声 $w(n)$ 的功率 P_w 由分布参数 A 决定，由本书 9.1.2 节的式(9.1.3b)可知，$P_w = A^2/12$，信号 $x(n)$ 的功率 $P_x = 1/2$，因此信噪比(S/N)为

$$\frac{P_x}{P_w} = \frac{\dfrac{1}{2}}{\dfrac{A^2}{12}} = \frac{6}{A^2}$$

通常，S/N 以对数表示：$S/N = 10\lg(P_x/P_w)$，单位为 dB。当 $S/N = 10\lg(P_x/P_w) = 1$ dB 时，$A = \sqrt{6/10^{0.1}}$；当 $S/N = 10\lg(P_x/P_w) = 5$ dB 时，$A = \sqrt{6/10^{0.5}}$。

在 1.6.6 节中，将编写程序 ep164.m，并运行，可产生 $S/N = 1$ dB 时的噪声 $w(n)$、观测信号 $y(n) = x(n) + w(n)$ 和 $y(n)$ 的自相关函数 $r_y(m)$，分别如图 1.6.4(a)、(b)和(c)所示；$S/N = 5$ dB 时的噪声 $w(n)$、观测信号 $y(n) = x(n) + w(n)$ 和 $y(n)$ 的自相关函数

$r_y(m)$，分别如图 1.6.5(a)、(b)和(c)所示。

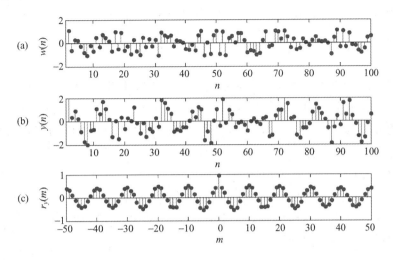

图 1.6.4　干扰噪声、观测信号和观测信号自相关函数波形($S/N=1$ dB)

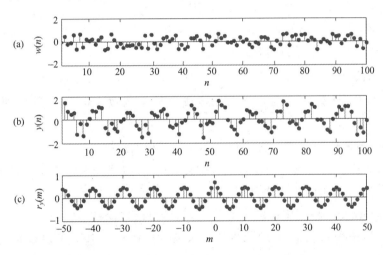

图 1.6.5　干扰噪声、观测信号和观测信号自相关函数波形($S/N=5$ dB)

　　从图 1.6.4(b)可看出，由于受到干扰噪声影响，很难由观测信号 $y(n)$ 直接确定 $x(n)$ 的周期。但从图 1.6.4(c)可看出，除了 $m=0$ 处出现很大峰值以外，$r_y(m)$ 是以 10 为周期的，这正是 $y(n)$ 中周期信号 $x(n)$ 的自相关函数导致的，所以可以确定 $x(n)$ 的周期为 10。$r_y(0)$ 的峰值是由白噪声 $w(n)$ 的自相关函数导致的。

　　从图 1.6.5(b)可看出，即使噪声功率较小，观测信噪比达到 5 dB，也很难直接由观测信号 $y(n)$ 确定 $x(n)$ 的周期，但观察 $y(n)$ 的自相关函数却很容易确定 $x(n)$ 的周期。

　　另外，MATLAB 中的 rand 函数每次运行产生的随机信号可能不相同，所以程序 ep164.m 每次运行时产生的 $w(n)$ 和 $y(n)$ 波形可能不相同。

1.6.6　用 MATLAB 计算相关函数

　　MATLAB 包含多个可以产生各种常用信号的工具箱函数，例如 rand 和 randn 函数可以产生两种白噪声序列。此外，MATLAB 还包含多个实现各种计算的函数，例如与本节有关的 xcorr 函数可以计算相关函数。下面先介绍 rand 函数和 xcorr 函数，最后编写程序求解例 1.6.4。

1. rand 函数

rand 函数用于产生均值为 0.5，幅度在 [0,1] 上均匀分布的伪随机序列，在数字信号处理中常用于模拟近似均匀分布的白噪声信号 $w(n)$。理想的白噪声信号 $w(n)$ 的功率谱是一个常数，其自相关函数 $r_w(m)=\sigma^2\delta(m)$，即仅在 $m=0$ 时 $r_w(m)$ 有值，m 取其他值时 $r_w(m)$ 皆为零。其中，σ^2 是 $w(n)$ 的方差，即 $w(n)$ 的平均功率：

$$\sigma^2 = \frac{1}{N}\sum_{n=0}^{N-1}\left[w(n)-m_a\right]^2 \tag{1.6.32}$$

式中 m_a 表示 $w(n)$ 的均值。rand 函数产生的 $w(n)$ 的功率 $\sigma^2=1/12$，$m_a=0.5$。

rand 函数的调用格式如下：

- w＝rand(N)；％产生 N 维列向量 w
- w＝rand(M,N)；％产生 $M\times N$ 维矩阵 w

请读者注意，另一个函数 randn 可产生均值为 0，方差（功率）为 1，服从高斯分布的白噪声，其调用格式与 rand 函数相同。

2. xcorr 函数

xcorr 函数用于计算信号的互相关函数或自相关函数。xcorr 函数的两种调用格式如下：

- rxy＝ xcorr（x,y）；％计算序列 x 和 y 的互相关函数

如果 x 和 y 的长度都是 N，则 r_{xy} 的长度为 $2N-1$；如果 x 和 y 的长度不相等，则将短的序列后面补零，再按照长度相等方法计算。

- rx＝ xcorr（x, M, 'flag'）；％计算序列 x 的自相关函数

M 表示自相关函数 r_x 的单边长度，总长度为 $2M+1$；flag 是定标标志，若 flag＝biased，则表示有偏估计，需将 $r_x(m)$ 都除以 N，见式(1.6.14)；若 flag＝unbiased，则表示无偏估计，需将 $r_x(m)$ 都除以 $N-\mathrm{abs}(m)$。若 flag 缺省，则 r_x 不定标。M 和 flag 同样适用于求互相关函数。

求解例 1.6.4 的程序为 ep164.m，程序运行结果如图 1.6.4 和图 1.6.5 所示。

```
％例 1.6.4 求解程序 ep164.m
clear
N＝200;M＝50;              ％设置信号和噪声序列长度 N,y(n)自相关函数单边长度 M
A1＝sqrt(6/10^0.1);        ％S/R＝1 dB 时,计算噪声分布参数 A
n＝0:N-1;
w＝A1＊(rand(1,N)-0.5);    ％产生白噪声,均值为零,在[-A1/2,A1/2]上均匀分布
x＝sin(pi＊n/5);           ％产生信号 x(n)的 200 个值
y＝x+w;                    ％y(n)＝x(n)+w(n)
ry＝xcorr(y,M,'biased');   ％计算 y(n)的自相关函数的 2M+1 个值
```

m＝－M:M;　　　　　　　%自相关函数的2M+1个值对应的自变量 m＝－M，…，0，…，M

figure(1)

subplot(3,1,1);stem(n,w,'.');axis([1,100,－2,2]);

xlabel('n');ylabel('w(n)');title('(a)')

subplot(3,1,2);stem(n,y,'.');axis([1,100,－2,2]);

xlabel('n');ylabel('y(n)');title('(b)')

subplot(3,1,3);stem(m,ry,'.');

xlabel('m');ylabel('ry(m)');title('(c)')

%＝＝＝＝＝＝＝＝＝＝＝＝＝＝＝＝＝＝＝＝＝＝＝＝＝＝＝＝＝

A2＝sqrt(6/10^0.5);　　　　%S/N＝5 dB 时，计算噪声分布参数 A

w＝A2 * (rand(1,N)－0.5);　%产生白噪声，均值为零，在[－A2/2,A2/2]上均匀分布

y＝x＋w;　　　　　　　　%y(n)＝x(n)＋w(n)

ry＝xcorr(y,M,'biased');　%计算 y(n)自相关函数的2M+1个值

m＝－M:M;　　　　　　　%自相关函数的2M+1个值对应的自变量 m＝－M，…，0，…，M

figure(2)

subplot(3,1,1);stem(n,w,'.');axis([1,100,－2,2]);

xlabel('n');ylabel('w(n)');title('(a)')

subplot(3,1,2);stem(n,y,'.');axis([1,100,－2,2]);

xlabel('n');ylabel('y(n)');title('(b)')

subplot(3,1,3);stem(m,ry,'.');

xlabel('m');ylabel('ry(m)');title('(c)')

习题与上机题

1. 用单位脉冲序列 $\delta(n)$ 及其加权和表示题1图所示的序列。

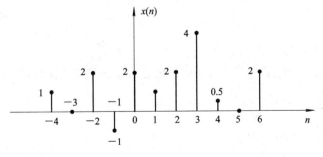

题 1 图

2. 给定信号：

$$x(n)=\begin{cases}2n+5 & -4\leqslant n\leqslant-1 \\ 6 & 0\leqslant n\leqslant 4 \\ 0 & 其他\end{cases}$$

(1) 画出 $x(n)$ 序列的波形，标上各序列值；

(2) 试用延迟的单位脉冲序列及其加权和表示 $x(n)$ 序列；

(3) 令 $x_1(n)=2x(n-2)$，试画出 $x_1(n)$ 波形；

(4) 令 $x_2(n)=2x(n+2)$，试画出 $x_2(n)$ 波形；

(5) 令 $x_3=x(2-n)$，试画出 $x_3(n)$ 波形。

3. 判断下面的序列是否是周期的；若是周期的，确定其周期。

(1) $x(n)=A\cos\left(\dfrac{3}{7}\pi n-\dfrac{\pi}{8}\right)$ A 是常数

(2) $x(n)=\mathrm{e}^{\mathrm{j}(\frac{1}{8}n-\pi)}$

4. 对题 1 图给出的 $x(n)$ 要求：

(1) 画出 $x(-n)$ 的波形；

(2) 计算 $x_\mathrm{e}(n)=\dfrac{1}{2}[x(n)+x(-n)]$，并画出 $x_\mathrm{e}(n)$ 波形；

(3) 计算 $x_\mathrm{o}(n)=\dfrac{1}{2}[x(n)-x(-n)]$，并画出 $x_\mathrm{o}(n)$ 波形；

(4) 令 $x_1(n)=x_\mathrm{e}(n)+x_\mathrm{o}(n)$，将 $x_1(n)$ 与 $x(n)$ 进行比较，你能得到什么结论？

5. 设系统分别用下面的差分方程描述，$x(n)$ 与 $y(n)$ 分别表示系统输入和输出，判断系统是否是线性非时变的。

(1) $y(n)=x(n)+2x(n-1)+3x(n-2)$

(2) $y(n)=2x(n)+3$

(3) $y(n)=x(n-n_0)$ n_0 为整常数

(4) $y(n)=x(-n)$

(5) $y(n)=x^2(n)$

(6) $y(n)=x(n^2)$

(7) $y(n)=\displaystyle\sum_{m=0}^{n}x(m)$

(8) $y(n)=x(n)\sin(\omega n)$

6. 给定下述系统的差分方程，试判定系统是否是因果稳定系统，并说明理由。

(1) $y(n)=\dfrac{1}{N}\displaystyle\sum_{k=0}^{N-1}x(n-k)$

(2) $y(n)=x(n)+x(n+1)$

(3) $y(n)=\displaystyle\sum_{k=n-n_0}^{n+n_0}x(k)$

(4) $y(n)=x(n-n_0)$

(5) $y(n)=\mathrm{e}^{x^2(n)}$

数字信号处理（第五版）

7. 设线性时不变系统的单位脉冲响应 $h(n)$ 和输入序列 $x(n)$ 如题 7 图所示，要求画出输出 $y(n)$ 的波形。

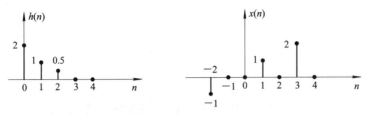

题 7 图

8. 设线性时不变系统的单位脉冲响应 $h(n)$ 和输入 $x(n)$ 分别有以下三种情况，分别求出输出 $y(n)$。

(1) $h(n) = R_4(n)$，$x(n) = R_5(n)$

(2) $h(n) = 2R_4(n)$，$x(n) = \delta(n) - \delta(n-2)$

(3) $h(n) = 0.5^n u(n)$，$x_n = R_5(n)$

9. 证明线性卷积服从交换律、结合律和分配律，即证明下面等式成立：

(1) $x(n) * h(n) = h(n) * x(n)$

(2) $x(n) * (h_1(n) * h_2(n)) = (x(n) * h_1(n)) * h_2(n)$

(3) $x(n) * (h_1(n) + h_2(n)) = x(n) * h_1(n) + x(n) * h_2(n)$

10. 设系统的单位脉冲响应 $h(n) = (3/8)0.5^n u(n)$，系统的输入 $x(n)$ 是一些观测数据，设 $x(n) = \{x_0, x_1, x_2, \cdots, x_k, \cdots\}$，试利用递推法求系统的输出 $y(n)$。递推时设系统初始状态为零状态。

11. 设系统由下面差分方程描述：

$$y(n) = \frac{1}{2}y(n-1) + x(n) + \frac{1}{2}x(n-1)$$

设系统是因果的，利用递推法求系统的单位脉冲响应。

12. 设系统用一阶差分方程 $y(n) = ay(n-1) + x(n)$ 描述，初始条件 $y(-1) = 0$，试分析该系统是否是线性非时变系统。

13. 有一连续信号 $x_a(t) = \cos(2\pi f t + \varphi)$，式中，$f = 20$ Hz，$\varphi = \pi/2$。

(1) 求出 $x_a(t)$ 的周期；

(2) 对 $x_a(t)$ 进行采样，采样间隔 $T = 0.02$ s，试写出采样信号 $\hat{x}_a(t)$ 的表达式；

(3) 画出对应 $\hat{x}_a(t)$ 的时域离散信号（序列）$x(n)$ 的波形，并求出 $x(n)$ 的周期。

14. 已知滑动平均滤波器的差分方程为

$$y(n) = \frac{1}{5}(x(n) + x(n-1) + x(n-2) + x(n-3) + x(n-4))$$

(1) 求出该滤波器的单位脉冲响应；

(2) 如果输入信号波形如题 14 图所示，试求出 $y(n)$ 并画出它的波形。

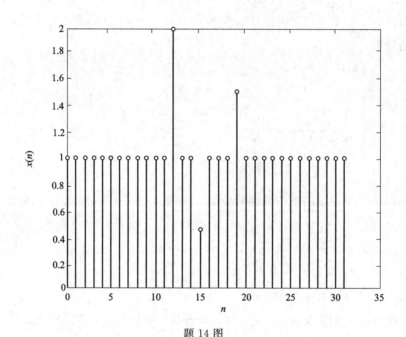

题 14 图

15*. 已知系统的差分方程和输入信号分别为

$$y(n) + \frac{1}{2}y(n-1) = x(n) + 2x(n-2)$$

$$x(n) = \{\underline{1},\, 2,\, 3,\, 4,\, 2,\, 1\}$$

用递推法计算系统的零状态响应。

16*. 已知两个系统的差分方程分别为

(1) $y(n) = 0.6y(n-1) - 0.08y(n-2) + x(n)$

(2) $y(n) = 0.7y(n-1) - 0.1y(n-2) + 2x(n) - x(n-2)$

分别求出所描述的系统的单位脉冲响应和单位阶跃响应。

17*. 已知系统的差分方程为

$$y(n) = -a_1 y(n-1) - a_2 y(n-2) + bx(n)$$

其中，$a_1 = -0.8$，$a_2 = 0.64$，$b = 0.866$。

(1) 编写求解系统单位脉冲响应 $h(n)(0 \leqslant n \leqslant 49)$ 的程序，并画出 $h(n)(0 \leqslant n \leqslant 49)$;

(2) 编写求解系统零状态单位阶跃响应 $s(n)(0 \leqslant n \leqslant 100)$ 的程序，并画出 $s(n)(0 \leqslant n \leqslant 100)$。

18*. 在题 18 图中，有四个分系统 T_1、T_2、T_3 和 T_4，四个分系统分别用下面的单位脉冲响应或者差分方程描述：

$$T_1: h_1(n) = \begin{cases} \dfrac{1}{2^n} & n = 0,1,2,3,4,5 \\ 0 & \text{其他} \end{cases}$$

$$T_2: h_2(n) = \begin{cases} 1 & n = 0,1,2,3,4,5 \\ 0 & \text{其他} \end{cases}$$

$$T_3: y_3(n) = \frac{1}{4}x(n) + \frac{1}{2}x(n-1) + \frac{1}{4}x(n-2)$$

$$T_4: y(n) = 0.9y(n-1) - 0.81y(n-2) + v(n) + v(n-1)$$

编写程序计算整个系统的单位脉冲响应 $h(n)$，$0 \leqslant n \leqslant 99$。

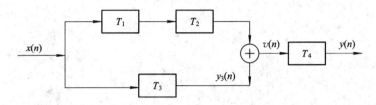

题 18 图

19. 已知序列 $x_1(n) = a^n u(n)$，$0 < a < 1$，$x_2(n) = u(n) - u(n-N)$，分别求它们的自相关函数，并证明二者都是偶对称的实序列。

20. 设 $x(n) = e^{-nT}$，$n = 0, 1, 2, \cdots, \infty$，$T$ 为采样间隔。求 $x(nT)$ 的自相关函数 $r_x(mT)$。

21. 已知 $x(n) = A\sin(2\pi f_1 nT) + B\sin(2\pi f_2 nT)$，其中 A，B，f_1，f_2 均为常数。求 $x(n)$ 的自相关函数 $r_x(m)$。

22*. 设 $x(n) = A\sin(\omega n) + w(n)$，其中 $\omega = \pi/6$，$w(n)$ 是均匀分布的白噪声。

(1) 调用 MATLAB 函数 rand，产生均匀分布，均值为 0，功率 $P = 0.1$ 的白噪声信号 $w(n)$，画出 $w(n)$ 的时域波形，并求 $w(n)$ 的自相关函数 $r_w(m)$，画出 $r_w(m)$ 的波形。

(2) 欲使 $x(n)$ 的信噪比为 10 dB，试确定 A 的值，编程产生 $x(n)$，画出 $x(n)$ 的时域波形，并求 $x(n)$ 的自相关函数 $r_x(m)$，画出 $r_x(m)$ 的波形，最后从 $r_x(m)$ 的波形确定 $x(n)$ 中正弦序列的周期 N。

第 1 章 时域离散信号和时域离散系统

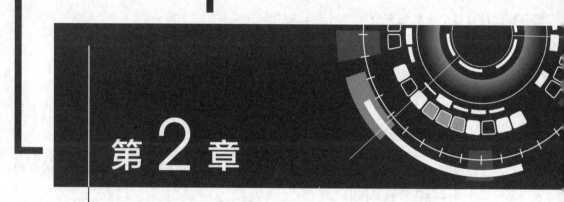

第2章

时域离散信号和系统的频域分析

2.1 引 言

我们知道，信号和系统的分析方法有两种，即时域分析方法和频域分析方法。在模拟领域中，信号一般用连续变量时间的函数表示，系统则用微分方程描述。在频率域，则用信号的傅里叶变换(Fourier Transform)或拉普拉斯变换表示。而在时域离散信号和系统中，信号用时域离散信号(序列)表示，系统则用差分方程描述。在频率域，则用信号的傅里叶变换或 Z 变换表示。

本章学习序列的傅里叶变换和 Z 变换，以及利用 Z 变换分析系统和信号频域特性。该章内容是本书也是数字信号处理的理论基础。

2.2 时域离散信号的傅里叶变换的定义及性质

时域离散信号不同于模拟信号，因此它们的傅里叶变换不相同，但都是线性变换，一部分性质是相同的。

2.2.1 时域离散信号傅里叶变换的定义

序列 $x(n)$ 的傅里叶变换定义为

$$X(e^{j\omega}) = FT[x(n)] = \sum_{n=-\infty}^{\infty} x(n)e^{-j\omega n} \tag{2.2.1}$$

FT 为 Fourier Transform 的缩写。$FT[x(n)]$ 存在的充分条件是序列 $x(n)$ 绝对可和，即满足下式：

$$\sum_{n=-\infty}^{\infty} |x(n)| < \infty \tag{2.2.2}$$

数字信号处理（第五版）

为了得到傅里叶反变换公式，对公式(2.2.1)两边同时乘以 $e^{j\omega n}$，并进行积分：

$$\int_{-\pi}^{\pi} X(e^{j\omega}) e^{j\omega n} d\omega = \int_{-\pi}^{\pi} \sum_{m=-\infty}^{\infty} x(m) e^{-j\omega m} e^{j\omega n} d\omega = \sum_{m=-\infty}^{\infty} x(m) \int_{-\pi}^{\pi} e^{j\omega(n-m)} d\omega$$

由于

$$\int_{-\pi}^{\pi} e^{j\omega(n-m)} d\omega = \int_{-\pi}^{\pi} [\cos\omega(n-m) + j\sin\omega(n-m)] d\omega$$

$$= \begin{cases} 2\pi, & m = n \\ 0, & m \neq n \end{cases}$$

所以

$$\int_{-\pi}^{\pi} X(e^{j\omega}) e^{j\omega n} d\omega = 2\pi x(n)$$

由此可得傅里叶反变换公式：

$$x(n) = \text{IFT}[X(e^{j\omega})] = \frac{1}{2\pi} \int_{-\pi}^{\pi} X(e^{j\omega}) e^{j\omega n} d\omega \qquad (2.2.3)$$

(2.2.1)式和(2.2.3)式组成一对傅里叶变换公式。(2.2.2)式是傅里叶变换存在的充分条件，有些函数(例如周期序列)并不满足(2.2.2)式，说明它的傅里叶变换不存在，但如果引入冲激函数，其傅里叶变换也可以用冲激函数的形式表示出来，这部分内容将在 2.3 节介绍。

【例 2.2.1】 设 $x(n) = R_N(n)$，求 $x(n)$ 的傅里叶变换。

解

$$X(e^{j\omega}) = \sum_{n=-\infty}^{\infty} R_N(n) e^{-j\omega n} = \sum_{n=0}^{N-1} e^{-j\omega n}$$

$$= \frac{1 - e^{-j\omega N}}{1 - e^{-j\omega}} = \frac{e^{-j\omega N/2} (e^{j\omega N/2} - e^{-j\omega N/2})}{e^{-j\omega/2} (e^{j\omega/2} - e^{-j\omega/2})}$$

$$= e^{-j(N-1)\omega/2} \frac{\sin(\omega N/2)}{\sin(\omega/2)} \qquad (2.2.4)$$

当 $N = 4$ 时，其幅度与相位随频率 ω 的变化曲线如图 2.2.1 所示。

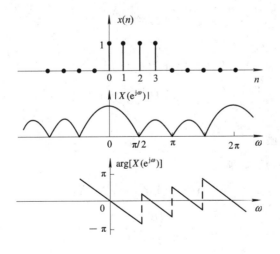

图 2.2.1 $R_4(n)$ 的幅度与相位曲线

2.2.2 时域离散信号傅里叶变换的性质

1. FT 的周期性

在定义(2.2.1)式中，n 取整数，因此下式成立：

$$X(e^{j\omega}) = \sum_{n=-\infty}^{\infty} x(n)e^{-j\omega n} = \sum_{n=-\infty}^{\infty} x(n)e^{-j(\omega+2\pi M)n}$$

$$= X(e^{j(\omega+2\pi M)}) \qquad M \text{ 为整数} \qquad (2.2.5)$$

观察上式，得到傅里叶变换是频率 ω 的周期函数，周期是 2π。这一特点不同于模拟信号的傅里叶变换。

由 FT 的周期性进一步分析得到，在 $\omega=0$ 和 $\omega=2\pi M$ 附近的频谱分布应是相同的（M 取整数），在 $\omega=0$，$\pm2\pi$，$\pm4\pi$，… 点上表示 $x(n)$ 信号的直流分量；离开这些点愈远，其频率愈高，但又是以 2π 为周期，那么最高的频率应是 $\omega=\pi$。另外要说明的是，所谓 $x(n)$ 的直流分量，是指如图 2.2.2(a)所示的波形。例如，$x(n)=\cos\omega n$，当 $\omega=2\pi M$，M 取整数时，$x(n)$ 的序列值如图 2.2.2(a)所示，它代表一个不随 n 变化的信号（直流信号）；当 $\omega=(2M+1)\pi$ 时，$x(n)$ 波形如图 2.2.2(b)所示，它代表最高频率信号，是一种变化最快的正弦信号。由于 FT 的周期是 2π，一般只分析 $-\pi\sim+\pi$ 之间或 $0\sim2\pi$ 范围的频谱就够了。

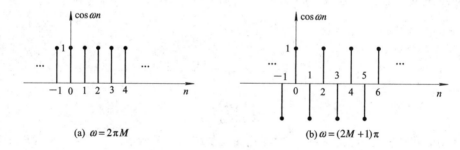

(a) $\omega=2\pi M$ (b) $\omega=(2M+1)\pi$

图 2.2.2 $\cos\omega n$ 的波形

2. 线性

设 $X_1(e^{j\omega})=\text{FT}[x_1(n)]$，$X_2(e^{j\omega})=\text{FT}[x_2(n)]$，那么

$$\text{FT}[ax_1(n)+bx_2(n)] = aX_1(e^{j\omega})+bX_2(e^{j\omega}) \qquad (2.2.6)$$

式中，a，b 是常数。

3. 时移与频移性质

设 $X(e^{j\omega})=\text{FT}[x(n)]$，那么

$$\text{FT}[x(n-n_0)] = e^{-j\omega n_0}X(e^{j\omega}) \qquad (2.2.7)$$

$$\text{FT}[e^{j\omega_0 n}x(n)] = X(e^{j(\omega-\omega_0)}) \qquad (2.2.8)$$

4. FT 的对称性

在学习 FT 的对称性之前，先介绍什么是共轭对称与共轭反对称，以及它的性质。

设序列 $x_e(n)$ 满足下式：

$$x_e(n) = x_e^*(-n) \tag{2.2.9}$$

则称 $x_e(n)$ 为共轭对称序列。为研究共轭对称序列具有什么性质，将 $x_e(n)$ 用其实部与虚部表示：

$$x_e(n) = x_{er}(n) + jx_{ei}(n)$$

将上式两边的 n 用 $-n$ 代替，并取共轭，得到：

$$x_e^*(-n) = x_{er}(-n) - jx_{ei}(-n)$$

对比上面两公式，因左边相等，因此得到：

$$x_{er}(n) = x_{er}(-n) \tag{2.2.10}$$

$$x_{ei}(n) = -x_{ei}(-n) \tag{2.2.11}$$

上面两式表明共轭对称序列其实部是偶函数，而虚部是奇函数。类似地，可定义满足下式的共轭反对称序列：

$$x_o(n) = -x_o^*(-n) \tag{2.2.12}$$

将 $x_o(n)$ 表示成实部与虚部，如下式：

$$x_o(n) = x_{or}(n) + jx_{oi}(n)$$

可以得到：

$$x_{or}(n) = -x_{or}(-n) \tag{2.2.13}$$

$$x_{oi}(n) = x_{oi}(-n) \tag{2.2.14}$$

即共轭反对称序列的实部是奇函数，而虚部是偶函数。

【例 2.2.2】 试分析 $x(n) = e^{j\omega n}$ 的对称性。

解 因为

$$x^*(-n) = e^{j\omega n} = x(n)$$

满足 (2.2.9) 式，所以 $x(n)$ 是共轭对称序列，如展成实部与虚部，则得到：

$$x(n) = \cos\omega n + j\sin\omega n$$

上式表明，共轭对称序列的实部确实是偶函数，虚部是奇函数。

一般序列可用共轭对称与共轭反对称序列之和表示，即

$$x(n) = x_e(n) + x_o(n) \tag{2.2.15}$$

式中，$x_e(n)$ 和 $x_o(n)$ 可以分别用原序列 $x(n)$ 求出，将 (2.2.15) 式中的 n 用 $-n$ 代替，再取共轭，得到：

$$x^*(-n) = x_e(n) - x_o(n) \tag{2.2.16}$$

利用 (2.2.15) 和 (2.2.16) 式，得到：

$$x_e(n) = \frac{1}{2}[x(n) + x^*(-n)] \tag{2.2.17}$$

$$x_o(n) = \frac{1}{2}[x(n) - x^*(-n)] \tag{2.2.18}$$

利用上面两式，可以用 $x(n)$ 分别求出 $x(n)$ 的共轭对称分量 $x_e(n)$ 和共轭反对称分量 $x_o(n)$。

对于频域函数 $X(e^{j\omega})$，也有和上面类似的概念和结论：

$$X(e^{j\omega}) = X_e(e^{j\omega}) + X_o(e^{j\omega}) \tag{2.2.19}$$

式中，$X_e(e^{j\omega})$ 与 $X_o(e^{j\omega})$ 分别称为共轭对称部分和共轭反对称部分，它们满足：

$$X_e(e^{j\omega}) = X_e^*(e^{-j\omega}) \tag{2.2.20}$$

$$X_o(e^{j\omega}) = -X_o^*(e^{-j\omega}) \tag{2.2.21}$$

同样有下面公式成立：

$$X_e(e^{j\omega}) = \frac{1}{2}[X(e^{j\omega}) + X^*(e^{-j\omega})] \tag{2.2.22}$$

$$X_o(e^{j\omega}) = \frac{1}{2}[X(e^{j\omega}) - X^*(e^{-j\omega})] \tag{2.2.23}$$

有了上面的概念和结论，下面研究 FT 的对称性。

(1) 将序列 $x(n)$ 分成实部 $x_r(n)$ 与虚部 $x_i(n)$，即

$$x(n) = x_r(n) + jx_i(n)$$

将上式进行傅里叶变换，得到：

$$X(e^{j\omega}) = X_e(e^{j\omega}) + X_o(e^{j\omega})$$

式中

$$X_e(e^{j\omega}) = FT[x_r(n)] = \sum_{n=-\infty}^{\infty} x_r(n)e^{-j\omega n}$$

$$X_o(e^{j\omega}) = FT[jx_i(n)] = j\sum_{n=-\infty}^{\infty} x_i(n)e^{-j\omega n}$$

上面两式中，$x_r(n)$ 和 $x_i(n)$ 都是实数序列。容易证明：$X_e(e^{j\omega})$ 满足(2.2.20)式，具有共轭对称性，它的实部是偶函数，虚部是奇函数；$X_o(e^{j\omega})$ 满足(2.2.21)式，具有共轭反对称性质，它的实部是奇函数，虚部是偶函数。

最后得到结论：序列分成实部与虚部两部分，实部对应的傅里叶变换具有共轭对称性，虚部和 j 一起对应的傅里叶变换具有共轭反对称性。

(2) 将序列分成共轭对称部分 $x_e(n)$ 和共轭反对称部分 $x_o(n)$，即

$$x(n) = x_e(n) + x_o(n) \tag{2.2.24}$$

将(2.2.17)和(2.2.18)式重写如下：

$$x_e(n) = \frac{1}{2}[x(n) + x^*(-n)]$$

$$x_o(n) = \frac{1}{2}[x(n) - x^*(-n)]$$

将上面两式分别进行傅里叶变换，得到：

$$FT[x_e(n)] = \frac{1}{2}[X(e^{j\omega}) + X^*(e^{j\omega})] = Re[X(e^{j\omega})] = X_R(e^{j\omega}) \tag{2.2.25a}$$

$$FT[x_o(n)] = \frac{1}{2}[X(e^{j\omega}) - X^*(e^{j\omega})] = jIm[X(e^{j\omega})] = jX_I(e^{j\omega}) \tag{2.2.25b}$$

因此(2.2.24)式的 FT 为

$$X(e^{j\omega}) = X_R(e^{j\omega}) + jX_I(e^{j\omega}) \tag{2.2.25c}$$

(2.2.25)式表示：序列 $x(n)$ 的共轭对称部分 $x_e(n)$ 对应着 $X(e^{j\omega})$ 的实部 $X_R(e^{j\omega})$，而序

列 $x(n)$ 的共轭反对称部分 $x_o(n)$ 对应着 $X(e^{j\omega})$ 的虚部(包括 j)。

下面我们利用 FT 的对称性，分析实序列 $h(n)$ 的对称性，并推导其偶函数 $h_e(n)$ 和奇函数 $h_o(n)$ 与 $h(n)$ 之间的关系。

因为 $h(n)$ 是实序列，其 FT 只有共轭对称部分 $H_e(e^{j\omega})$，共轭反对称部分为零。

$$H(e^{j\omega}) = H_e(e^{j\omega})$$

$$H(e^{j\omega}) = H^*(e^{-j\omega})$$

因此实序列的 FT 是共轭对称函数，其实部是偶函数，虚部是奇函数，用公式表示为

$$H_R(e^{j\omega}) = H_R(e^{-j\omega})$$

$$H_I(e^{j\omega}) = -H_I(e^{-j\omega})$$

显然，其模的平方 $|H(e^{j\omega})|^2 = H_R^2(e^{j\omega}) + H_I^2(e^{j\omega})$ 是偶函数，相位函数 $\arg[H(e^{j\omega})] = \arctan[H_I(e^{j\omega})/H_R(e^{j\omega})]$ 是奇函数，这和实模拟信号的 FT 有同样的结论。

如果 $h(n)$ 为实因果序列，按照 $(2.2.17)$ 和 $(2.2.18)$ 式得到：

$$h(n) = h_e(n) + h_o(n)$$

$$h_e(n) = \frac{1}{2}[h(n) + h(-n)]$$

$$h_o(n) = \frac{1}{2}[h(n) - h(-n)]$$

因为 $h(n)$ 是实因果序列，按照上面两式，$h_e(n)$ 和 $h_o(n)$ 可用下式表示：

$$h_e(n) = \begin{cases} h(0) & n = 0 \\ \dfrac{1}{2}h(n) & n > 0 \\ \dfrac{1}{2}h(-n) & n < 0 \end{cases} \tag{2.2.26}$$

$$h_o(n) = \begin{cases} 0 & n = 0 \\ \dfrac{1}{2}h(n) & n > 0 \\ -\dfrac{1}{2}h(-n) & n < 0 \end{cases} \tag{2.2.27}$$

按照上面两式，实因果序列 $h(n)$ 可以分别用 $h_e(n)$ 和 $h_o(n)$ 表示为

$$h(n) = h_e(n)u_+(n) \tag{2.2.28}$$

$$h(n) = h_o(n)u_+(n) + h(0)\delta(n) \tag{2.2.29}$$

式中

$$u_+(n) = \begin{cases} 2 & n > 0 \\ 1 & n = 0 \\ 0 & n < 0 \end{cases} \tag{2.2.30}$$

因为 $h(n)$ 是实序列，上面公式中 $h_e(n)$ 是偶函数，$h_o(n)$ 是奇函数。按照 $(2.2.28)$ 式，实因果序列完全由其偶序列恢复，但按照 $(2.2.27)$ 式，$h_o(n)$ 中缺少 $n=0$ 点 $h(n)$ 的信息。因此由 $h_o(n)$ 恢复 $h(n)$ 时，要补充一点 $h(n)\delta(n)$ 信息。

【例 2.2.3】 $x(n)=a^n u(n)$, $0<a<1$。求其偶对称分量 $x_e(n)$ 和奇对称分量 $x_o(n)$。

解 $$x(n)=x_e(n)+x_o(n)$$

按(2.2.26)式,得到:

$$x_e(n)=\begin{cases} x(0) & n=0 \\ \dfrac{1}{2}x(n) & n>0 \\ \dfrac{1}{2}x(-n) & n<0 \end{cases}=\begin{cases} 1 & n=0 \\ \dfrac{1}{2}a^n & n>0 \\ \dfrac{1}{2}a^{-n} & n<0 \end{cases}$$

按(2.2.27)式,得到:

$$x_o(n)=\begin{cases} 0 & n=0 \\ \dfrac{1}{2}x(n) & n>0 \\ -\dfrac{1}{2}x(-n) & n<0 \end{cases}=\begin{cases} 0 & n=0 \\ \dfrac{1}{2}a^n & n>0 \\ -\dfrac{1}{2}a^{-n} & n<0 \end{cases}$$

$x(n)$、$x_e(n)$ 和 $x_o(n)$ 波形如图 2.2.3 所示。

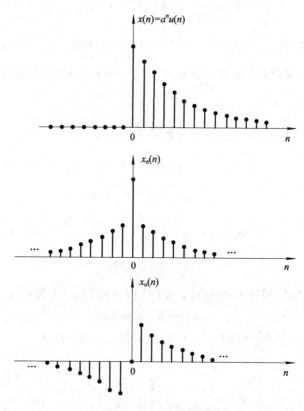

图 2.2.3 例 2.2.3 图

5. 时域卷积定理

设 $$y(n)=x(n)*h(n)$$

则 $$Y(e^{j\omega})=X(e^{j\omega})H(e^{j\omega}) \tag{2.2.31}$$

证明
$$y(n) = \sum_{m=-\infty}^{\infty} x(m)h(n-m)$$

$$Y(e^{j\omega}) = FT[y(n)] = \sum_{n=-\infty}^{\infty} \left[\sum_{m=-\infty}^{\infty} x(m)h(n-m) \right] e^{-j\omega n}$$

令 $k = n - m$，则

$$Y(e^{j\omega}) = \sum_{k=-\infty}^{\infty} \sum_{m=-\infty}^{\infty} h(k)x(m)e^{-j\omega k} e^{-j\omega m} = \sum_{k=-\infty}^{\infty} h(k)e^{-j\omega k} \sum_{m=-\infty}^{\infty} x(m)e^{-j\omega m}$$

$$= H(e^{j\omega})X(e^{j\omega})$$

该定理说明，两序列卷积的 FT 服从相乘的关系。对于线性时不变系统，输出的 FT 等于输入信号的 FT 乘以单位脉冲响应的 FT。因此，在求系统的输出信号时，可以在时域用卷积公式(1.3.7)计算，也可以在频域按照(2.2.31)式，求出输出的 FT，再作逆 FT，求出输出信号 $y(n)$。

6. 频域卷积定理

设
$$y(n) = h(n)x(n)$$

则

$$Y(e^{j\omega}) = \frac{1}{2\pi}H(e^{j\omega}) * X(e^{j\omega}) = \frac{1}{2\pi}\int_{-\pi}^{\pi} H(e^{j\theta})X(e^{j(\omega-\theta)}) \, d\theta \qquad (2.2.32)$$

证明

$$Y(e^{j\omega}) = \sum_{n=-\infty}^{\infty} x(n)h(n)e^{-j\omega n} = \sum_{n=-\infty}^{\infty} x(n)\left[\frac{1}{2\pi}\int_{-\pi}^{\pi} H(e^{j\theta})e^{j\theta n} d\theta \right] e^{-j\omega n} \qquad (2.2.33)$$

交换积分与求和的次序，得到：

$$Y(e^{j\omega}) = \frac{1}{2\pi}\int_{-\pi}^{\pi} H(e^{j\theta})\left[\sum_{n=-\infty}^{\infty} x(n)e^{-j(\omega-\theta)n} \right] d\theta = \frac{1}{2\pi}\int_{-\pi}^{\pi} H(e^{j\theta})X(e^{j(\omega-\theta)}) d\theta$$

$$= \frac{1}{2\pi}H(e^{j\omega}) * X(e^{j\omega}) \qquad (2.2.34)$$

该定理表明，在时域两序列相乘，转移到频域时服从卷积关系。

7. 帕斯瓦尔(Parseval)定理

$$\sum_{n=-\infty}^{\infty} |x(n)|^2 = \frac{1}{2\pi}\int_{-\pi}^{\pi} |X(e^{j\omega})|^2 d\omega \qquad (2.2.35)$$

证明

$$\sum_{n=-\infty}^{\infty} |x(n)|^2 = \sum_{n=-\infty}^{\infty} x(n)x^*(n) = \sum_{n=-\infty}^{\infty} x^*(n)\left[\frac{1}{2\pi}\int_{-\pi}^{\pi} X(e^{j\omega})e^{j\omega n} d\omega \right]$$

$$= \frac{1}{2\pi}\int_{-\pi}^{\pi} X(e^{j\omega}) \sum_{n=-\infty}^{\infty} x^*(n)e^{j\omega n} d\omega$$

$$= \frac{1}{2\pi}\int_{-\pi}^{\pi} X(e^{j\omega})X^*(e^{j\omega}) d\omega$$

$$= \frac{1}{2\pi}\int_{-\pi}^{\pi} |X(e^{j\omega})|^2 d\omega$$

帕斯维尔定理表明了信号时域的能量与频域的能量关系。

表 2.2.1 综合了 FT 的性质，这些性质在分析问题和实际应用中是很重要的。

表 2.2.1　序列傅里叶变换的性质和定理

序　列	傅里叶变换
$x(n)$	$X(e^{j\omega})$
$y(n)$	$Y(e^{j\omega})$
$ax(n)+by(n)$	$aX(e^{j\omega})+bY(e^{j\omega})$　　a、b 为常数
$x(n-n_0)$	$e^{-j\omega n_0}X(e^{j\omega})$
$x(n)e^{j\omega_0 n}$	$X(e^{j(\omega-\omega_0)})$
$x^*(n)$	$X^*(e^{-j\omega})$
$x(-n)$	$X(e^{-j\omega})$
$x(n)*y(n)$	$X(e^{j\omega})Y(e^{j\omega})$
$x(n)y(n)$	$\dfrac{1}{2\pi}\displaystyle\int_{-\pi}^{\pi}X(e^{j\theta})Y(e^{j(\omega-\theta)})\mathrm{d}\theta$
$nx(n)$	$j\dfrac{\mathrm{d}X(e^{j\omega})}{\mathrm{d}\omega}$
$\mathrm{Re}[x(n)]$	$X_e(e^{j\omega})$
$j\mathrm{Im}[x(n)]$	$X_o(e^{j\omega})$
$x_e(n)$	$\mathrm{Re}[X(e^{j\omega})]$
$x_o(n)$	$j\mathrm{Im}[X(e^{j\omega})]$
帕斯瓦尔定理：$\displaystyle\sum_{n=-\infty}^{\infty}\mid x(n)\mid^2=\dfrac{1}{2\pi}\int_{-\pi}^{\pi}\mid X(e^{j\omega})\mid^2\mathrm{d}\omega$	

2.3　周期序列的离散傅里叶级数及傅里叶变换表示式

因为周期序列不满足(2.2.2)式绝对可和的条件，因此它的 FT 并不存在，但由于是周期性的，可以展成离散傅里叶级数，引入奇异函数 $\delta(\omega)$，其 FT 可以用公式表示出来。

2.3.1　周期序列的离散傅里叶级数

设 $\widetilde{x}(n)$ 是以 N 为周期的周期序列，可以展成离散傅里叶级数。我们知道 $\widetilde{x}(n)$ 的基波成分为 $e_1(n)=a_1 e^{j(2\pi/N)n}$，$k$ 次谐波成分为 $e_k(n)=a_k e^{j(2\pi/N)kn}$。又因为 $e^{j(2\pi/N)(k+N)n}=e^{j(2\pi/N)kn}$，所以，离散傅里叶级数中只有 N 个独立的谐波成分，展成离散傅里叶级数时，只能取 $k=0\sim N-1$ 的 N 个独立的谐波分量，$k=0$ 表示周期序列的直流成分。因此，$\widetilde{x}(n)$ 展成离散傅里叶级数如下：

$$\widetilde{x}(n)=\sum_{k=0}^{N-1}a_k e^{j\frac{2\pi}{N}kn} \tag{2.3.1}$$

为求系数 a_k，将上式两边乘以 $\mathrm{e}^{-\mathrm{j}\frac{2\pi}{N}mn}$，并对 n 在一个周期 N 中求和，即

$$\sum_{n=0}^{N-1}\widetilde{x}(n)\mathrm{e}^{-\mathrm{j}\frac{2\pi}{N}mn}=\sum_{n=0}^{N-1}\left[\sum_{k=0}^{N-1}a_k\mathrm{e}^{\mathrm{j}\frac{2\pi}{N}kn}\right]\mathrm{e}^{-\mathrm{j}\frac{2\pi}{N}mn}=\sum_{k=0}^{N-1}a_k\sum_{n=0}^{N-1}\mathrm{e}^{\mathrm{j}\frac{2\pi}{N}(k-m)n}$$

式中

$$\sum_{n=0}^{N-1}\mathrm{e}^{\mathrm{j}\frac{2\pi}{N}(k-m)n}=\begin{cases}N & k=m \\ 0 & k\neq m\end{cases} \tag{2.3.2}$$

(2.3.2)式的证明作为练习请读者自己证明。因此

$$a_k=\frac{1}{N}\sum_{n=0}^{N-1}\widetilde{x}(n)\mathrm{e}^{-\mathrm{j}\frac{2\pi}{N}kn} \qquad 0\leqslant k\leqslant N-1 \tag{2.3.3}$$

式中，k 和 n 均取整数。因为 $\mathrm{e}^{-\mathrm{j}\frac{2\pi}{N}(k+lN)n}=\mathrm{e}^{-\mathrm{j}\frac{2\pi}{N}kn}$，$l$ 取整数，即 $\mathrm{e}^{-\mathrm{j}\frac{2\pi}{N}kn}$ 是周期为 N 的周期函数。所以，系数 a_k 也是周期序列，满足 $a_k=a_{k+lN}$。

为了与第 3 章介绍的离散傅里叶变换（DFT）相比较，令 $\widetilde{X}(k)=Na_k$，并将(2.3.3)式代入，得到：

$$\widetilde{X}(k)=\sum_{n=0}^{N-1}\widetilde{x}(n)\mathrm{e}^{-\mathrm{j}\frac{2\pi}{N}kn} \qquad -\infty<k<\infty \tag{2.3.4}$$

式中，$\widetilde{X}(k)$ 也是以 N 为周期的周期序列，称为 $\widetilde{x}(n)$ 的离散傅里叶级数系数，用 DFS（Discrete Fourier Series）表示。

用 $\frac{1}{N}\widetilde{X}(k)$ 代替(2.3.1)式中的 a_k，得到：

$$\widetilde{x}(n)=\frac{1}{N}\sum_{k=0}^{N-1}\widetilde{X}(k)\mathrm{e}^{\mathrm{j}\frac{2\pi}{N}kn} \tag{2.3.5}$$

将(2.3.4)式和(2.3.5)式重写如下：

$$\widetilde{X}(k)=\mathrm{DFS}[\widetilde{x}(n)]=\sum_{n=0}^{N-1}\widetilde{x}(n)\mathrm{e}^{-\mathrm{j}\frac{2\pi}{N}kn} \tag{2.3.6}$$

$$\widetilde{x}(n)=\mathrm{IDFS}[\widetilde{X}(k)]=\frac{1}{N}\sum_{k=0}^{N-1}\widetilde{X}(k)\mathrm{e}^{\mathrm{j}\frac{2\pi}{N}kn} \tag{2.3.7}$$

(2.3.6)式和(2.3.7)式称为一对 DFS。(2.3.5)式表明将周期序列分解成 N 次谐波，第 k 个谐波频率为 $\omega_k=(2\pi/N)k$，$k=0,1,2,\cdots,N-1$，幅度为 $(1/N)\widetilde{X}(k)$。基波分量的频率是 $2\pi/N$，幅度是 $(1/N)\widetilde{X}(1)$。一个周期序列可以用其 DFS 系数 $\widetilde{X}(k)$ 表示它的频谱分布规律。

【例 2.3.1】 设 $x(n)=R_4(n)$，将 $x(n)$ 以 $N=8$ 为周期进行周期延拓，得到如图 2.3.1 (a)所示的周期序列 $\widetilde{x}(n)$，周期为 8，求 $\mathrm{DFS}[\widetilde{x}(n)]$。

解 按照(2.3.6)式，有

$$\widetilde{X}(k)=\sum_{n=0}^{7}\widetilde{x}(n)\mathrm{e}^{-\mathrm{j}\frac{2\pi}{8}kn}=\sum_{n=0}^{3}\mathrm{e}^{-\mathrm{j}\frac{\pi}{4}kn}=\frac{1-\mathrm{e}^{-\mathrm{j}\frac{\pi}{4}k\cdot4}}{1-\mathrm{e}^{-\mathrm{j}\frac{\pi}{4}k}}=\frac{1-\mathrm{e}^{-\mathrm{j}\pi k}}{1-\mathrm{e}^{-\mathrm{j}\frac{\pi}{4}k}}$$

$$=\frac{\mathrm{e}^{-\mathrm{j}\frac{\pi}{2}k}(\mathrm{e}^{\mathrm{j}\frac{\pi}{2}k}-\mathrm{e}^{-\mathrm{j}\frac{\pi}{2}k})}{\mathrm{e}^{-\mathrm{j}\frac{\pi}{8}k}(\mathrm{e}^{\mathrm{j}\frac{\pi}{8}k}-\mathrm{e}^{-\mathrm{j}\frac{\pi}{8}k})}=\mathrm{e}^{-\mathrm{j}\frac{3}{8}\pi k}\frac{\sin\frac{\pi}{2}k}{\sin\frac{\pi}{8}k}$$

其幅度特性 $|\widetilde{X}(k)|$ 如图 2.3.1(b)所示。

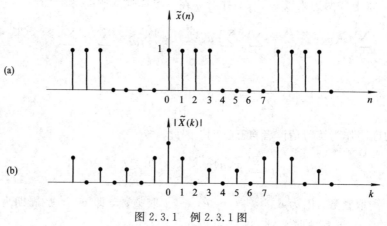

图 2.3.1　例 2.3.1 图

2.3.2　周期序列的傅里叶变换表示式

在模拟系统中(见参考文献[28])，$x_a(t)=\mathrm{e}^{\mathrm{j}\Omega_0 t}$，其傅里叶变换是在 $\Omega=\Omega_0$ 处的单位冲激函数，强度是 2π，即

$$X_a(\mathrm{j}\Omega) = \mathrm{FT}[x_a(t)] = \int_{-\infty}^{\infty} \mathrm{e}^{\mathrm{j}(\Omega_0-\Omega)t}\,\mathrm{d}t = 2\pi\delta(\Omega-\Omega_0) \tag{2.3.8}$$

对于时域离散信号，$x(n)=\mathrm{e}^{\mathrm{j}\omega_0 n}$，$-\pi\leqslant\omega_0\leqslant\pi$，$2\pi/\omega_0$ 为有理数，暂时假定其 FT 的形式与(2.3.8)式一样，即是在 $\omega=\omega_0$ 处的单位冲激函数，其强度为 2π。但由于 n 取整数，下式成立：

$$\mathrm{e}^{\mathrm{j}\omega_0 n} = \mathrm{e}^{\mathrm{j}(\omega_0+2\pi r)n} \qquad r\text{ 取整数}$$

因此 $\mathrm{e}^{\mathrm{j}\omega_0 n}$ 的 FT 为

$$X(\mathrm{e}^{\mathrm{j}\omega}) = \mathrm{FT}[\mathrm{e}^{\mathrm{j}\omega_0 n}] = \sum_{r=-\infty}^{\infty} 2\pi\delta(\omega-\omega_0-2\pi r) \tag{2.3.9}$$

(2.3.9)式表示复指数序列的 FT 是在 $\omega_0+2\pi r$ 处的单位冲激函数，强度为 2π，如图 2.3.2 所示。但这种假定如果成立，则要求按照(2.3.9)式的逆变换必须存在，且唯一等于 $\mathrm{e}^{\mathrm{j}\omega_0 n}$，下面进行验证。按照 IFT 定义，对(2.3.9)式两边进行 IFT，得到：

$$\frac{1}{2\pi}\int_{-\pi}^{\pi} X(\mathrm{e}^{\mathrm{j}\omega})\mathrm{e}^{\mathrm{j}\omega n}\,\mathrm{d}\omega = \frac{1}{2\pi}\int_{-\pi}^{\pi}\sum_{r=-\infty}^{\infty} 2\pi\delta(\omega-\omega_0-2\pi r)\mathrm{e}^{\mathrm{j}\omega n}\,\mathrm{d}\omega$$

观察图 2.3.2，在 $-\pi\sim+\pi$ 区间，只包括一个单位冲激函数 $\delta(\omega-\omega_0)$，等式右边为 $\mathrm{e}^{\mathrm{j}\omega_0 n}$，因此得到下式：

$$\mathrm{e}^{\mathrm{j}\omega_0 n} = \frac{1}{2\pi}\int_{-\pi}^{\pi} X(\mathrm{e}^{\mathrm{j}\omega})\mathrm{e}^{\mathrm{j}\omega n}\,\mathrm{d}\omega = \mathrm{IFT}[X(\mathrm{e}^{\mathrm{j}\omega})]$$

证明了(2.3.9)式确实是 $\mathrm{e}^{\mathrm{j}\omega_0 n}$ 的 FT，前面的暂时假定是正确的。

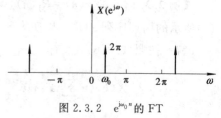

图 2.3.2　$\mathrm{e}^{\mathrm{j}\omega_0 n}$ 的 FT

对于一般周期序列 $\widetilde{x}(n)$，按(2.3.7)式展成 DFS，第 k 次谐波为 $(\widetilde{X}(k)/N)\mathrm{e}^{\mathrm{j}\frac{2\pi}{N}kn}$，类似于复指数序列的 FT，其 FT 为

数字信号处理（第五版）

$$\frac{2\pi \widetilde{X}(k)}{N} \sum_{r=-\infty}^{\infty} \delta\left(\omega - \frac{2\pi}{N}k - 2\pi r\right)$$

因此 $\widetilde{x}(n)$ 的 FT 如下式：

$$X(\mathrm{e}^{\mathrm{j}\omega}) = \mathrm{FT}[\widetilde{x}(n)] = \sum_{k=0}^{N-1} \frac{2\pi \widetilde{X}(k)}{N} \sum_{r=-\infty}^{\infty} \delta\left(\omega - \frac{2\pi}{N}k - 2\pi r\right)$$

式中，$k=0$，1，2，$\cdots$，$N-1$。如果让 k 在 $-\infty \sim \infty$ 区间变化，上式可简化成

$$X(\mathrm{e}^{\mathrm{j}\omega}) = \frac{2\pi}{N} \sum_{k=-\infty}^{\infty} \widetilde{X}(k)\delta\left(\omega - \frac{2\pi}{N}k\right) \tag{2.3.10}$$

式中

$$\widetilde{X}(k) = \sum_{n=0}^{N-1} \widetilde{x}(n)\mathrm{e}^{-\mathrm{j}\frac{2\pi}{N}kn}$$

(2.3.10)式就是周期序列的傅里叶变换表示式。需要说明的是，上面公式中的 $\delta(\omega)$ 表示单位冲激函数，而 $\delta(n)$ 表示单位脉冲序列，由于括弧中的自变量不同，因而不会引起混淆。

表 2.3.2 中综合了一些基本序列的 FT。

表 2.3.2 基本序列的傅里叶变换

序　　列	傅里叶变换
$\delta(n)$	1
$a^n u(n)$ 　　 $\lvert a \rvert < 1$	$(1 - a\mathrm{e}^{-\mathrm{j}\omega})^{-1}$
$R_N(n)$	$\mathrm{e}^{-\mathrm{j}(N-1)\omega/2} \dfrac{\sin(\omega N/2)}{\sin(\omega/2)}$
$u(n)$	$(1 - \mathrm{e}^{-\mathrm{j}\omega})^{-1} + \displaystyle\sum_{k=-\infty}^{\infty} \pi\delta(\omega - 2\pi k)$
$x(n) = 1$	$2\pi \displaystyle\sum_{k=-\infty}^{\infty} \delta(\omega - 2\pi k)$
$\mathrm{e}^{\mathrm{j}\omega_0 n}$ 　 $2\pi/\omega_0$ 为有理数，$\omega_0 \in [-\pi, \pi]$	$2\pi \displaystyle\sum_{l=-\infty}^{\infty} \delta(\omega - \omega_0 - 2\pi l)$
$\cos\omega_0 n$ 　 $2\pi/\omega_0$ 为有理数，$\omega_0 \in [-\pi, \pi]$	$\pi \displaystyle\sum_{l=-\infty}^{\infty} [\delta(\omega - \omega_0 - 2\pi l) + \delta(\omega + \omega_0 - 2\pi l)]$
$\sin\omega_0 n$ 　 π/ω_0 为有理数，$\omega_0 \in [-\pi, \pi]$	$-\mathrm{j}\pi \displaystyle\sum_{l=-\infty}^{\infty} [\delta(\omega - \omega_0 - 2\pi l) - \delta(\omega + \omega_0 - 2\pi l)]$

表中 $u(n)$ 序列的傅里叶变换推导如下：

用 $x(n)$ 表示 $u(n)$ 的交流分量，$u(n)$ 的直流分量为 $1/2$，所以，

$$x(n) = u(n) - \frac{1}{2} \tag{2.3.11}$$

用差分关系求 $x(n)$ 的 FT：

$$x(n-1) = u(n-1) - \frac{1}{2}$$

$$x(n) - x(n-1) = u(n) - u(n-1) = \delta(n) \tag{2.3.12}$$

对(2.3.12)式进行 FT，得到：

$$X(e^{j\omega}) = \frac{1}{1 - e^{-j\omega}}$$

应当注意，如果信号有直流分量，差分运算就丢失了直流信息，所以不能用上述方法。对 (2.3.11)式进行 FT，得到：

$$X(e^{j\omega}) = U(e^{j\omega}) - \pi \sum_{k=-\infty}^{\infty} \delta(\omega - 2\pi k)$$

$$U(e^{j\omega}) = \frac{1}{1 - e^{-j\omega}} + \sum_{k=-\infty}^{\infty} \pi \delta(\omega - 2\pi k)$$

【例 2.3.2】 求例 2.3.1 中周期序列的 FT。

解 将例 2.3.1 中得到的 $\tilde{X}(k)$ 代入(2.3.10)式中，得到：

$$X(e^{j\omega}) = \frac{\pi}{4} \sum_{k=-\infty}^{\infty} e^{-j\frac{3}{8}\pi k} \frac{\sin(\pi k/2)}{\sin(\pi k/8)} \delta\left(\omega - \frac{\pi}{4}k\right)$$

其幅频特性如图 2.3.3 所示。

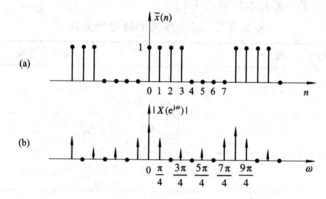

图 2.3.3 例 2.3.2 图

对比图 2.3.1，对于同一个周期信号，其 DFS 和 FT 的模的形状是一样的，不同的是 FT 用单位冲激函数表示(用带箭头的竖线表示)。因此周期序列的频谱分布用其 DFS 或者 FT 表示都可以，但画图时应注意单位冲激函数的画法。

【例 2.3.3】 令 $\tilde{x}(n) = \cos\omega_0 n$，$2\pi/\omega_0$ 为有理数，求其 FT。

解 将 $\tilde{x}(n)$ 用欧拉公式展开：

$$\tilde{x}(n) = \frac{1}{2}[e^{j\omega_0 n} + e^{-j\omega_0 n}]$$

按照(2.3.9)式，其 FT 推导如下：

$$X(e^{j\omega}) = \mathrm{FT}[\cos\omega_0 n] = \frac{1}{2} \cdot 2\pi \sum_{r=-\infty}^{\infty} [\delta(\omega - \omega_0 - 2\pi r) + \delta(\omega + \omega_0 - 2\pi r)]$$

$$= \pi \sum_{r=-\infty}^{\infty} [\delta(\omega - \omega_0 - 2\pi r) + \delta(\omega + \omega_0 - 2\pi r)] \tag{2.3.13}$$

(2.3.13)式表明，$\cos\omega_0 n$ 的 FT 是在 $\omega = \pm\omega_0$ 处的单位冲激函数，强度为 π，且以 2π 为周期进行延拓，如图 2.3.4 所示。

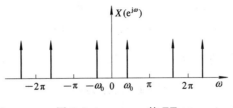

图 2.3.4 $\cos\omega_0 n$ 的 FT

2.4 时域离散信号的傅里叶变换与模拟信号
傅里叶变换之间的关系

时域离散信号与模拟信号是两种不同的信号，傅里叶变换也不同，如果时域离散信号是由某模拟信号采样得来，那么时域离散信号的傅里叶变换和该模拟信号的傅里叶变换之间有一定的关系。下面推导这一关系式。

公式 $x(n)=x_a(t)|_{t=nT}=x_a(nT)$ 表示了由采样得到的时域离散信号和模拟信号的关系，而理想采样信号 $\hat{x}_a(t)$ 和模拟信号的关系用(1.5.2)式表示，重写如下：

$$\hat{x}_a(t) = \sum_{n=-\infty}^{\infty} x_a(nT)\delta(t-nT)$$

对上式进行傅里叶变换，得到：

$$\hat{X}_a(j\Omega) = \int_{-\infty}^{\infty} \hat{x}_a(t)e^{-j\Omega t}\,dt = \int_{-\infty}^{\infty}\left[\sum_{n=-\infty}^{\infty} x_a(nT)\delta(t-nT)\right]e^{-j\Omega t}\,dt$$

$$= \sum_{n=-\infty}^{\infty} x_a(nT)\int_{-\infty}^{\infty}\delta(t-nT)e^{-j\Omega t}\,dt$$

$$= \sum_{n=-\infty}^{\infty} x_a(nT)e^{-j\Omega nT}\int_{-\infty}^{\infty}\delta(t-nT)\,dt$$

$$= \sum_{n=-\infty}^{\infty} x_a(nT)e^{-j\Omega nT}$$

对比(2.2.1)式，并令 $\omega=\Omega T$，且 $x(n)=x_a(nT)$，得到：

$$X(e^{j\Omega T}) = \hat{X}_a(j\Omega) \tag{2.4.1}$$

由(1.5.5)式得

$$X(e^{j\Omega T}) = \frac{1}{T}\sum_{k=-\infty}^{\infty} X_a(j\Omega - jk\Omega_s) \tag{2.4.2}$$

式中

$$\Omega_s = 2\pi F_s = \frac{2\pi}{T}$$

(2.4.2)式也可以表示成

$$X(e^{j\omega}) = \hat{X}(j\Omega)\big|_{\Omega=\frac{\omega}{T}} = \frac{1}{T}\sum_{k=-\infty}^{\infty} X_a\left(j\frac{\omega-2\pi k}{T}\right) \tag{2.4.3}$$

(2.4.1)、(2.4.2)和(2.4.3)式均表示时域离散信号的傅里叶变换和模拟信号傅里叶变换之间的关系。由这些关系式可以得出两点结论。一点结论是时域离散信号的频谱也是模拟信号频谱的周期性延拓，周期为 $\Omega_s=2\pi F_s=\dfrac{2\pi}{T}$，因此由模拟信号进行采样得到时域离散信号时，同样要满足前面推导出的采样定理，采样频率必须大于等于模拟信号最高频率的 2 倍以上，否则也会产生频域混叠现象，频率混叠在 $\Omega_s/2$ 附近最严重，在数字域则是在 π 附近最严重。另一点结论是计算模拟信号的 FT 可以用计算相应的时域离散信号的 FT 得到，方法是：首先按照采样定理，以模拟信号最高频率的两倍以上频率对模拟信号进行采样得到时域离散信号，再通过计算机对该时域离散信号进行 FT，得到它的频谱函数，截取 $[-\pi,\pi]$ 上的主值区，再乘以采样间隔 T 便得到模拟信号的 FT，注意关系式 $\omega=\Omega T$。

　　按照数字频率和模拟频率之间的关系，在一些文献中经常使用归一化频率 $f'=f/F_s$ 或 $\Omega'=\Omega/\Omega_s$，$\omega'=\omega/2\pi$，因为 f'、Ω' 和 ω' 都是无量纲量，刻度是一样的，将 f、Ω、ω、f'、Ω'、ω' 的定标值对应关系用图 2.4.1 表示。

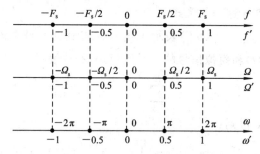

图 2.4.1　模拟频率与数字频率之间的定标关系

　　图 2.4.1 表明，模拟折叠频率 $F_s/2$ 对应数字频率 π；如果采样定理满足，则要求模拟最高频率 f_c 不能超过 $F_s/2$；如果不满足采样定理，则会在 $\omega=\pi$ 附近，或者 $f=F_s/2$ 附近引起频率混叠。以上几个频率之间的定标关系很重要，尤其在模拟信号数字处理中，经常需要了解它们的对应关系。

2.5　序列的 Z 变换

　　在模拟信号和系统中，用傅里叶变换进行频域分析，拉普拉斯变换可作为傅里叶变换的推广，对信号和系统进行复频域分析。在时域离散信号和系统中，用序列的傅里叶变换进行频域分析，Z 变换则是其推广，用以对序列和系统进行复频域分析。通过 Z 变换，时域离散信号的卷积运算变成乘法运算，系统的差分方程变成代数方程，从而使分析更加方便。因此 Z 变换在数字信号处理中同样起着很重要的作用。

2.5.1　Z 变换的定义

　　序列 $x(n)$ 的 Z 变换定义为

$$X(z) \stackrel{\text{def}}{=} \sum_{n=-\infty}^{\infty} x(n)z^{-n} \qquad (2.5.1)$$

式中，z 是一个复变量，它所在的复平面称为 z 平面。注意在定义中，对 n 求和是在 $-\infty$、$+\infty$ 之间求和，称为双边 Z 变换。还有一种称为单边 Z 变换的定义，如下式：

$$X(z) \stackrel{\text{def}}{=} \sum_{n=0}^{\infty} x(n)z^{-n} \qquad (2.5.2)$$

这种单边 Z 变换的求和限是从零到无限大，因此对于因果序列，用两种 Z 变换定义计算的结果是一样的。本书中如不另外说明，均用双边 Z 变换对信号和系统进行分析。

(2.5.1)式 Z 变换存在的条件是等号右边级数收敛，要求级数绝对可和，即

$$\sum_{n=-\infty}^{\infty} |x(n)z^{-n}| < \infty \qquad (2.5.3)$$

使(2.5.3)式成立时，变量 z 取值的域称为 Z 变换的收敛域。一般收敛域为环状域，即

$$R_{x-} < |z| < R_{x+}$$

令 $z = re^{j\omega}$，代入上式得到 $R_{x-} < r < R_{x+}$，收敛域是分别以 R_{x+} 和 R_{x-} 为收敛半径的两个圆形成的环状域（如图 2.5.1 中所示的斜线部分）。当然，R_{x-} 可以小到零，R_{x+} 可以大到无穷大。收敛域的示意图如图 2.5.1 所示。

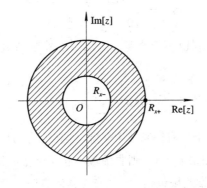

图 2.5.1　Z 变换的收敛域

常用的 Z 变换是一个有理函数，用两个多项式之比表示：

$$X(z) = \frac{P(z)}{Q(z)}$$

分子多项式 $P(z)$ 的根是 $X(z)$ 的零点，分母多项式 $Q(z)$ 的根是 $X(z)$ 的极点。在极点处 Z 变换不存在，因此收敛域中没有极点，收敛域总是用极点限定其边界。

对比序列的傅里叶变换定义(2.2.1)式，很容易得到傅里叶变换和 Z 变换(ZT)之间的关系，用下式表示：

$$X(e^{j\omega}) = X(z)\,|_{z=e^{j\omega}} \qquad (2.5.4)$$

式中，$z = e^{j\omega}$ 表示在 z 平面上 $r = 1$ 的圆，该圆称为单位圆。(2.5.4)式表明单位圆上的 Z 变换就是序列的傅里叶变换。如果已知序列的 Z 变换，就可用(2.5.4)式很方便地求出序列的傅里叶变换，条件是收敛域中包含单位圆。

【例 2.5.1】　$x(n) = u(n)$，求其 Z 变换。

$$\textbf{解} \qquad X(z) = \sum_{n=-\infty}^{\infty} u(n) z^{-n} = \sum_{n=0}^{\infty} z^{-n}$$

$X(z)$存在的条件是$|z^{-1}|<1$，因此收敛域为$|z|>1$，因此

$$X(z) = \frac{1}{1-z^{-1}} \qquad |z|>1$$

$X(z)$表达式表明，极点是$z=1$，单位圆上的 Z 变换不存在，或者说收敛域不包含单位圆，因此其傅里叶变换不存在，更不能用(2.5.4)式求傅里叶变换。该序列的傅里叶变换不存在，但如果引进奇异函数$\delta(\omega)$，其傅里叶变换则可以表示出来(见表 2.3.2)。该例同时说明一个序列的傅里叶变换不存在，但在一定收敛域内 Z 变换是可以存在的。

2.5.2 序列特性对收敛域的影响

序列的特性决定其 Z 变换收敛域，了解序列特性与收敛域的一般关系，对使用 Z 变换是很有帮助的。

1. 有限长序列

如序列$x(n)$满足下式：

$$x(n) = \begin{cases} x(n) & n_1 \leqslant n \leqslant n_2 \\ 0 & \text{其他} \end{cases}$$

即序列$x(n)$从n_1到n_2的序列值不全为零，此范围之外序列值为零，这样的序列称为有限长序列。其 Z 变换为

$$X(z) = \sum_{n=n_1}^{n_2} x(n) z^{-n}$$

设$x(n)$为有界序列，由于是有限项求和，除 0 与∞两点是否收敛与n_1、n_2取值情况有关外，整个 z 平面均收敛。如果$n_1<0$，则收敛域不包括∞点；如果$n_2>0$，则收敛域不包括$z=0$点；如果是因果序列，收敛域包括$z=\infty$点。具体有限长序列的收敛域表示如下：

$$n_1 < 0, n_2 \leqslant 0 \text{ 时}, 0 \leqslant |z| < \infty$$
$$n_1 < 0, n_2 > 0 \text{ 时}, 0 < |z| < \infty$$
$$n_1 \geqslant 0, n_2 > 0 \text{ 时}, 0 < |z| \leqslant \infty$$

【例 2.5.2】 求$x(n)=R_N(n)$的 Z 变换及其收敛域。

$$\textbf{解} \qquad X(z) = \sum_{n=-\infty}^{\infty} R_N(n) z^{-n} = \sum_{n=0}^{N-1} z^{-n} = \frac{1-z^{-N}}{1-z^{-1}}$$

这是一个因果的有限长序列，因此收敛域为$0<z\leqslant\infty$。但由结果的分母可以看出，似乎$z=1$是$X(z)$的极点，但同时分子多项式在$z=1$时也有一个零点，极、零点对消，$X(z)$在单位圆上仍存在，求$R_N(n)$的傅里叶变换，可将$z=e^{j\omega}$代入$X(z)$得到，其结果和例题 2.2.1 中的结果(2.2.4)式是相同的。

2. 右序列

右序列是指在$n \geqslant n_1$时，序列值不全为零，而在$n < n_1$时，序列值全为零的序列。右序

列的 Z 变换表示为

$$X(z) = \sum_{n=n_1}^{\infty} x(n)z^{-n} = \sum_{n=n_1}^{-1} x(n)z^{-n} + \sum_{n=0}^{\infty} x(n)z^{-n}$$

第一项为有限长序列,设 $n_1 \leqslant -1$,其收敛域为 $0 \leqslant |z| < \infty$。第二项为因果序列,其收敛域为 $R_{x-} < |z| \leqslant \infty$,$R_{x-}$ 是第二项最小的收敛半径。将两收敛域相与,其收敛域为 $R_{x-} < |z| < \infty$。如果是因果序列,收敛域为 $R_{x-} < |z| \leqslant \infty$。

【例 2.5.3】 求 $x(n) = a^n u(n)$ 的 Z 变换及其收敛域。

解
$$X(z) = \sum_{n=-\infty}^{\infty} a^n u(n)z^{-n} = \sum_{n=0}^{\infty} a^n z^{-n} = \frac{1}{1-az^{-1}}$$

在收敛域中必须满足 $|az^{-1}| < 1$,因此收敛域为 $|z| > |a|$。

3. 左序列

左序列是指在 $n \leqslant n_2$ 时,序列值不全为零,而在 $n > n_2$ 时,序列值全为零的序列。左序列的 Z 变换表示为

$$X(z) = \sum_{n=-\infty}^{n_2} x(n)z^{-n}$$

如果 $n_2 \leqslant 0$,$z=0$ 点收敛,$z=\infty$ 点不收敛,其收敛域是在某一圆(半径为 R_{x+})的圆内,收敛域为 $0 \leqslant |z| < R_{x+}$。如果 $n_2 > 0$,则收敛域为 $0 < |z| < R_{x+}$。

【例 2.5.4】 求 $x(n) = -a^n u(-n-1)$ 的 Z 变换及其收敛域。

解 这里 $x(n)$ 是一个左序列,当 $n \geqslant 0$ 时,$x(n) = 0$,

$$X(z) = \sum_{n=-\infty}^{\infty} -a^n u(-n-1)z^{-n} = \sum_{n=-\infty}^{-1} -a^n z^{-n} = \sum_{n=1}^{\infty} -a^{-n} z^n$$

$X(z)$ 存在要求 $|a^{-1}z| < 1$,即收敛域为 $|z| < |a|$,因此

$$X(z) = \frac{-a^{-1}z}{1-a^{-1}z} = \frac{1}{1-az^{-1}} \qquad |z| < |a|$$

4. 双边序列

一个双边序列可以看做是一个左序列和一个右序列之和,其 Z 变换表示为

$$X(z) = \sum_{n=-\infty}^{\infty} x(n)z^{-n} = X_1(z) + X_2(z)$$

$$X_1(z) = \sum_{n=-\infty}^{-1} x(n)z^{-n} \qquad 0 \leqslant |z| < R_{x+}$$

$$X_2(z) = \sum_{n=0}^{\infty} x(n)z^{-n} \qquad R_{x-} < |z| \leqslant \infty$$

$X(z)$ 的收敛域是 $X_1(z)$ 和 $X_2(z)$ 收敛域的交集。如果 $R_{x+} > R_{x-}$,则其收敛域为 $R_{x-} < |z| < R_{x+}$,是一个环状域;如果 $R_{x+} < R_{x-}$,两个收敛域没有交集,$X(z)$ 则没有收敛域,因此 $X(z)$ 不存在。

【例 2.5.5】 $x(n) = a^{|n|}$,a 为实数,求 $x(n)$ 的 Z 变换及其收敛域。

解
$$X(z) = \sum_{n=-\infty}^{\infty} a^{|n|} z^{-n} = \sum_{n=-\infty}^{-1} a^{-n} z^{-n} + \sum_{n=0}^{\infty} a^n z^{-n}$$
$$= \sum_{n=1}^{\infty} a^n z^n + \sum_{n=0}^{\infty} a^n z^{-n}$$

第一部分收敛条件为 $|az|<1$，得到的收敛域为 $|z|<|a|^{-1}$；第二部分收敛条件为 $|az^{-1}|<1$，得到的收敛域为 $|z|>|a|$。如果 $|a|<1$，两部分的公共收敛域为 $|a|<|z|<|a|^{-1}$，其 Z 变换如下式：

$$X(z) = \frac{az}{1-az} + \frac{1}{1-az^{-1}} = \frac{1-a^2}{(1-az)(1-az^{-1})} \qquad |a|<|z|<|a|^{-1}$$

如果 $|a| \geqslant 1$，则无公共收敛域，因此 $X(z)$ 不存在。当 $0<a<1$ 时，$x(n)$ 的波形及 $X(z)$ 的收敛域如图 2.5.2 所示。

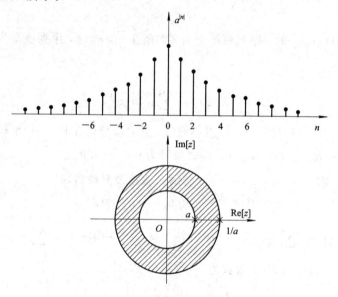

图 2.5.2 例 2.5.5 图

我们注意到，例 2.5.3 和例 2.5.4 的序列是不同的，即一个是左序列，一个是右序列，但其 Z 变换 $X(z)$ 的函数表示式相同，仅收敛域不同。换句话说，同一个 Z 变换函数表达式，收敛域不同，对应的序列是不相同的。所以，$X(z)$ 的函数表达式及其收敛域是一个不可分离的整体，求 Z 变换就包括求其收敛域。

此外，收敛域中无极点，收敛域总是以极点为界的。如果求出序列的 Z 变换，找出其极点，则可以根据序列的特性，较简单地确定其收敛域。例如在例 2.5.3 中，其极点为 $z=a$，根据 $x(n)$ 是一个因果性序列，其收敛域必为：$|z|>|a|$；又例如在例 2.5.4 中，其极点为 $z=a$，但 $x(n)$ 是一个左序列，收敛域一定在某个圆内，即 $|z|<|a|$。

2.5.3 逆 Z 变换

已知序列的 Z 变换 $X(z)$ 及其收敛域，求原序列 $x(n)$ 的过程称为求**逆 Z 变换**。重写 $x(n)$ 的 Z 变换定义(2.5.1)式如下：

$$X(z) = \sum_{n=-\infty}^{\infty} x(n)z^{-n} \qquad R_{x-} < \mid z \mid < R_{x+}$$

对(2.5.1)式两端乘以 z^{n-1}，n 为任一整数，并在 $X(z)$ 的收敛域上进行积分，得

$$\oint_c X(z)z^{n-1}\mathrm{d}z = \oint_c \Big[\sum_{m=-\infty}^{\infty} x(m)z^{-m}\Big]z^{n-1}\mathrm{d}z = \sum_{m=-\infty}^{\infty} x(m)\oint_c z^{n-m-1}\mathrm{d}z$$

式中积分路径 c 是 $X(z)$ 收敛域中一条包围原点的逆时针方向的闭合围线，如图 2.5.3 所示。根据复变函数理论中的柯西公式，只有当 $n-m-1=-1$，即 $m=n$ 时，$\oint_c z^{n-m-1}\mathrm{d}z = 2\pi\mathrm{j}$，否则，$\oint_c z^{n-m-1}\mathrm{d}z = 0$。考虑到 m 是整数，所以，求和式中除了 $m=n$ 以外，其余各项全为零，于是有

$$\oint_c X(z)z^{n-1}\mathrm{d}z = 2\pi\mathrm{j}x(n)$$

所以

$$x(n) = \mathrm{IZT}[X(z)] = \frac{1}{2\pi\mathrm{j}}\oint_c X(z)z^{n-1}\mathrm{d}z \qquad (2.5.5)$$

(2.5.5)式就是**逆 Z 变换公式**。

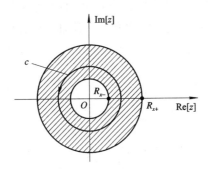

图 2.5.3　围线积分路径

计算逆 Z 变换的方法有留数法、部分分式展开法和幂级数法(长除法)。下面仅介绍留数法和部分分式展开法，重点放在留数法。

1. 用留数定理求逆 Z 变换

求逆 Z 变换时，直接计算(2.5.5)式给出的围线积分是比较麻烦的，用留数定理求则很容易。为了书写简单，用 $F(z)$ 表示被积函数：$F(z) = X(z)z^{n-1}$。

如果 $F(z)$ 在围线 c 内的极点用 z_k 表示，根据留数定理有

$$\frac{1}{2\pi\mathrm{j}}\oint_c X(z)z^{n-1}\mathrm{d}z = \sum_k \mathrm{Res}[F(z), z_k] \qquad (2.5.6)$$

式中，$\mathrm{Res}[F(z), z_k]$ 表示被积函数 $F(z)$ 在极点 $z=z_k$ 的留数，逆 Z 变换是围线 c 内所有的极点留数之和。

如果 z_k 是单阶极点，则根据留数定理有

$$\mathrm{Res}[F(z), z_k] = (z-z_k) \cdot F(z) \mid_{z=z_k} \qquad (2.5.7)$$

如果 z_k 是 m 阶极点，则根据留数定理有

$$\text{Res}[F(z), z_k] = \frac{1}{(m-1)!} \frac{\mathrm{d}^{m-1}}{\mathrm{d}z^{m-1}}[(z-z_k)^m F(z)]\mid_{z=z_k} \qquad (2.5.8)$$

(2.5.8)式表明，对于 m 阶极点，需要求 $m-1$ 次导数，这是比较麻烦的。如果 c 内有多阶极点，而 c 外没有多阶极点，则可以根据留数辅助定理改求 c 外的所有极点留数之和，使问题简单化。

如果 $F(z)$ 在 z 平面上有 N 个极点，在收敛域内的封闭曲线 c 将 z 平面上的极点分成两部分：一部分是 c 内极点，设有 N_1 个极点，用 z_{1k} 表示；另一部分是 c 外极点，设有 N_2 个，用 z_{2k} 表示。$N=N_1+N_2$。根据留数辅助定理，下式成立：

$$\sum_{k=1}^{N_1} \text{Res}[F(z), z_{1k}] = -\sum_{k=1}^{N_2} \text{Res}[F(z), z_{2k}] \qquad (2.5.9)$$

注意：(2.5.9)式成立的条件是 $F(z)$ 的分母阶次应比分子阶次高二阶或二阶以上。设 $X(z)=P(z)/Q(z)$，$P(z)$ 和 $Q(z)$ 分别是 z 的 M 和 N 阶多项式。(2.5.9)式成立的条件是

$$N-M-n+1 \geqslant 2$$

因此要求

$$n < N-M \qquad (2.5.10)$$

如果满足(2.5.10)式，c 内极点中有多阶极点，而 c 外没有多阶极点，则逆 Z 变换的计算可以按照(2.5.9)式，改求 c 圆外极点留数之和，最后加一个负号。

【例 2.5.6】 已知 $X(z)=(1-az^{-1})^{-1}$，$|z|>|a|$，求其逆 Z 变换 $x(n)$。

解
$$x(n) = \frac{1}{2\pi\mathrm{j}} \oint_c (1-az^{-1})^{-1} z^{n-1} \mathrm{d}z$$

$$F(z) = \frac{1}{1-az^{-1}} z^{n-1} = \frac{z^n}{z-a}$$

为了用留数定理求解，先找出 $F(z)$ 的极点。显然，$F(z)$ 的极点与 n 的取值有关。

极点有两个：$z=a$；当 $n<0$ 时，其中 $z=0$ 的极点和 n 的取值有关。$n\geqslant0$ 时，$z=0$ 不是极点；$n<0$ 时，$z=0$ 是一个 n 阶极点。因此，分成 $n\geqslant0$ 和 $n<0$ 两种情况求 $x(n)$。

$n\geqslant0$ 时，$F(z)$ 在 c 内只有 1 个极点：$z_1=a$；

$n<0$ 时，$F(z)$ 在 c 内有 2 个极点：$z_1=a$，$z_2=0(n$ 阶$)$；

所以，应当分段计算 $x(n)$。

$n\geqslant0$ 时，

$$x(n) = \text{Res}[F(z), a] = (z-a)\frac{z^n}{z-a}\bigg|_{z=a} = a^n$$

$n<0$ 时，$z=0$ 是 n 阶极点，不易求留数。采用留数辅助定理求解，先检查(2.5.10)式是否满足。该例题中 $N=M=1$，$N-M=0$，所以 $n<0$ 时，满足(2.5.10)式，可以采用留数辅助定理求解，改求 c 外极点留数，但对于 $F(z)$，该例题中圆外没有极点（见图 2.5.4），故 $n<0$，$x(n)=0$。最后得到该例题

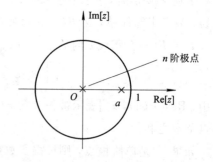

图 2.5.4　例 2.5.6 中 $n<0$ 时 $F(z)$ 的极点分布

的原序列为

$$x(n) = a^n u(n)$$

事实上，该例题由于收敛域是$|z| > a$，根据前面分析的序列特性对收敛域的影响知道，$x(n)$一定是因果序列，这样$n < 0$部分一定为零，无需再求。本例如此求解是为了证明用留数辅助定理求解的正确性。

【**例 2.5.7**】 已知$X(z) = \dfrac{1 - a^2}{(1 - az)(1 - az^{-1})}$，$|a| < 1$，求其逆变换$x(n)$。

解 该例题没有给定收敛域，为求出唯一的原序列$x(n)$，必须先确定收敛域。分析$X(z)$，得到其极点分布如图 2.5.5 所示。图中有两个极点：$z_1 = a$和$z_2 = a^{-1}$，这样收敛域有三种选法，它们是

(1) $|z| > |a^{-1}|$，对应的$x(n)$是因果序列；

(2) $|z| < |a|$，对应的$x(n)$是左序列；

(3) $|a| < |z| < |a^{-1}|$，对应的$x(n)$是双边序列。

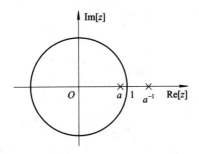

图 2.5.5 例 2.5.7 中$X(z)$的极点

下面分别按照不同的收敛域求其$x(n)$。

(1) 收敛域为$|z| > |a^{-1}|$：

$$F(z) = \frac{1 - a^2}{(1 - az)(1 - az^{-1})} z^{n-1} = \frac{1 - a^2}{-a(z - a)(z - a^{-1})} z^n$$

这种情况的原序列是因果的右序列，无须求$n < 0$时的$x(n)$。当$n \geqslant 0$时，$F(z)$在c内有两个极点：$z = a$和$z = a^{-1}$，因此

$$\begin{aligned}
x(n) &= \mathrm{Res}[F(z), a] + \mathrm{Res}[F(z), a^{-1}] \\
&= \left. \frac{(1 - a^2)z^n}{(z - a)(1 - az)}(z - a) \right|_{z=a} + \left. \frac{(1 - a^2)z^n}{-a(z - a)(z - a^{-1})}(z - a^{-1}) \right|_{z=a^{-1}} \\
&= a^n - a^{-n}
\end{aligned}$$

最后表示成：$x(n) = (a^n - a^{-n})u(n)$。

(2) 收敛域为$|z| < |a|$：

这种情况原序列是左序列，无须计算$n \geqslant 0$情况。实际上，当$n \geqslant 0$时，围线c内没有极点，因此$x(n) = 0$。$n < 0$时，c内只有一个极点$z = 0$，且是n阶极点，改求c外极点留数之和。

$n < 0$时，$F(z)$满足(2.5.10)式，所以按(2.5.9)式计算$x(n)$：

$$x(n) = -\operatorname{Res}[F(z), a] - \operatorname{Res}[F(z), a^{-1}]$$

$$= -\left.\frac{(1-a^2)z^n}{-a(z-a)(z-a^{-1})}(z-a)\right|_{z=a} - \left.\frac{(1-a^2)z^n}{-a(z-a)(z-a^{-1})}(z-a^{-1})\right|_{z=a^{-1}}$$

$$= -a^n - (-a^{-n}) = a^{-n} - a^n$$

最后将 $x(n)$ 表示成封闭式：

$$x(n) = (a^{-n} - a^n)u(-n-1)$$

（3）收敛域为 $|a| < |z| < |a^{-1}|$：

这种情况对应的 $x(n)$ 是双边序列。根据被积函数 $F(z)$，按 $n \geq 0$ 和 $n < 0$ 两种情况分别求 $x(n)$。

$n \geq 0$ 时，c 内只有 1 个极点：$z = a$，

$$x(n) = \operatorname{Res}[F(z), a] = a^n$$

$n < 0$ 时，c 内极点有 2 个，其中 $z = 0$ 是 n 阶极点，改求 c 外极点留数，c 外极点只有 $z = a^{-1}$，因此

$$x(n) = -\operatorname{Res}[F(z), a^{-1}] = a^{-n}$$

最后将 $x(n)$ 表示为

$$x(n) = \begin{cases} a^n & n \geq 0 \\ a^{-n} & n < 0 \end{cases}$$

即

$$x(n) = a^{|n|}$$

2. 部分分式展开法

对于大多数单阶极点的 $X(z)$，常常也用部分分式展开法求逆 Z 变换。

设 $x(n)$ 的 Z 变换 $X(z)$ 是有理函数，分母多项式是 N 阶，分子多项式是 M 阶，将 $X(z)$ 展成一些简单的常用的部分分式之和，通过查表（参考表 2.5.1）求得各部分的逆变换，再相加便得到原序列 $x(n)$。设 $X(z)$ 只有 N 个一阶极点，可展成下式：

$$X(z) = A_0 + \sum_{m=1}^{N} \frac{A_m z}{z - z_m} \tag{2.5.11}$$

$$\frac{X(z)}{z} = \frac{A_0}{z} + \sum_{m=1}^{N} \frac{A_m}{z - z_m} \tag{2.5.12}$$

观察上式，$X(z)/z$ 在 $z = 0$ 的极点留数就是系数 A_0，在极点 $z = z_m$ 的留数就是系数 A_m。

$$A_0 = \operatorname{Res}\left[\frac{X(z)}{z}, 0\right] \tag{2.5.13}$$

$$A_m = \operatorname{Res}\left[\frac{X(z)}{z}, z_m\right] \tag{2.5.14}$$

求出 A_m 系数 $(m = 0, 1, 2, \cdots, N)$ 后，查表 2.5.1 可求得序列 $x(n)$。

【例 2.5.8】 已知 $X(z) = \dfrac{5z^{-1}}{1 + z^{-1} - 6z^{-2}}$，$2 < |z| < 3$，求逆 Z 变换。

解 $$\frac{X(z)}{z}=\frac{5z^{-2}}{1+z^{-1}-6z^{-2}}=\frac{5}{z^2+z-6}=\frac{5}{(z-2)(z+3)}=\frac{A_1}{z-2}+\frac{A_2}{z+3}$$

$$A_1=\mathrm{Res}\left[\frac{X(z)}{z},\,2\right]=\frac{X(z)}{z}(z-2)\bigg|_{z=2}=1$$

$$A_2=\mathrm{Res}\left[\frac{X(z)}{z},\,-3\right]=\frac{X(z)}{z}(z+3)\bigg|_{z=-3}=-1$$

$$\frac{X(z)}{z}=\frac{1}{z-2}-\frac{1}{z+3}$$

$$X(z)=\frac{1}{1-2z^{-1}}-\frac{1}{1+3z^{-1}}$$

因为收敛域为 $2<|z|<3$，第一部分极点是 $z=2$，因此收敛域为 $|z|>2$。第二部分极点是 $z=-3$，收敛域应取 $|z|<3$。查表 2.5.1，得到：

$$x(n)=2^nu(n)+(-3)^nu(-n-1)$$

注意：在进行部分分式展开时，也用到求留数问题；求各部分分式对应的原序列时，还要确定它的收敛域在哪里，因此一般情况下不如直接用留数法求方便。

一些常见序列的 Z 变换可参考表 2.5.1。

表 2.5.1　常见序列的 Z 变换

序　列	Z　变　换	收　敛　域
$\delta(n)$	1	整体 z 平面
$u(n)$	$\dfrac{1}{1-z^{-1}}$	$\|z\|>1$
$a^nu(n)$	$\dfrac{1}{1-az^{-1}}$	$\|z\|>\|a\|$
$R_N(n)$	$\dfrac{1-z^{-N}}{1-z^{-1}}$	$\|z\|>0$
$-a^nu(-n-1)$	$\dfrac{1}{1-az^{-1}}$	$\|z\|<\|a\|$
$nu(n)$	$\dfrac{z^{-1}}{(1-z^{-1})^2}$	$\|z\|>1$
$na^nu(n)$	$\dfrac{az^{-1}}{(1-az^{-1})^2}$	$\|z\|>\|a\|$
$e^{j\omega_0 n}u(n)$	$\dfrac{1}{1-e^{j\omega_0}z^{-1}}$	$\|z\|>1$
$\sin(\omega_0 n)u(n)$	$\dfrac{z^{-1}\sin\omega_0}{1-2z^{-1}\cos\omega_0+z^{-2}}$	$\|z\|>1$
$\cos(\omega_0 n)u(n)$	$\dfrac{1-z^{-1}\cos\omega_0}{1-2z^{-1}\cos\omega_0+z^{-2}}$	$\|z\|>1$

2.5.4　Z 变换的性质和定理

下面介绍 Z 变换重要的性质和定理。

1. 线性性质

设

$$m(n)=ax(n)+by(n) \qquad a,b \text{ 为常数}$$
$$X(z)=\text{ZT}[x(n)] \qquad R_{x-}<|z|<R_{x+}$$
$$Y(z)=\text{ZT}[y(n)] \qquad R_{y-}<|z|<R_{y+}$$

则

$$M(z)=\text{ZT}[m(n)]=aX(z)+bY(z) \qquad R_{m-}<|z|<R_{m+} \qquad (2.5.15)$$
$$R_{m+}=\min[R_{x+},R_{y+}]$$
$$R_{m-}=\max[R_{x-},R_{y-}]$$

这里，$M(z)$ 的收敛域 (R_{m-},R_{m+}) 是 $X(z)$ 和 $Y(z)$ 的公共收敛域，如果没有公共收敛域，例如当 $R_{x+}>R_{x-}>R_{y+}>R_{y-}$ 时，则 $M(z)$ 不存在。

2. 序列的移位性质

设

$$X(z)=\text{ZT}[x(n)] \qquad R_{x-}<|z|<R_{x+}$$

则

$$\text{ZT}[x(n-n_0)]=z^{-n_0}X(z) \qquad R_{x-}<|z|<R_{x+} \qquad (2.5.16)$$

3. 序列乘以指数序列的性质

设

$$X(z)=\text{ZT}[x(n)] \qquad R_{x-}<|z|<R_{x+}$$
$$y(n)=a^n x(n) \qquad a \text{ 为常数}$$

则

$$Y(z)=\text{ZT}[a^n x(n)]=X(a^{-1}z) \qquad |a|R_{x-}<|z|<|a|R_{x+} \qquad (2.5.17)$$

证明 $\quad Y(z)=\displaystyle\sum_{n=-\infty}^{\infty}a^n x(n)z^{-n}=\sum_{n=-\infty}^{\infty}x(n)(a^{-1}z)^{-n}=X(a^{-1}z)$

因为 $R_{x-}<|a^{-1}z|<R_{x+}$，得到 $|a|R_{x-}<|z|<|a|R_{x+}$。

4. 序列乘以 n 的 ZT

设

$$X(z)=\text{ZT}[x(n)] \qquad R_{x-}<|z|<R_{x+}$$

则

$$\text{ZT}[nx(n)]=-z\frac{\text{d}X(z)}{\text{d}z} \qquad R_{x-}<|z|<R_{x+} \qquad (2.5.18)$$

证明 $\quad \dfrac{\text{d}X(z)}{\text{d}z}=\dfrac{\text{d}}{\text{d}z}\left[\displaystyle\sum_{n=-\infty}^{\infty}x(n)z^{-n}\right]=\sum_{n=-\infty}^{\infty}x(n)\dfrac{\text{d}}{\text{d}z}[z^{-n}]$

$$=-\sum_{n=-\infty}^{\infty}nx(n)z^{-n-1}=-z^{-1}\sum_{n=-\infty}^{\infty}nx(n)z^{-n}$$

$$=-z^{-1}\text{ZT}[nx(n)]$$

因此

$$ZT[nx(n)] = -z\frac{\mathrm{d}X(z)}{\mathrm{d}z}$$

由于 $X(z)$ 是 z 的幂级数,其导函数是具有相同收敛域的另一个幂级数,故(2.5.18)式的收敛域与 $X(z)$ 相同。

5. 复共轭序列的 ZT

设

$$X(z) = ZT[x(n)] \qquad R_{x-} < |z| < R_{x+}$$

则

$$ZT[x^*(n)] = X^*(z^*) \qquad R_{x-} < |z| < R_{x+} \qquad (2.5.19)$$

证明
$$ZT[x^*(n)] = \sum_{n=-\infty}^{\infty} x^*(n)z^{-n} = \sum_{n=-\infty}^{\infty}[x(n)(z^*)^{-n}]^*$$
$$= \Big[\sum_{n=-\infty}^{\infty} x(n)(z^*)^{-n}\Big]^* = X^*(z^*)$$

6. 初值定理

设 $x(n)$ 是因果序列,$X(z) = ZT[x(n)]$,则

$$x(0) = \lim_{z \to \infty} X(z) \qquad (2.5.20)$$

证明
$$X(z) = \sum_{n=0}^{\infty} x(n)z^{-n} = x(0) + x(1)z^{-1} + x(2)z^{-2} + \cdots$$

因此

$$\lim_{z \to \infty} X(z) = x(0)$$

7. 终值定理

若 $x(n)$ 是因果序列,其 Z 变换的极点,除可以有一个一阶极点在 $z=1$ 上,其他极点均在单位圆内,则

$$\lim_{n \to \infty} x(n) = \lim_{z \to 1}(z-1)X(z) \qquad (2.5.21)$$

证明
$$(z-1)X(z) = \sum_{n=-\infty}^{\infty}[x(n+1) - x(n)]z^{-n}$$

因为 $x(n)$ 是因果序列,$x(n) = 0$,$n < 0$,所以

$$(z-1)X(z) = \lim_{n \to \infty}\Big[\sum_{m=-1}^{n} x(m+1)z^{-m} - \sum_{m=0}^{n} x(m)z^{-m}\Big]$$

因为 $(z-1)X(z)$ 在单位圆上无极点,上式两端对 $z=1$ 取极限:

$$\lim_{z \to 1}(z-1)X(z) = \lim_{n \to \infty}\Big[\sum_{m=-1}^{n} x(m+1) - \sum_{m=0}^{n} x(m)\Big]$$
$$= \lim_{n \to \infty}[x(0) + x(1) + \cdots x(n) + x(n+1) - x(0) - x(1) - \cdots - x(n)]$$
$$= \lim_{n \to \infty} x(n+1) = \lim_{n \to \infty} x(n)$$

终值定理也可用 $X(z)$ 在 $z=1$ 点的留数表示,因为

$$\lim_{z \to 1}(z-1)X(z) = \mathrm{Res}[X(z), 1]$$

因此

$$x(\infty) = \mathrm{Res}[X(z), 1] \tag{2.5.22}$$

如果在单位圆上 $X(z)$ 无极点，则 $x(\infty)=0$。

8. 时域卷积定理

设

$$w(n) = x(n) * y(n)$$
$$X(z) = \mathrm{ZT}[x(n)] \qquad R_{x-} < |z| < R_{x+}$$
$$Y(z) = \mathrm{ZT}[y(n)] \qquad R_{y-} < |z| < R_{y+}$$

则

$$W(z) = \mathrm{ZT}[w(n)] = X(z)Y(z) \qquad R_{w-} < |z| < R_{w+} \tag{2.5.23}$$
$$R_{w+} = \min[R_{x+}, R_{y+}]$$
$$R_{w-} = \max[R_{x-}, R_{y-}]$$

证明 $\quad W(z) = \mathrm{ZT}[x(n)*y(n)] = \sum_{n=-\infty}^{\infty} \Big[\sum_{m=-\infty}^{\infty} x(m)y(n-m)\Big]z^{-n}$

$$= \sum_{m=-\infty}^{\infty} x(m)\Big[\sum_{n=-\infty}^{\infty} y(n-m)z^{-n}\Big] = \sum_{m=-\infty}^{\infty} x(m)z^{-m} \sum_{n=-\infty}^{\infty} y(n-m)z^{-(n-m)}$$

$$= X(z)Y(z)$$

$W(z)$ 的收敛域就是 $X(z)$ 和 $Y(z)$ 的公共收敛域。如果 $X(z)$ 和 $Y(z)$ 相乘中有零、极点对消，则 $W(z)$ 的收敛域可能扩大。

【例 2.5.9】 已知网络的单位脉冲响应 $h(n)=a^n u(n)$，$|a|<1$，网络输入序列 $x(n)=u(n)$，求网络的输出序列 $y(n)$。

解 $\qquad\qquad\qquad y(n) = h(n) * x(n)$

求 $y(n)$ 可用两种方法，一种直接求解线性卷积，另一种是 Z 变换法。

(1) $\quad y(n) = \sum_{m=-\infty}^{\infty} h(m)x(n-m) = \sum_{m=0}^{\infty} a^m u(m)u(n-m)$

$$= \Big[\sum_{m=0}^{n} a^m\Big]u(n) = \frac{1-a^{n+1}}{1-a}u(n)$$

(2) $\quad y(n) = h(n) * x(n)$

$$H(z) = \mathrm{ZT}[a^n u(n)] = \frac{1}{1-az^{-1}} \qquad |z| > |a|$$

$$X(z) = \mathrm{ZT}[u(n)] = \frac{1}{1-z^{-1}} \qquad |z| > 1$$

$$Y(z) = H(z)X(z) = \frac{1}{(1-z^{-1})(1-az^{-1})} \qquad |z| > 1$$

$$y(n) = \frac{1}{2\pi\mathrm{j}} \oint_c \frac{z^{n+1}}{(z-1)(z-a)} \mathrm{d}z$$

由收敛域判定

$$y(n) = 0 \qquad n < 0$$

数字信号处理（第五版）

$n \geqslant 0$ 时，

$$y(n) = \text{Res}[Y(z)z^{n-1}, 1] + \text{Res}[Y(z)z^{n-1}, a] = \frac{1}{1-a} + \frac{a^{n+1}}{a-1} = \frac{1-a^{n+1}}{1-a}$$

将 $y(n)$ 表示为

$$y(n) = \frac{1-a^{n+1}}{1-a}u(n)$$

9. 复卷积定理

如果

$$\text{ZT}[x(n)] = X(z) \qquad R_{x-} < |z| < R_{x+}$$
$$\text{ZT}[y(n)] = Y(z) \qquad R_{y-} < |z| < R_{y+}$$
$$w(n) = x(n)y(n)$$

则

$$W(z) = \frac{1}{2\pi j} \oint_c X(v)Y\left(\frac{z}{v}\right)\frac{dv}{v} \tag{2.5.24}$$

$W(z)$ 的收敛域为

$$R_{x-}R_{y-} < |z| < R_{x+}R_{y+} \tag{2.5.25}$$

(2.5.24)式中 v 平面上，被积函数的收敛域为

$$\max\left(R_{x-}, \frac{|z|}{R_{y+}}\right) < |v| < \min\left(R_{x+}, \frac{|z|}{R_{y-}}\right) \tag{2.5.26}$$

证明
$$W(z) = \sum_{n=-\infty}^{\infty} x(n)y(n)z^{-n} = \sum_{n=-\infty}^{\infty}\left[\frac{1}{2\pi j}\oint_c X(v)v^{n-1}\,dv\right]y(n)z^{-n}$$
$$= \frac{1}{2\pi j}\oint_c X(v)\sum_{n=-\infty}^{\infty} y(n)\left(\frac{z}{v}\right)^{-n}\frac{dv}{v}$$
$$= \frac{1}{2\pi j}\oint_c X(v)Y\left(\frac{z}{v}\right)\frac{dv}{v}$$

由 $X(z)$ 的收敛域和 $Y(z)$ 的收敛域得到：

$$R_{x-} < |v| < R_{x+}$$
$$R_{y-} < \left|\frac{z}{v}\right| < R_{y+}$$

因此

$$R_{x-}R_{y-} < |z| < R_{x+}R_{y+}$$
$$\max\left(R_{x-}, \frac{|z|}{R_{y+}}\right) < |v| < \min\left(R_{x+}, \frac{|z|}{R_{y-}}\right)$$

【例 2.5.10】 已知 $x(n) = u(n)$，$y(n) = a^{|n|}$，$0 < |a| < 1$，若 $w(n) = x(n)y(n)$，求 $W(z) = \text{ZT}[w(n)]$。

解
$$X(z) = \frac{1}{1-z^{-1}} \qquad 1 < |z| \leqslant \infty$$
$$Y(z) = \frac{1-a^2}{(1-az^{-1})(1-az)} \qquad |a| < |z| < |a|^{-1}$$

$$W(z) = \frac{1}{2\pi j} \oint_c Y(\upsilon) X\left(\frac{z}{\upsilon}\right) \frac{\mathrm{d}\upsilon}{\upsilon} = \frac{1}{2\pi j} \oint_c \frac{1-a^2}{(1-a\upsilon^{-1})(1-a\upsilon)} \cdot \frac{1}{1-\dfrac{\upsilon}{z}} \frac{\mathrm{d}\upsilon}{\upsilon}$$

$$\max\left(R_{y-}, \frac{|z|}{R_{x+}}\right) < |\upsilon| < \min\left(R_{y+}, \frac{|z|}{R_{x-}}\right)$$

$W(z)$的收敛域为$|a|<|z|\leqslant\infty$；这里，$R_{x+}=\infty$，$R_{x-}=1$，$R_{y+}=|a|^{-1}$，$R_{y-}=|a|$。因此被积函数υ平面上的收敛域为$\max(|a|,0)<|\upsilon|<\min(|a^{-1}|,|z|)$，$\upsilon$平面上极点有$a$、$a^{-1}$和$z$；$c$内极点有$z=a$。令$F(\upsilon)=Y(\upsilon)X\left(\dfrac{z}{\upsilon}\right)\upsilon^{-1}$，则

$$W(z) = \mathrm{Res}[F(\upsilon), a] = \frac{1}{1-az^{-1}} \qquad a<|z|\leqslant\infty$$

$$w(n) = a^n u(n)$$

10. 帕斯维尔(Parseval)定理

设

$$X(z) = \mathrm{ZT}[x(n)] \qquad R_{x-}<|z|<R_{x+}$$
$$Y(z) = \mathrm{ZT}[y(n)] \qquad R_{y-}<|z|<R_{y+}$$
$$R_{x-}R_{y-}<1, \ R_{x+}R_{y+}>1$$

那么

$$\sum_{n=-\infty}^{\infty} x(n)y^*(n) = \frac{1}{2\pi j} \oint_c X(\upsilon) Y^*\left(\frac{1}{\upsilon^*}\right)\upsilon^{-1}\mathrm{d}\upsilon \qquad\qquad (2.5.27)$$

υ平面上，c所在的收敛域为

$$\max\left(R_{x-}, \frac{1}{R_{y+}}\right) < |\upsilon| < \min\left(R_{x+}, \frac{1}{R_{y-}}\right)$$

利用复卷积定理可以证明上面的重要的帕斯维尔定理。

证明 令

$$w(n) = x(n)y^*(n)$$

按照(2.5.24)式得到：

$$W(z) = \mathrm{ZT}[\omega(n)] = \frac{1}{2\pi j} \oint_c X(\upsilon) Y^*\left(\left(\frac{z}{\upsilon}\right)^*\right)\upsilon^{-1}\mathrm{d}\upsilon$$

按照(2.5.25)式，$R_{x-}R_{y-}<|z|<R_{x+}R_{y+}$；按照假设，$z=1$在收敛域中，将$z=1$代入$W(z)$中，则有

$$W(1) = \frac{1}{2\pi j} \oint_c X(\upsilon) Y^*\left(\frac{1}{\upsilon^*}\right)\upsilon^{-1}\mathrm{d}\upsilon$$

$$W(1) = \sum_{n=-\infty}^{\infty} x(n)y^*(n)z^{-n}\Big|_{z=1} = \sum_{n=-\infty}^{\infty} x(n)y^*(n)$$

因此

$$\sum_{n=-\infty}^{\infty} x(n)y^*(n) = \frac{1}{2\pi j} \oint_c X(\upsilon) Y^*\left(\frac{1}{\upsilon^*}\right)\upsilon^{-1}\mathrm{d}\upsilon$$

如果$x(n)$和$y(n)$都满足绝对可和，即单位圆上收敛，在上式中令$\upsilon=\mathrm{e}^{j\omega}$，得到：

$$\sum_{n=-\infty}^{\infty} x(n)y^*(n) = \frac{1}{2\pi} \int_{-\pi}^{\pi} X(e^{j\omega})Y^*(e^{j\omega})d\omega$$

令 $x(n) = y(n)$，得到：

$$\sum_{n=-\infty}^{\infty} |x(n)|^2 = \frac{1}{2\pi} \int_{-\pi}^{\pi} |X(e^{j\omega})|^2 d\omega \tag{2.5.28}$$

上面得到的公式和在傅里叶变换中所讲的帕斯维尔定理(2.2.35)式是相同的。(2.5.28)式还可以表示成下式：

$$\sum_{n=-\infty}^{\infty} |x(n)|^2 = \frac{1}{2\pi j} \oint_c X(z)X(z^{-1}) \frac{dz}{z} \tag{2.5.29}$$

注意：上式中 $X(z)$ 收敛域包含单位圆，当 $x(n)$ 为实序列时，$X(e^{-j\omega}) = X^*(e^{j\omega})$。

2.5.5 利用 Z 变换解差分方程

在第 1 章中介绍了差分方程的递推解法，下面介绍 Z 变换解法。这种方法将差分方程变成了代数方程，使求解过程简单。

设 N 阶线性常系数差分方程为

$$\sum_{k=0}^{N} a_k y(n-k) = \sum_{k=0}^{M} b_k x(n-k) \tag{2.5.30}$$

1. 求稳态解

如果输入序列 $x(n)$ 是在 $n=0$ 以前 ∞ 时加上的，n 时刻的 $y(n)$ 是稳态解，对(2.5.30)式求 Z 变换，得到：

$$\sum_{k=0}^{N} a_k Y(z)z^{-k} = \sum_{k=0}^{M} b_k X(z)z^{-k}$$

$$Y(z) = \frac{\sum_{k=0}^{M} b_k z^{-k}}{\sum_{k=0}^{N} a_k z^{-k}} \cdot X(z)$$

$$Y(z) = H(z)X(z) \tag{2.5.31}$$

式中

$$H(z) = \frac{\sum_{k=0}^{M} b_k z^{-k}}{\sum_{k=0}^{N} a_k z^{-k}} \tag{2.5.32}$$

$$y(n) = IZT[Y(z)]$$

2. 求暂态解

对于 N 阶差分方程，求暂态解必须已知 N 个初始条件。设 $x(n)$ 是因果序列，即 $x(n)=0$，$n<0$，已知初始条件 $y(-1), y(-2), \cdots, y(-N)$。对(2.5.30)式进行 Z 变换时，注意这里要用单边 Z 变换。该方程式的右边由于 $x(n)$ 是因果序列，单边 Z 变换与双边 Z 变换是相同的。下面先求移位序列的单边 Z 变换。

设

$$Y(z) = \sum_{n=0}^{\infty} y(n)z^{-n}$$

$$ZT[y(n-m)u(n)] = \sum_{n=0}^{\infty} y(n-m)z^{-n} = z^{-m}\sum_{n=0}^{\infty} y(n-m)z^{-(n-m)}$$

$$= z^{-m}\sum_{k=-m}^{\infty} y(k)z^{-k} = z^{-m}\Big[\sum_{k=0}^{\infty} y(k)z^{-k} + \sum_{k=-m}^{-1} y(k)z^{-k}\Big]$$

$$= z^{-m}\Big[Y(z) + \sum_{k=-m}^{-1} y(k)z^{-k}\Big] \tag{2.5.33}$$

按照(2.5.33)式对(2.5.30)式进行单边 Z 变换,有

$$\sum_{k=0}^{N} a_k z^{-k}\Big[Y(z) + \sum_{l=-k}^{-1} y(l)z^{-l}\Big] = \sum_{k=0}^{M} b_k X(z)z^{-k}$$

$$Y(z) = \frac{\sum\limits_{k=0}^{M} b_k z^{-k}}{\sum\limits_{k=0}^{N} a_k z^{-k}} X(z) - \frac{\sum\limits_{k=0}^{N} a_k z^{-k} \sum\limits_{l=-k}^{-1} y(l)z^{-l}}{\sum\limits_{k=0}^{N} a_k z^{-k}} \tag{2.5.34}$$

上式右边第一部分与系统初始状态无关,称为零状态解;而第二部分与输入信号无关,称为零输入解。求零状态解时,可用双边 Z 变换求解也可用单边 Z 变换求解,求零输入解却必须考虑初始条件,用单边 Z 变换求解。

【例 2.5.11】 已知差分方程 $y(n)=by(n-1)+x(n)$,式中 $x(n)=a^n u(n)$,$y(-1)=2$,求 $y(n)$。

解 将已知差分方程进行 Z 变换:

$$Y(z) = bz^{-1}Y(z) + by(-1) + X(z)$$

$$Y(z) = \frac{2b + X(z)}{1 - bz^{-1}}$$

式中

$$X(z) = \frac{1}{1 - az^{-1}} \qquad |z| > |a|$$

于是

$$Y(z) = \frac{2b}{1 - bz^{-1}} + \frac{1}{(1 - az^{-1})(1 - bz^{-1})}$$

收敛域为 $|z| > \max(|a|, |b|)$,因此

$$y(n) = 2b^{n+1} + \frac{1}{a-b}(a^{n+1} - b^{n+1}) \qquad n \geqslant 0$$

式中第一项为零输入解,第二项为零状态解。

2.6 利用 Z 变换分析信号和系统的频响特性

信号和系统的频率特性一般用傅里叶变换和 Z 变换进行分析。本节用 Z 变换方法进行

分析讨论。

2.6.1　频率响应函数与系统函数

设系统初始状态为零，系统对输入为单位脉冲序列 $\delta(n)$ 的响应输出称为系统的单位脉冲响应 $h(n)$。对 $h(n)$ 进行傅里叶变换，得到：

$$H(e^{j\omega}) = \sum_{n=-\infty}^{\infty} h(n)e^{-j\omega n} = \mid H(e^{j\omega}) \mid e^{j\varphi(\omega)} \tag{2.6.1}$$

一般称 $H(e^{j\omega})$ 为系统的频率响应函数，或称系统的传输函数，它表征系统的频率响应特性。$\mid H(e^{j\omega}) \mid$ 称为幅频特性函数，$\varphi(\omega)$ 称为相频特性函数。

将 $h(n)$ 进行 Z 变换，得到 $H(z)$，一般称 $H(z)$ 为系统的系统函数，它表征了系统的复频域特性。对 N 阶差分方程(1.4.2)式，进行 Z 变换，得到系统函数的一般表示式

$$H(z) = \frac{Y(z)}{X(z)} = \frac{\sum_{i=0}^{M} b_i z^{-i}}{\sum_{i=0}^{N} a_i z^{-i}} \tag{2.6.2}$$

如果 $H(z)$ 的收敛域包含单位圆 $|z|=1$，则 $H(e^{j\omega})$ 与 $H(z)$ 之间的关系如下：

$$H(e^{j\omega}) = H(z) \mid_{z=e^{j\omega}} \tag{2.6.3}$$

$H(e^{j\omega})$ 表示系统对特征序列 $e^{j\omega n}$ 的响应特性，这也是 $H(e^{j\omega})$ 的物理意义所在，下面具体阐述。

若系统输入信号 $x(n)=e^{j\omega n}$，则系统输出信号为

$$y(n) = h(n) * x(n) = \sum_{m=-\infty}^{\infty} h(m)x(n-m) = \sum_{m=-\infty}^{\infty} h(m)e^{j\omega(n-m)}$$

$$= e^{j\omega n} \sum_{m=-\infty}^{\infty} h(m)e^{-j\omega m} = H(e^{j\omega})e^{j\omega n}$$

即

$$y(n) = H(e^{j\omega})e^{j\omega n} = \mid H(e^{j\omega}) \mid e^{j[\omega n+\varphi(\omega)]}$$

上式说明，单频复指数信号 $e^{j\omega n}$ 通过频率响应函数为 $H(e^{j\omega})$ 的系统后，输出仍为单频复指数序列，其幅度放大 $\mid H(e^{j\omega}) \mid$ 倍，相移为 $\varphi(\omega)$。

为了加深读者对 $H(e^{j\omega})$ 物理意义的理解，下面以大家熟悉的正弦信号为例进行讨论。当系统输入信号 $x(n)=\cos(\omega n)$ 时，求系统的输出信号 $y(n)$：

因为

$$x(n) = \cos(\omega n) = \frac{1}{2}\left[e^{j\omega n} + e^{-j\omega n}\right]$$

所以，利用上面的结论可得到：

$$y(n) = \frac{1}{2}\left[H(e^{j\omega})e^{j\omega n} + H(e^{j(-\omega)})e^{-j\omega n}\right]$$

设 $h(n)$ 为实序列，则

$$H^*(e^{j\omega}) = H(e^{-j\omega}),\ \mid H(e^{j\omega}) \mid = \mid H(e^{-j\omega}) \mid,\ \varphi(\omega) = -\varphi(-\omega),$$

故

$$y(n) = \frac{1}{2}\left[\mid H(e^{j\omega}) \mid e^{j\varphi(\omega)} e^{j\omega n} + \mid H(e^{-j\omega}) \mid e^{j\varphi(-\omega)} e^{-j\omega n} \right]$$

$$= \frac{1}{2} \mid H(e^{j\omega}) \mid \{e^{j[\omega n + \varphi(\omega)]} + e^{-j[\omega n + \varphi(\omega)]}\}$$

$$= \mid H(e^{j\omega}) \mid \cos[\omega n + \varphi(\omega)]$$

由此可见，线性时不变系统对单频正弦信号 $\cos(\omega n)$ 的响应为同频正弦信号，其幅度放大 $\mid H(e^{j\omega}) \mid$ 倍，相移增加 $\varphi(\omega)$，这就是其名称"频率响应函数"、"幅频响应"和"相频响应"的物理含义。如果系统输入为一般的序列 $x(n)$，则 $H(e^{j\omega})$ 对 $x(n)$ 的不同的频率成分进行加权处理。对感兴趣的频段，取 $\mid H(e^{j\omega}) \mid = 1$，其他频段 $\mid H(e^{j\omega}) \mid = 0$，则 $Y(e^{j\omega}) = X(e^{j\omega}) \cdot H(e^{j\omega})$，这就是对输入信号的**理想滤波**处理。根据佩利-维纳准则①，理想滤波器的 $H(e^{j\omega})$ 不满足物理可实现的必要条件。[28] 所以，实际中都是用可实现的滤波器来逼近理想滤波器的。

2.6.2 利用系统函数的极点分布分析系统的因果性和稳定性

因果（可实现）系统其单位脉冲响应 $h(n)$ 一定是因果序列，那么其系统函数 $H(z)$ 的收敛域一定包含 ∞ 点，即 ∞ 点不是极点，极点分布在某个圆内，收敛域在某个圆外。

系统稳定要求 $\sum_{n=-\infty}^{\infty} \mid h(n) \mid < \infty$，这正是 $H(e^{j\omega}) = FT[h(n)]$ 存在的条件，对照 Z 变换与傅里叶变换的关系可知，系统稳定的条件是 $H(z)$ 的收敛域包含单位圆。如果系统因果且稳定，收敛域包含 ∞ 点和单位圆，那么收敛域可表示为

$$r < \mid z \mid \leqslant \infty \qquad 0 < r < 1$$

这样 $H(z)$ 的极点集中在单位圆的内部。具体系统的因果性和稳定性可由系统函数 $H(z)$ 的极点分布和收敛域确定。下面通过例题说明。

如果系统函数分母多项式阶数较高（如 3 阶以上），用手工计算极点分布并判定系统是否稳定，不是一件简单的事情。用 MATLAB 函数判定则很简单，判定函数程序如下：

```
function stab(A)
%stab：系统稳定性判定函数，A 是 H(z) 的分母多项式系数向量
disp('系统极点为：')
P=roots(A)        %求 H(z) 的极点，并显示
disp('系统极点模的最大值为：')
M=max(abs(P))     %求所有极点模的最大值，并显示
if M<1 disp('系统稳定'), else, disp('系统不稳定'), end
```

---

① 佩利-维纳准则：$H(e^{j\omega})$ 满足物理可实现的必要条件是：

$$\int_{-\pi}^{\pi} \frac{\ln \mid H(e^{j\omega}) \mid}{1 + \omega^2} d\omega < \infty$$

即 $\mid H(e^{j\omega}) \mid$ 可以在某些离散点上为零，但不能在某一有限频带内全为零。

请注意，这里要求 H(z)是正幂有理分式。给 H(z)的分母多项式系数向量 A 赋值，调用该函数，求出并显示系统极点和极点模的最大值 M，判断 M 值，如果 M<1，则显示"系统稳定"，否则显示"系统不稳定"。如果 H(z)的分母多项式系数 A＝[2 −2.98 0.17 2.3418 −1.5147]，则调用该函数输出如下：

P＝−0.9000 0.7000+0.6000i 0.7000−0.6000i 0.9900

系统极点模的最大值为：M＝0.9900

系统稳定。

【例 2.6.1】 已知 $H(z)=\dfrac{1-a^2}{(1-az^{-1})(1-az)}$，$0<a<1$，分析其因果性和稳定性。

解 $H(z)$ 的极点为 $z=a$，$z=a^{-1}$，如图 2.5.5 所示。

(1) 收敛域为 $a^{-1}<|z|\leqslant\infty$：对应的系统是因果系统，但由于收敛域不包含单位圆，因此是不稳定系统。单位脉冲响应 $h(n)=(a^n-a^{-n})u(n)$（参考例 2.5.7），这是一个因果序列，但不收敛。

(2) 收敛域为 $0\leqslant|z|<a$：对应的系统是非因果且不稳定系统。其单位脉冲响应 $h(n)=(a^{-n}-a^n)u(-n-1)$（参考例 2.5.7），这是一个非因果且不收敛的序列。

(3) 收敛域为 $a<|z|<a^{-1}$：对应一个非因果系统，但由于收敛域包含单位圆，因此是稳定系统。其单位脉冲响应 $h(n)=a^{|n|}$，这是一个收敛的双边序列，如图 2.6.1(a)所示。

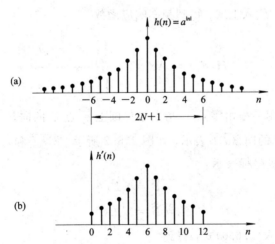

图 2.6.1 例 2.6.1 图示

下面分析如同例 2.6.1 这样的系统的可实现性。

$H(z)$ 的三种收敛域中，前两种系统不稳定，不能选用；最后一种收敛域，系统稳定但非因果，还是不能具体实现。因此严格地讲，这样的系统是无法具体实现的。但是我们利用数字系统或者说计算机的存储性质，可以近似实现第三种情况。方法是将图 2.6.1(a)从 $-N$ 到 N 截取一段，再向右移，形成如图 2.6.1(b)所示的 $h'(n)$ 序列，将 $h'(n)$ 作为具体实现的系统单位脉冲响应。N 愈大，$h'(n)$ 表示的系统愈接近 $h(n)$ 系统。具体实现时，预先将 $h'(n)$ 存储起来，备运算时应用。这种非因果但稳定的系统的近似实现性，是数字信号处理技术比模拟信息处理技术优越的地方。

说明：对一个实际的物理实现系统，其 $H(z)$ 的收敛域是唯一的。

2.6.3 利用系统的极零点分布分析系统的频率响应特性

将(2.6.2)式因式分解，得到：

$$H(z) = A\frac{\prod\limits_{r=1}^{M}(1-c_r z^{-1})}{\prod\limits_{r=1}^{N}(1-d_r z^{-1})} \tag{2.6.4}$$

式中，$A=\dfrac{b_0}{a_0}$，c_r 是 $H(z)$ 的零点，d_r 是其极点。A 参数影响频率响应函数的幅度大小，影响系统特性的是零点 c_r 和极点 d_r 的分布。下面我们采用几何方法研究系统零极点分布对系统频率特性的影响。

将(2.6.4)式分子、分母同乘以 z^{N+M}，得到：

$$H(z) = Az^{N-M}\frac{\prod\limits_{r=1}^{M}(z-c_r)}{\prod\limits_{r=1}^{N}(z-d_r)} \tag{2.6.5}$$

设系统稳定，将 $z=\mathrm{e}^{\mathrm{j}\omega}$ 代入上式，得到频率响应函数

$$H(\mathrm{e}^{\mathrm{j}\omega}) = A\mathrm{e}^{\mathrm{j}\omega(N-M)}\frac{\prod\limits_{r=1}^{M}(\mathrm{e}^{\mathrm{j}\omega}-c_r)}{\prod\limits_{r=1}^{N}(\mathrm{e}^{\mathrm{j}\omega}-d_r)} \tag{2.6.6}$$

在 z 平面上，$\mathrm{e}^{\mathrm{j}\omega}-c_r$ 用一根由零点 c_r 指向单位圆上 $\mathrm{e}^{\mathrm{j}\omega}$ 点 B 的向量 $\overrightarrow{c_r B}$ 表示，同样，$\mathrm{e}^{\mathrm{j}\omega}-d_r$ 用由极点指向 $\mathrm{e}^{\mathrm{j}\omega}$ 点 B 的向量 $\overrightarrow{d_r B}$ 表示，如图 2.6.2 所示，即 $\overrightarrow{c_r B}$ 和 $\overrightarrow{d_r B}$ 分别称为零点向量和极点向量，将它们用极坐标表示：

$$\overrightarrow{c_r B} = c_r B\mathrm{e}^{\mathrm{j}\alpha_r}$$
$$\overrightarrow{d_r B} = d_r B\mathrm{e}^{\mathrm{j}\beta_r}$$

将 $\overrightarrow{c_r B}$ 和 $\overrightarrow{d_r B}$ 表示式代入(2.6.6)式，得到：

$$H(\mathrm{e}^{\mathrm{j}\omega}) = A\mathrm{e}^{\mathrm{j}\omega(N-M)}\frac{\prod\limits_{r=1}^{M}\overrightarrow{c_r B}}{\prod\limits_{r=1}^{N}\overrightarrow{d_r B}} = |H(\mathrm{e}^{\mathrm{j}\omega})|\mathrm{e}^{\mathrm{j}\varphi(\omega)} \tag{2.6.7}$$

$$|H(\mathrm{e}^{\mathrm{j}\omega})| = |A|\frac{\prod\limits_{r=1}^{M}c_r B}{\prod\limits_{r=1}^{N}d_r B} \tag{2.6.8}$$

$$\varphi(\omega) = \omega(N-M) + \sum_{r=1}^{M}\alpha_r - \sum_{r=1}^{M}\beta_r \tag{2.6.9}$$

系统的频响特性由(2.6.8)式和(2.6.9)式确定。当频率 ω 从 0 变化到 2π 时，这些向量的终点 B 沿单位圆逆时针旋转一周，按照(2.6.8)式和(2.6.9)式，分别估算出系统的幅频特性和相频特性。例如图 2.6.2 表示了具有一个零点和两个极点的频率特性。

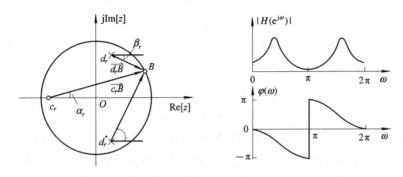

图 2.6.2　频响的几何表示法

　　按照(2.6.8)式，知道零极点的分布后，可以很容易地确定零极点位置对系统特性的影响。当 B 点转到极点附近时，极点向量长度最短，因而幅度特性可能出现峰值，且极点愈靠近单位圆，极点向量长度愈短，峰值愈高愈尖锐。如果极点在单位圆上，则幅度特性为 ∞，系统不稳定。对于零点，情况相反，当 B 点转到零点附近时，零点向量长度变短，幅度特性将出现谷值，零点愈靠近单位圆，谷值愈接近零。当零点处在单位圆上时，谷值为零。总结以上结论：极点位置主要影响频响的峰值位置及尖锐程度，零点位置主要影响频响的谷点位置及形状。

　　这种通过零极点位置分布分析系统频响的几何方法为我们提供了一个直观的概念，对于分析和设计系统是十分有用的。基于这种概念，可以用零极点累试法设计简单滤波器。

　　下面介绍用 MATLAB 计算零、极点及频率响应曲线。首先介绍 MATLAB 工具箱中两个函数 zplane 和 freqz 的功能和调用格式。

　　zplane　绘制 H(z)的零、极点图。

　　zplane(z, p)　绘制出列向量 z 中的零点(以符号"○"表示)和列向量 p 中的极点(以符号"×"表示)，同时画出参考单位圆，并在多阶零点和极点的右上角标出其阶数。如果 z 和 p 为矩阵，则 zplane 以不同的颜色分别绘出 z 和 p 各列中的零点和极点。

　　zplane(B, A)　绘制出系统函数 H(z)的零极点图。其中 B 和 A 为系统函数 H(z)=B(z)/A(z)的分子和分母多项式系数向量。假设系统函数 H(z)用下式表示：

$$H(z)=\frac{B(z)}{A(z)}=\frac{B(1)+B(2)z^{-1}+\cdots+B(M)z^{-(M-1)}+B(M+1)z^{-M}}{A(1)+A(2)z^{-1}+\cdots+A(N)z^{-(N-1)}+A(N+1)z^{-N}}$$

则

　　B=[B(1)　B(2)　B(3)　…　B(M+1)]，A=[A(1)　A(2)　A(3)　…　A(N+1)]

　　freqz　计算数字滤波器 H(z)的频率响应。

　　H=freqz(B, A, w)　计算由向量 w 指定的数字频率点上数字滤波器 H(z)的频率响

应 $H(e^{jw})$，结果存于 H 向量中。B 和 A 仍为 $H(z)$ 的分子和分母多项式系数向量（同上）。

$[H, w] = freqz(B, A, M)$ 计算出 M 个频率点上的频率响应，存放在 H 向量中，M 个频率存放在向量 w 中。freqz 函数自动将这 M 个频率点均匀设置在频率范围 $[0, \pi]$ 上。

$[H, w] = freqz(B, A, M, 'whole')$ 自动将 M 个频率点均匀设置在频率范围 $[0, 2\pi]$ 上。

当然，还可以由频率响应向量 H 得到各采样频点上的幅频响应函数和相频响应函数；再调用 plot 绘制其曲线图。

$$|H(e^{j\omega})| = abs(H)$$

$$\varphi(\omega) = angle(H)$$

式中，abs 函数的功能是对复数求模，对实数求绝对值；angle 函数的功能是求复数的相角。

$freqz(B, A)$ 自动选取 512 个频率点计算。不带输出向量的 freqz 函数将自动绘出固定格式的幅频响应和相频响应曲线。所谓固定格式，是指频率范围为 $[0, \pi]$，频率和相位是线性坐标，幅频响应为对数坐标。

其他几种调用格式可用命令 help 查阅。

【例 2.6.2】 已知 $H(z) = z^{-1}$，分析其频率特性。

解 由 $H(z) = z^{-1}$，可知极点为 $z = 0$，幅频特性 $|H(e^{j\omega})| = 1$，相频特性 $\varphi(\omega) = -\omega$，频响特性如图 2.6.3 所示。用几何方法也容易确定，当 $\omega = 0$ 转到 $\omega = 2\pi$ 时，极点向量的长度始终为 1。

由该例可以得到结论：处于原点处的零点或极点，由于零点向量长度或者极点向量长度始终为 1，因此原点处的零极点不影响系统的幅频响应特性，但对相频特性有贡献。

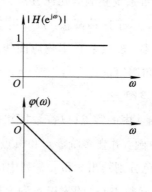

图 2.6.3 $H(z) = z^{-1}$ 的频响特性

【例 2.6.3】 设一阶系统的差分方程为

$$y(n) = by(n-1) + x(n)$$

用几何法分析其幅度特性。

解 由系统差分方程得到系统函数为

$$H(z) = \frac{1}{1 - bz^{-1}} = \frac{z}{z - b} \qquad |z| > |b|$$

式中，$0 < b < 1$。系统极点 $z = b$，零点 $z = 0$，当 B 点从 $\omega = 0$ 逆时针旋转时，在 $\omega = 0$ 点，由于极点向量长度最短，形成波峰；在 $\omega = \pi$ 点形成波谷；$z = 0$ 处零点不影响幅频响应。极零点分布及幅度特性如图 2.6.4 所示。

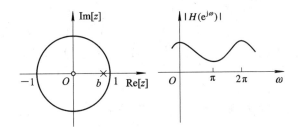

图 2.6.4　例 2.6.3 插图

【例 2.6.4】　已知 $H(z) = 1 - z^{-N}$，试定性画出系统的幅频特性。

解
$$H(z) = 1 - z^{-N} = \frac{z^N - 1}{z^N}$$

$H(z)$ 的极点为 $z = 0$，这是一个 N 阶极点，它不影响系统的幅频响应。零点有 N 个，由分子多项式的根决定

$$z^N - 1 = 0 \quad 即 \quad z^N = e^{j2\pi k}$$

$$z = e^{j\frac{2\pi}{N}k} \quad k = 0, 1, 2, \cdots, N-1$$

N 个零点等间隔分布在单位圆上，设 $N = 8$，极零点分布如图 2.6.5 所示。当 ω 从 0 变化到 2π 时，每遇到一个零点，幅度为零，在两个零点的中间幅度最大，形成峰值。幅度谷值点频率为：$\omega_k = (2\pi/N)k$，$k = 0, 1, 2, \cdots, N-1$。一般将具有如图 2.6.5 所示的幅度特性的滤波器称为梳状滤波器。

调用 zplane 和 freqz 求解本例的程序 ep264.m 如下：

```
%ep264.m：例 2.6.4 求解程序
B = [1 0 0 0 0 0 0 0 - 1]; A = 1;          %设置系统函数系数向量 B 和 A
subplot(2, 2, 1); zplane(B, A);            %绘制零极点图
[H, w] = freqz(B, A);                      %计算频率响应
subplot(2, 2, 2); plot(w/pi, abs(H));      %绘制幅频响应曲线
xlabel('\omega/\pi');
ylabel('|H(e^j^\omega)|');
axis([0, 1, 0, 2.5])
subplot(2, 2, 4); plot(w/pi, angle(H));    %绘制相频响应曲线
xlabel('\omega/\pi');
ylabel('\phi(\omega)');
```

运行上面的程序，绘制出 8 阶梳状滤波器的零极点图和幅频特性、相频特性如图 2.6.5 所示。

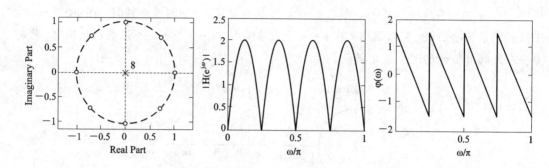

图 2.6.5　梳状滤波器的极零点分布及幅频、相频特性

2.6.4　几种特殊系统的系统函数及其特点

这一节介绍几种特殊的系统，即全通滤波器、梳状滤波器、最小相位系统等。

1. 全通滤波器

如果滤波器的幅频特性对所有频率均等于常数或 1，即

$$| H(e^{j\omega}) | = 1 \qquad 0 \leqslant \omega \leqslant 2\pi \tag{2.6.10}$$

则该滤波器称为全通滤波器（或称全通系统、全通网络）。全通滤波器的频率响应函数可表示成

$$H(e^{j\omega}) = e^{j\varphi(\omega)} \tag{2.6.11}$$

(2.6.11)式表明信号通过全通滤波器后，幅度谱保持不变，仅相位谱随 $\varphi(\omega)$ 改变，起纯相位滤波作用。

全通滤波器的系统函数一般形式如下式：

$$H(z) = \frac{\sum_{k=0}^{N} a_k z^{-N+k}}{\sum_{k=0}^{N} a_k z^{-k}} = \frac{z^{-N} + a_1 z^{-N+1} + a_2 z^{-N+2} + \cdots + a_N}{1 + a_1 z^{-1} + a_2 z^{-2} + \cdots + a_N z^{-N}} \qquad a_0 = 1 \tag{2.6.12}$$

或者写成二阶滤波器级联形式：

$$H(z) = \prod_{i=1}^{L} \frac{z^{-2} + a_{1i} z^{-1} + a_{2i}}{a_{2i} z^{-2} + a_{1i} z^{-1} + 1} \tag{2.6.13}$$

上面两式中的系数均为实数。容易看出，全通滤波器系统函数 $H(z)$ 的构成特点是其分子、分母多项式的系数相同，但排列顺序相反。下面证明(2.6.12)式表示的滤波器具有全通幅频特性。

$$H(z) = \frac{\sum_{k=0}^{N} a_k z^{-N+k}}{\sum_{k=0}^{N} a_k z^{-k}} = z^{-N} \frac{\sum_{k=0}^{N} a_k z^{k}}{\sum_{k=0}^{N} a_k z^{-k}} = z^{-N} \frac{D(z^{-1})}{D(z)} \tag{2.6.14}$$

式中，$D(z) = \sum_{k=0}^{N} a_k z^{-k}$。由于系数 a_k 是实数，因此

$$D(z^{-1}) \big|_{z=e^{j\omega}} = D(e^{-j\omega}) = D^*(e^{j\omega})$$

$$|H(e^{j\omega})| = \left|\frac{D^*(e^{j\omega})}{D(e^{j\omega})}\right| = 1$$

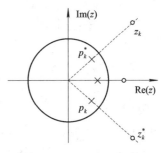

图 2.6.6　全通滤波器一组零极点示意

这就证明了(2.6.12)式表示的 $H(z)$ 具有全通滤波特性。下面分析全通滤波器的零点和极点的分布规律。设 z_k 为 $H(z)$ 的零点，按照(2.6.14)式，z_k^{-1} 必然是 $H(z)$ 的极点，记为 $p_k = z_k^{-1}$，则 $p_k z_k = 1$，全通滤波器的极点和零点互为倒数关系。如果再考虑到 $D(z)$ 和 $D(z^{-1})$ 的系数为实数，其极点、零点均以共轭对出现，这样，复数零点、复数极点必然以四个一组出现。例如，z_k 是 $H(z)$ 的零点，则必有零点 z_k^*、极点 $p_k = z_k^{-1}$、$p_k^* = (z_k^{-1})^*$。对实数零极点，则以两个一组出现，且零点与极点互为倒数关系。零极点位置示意图如图 2.6.6 所示。

观察图 2.6.6，如果将零点 z_k 和极点 p_k^* 组成一对，将零点 z_k^* 与极点 p_k 组成一对，那么全通滤波器的极点与零点便以共轭倒易关系出现，即如果 z_k^{-1} 为全通滤波器的零点，则 z_k^* 必然是全通滤波器的极点。因此，全通滤波器系统函数也可以写成如下形式：

$$H(z) = \prod_{k=1}^{N} \frac{z^{-1} - z_k}{1 - z_k^* z^{-1}} \tag{2.6.15}$$

显然，(2.6.15)式中极点和零点互为共轭倒易关系。其全通特性的证明留作习题。应当注意，为了保证分子、分母多项式系数是实数，极点、零点分别以共轭对形式出现，当 $N=1$ 时，零点、极点均为实数。

全通滤波器是一种纯相位滤波器，经常用于相位均衡。如果要求设计一个线性相位滤波器，可以设计一个具有线性相位的 FIR 滤波器，也可以先设计一个满足幅频特性要求的 IIR 滤波器，再级联一个全通滤波器进行相位校正，使总的相位特性是线性的。IIR 和 FIR 滤波器设计分别在第 6 章和第 7 章介绍。

2. 梳状滤波器

在前一节例 2.6.4 中，曾提到具有如图 2.6.5 所示的幅度特性的滤波器称为梳状滤波器，显然，梳状滤波器起名于它的幅度特性形状。下面介绍一般梳状滤波器的构成方法。

设滤波器的系统函数为 $H(z)$，我们知道，其频率响应函数 $H(e^{j\omega})$ 以 2π 为周期。将 $H(z)$ 的变量 z 用 z^N 代替，得到 $H(z^N)$，则相应的频率响应函数 $H(e^{j\omega N})$ 是以 $2\pi/N$ 为周期的，在区间 $[0, 2\pi]$ 上有 N 个相同频率特性周期。利用这种性质，可以构成各种梳状滤波器。

例如，$H(z) = \dfrac{1 - z^{-1}}{1 - az^{-1}}$，$0 < a < 1$，零点为 1，极点为 a，所以 $H(z)$ 表示一个高通滤波器。以 z^N 代替 $H(z)$ 的 z，得到：

$$H(z^N) = \frac{1 - z^{-N}}{1 - az^{-N}}$$

当 $N=8$ 时，零点为 $z_k=\mathrm{e}^{\mathrm{j}\frac{2\pi}{8}k}$，$k=0,1,\cdots,7$；极点为 $p_k=\sqrt[8]{a}\,\mathrm{e}^{\mathrm{j}\frac{2\pi}{8}k}$，$k=0,1,\cdots,7$。$H(z^N)$ 零极点分布和幅频响应特性绘制程序为 fig267.m，其中 $a=0.2$ 部分程序如下：

```
% 图 2.6.7 绘制程序：fig267.m
a=0.2;
B=[1, 0, 0, 0, 0, 0, 0, 0, -1];
A=[1, 0, 0, 0, 0, 0, 0, 0, -a];
subplot(2, 2, 1);
zplane(B, A); title('(a)零极点分布(a=0.2，N=8)')
[Hk, w]=freqz(B, A, 1024);     %计算频响特性(a=0.2，N=8)
subplot(2, 2, 2);
plot(w/pi, abs(Hk)/max(abs(Hk)));
xlabel('\omega/\pi');
axis([0, 1, 0, 1.5]);
title('(b)幅频特性(a=0.2，N=8)')
a=0.9;
B=[1, 0, 0, 0, 0, 0, 0, 0, -1];
A=[1, 0, 0, 0, 0, 0, 0, 0, -a];
```

以下程序与 a=0.2 时相同(省略)。

运行本书程序集程序 fig267.m，绘制出当 $N=8$，$a=0.2$ 和 $a=0.9$ 时，$H(z^N)$ 的零极点分布和幅频响应特性曲线如图 2.6.7 所示。

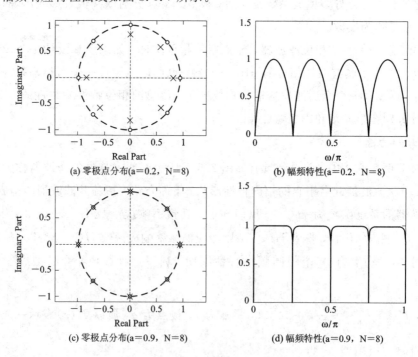

图 2.6.7　梳状滤波器的零极点分布和幅频响应特性

梳状滤波器可滤除输入信号中 $\omega = \dfrac{2\pi}{N}k$，$k=0$，1，$\cdots$，$N-1$ 的频率分量。这种滤波器可用于消除信号中的电网谐波干扰和其他频谱等间隔分布的干扰。

由图 2.6.7 可见，a 取值越接近 1，幅频特性越平坦。将图 2.6.7 和图 2.6.5 比较，形状很相似，不同的是每一个梳状周期的形状不同。显然，图 2.6.5 对应的系统函数是由 $(1-z^{-1})$ 中变量 z 用 z^N 代替后得到的，用于消除电网谐波干扰时，特性不如 $H(z^N) = \dfrac{1-z^{-N}}{1-az^{-N}}$ 的滤波性能好。但图 2.6.5 对应的梳状滤波器适用于分离两路频谱等间隔交错分布的信号，例如，彩色电视接收机中用于进行亮色分离和色分离等。

3. 最小相位系统

一个因果稳定的时域离散线性非移变系统 $H(z)$，其所有极点必须在单位圆内，但其零点可在 z 平面上任意位置，只要频响特性满足要求即可。如果因果稳定系统 $H(z)$ 的所有零点都在单位圆内，则称之为"最小相位系统"，记为 $H_{\min}(z)$；反之，如果所有零点都在单位圆外，则称之为"最大相位系统"，记为 $H_{\max}(z)$；若单位圆内、外都有零点，则称之为"混合相位系统"。

最小相位系统在工程理论中较为重要。下面给出最小相位系统的几个重要特点。

（1）任何一个非最小相位系统的系统函数 $H(z)$ 均可由一个最小相位系统 $H_{\min}(z)$ 和一个全通系统 $H_{\mathrm{ap}}(z)$ 级联而成，即

$$H(z) = H_{\min}(z)H_{\mathrm{ap}}(z) \tag{2.6.16}$$

证明 假设因果稳定系统 $H(z)$ 仅有一个零点在单位圆外，令该零点为 $z=1/z_0$，$|z_0|<1$，则 $H(z)$ 可表示为

$$H(z) = H_1(z)(z^{-1}-z_0) = H_1(z)(z^{-1}-z_0)\frac{1-z_0^*z^{-1}}{1-z_0^*z^{-1}}$$

$$= H_1(z)(1-z_0^*z^{-1})\frac{z^{-1}-z_0}{1-z_0^*z^{-1}} \tag{2.6.17}$$

因为 $H_1(z)$ 为最小相位系统，所以 $H_1(z)(1-z_0^*z^{-1})$ 也是最小相位系统，又因为 $\dfrac{(z^{-1}-z_0)}{(1-z_0^*z^{-1})}$ 为全通系统，故 $H(z)=H_{\min}(z)H_{\mathrm{ap}}(z)$。显然，$|H(\mathrm{e}^{\mathrm{j}\omega})| = |H_{\min}(\mathrm{e}^{\mathrm{j}\omega})|$。

该特点说明了在滤波器优化中很有用的结论：将系统位于单位圆外的零（或极）点 z_k 用其镜像 $1/z_k^*$ 代替时，不会影响系统的幅频响应特性。这一点在滤波器优化设计中已用到。在那里，将单位圆外的极点用其镜像代替，以确保滤波器因果稳定。该结论为我们提供了一种用非最小相位系统构造幅频特性相同的最小相位系统的方法：将非最小相位系统 $H(z)$ 位于单位圆外的零点 z_{0k} 用 $1/z_{0k}^*$ 代替（$k=1$，2，$\cdots$，m_0；m_0 为单位圆外零点数目），即得最小相位系统 $H_{\min}(z)$，且 $H_{\min}(z)$ 与 $H(z)$ 的幅频响应特性相同。

（2）在幅频响应特性相同的所有因果稳定系统集中，最小相位系统的相位延迟（负的相位值）最小。

由 (2.6.16) 式可知，任何一个非最小相位系统 $H(z)$ 的相位函数，是一个与 $H(z)$ 的幅频特性相同的最小相位系统 $H_{\min}(z)$ 的相位函数加上一个全通系统 $H_{\mathrm{ap}}(z)$ 的相位函数。可

以证明全通系统 $H_{ap}(z)$ 的相位函数是非正的[1]，因此任意系统比最小相位系统多了一个负相位，这样使最小相位系统具有最小相位延迟的性质，或者从时域说，最小相位系统的时域响应波形延迟和能量延迟均最小。

（3）最小相位系统保证其逆系统存在。给定一个因果稳定系统 $H(z)=B(z)/A(z)$，定义其逆系统为

$$H_{INV}(z) = \frac{1}{H(z)} = \frac{A(z)}{B(z)}$$

当且仅当 $H(z)$ 为最小相位系统时，$H_{INV}(z)$ 才是因果稳定的（物理可实现的）。

逆滤波在信号检测及解卷积中有重要应用。例如，信号检测中的信道均衡器实质上就是设计信道的近似逆滤波器。

习题与上机题

1. 设 $X(e^{j\omega})$ 和 $Y(e^{j\omega})$ 分别是 $x(n)$ 和 $y(n)$ 的傅里叶变换，试求下面序列的傅里叶变换：

(1) $x(n-n_0)$ (2) $x^*(n)$

(3) $x(-n)$ (4) $x(n)*y(n)$

(5) $x(n)y(n)$ (6) $nx(n)$

(7) $x(2n)$ (8) $x^2(n)$

(9) $x_9(n) = \begin{cases} x(n/2) & n=\text{偶数} \\ 0 & n=\text{奇数} \end{cases}$

2. 已知

$$X(e^{j\omega}) = \begin{cases} 1 & |\omega| < \omega_0 \\ 0 & \omega_0 < |\omega| \leqslant \pi \end{cases}$$

求 $X(e^{j\omega})$ 的傅里叶反变换 $x(n)$。

3. 线性时不变系统的频率响应（频率响应函数）$H(e^{j\omega})=|H(e^{j\omega})|e^{j\theta(\omega)}$，如果单位脉冲响应 $h(n)$ 为实序列，试证明输入 $x(n)=A\cos(\omega_0 n+\varphi)$ 的稳态响应为

$$y(n) = A|H(e^{j\omega_0})|\cos[\omega_0 n + \varphi + \theta(\omega_0)]$$

4. 设

$$x(n) = \begin{cases} 1 & n=0,1 \\ 0 & \text{其他} \end{cases}$$

将 $x(n)$ 以 4 为周期进行周期延拓，形成周期序列 $\tilde{x}(n)$，画出 $x(n)$ 和 $\tilde{x}(n)$ 的波形，求出 $\tilde{x}(n)$ 的离散傅里叶级数 $\tilde{X}(k)$ 和傅里叶变换。

5. 设题 5 图所示的序列 $x(n)$ 的 FT 用 $X(e^{j\omega})$ 表示，不直接求出 $X(e^{j\omega})$，完成下列运算或工作：

(1) $X(e^{j0})$；

(2) $\int_{-\pi}^{\pi} X(e^{j\omega})\, d\omega$；

(3) $X(e^{j\pi})$；

(4) 确定并画出傅里叶变换实部 $\mathrm{Re}[X(e^{j\omega})]$ 的时间序列 $x_a(n)$；

(5) $\int_{-\pi}^{\pi} |X(e^{j\omega})|^2\, d\omega$；

(6) $\int_{-\pi}^{\pi} \left| \dfrac{dX(e^{j\omega})}{d\omega} \right|^2\, d\omega$。

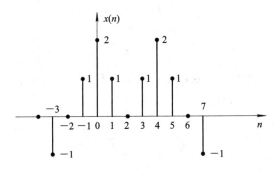

题 5 图

6. 试求如下序列的傅里叶变换：

(1) $x_1(n)=\delta(n-3)$

(2) $x_2(n)=\dfrac{1}{2}\delta(n+1)+\delta(n)+\dfrac{1}{2}\delta(n-1)$

(3) $x_3(n)=a^n u(n)$ $0<a<1$

(4) $x_4(n)=u(n+3)-u(n-4)$

7. 设：

(1) $x(n)$ 是实偶函数，

(2) $x(n)$ 是实奇函数，

分别分析推导以上两种假设下，其 $x(n)$ 的傅里叶变换性质。

8. 设 $x(n)=R_4(n)$，试求 $x(n)$ 的共轭对称序列 $x_e(n)$ 和共轭反对称序列 $x_o(n)$，并分别用图表示。

9. 已知 $x(n)=a^n u(n)$，$0<a<1$，分别求出其偶函数 $x_e(n)$ 和奇函数 $x_o(n)$ 的傅里叶变换。

10. 若序列 $h(n)$ 是实因果序列，其傅里叶变换的实部如下式：

$$H_R(e^{j\omega}) = 1 + \cos\omega$$

求序列 $h(n)$ 及其傅里叶变换 $H(e^{j\omega})$。

11. 若序列 $h(n)$ 是实因果序列，$h(0)=1$，其傅里叶变换的虚部为

$$H_I(e^{j\omega}) = -\sin\omega$$

求序列 $h(n)$ 及其傅里叶变换 $H(e^{j\omega})$。

12. 设系统的单位脉冲响应 $h(n)=a^n u(n)$，$0<a<1$，输入序列为

$$x(n) = \delta(n) + 2\delta(n-2)$$

完成下面各题：

(1) 求出系统输出序列 $y(n)$；

(2) 分别求出 $x(n)$、$h(n)$ 和 $y(n)$ 的傅里叶变换。

13. 已知 $x_a(t)=2\cos(2\pi f_0 t)$，式中 $f_0=100$ Hz，以采样频率 $f_s=400$ Hz 对 $x_a(t)$ 进行采样，得到采样信号 $\hat{x}_a(t)$ 和时域离散信号 $x(n)$，试完成下面各题：

(1) 写出 $x_a(t)$ 的傅里叶变换表示式 $X_a(j\Omega)$；

(2) 写出 $\hat{x}_a(t)$ 和 $x(n)$ 的表达式；

(3) 分别求出 $\hat{x}_a(t)$ 的傅里叶变换和 $x(n)$ 的傅里叶变换。

14. 求出以下序列的 Z 变换及收敛域：

(1) $2^{-n}u(n)$ (2) $-2^{-n}u(-n-1)$

(3) $2^{-n}u(-n)$ (4) $\delta(n)$

(5) $\delta(n-1)$ (6) $2^{-n}[u(n)-u(n-10)]$

15. 求以下序列的 Z 变换及其收敛域，并在 z 平面上画出极零点分布图。

(1) $x(n)=R_N(n)$ $N=4$

(2) $x(n)=Ar^n\cos(\omega_0 n+\varphi)u(n)$ $r=0.9$，$\omega_0=0.5\pi$ rad，$\varphi=0.25\pi$ rad

(3) $x(n)=\begin{cases} n & 0\leqslant n\leqslant N \\ 2N-n & N+1\leqslant n\leqslant 2N \\ 0 & \text{其他} \end{cases}$

式中，$N=4$。

16. 已知

$$X(z)=\frac{3}{1-\frac{1}{2}z^{-1}}+\frac{2}{1-2z^{-1}}$$

求出对应 $X(z)$ 的各种可能的序列表达式。

17. 已知 $x(n)=a^n u(n)$，$0<a<1$。分别求：

(1) $x(n)$ 的 Z 变换；

(2) $nx(n)$ 的 Z 变换；

(3) $a^{-n}u(-n)$ 的 Z 变换。

18. 已知 $X(z)=\dfrac{-3z^{-1}}{2-5z^{-1}+2z^{-2}}$，分别求：

(1) 收敛域 $0.5<|z|<2$ 对应的原序列 $x(n)$；

(2) 收敛域 $|z|>2$ 对应的原序列 $x(n)$。

19. 用部分分式法求以下 $X(z)$ 的反变换：

(1) $X(z)=\dfrac{1-\frac{1}{3}z^{-1}}{2-5z^{-1}+2z^{-2}}$ $|z|>\dfrac{1}{2}$

(2) $X(z)=\dfrac{1-2z^{-1}}{1-\frac{1}{4}z^{-2}}$ $|z|<\dfrac{1}{2}$

20. 设确定性序列 $x(n)$ 的自相关函数用下式表示：

$$r_{xx}(m) = \sum_{n=-\infty}^{\infty} x(n)x(n+m)$$

试用 $x(n)$ 的 Z 变换 $X(z)$ 和傅里叶变换 $X(e^{j\omega})$ 分别表示自相关函数的 Z 变换 $R_{xx}(z)$ 和傅里叶变换 $R_{xx}(e^{j\omega})$。

21. 用 Z 变换法解下列差分方程：

(1)　$y(n) - 0.9y(n-1) = 0.05u(n)$　　　$y(n) = 0, n \leqslant -1$

(2)　$y(n) - 0.9y(n-1) = 0.05u(n)$　　　$y(-1) = 1, y(n) = 0, n < -1$

(3)　$y(n) - 0.8y(n-1) - 0.15y(n-2) = \delta(n)$

　　　$y(-1) = 0.2, y(-2) = 0.5, y(n) = 0, n \leqslant -3$

22. 设线性时不变系统的系统函数 $H(z)$ 为

$$H(z) = \frac{1 - a^{-1}z^{-1}}{1 - az^{-1}} \qquad a \text{ 为实数}$$

(1) 在 z 平面上用几何法证明该系统是全通网络，即 $|H(e^{j\omega})| = $ 常数；

(2) 参数 a 如何取值，才能使系统因果稳定？画出其极零点分布及收敛域。

23. 设系统由下面差分方程描述：

$$y(n) = y(n-1) + y(n-2) + x(n-1)$$

(1) 求系统的系统函数 $H(z)$，并画出极零点分布图；

(2) 限定系统是因果的，写出 $H(z)$ 的收敛域，并求出其单位脉冲响应 $h(n)$；

(3) 限定系统是稳定性的，写出 $H(z)$ 的收敛域，并求出其单位脉冲响应 $h(n)$。

24. 已知线性因果网络用下面差分方程描述：

$$y(n) = 0.9y(n-1) + x(n) + 0.9x(n-1)$$

(1) 求网络的系统函数 $H(z)$ 及单位脉冲响应 $h(n)$；

(2) 写出网络频率响应函数 $H(e^{j\omega})$ 的表达式，并定性画出其幅频特性曲线；

(3) 设输入 $x(n) = e^{j\omega_0 n}$，求输出 $y(n)$。

25. 已知网络的输入和单位脉冲响应分别为

$$x(n) = a^n u(n), h(n) = b^n u(n) \qquad 0 < a < 1, 0 < b < 1$$

(1) 试用卷积法求网络输出 $y(n)$；

(2) 试用 ZT 法求网络输出 $y(n)$。

26. 线性因果系统用下面差分方程描述：

$$y(n) - 2ry(n-1)\cos\theta + r^2 y(n-2) = x(n)$$

式中，$x(n) = a^n u(n)$，$0 < a < 1$，$0 < r < 1$，$\theta = $ 常数，试求系统的响应 $y(n)$。

27. 如果 $x_1(n)$ 和 $x_2(n)$ 是两个不同的因果稳定实序列，求证：

$$\frac{1}{2\pi}\int_{-\pi}^{\pi} X_1(e^{j\omega})X_2(e^{j\omega})\,d\omega = \left[\frac{1}{2\pi}\int_{-\pi}^{\pi} X_1(e^{j\omega})d\omega\right]\left[\frac{1}{2\pi}\int_{-\pi}^{\pi} X_2(e^{j\omega})\,d\omega\right]$$

式中，$X_1(e^{j\omega})$ 和 $X_2(e^{j\omega})$ 分别表示 $x_1(n)$ 和 $x_2(n)$ 的傅里叶变换。

28. 若序列 $h(n)$ 是因果序列，其傅里叶变换的实部如下式：

$$H_{\mathrm{R}}(\mathrm{e}^{\mathrm{j}\omega}) = \frac{1 - a\,\cos\omega}{1 + a^2 - 2a\,\cos\omega} \qquad |a| < 1$$

求序列 $h(n)$ 及其傅里叶变换 $H(\mathrm{e}^{\mathrm{j}\omega})$。

29. 若序列 $h(n)$ 是因果序列，$h(0)=1$，其傅里叶变换的虚部为

$$H_{\mathrm{I}}(\mathrm{e}^{\mathrm{j}\omega}) = \frac{-a\,\sin\omega}{1 + a^2 - 2a\,\cos\omega} \qquad |a| < 1$$

求序列 $h(n)$ 及其傅里叶变换 $H(\mathrm{e}^{\mathrm{j}\omega})$。

30*. 假设系统函数如下式：

$$H(z) = \frac{(z+9)(z-3)}{3z^4 - 3.98z^3 + 1.17z^2 + 2.3418z - 1.5147}$$

试用 MATLAB 语言判断系统是否稳定。

31*. 假设系统函数如下式：

$$H(z) = \frac{z^2 + 5z - 50}{2z^4 - 2.98z^3 + 0.17z^2 + 2.3418z - 1.5147}$$

(1) 画出极、零点分布图，并判断系统是否稳定；

(2) 求出输入单位阶跃序列 $u(n)$ 检查系统是否稳定。

32*. 下面四个二阶网络的系统函数具有一样的极点分布：

$$H_1(z) = \frac{1}{1 - 1.6z^{-1} + 0.9425z^{-2}}$$

$$H_2(z) = \frac{1 - 0.3z^{-1}}{1 - 1.6z^{-1} + 0.9425z^{-2}}$$

$$H_3(z) = \frac{1 - 0.8z^{-1}}{1 - 1.6z^{-1} + 0.9425z^{-2}}$$

$$H_4(z) = \frac{1 - 1.6z^{-1} + 0.8z^{-2}}{1 - 1.6z^{-1} + 0.9425z^{-2}}$$

试用 MATLAB 语言研究零点分布对于单位脉冲响应的影响。要求：

(1) 分别画出各系统的零、极点分布图；

(2) 分别求出各系统的单位脉冲响应，并画出其波形；

(3) 分析零点分布对于单位脉冲响应的影响。

数字信号处理（第五版）

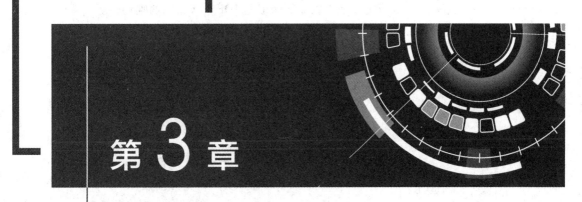

第3章

离散傅里叶变换(DFT)

傅里叶变换和 Z 变换是数字信号处理中常用的重要数学变换。对于有限长序列，还有一种更为重要的数学变换，即本章要讨论的离散傅里叶变换（Discrete Fourier Transform，DFT）。DFT 之所以更为重要，是因为其实质是有限长序列傅里叶变换的有限点离散采样，从而实现了频域离散化，使数字信号处理可以在频域采用数值运算的方法进行，这样就大大增加了数字信号处理的灵活性。更重要的是，DFT 有多种快速算法，统称为快速傅里叶变换（Fast Fourier Transform，FFT），从而使信号的实时处理和设备的简化得以实现。因此，时域离散系统的研究与应用在许多方面取代了传统的连续时间系统。所以说，DFT 不仅在理论上有重要意义，而且在各种信号的处理中亦起着核心作用。

本章主要讨论 DFT 的定义、物理意义、基本性质以及频域采样和 DFT 的应用举例等内容。

3.1 离散傅里叶变换的定义及物理意义

3.1.1 DFT 的定义

设 $x(n)$ 是一个长度为 M 的有限长序列，则定义 $x(n)$ 的 N 点离散傅里叶变换为

$$X(k) = \text{DFT}[x(n)] = \sum_{n=0}^{N-1} x(n)W_N^{kn} \qquad k = 0, 1, \cdots, N-1 \qquad (3.1.1)$$

$X(k)$ 的离散傅里叶逆变换（Inverse Discrete Fourier Transform，IDFT）为

$$x(n) = \text{IDFT}[X(k)] = \frac{1}{N}\sum_{k=0}^{N-1} X(k)W_N^{-kn} \qquad n = 0, 1, \cdots, N-1 \qquad (3.1.2)$$

式中，$W_N = e^{-j\frac{2\pi}{N}}$，$N$ 称为 DFT 变换区间长度，$N \geqslant M$。通常称 (3.1.1) 式和 (3.1.2) 式为离散傅里叶变换对。为了叙述简洁，常常用 $\text{DFT}[x(n)]_N$ 和 $\text{IDFT}[X(k)]_N$ 分别表示 N 点离散傅里叶变换和 N 点离散傅里叶逆变换。下面证明 $\text{IDFT}[X(k)]$ 的唯一性。

把 (3.1.1) 式代入 (3.1.2) 式，有

$$\text{IDFT}[X(k)]_N = \frac{1}{N} \sum_{k=0}^{N-1} \Big[\sum_{m=0}^{N-1} x(m) W_N^{mk} \Big] W_N^{-kn}$$

$$= \sum_{m=0}^{N-1} x(m) \frac{1}{N} \sum_{k=0}^{N-1} W_N^{k(m-n)}$$

由于

$$\frac{1}{N} \sum_{k=0}^{N-1} W_N^{k(m-n)} = \begin{cases} 1 & m = n + iN, \ i \text{ 为整数} \\ 0 & m \neq n + iN, \ i \text{ 为整数} \end{cases}$$

所以，在变换区间上满足下式：

$$\text{IDFT}[X(k)]_N = x(n) \qquad 0 \leqslant n \leqslant N-1$$

由此可见，(3.1.2) 式定义的离散傅里叶逆变换是唯一的。

【例 3.1.1】 $x(n) = R_4(n)$，求 $x(n)$ 的 4 点和 8 点 DFT。

解 设变换区间 $N = 4$，则

$$X(k) = \sum_{n=0}^{3} x(n) W_4^{kn} = \sum_{n=0}^{3} e^{-j\frac{2\pi}{4}kn}$$

$$= \frac{1 - e^{-j2\pi k}}{1 - e^{-j\frac{\pi}{2}k}} = \begin{cases} 4 & k = 0 \\ 0 & k = 1, 2, 3 \end{cases}$$

设变换区间 $N = 8$，则

$$X(k) = \sum_{n=0}^{7} x(n) W_8^{kn} = \sum_{n=0}^{3} e^{-j\frac{2\pi}{8}kn}$$

$$= e^{-j\frac{3}{8}\pi k} \frac{\sin\left(\frac{\pi}{2}k\right)}{\sin\left(\frac{\pi}{8}k\right)} \qquad k = 0, 1, \cdots, 7$$

由此例可见，$x(n)$ 的离散傅里叶变换结果与变换区间长度 N 的取值有关。对 DFT 与 Z 变换和傅里叶变换的关系及 DFT 的物理意义进行讨论后，上述问题就会得到解释。

3.1.2 DFT 与傅里叶变换和 Z 变换的关系

设序列 $x(n)$ 的长度为 M，其 Z 变换和 $N(N \geqslant M)$ 点 DFT 分别为

$$X(z) = \text{ZT}[x(n)] = \sum_{n=0}^{M-1} x(n) z^{-n}$$

$$X(k) = \text{DFT}[x(n)]_N = \sum_{n=0}^{M-1} x(n) W_N^{kn} \qquad k = 0, 1, \cdots, N-1$$

比较上面二式可得关系式

$$X(k) = X(z) \mid_{z=e^{j\frac{2\pi}{N}k}} \qquad k = 0, 1, \cdots, N-1 \qquad (3.1.3)$$

或

$$X(k) = X(e^{j\omega}) \mid_{\omega=\frac{2\pi}{N}k} \qquad k = 0, 1, \cdots, N-1 \qquad (3.1.4)$$

(3.1.3)式表明序列 $x(n)$ 的 N 点 DFT 是 $x(n)$ 的 Z 变换在单位圆上的 N 点等间隔采样。(3.1.4)式则说明 $X(k)$ 为 $x(n)$ 的傅里叶变换 $X(e^{j\omega})$ 在区间 $[0, 2\pi]$ 上的 N 点等间隔采样。这就是 DFT 的物理意义。由此可见，DFT 的变换区间长度 N 不同，表示对 $X(e^{j\omega})$ 在区间 $[0, 2\pi]$ 上的采样间隔和采样点数不同，所以 DFT 的变换结果不同。上例中，$x(n) = R_4(n)$，DFT 变换区间长度 N 分别取 8、16 时，$X(e^{j\omega})$ 和 $X(k)$ 的幅频特性曲线图如图 3.1.1 所示。由此容易得到 $x(n) = R_4(n)$ 的 4 点 DFT 为 $X(k) = \mathrm{DFT}[x(n)]_4 = 4\delta(k)$，这一特殊的结果在下面将得到进一步解释。

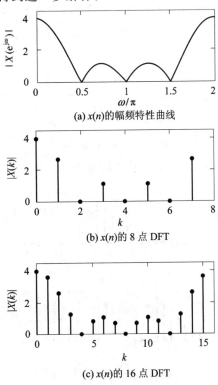

(a) $x(n)$的幅频特性曲线

(b) $x(n)$的 8 点 DFT

(c) $x(n)$的 16 点 DFT

图 3.1.1 $R_4(n)$ 的 FT 和 DFT 的幅度特性关系

3.1.3 DFT 的隐含周期性

前面定义的 DFT 变换对中，$x(n)$ 与 $X(k)$ 均为有限长序列，但由于 W_N^{kn} 的周期性，使 (3.1.1) 和 (3.1.2) 式中的 $X(k)$ 和 $x(n)$ 隐含周期性，且周期均为 N。对任意整数 m，总有

$$W_N^k = W_N^{k+mN} \qquad k, m \text{ 为整数}, N \text{ 为自然数}$$

所以(3.1.1)式中，$X(k)$ 满足：

$$X(k+mN) = \sum_{n=0}^{N-1} x(n) W_N^{(k+mN)n} = \sum_{n=0}^{N-1} x(n) W_N^{kn} = X(k)$$

实际上，任何周期为 N 的周期序列 $\tilde{x}(n)$ 都可以看做长度为 N 的有限长序列 $x(n)$ 的周期延拓序列，而 $x(n)$ 则是 $\tilde{x}(n)$ 的一个周期，即

$$\tilde{x}(n) = \sum_{m=-\infty}^{\infty} x(n+mN) \tag{3.1.5}$$

$$x(n) = \tilde{x}(n)R_N(n) \tag{3.1.6}$$

上述关系如图 3.1.2(a) 和 (b) 所示。一般称周期序列 $\tilde{x}(n)$ 中从 $n=0$ 到 $N-1$ 的第一个周期为 $\tilde{x}(n)$ 的**主值区间**，而主值区间上的序列称为 $\tilde{x}(n)$ 的**主值序列**。因此 $x(n)$ 与 $\tilde{x}(n)$ 的上述关系可叙述为：$\tilde{x}(n)$ 是 $x(n)$ 的周期延拓序列，$x(n)$ 是 $\tilde{x}(n)$ 的主值序列。

为了以后叙述简洁，当 N 大于等于序列 $x(n)$ 的长度时，将 (3.1.5) 式用如下形式表示：

$$\tilde{x}(n) = x((n))_N \tag{3.1.7}$$

式中 $x((n))_N$ 表示 $x(n)$ 以 N 为周期的周期延拓序列，$((n))_N$ 表示模 N 对 n 求余，即如果

$$n = MN + n_1 \qquad 0 \leqslant n_1 \leqslant N-1, \ M \text{ 为整数}$$

则

$$((n))_N = n_1$$

例如，$N=8$，$\tilde{x}(n) = x((n))_8$，则有

$$\tilde{x}(8) = x((8))_8 = x(0)$$

$$\tilde{x}(9) = x((9))_8 = x(1)$$

所得结果符合图 3.1.2(a) 和 (b) 所示的周期延拓规律。

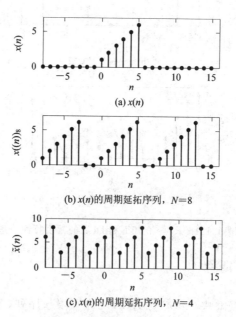

图 3.1.2 $x(n)$ 及其周期延拓序列

应当说明，若 $x(n)$ 实际长度为 M，延拓周期为 N，则当 $N < M$ 时，(3.1.5) 式仍表示以 N 为周期的周期序列，但 (3.1.6) 和 (3.1.7) 式仅对 $N \geqslant M$ 时成立。图 3.1.2(a) 中 $x(n)$ 实际长度 $M=6$，当延拓周期 $N=4$ 时，$\tilde{x}(n)$ 如图 3.1.2(c) 所示。

如果 $x(n)$ 的长度为 M，且 $\widetilde{x}(n)=x((n))_N$，$N \geqslant M$，则可写出 $\widetilde{x}(n)$ 的离散傅里叶级数表示式

$$\widetilde{X}(k)=\sum_{n=0}^{N-1}\widetilde{x}(n)W_N^{kn}=\sum_{n=0}^{N-1}x((n))_N W_N^{kn}=\sum_{n=0}^{N-1}x(n)W_N^{kn} \tag{3.1.8}$$

$$\widetilde{x}(n)=\frac{1}{N}\sum_{k=0}^{N-1}\widetilde{X}(k)W_N^{-kn}=\frac{1}{N}\sum_{k=0}^{N-1}X(k)W_N^{-kn} \tag{3.1.9}$$

式中

$$X(k)=\widetilde{X}(k)R_N(k) \tag{3.1.10}$$

即 $X(k)$ 为 $\widetilde{X}(k)$ 的主值序列。将(3.1.8)和(3.1.9)式与 DFT 的定义(3.1.1)和(3.1.2)式相比较可知，有限长序列 $x(n)$ 的 N 点离散傅里叶变换 $X(k)$ 正好是 $x(n)$ 的周期延拓序列 $x((n))_N$ 的离散傅里叶级数系数 $\widetilde{X}(k)$ 的主值序列，即 $X(k)=\widetilde{X}(k)R_N(k)$。后面要讨论的频域采样理论将会加深对这一关系的理解。我们知道，周期延拓序列频谱完全由其离散傅里叶级数系数 $\widetilde{X}(k)$ 确定，因此，$X(k)$ 实质上是 $x(n)$ 的周期延拓序列 $x((n))_N$ 的频谱特性，这就是 N 点 DFT 的第二种物理解释(物理意义)。

现在解释 DFT$[R_4(n)]_4=4\delta(k)$。根据 DFT 第二种物理解释可知，DFT$[R_4(n)]_4$ 表示 $R_4(n)$ 以 4 为周期的周期延拓序列 $R_4((n))_4$ 的频谱特性，因为 $R_4((n))_4$ 是一个直流序列，只有直流成分(即零频率成分)。

3.1.4　用 MATLAB 计算序列的 DFT

MATLAB 提供了用快速傅里叶变换算法 FFT(算法见第 4 章介绍)计算 DFT 的函数 fft，其调用格式如下：

$$Xk = fft(xn, N)$$

调用参数 xn 为被变换的时域序列向量，N 是 DFT 变换区间长度，当 N 大于 xn 的长度时，fft 函数自动在 xn 后面补零。函数返回 xn 的 N 点 DFT 变换结果向量 Xk，这时，$X(k)=$DFT$[x(n)]_N=$Xk$(k+1)$，$k=0 \sim N-1$。当 N 小于 xn 的长度时，fft 函数计算 xn 的前面 N 个元素构成的 N 长序列的 N 点 DFT，忽略 xn 后面的元素。

ifft 函数计算 IDFT，其调用格式与 fft 函数相同，可参考 help 文件。

【例 3.1.2】 设 $x(n)=R_4(n)$，$X(e^{j\omega})=$FT$[x(n)]$。分别计算 $X(e^{j\omega})$ 在频率区间 $[0,2\pi]$ 上的 16 点和 32 点等间隔采样，并绘制 $X(e^{j\omega})$ 采样的幅频特性图和相频特性图。

解　由 DFT 与傅里叶变换的关系知道，$X(e^{j\omega})$ 在频率区间 $[0,2\pi]$ 上的 16 点和 32 点等间隔采样，分别是 $x(n)$ 的 16 点和 32 点 DFT。调用 fft 函数求解本例的程序 ep312.m 如下：

```
% 例 3.1.2 程序 ep312.m
% DFT 的 MATLB 计算
xn=[1 1 1 1];          %输入时域序列向量 xn=R_4(n)
Xk16=fft(xn, 16);      %计算 xn 的 16 点 DFT
Xk32=fft(xn, 32);      %计算 xn 的 32 点 DFT
```

%以下为绘图部分（省略，程序集中有）

程序运行结果如图 3.1.3 所示。

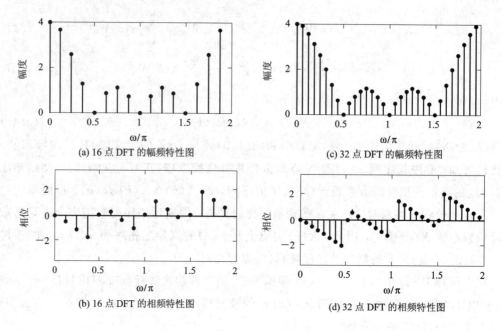

图 3.1.3　程序 ep312.m 运行结果

3.2　离散傅里叶变换的基本性质

3.2.1　线性性质

如果 $x_1(n)$ 和 $x_2(n)$ 是两个有限长序列，长度分别为 N_1 和 N_2，且

$$y(n) = ax_1(n) + bx_2(n)$$

式中，a、b 为常数，取 $N \geqslant \max[N_1, N_2]$，则 $y(n)$ 的 N 点 DFT 为

$$Y(k) = \text{DFT}[y(n)]_N = aX_1(k) + bX_2(k) \qquad 0 \leqslant k \leqslant N-1 \qquad (3.2.1)$$

其中 $X_1(k)$ 和 $X_2(k)$ 分别为 $x_1(n)$ 和 $x_2(n)$ 的 N 点 DFT。

3.2.2　循环移位性质

1. 序列的循环移位

设 $x(n)$ 为有限长序列，长度为 M，$M \leqslant N$，则 $x(n)$ 的循环移位定义为

$$y(n) = x((n+m))_N R_N(n) \qquad (3.2.2)$$

(3.2.2)式表明，将 $x(n)$ 以 N 为周期进行周期延拓得到 $\tilde{x}(n) = x((n))_N$，再将 $\tilde{x}(n)$ 左移 m 得到 $\tilde{x}(n+m)$，最后取 $\tilde{x}(n+m)$ 的主值序列则得到有限长序列 $x(n)$ 的循环移位序列 $y(n)$。$M = 6$，$N = 8$，$m = 2$ 时，$x(n)$ 及其循环移位过程如图 3.2.1 所示。显然，$y(n)$ 是长度为 N

的有限长序列。观察图 3.2.1 可见，循环移位的实质是将 $x(n)$ 左移 m 位，而移出主值区 $[0 \leqslant n \leqslant N-1]$ 的序列值又依次从右侧进入主值区。"循环移位"就是由此得名的。

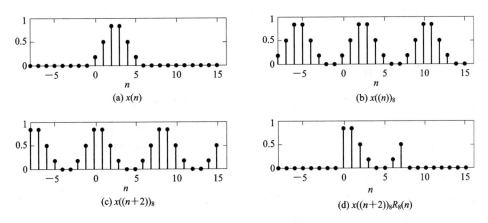

图 3.2.1 $x(n)$ 及其循环移位过程

由循环移位的定义可知，对同一序列 $x(n)$ 和相同的位移 m，当延拓周期 N 不同时，$y(n) = x((n+m))_N R_N(n)$ 则不同。请读者画出 $N = M = 6$，$m = 2$ 时，$x(n)$ 的循环移位序列 $y(n)$ 波形图。

2. 时域循环移位定理

设 $x(n)$ 是长度为 $M(M \leqslant N)$ 的有限长序列，$y(n)$ 为 $x(n)$ 的循环移位，即
$$y(n) = x((n+m))_N R_N(n)$$
则
$$Y(k) = \text{DFT}[y(n)]_N = W_N^{-km} X(k) \qquad (3.2.3)$$
其中
$$X(k) = \text{DFT}[x(n)]_N \qquad 0 \leqslant k \leqslant N-1$$

证明
$$Y(k) = \text{DFT}[y(n)]_N = \sum_{n=0}^{N-1} x((n+m))_N R_N(n) W_N^{kn} = \sum_{n=0}^{N-1} x((n+m))_N W_N^{kn}$$
令 $n+m=n'$，则有
$$Y(k) = \sum_{n'=m}^{N-1+m} x((n'))_N W_N^{k(n'-m)} = W_N^{-km} \sum_{n'=m}^{N-1+m} x((n'))_N W_N^{kn'}$$
由于上式中求和项 $x((n'))_N W_N^{kn'}$ 以 N 为周期，因此对其在任一周期上的求和结果相同。将上式的求和区间改在主值区，则得
$$Y(k) = W_N^{-km} \sum_{n'=0}^{N-1} x((n'))_N W_N^{kn'} = W_N^{-km} \sum_{n'=0}^{N-1} x(n') W_N^{kn'} = W_N^{-km} X(k)$$

3. 频域循环移位定理

如果
$$X(k) = \text{DFT}[x(n)]_N \qquad 0 \leqslant k \leqslant N-1$$
$$Y(k) = X((k+l))_N R_N(k)$$

则

$$y(n) = \text{IDFT}[Y(k)]_N = W_N^{nl} x(n) \tag{3.2.4}$$

(3.2.4)式的证明方法与时域循环移位定理类似，直接对 $Y(k) = X((k+l)_N R_N(k)$ 进行 IDFT 即得证。

3.2.3 循环卷积定理

时域循环卷积定理是 DFT 中最重要的定理，具有很强的实用性。已知系统输入和系统的单位脉冲响应，计算系统的输出，以及用 FFT 实现 FIR 滤波器等，都是基于该定理的。下面首先介绍循环卷积的概念和计算循环卷积的方法，然后介绍循环卷积定理。

1. 两个有限长序列的循环卷积

设序列 $h(n)$ 和 $x(n)$ 的长度分别为 N 和 M。$h(n)$ 与 $x(n)$ 的 L 点循环卷积定义为

$$y_c(n) = \left[\sum_{m=0}^{L-1} h(m) x((n-m))_L \right] R_L(n) \tag{3.2.5}$$

式中，L 称为循环卷积区间长度，$L \geqslant \max[N, M]$。上式显然与第 1 章介绍的线性卷积不同，为了区别线性卷积，用 ⊛ 表示循环卷积，用 Ⓛ 表示 L 点循环卷积，即 $y_c(n) = h(n) Ⓛ x(n)$。观察(3.2.5)式，$x((n-m))_L$ 是以 L 为周期的周期信号，n 和 m 的变化区间均是 $[0, L-1]$，因此直接计算该式比较麻烦。计算机中采用矩阵相乘或快速傅里叶变换(FFT)的方法计算循环卷积。下面介绍用矩阵计算循环卷积的公式。

当 $n = 0, 1, 2, \cdots, L-1$ 时，由 $x(n)$ 形成的序列为：$\{x(0), x(1), \cdots, x(L-1)\}$。令 $n = 0, m = 0, 1, \cdots, L-1$，由式(3.2.5)中 $x((n-m))_L$ 形成 $x(n)$ 的循环倒相序列为

$$\{x((0))_L, x((-1))_L, x((-2))_L, \cdots, x((-L+1))_L\}$$
$$= \{x(0), x(L-1), x(L-2), \cdots, x(1)\}$$

与序列 $x(n)$ 进行对比，相当于将第一个序列值 $x(0)$ 不动，将后面的序列 $\{x(1), x(2), \cdots, x(L-1)\}$ 反转 $180°$ 再放在 $x(0)$ 的后面。这样形成的序列称为 $x(n)$ 的循环倒相序列。

令 $n = 1, m = 0, 1, \cdots, L-1$，由式(3.2.5)中 $x((n-m))_L$ 形成的序列为

$$\{x((1))_L, x((0))_L, x((-1))_L, \cdots, x((-L+2))_L\}$$
$$= \{x(1), x(0), x(L-1), \cdots, x(2)\}$$

观察上式等号右端序列，它相当于 $x(n)$ 的循环倒相序列向右循环移一位，即向右移 1 位，移出区间 $[0, L-1]$ 的序列值再从左边移进。

再令 $n = 2, m = 0, 1, \cdots, L-1$，此时得到的序列又是上面的序列向右循环移 1 位。依次类推，当 n 和 m 均从 0 变化到 $L-1$ 时，得到一个关于 $x((n-m))_L$ 的矩阵如下：

$$\begin{bmatrix} x(0) & x(L-1) & x(L-2) & \cdots & x(1) \\ x(1) & x(0) & x(L-1) & \cdots & x(2) \\ x(2) & x(1) & x(0) & \cdots & x(3) \\ \vdots & \vdots & \vdots & & \vdots \\ x(L-1) & x(L-2) & x(L-3) & \cdots & x(0) \end{bmatrix} \tag{3.2.6}$$

上面矩阵称为 $x(n)$ 的 L 点"循环卷积矩阵"，其特点是：

（1）第 1 行是序列 $\{x(0), x(1), \cdots, x(L-1)\}$ 的循环倒相序列。注意，如果 $x(n)$ 的长度 $M<L$，则需要在 $x(n)$ 末尾补 $L-M$ 个零后，再形成第一行的循环倒相序列。

（2）第 1 行以后的各行均是前一行向右循环移 1 位形成的。

（3）矩阵的各主对角线上的序列值均相等。

有了上面介绍的循环卷积矩阵，就可以写出式(3.2.5)的矩阵形式如下：

$$
\begin{bmatrix} y_c(0) \\ y_c(1) \\ y_c(2) \\ \vdots \\ y_c(L-1) \end{bmatrix} = \begin{bmatrix} x(0) & x(L-1) & x(L-2) & \cdots & x(1) \\ x(1) & x(0) & x(L-1) & \cdots & x(2) \\ x(2) & x(1) & x(0) & \cdots & x(3) \\ \vdots & \vdots & \vdots & & \vdots \\ x(L-1) & x(L-2) & x(L-3) & \cdots & x(0) \end{bmatrix} \begin{bmatrix} h(0) \\ h(1) \\ h(2) \\ \vdots \\ h(L-1) \end{bmatrix} \tag{3.2.7}
$$

按照上式，可以在计算机上用矩阵相乘的方法计算两个序列的循环卷积，这里关键是先形成循环卷积矩阵。上式中如果 $h(n)$ 的长度 $N<L$，则需要在 $h(n)$ 末尾补 $L-N$ 个零。

【例 3.2.1】 计算下面给出的两个长度为 4 的序列 $h(n)$ 与 $x(n)$ 的 4 点和 8 点循环卷积。

$$
x(n) = \{x(0), x(1), x(2), x(3)\} = \{1, 2, 3, 4\}
$$
$$
h(n) = \{h(0), h(1), h(2), h(3)\} = \{1, 1, 1, 1\}
$$

解 按照式(3.2.7)写出 $h(n)$ 与 $x(n)$ 的 4 点循环卷积矩阵形式为

$$
\begin{bmatrix} y_c(0) \\ y_c(1) \\ y_c(2) \\ y_c(3) \end{bmatrix} = \begin{bmatrix} 1 & 4 & 3 & 2 \\ 2 & 1 & 4 & 3 \\ 3 & 2 & 1 & 4 \\ 4 & 3 & 2 & 1 \end{bmatrix} \begin{bmatrix} 1 \\ 1 \\ 1 \\ 1 \end{bmatrix} = \begin{bmatrix} 10 \\ 10 \\ 10 \\ 10 \end{bmatrix}
$$

$h(n)$ 与 $x(n)$ 的 8 点循环卷积矩阵形式为

$$
\begin{bmatrix} y_c(0) \\ y_c(1) \\ y_c(2) \\ y_c(3) \\ y_c(4) \\ y_c(5) \\ y_c(6) \\ y_c(7) \end{bmatrix} = \begin{bmatrix} 1 & 0 & 0 & 0 & 0 & 4 & 3 & 2 \\ 2 & 1 & 0 & 0 & 0 & 0 & 4 & 3 \\ 3 & 2 & 1 & 0 & 0 & 0 & 0 & 4 \\ 4 & 3 & 2 & 1 & 0 & 0 & 0 & 0 \\ 0 & 4 & 3 & 2 & 1 & 0 & 0 & 0 \\ 0 & 0 & 4 & 3 & 2 & 1 & 0 & 0 \\ 0 & 0 & 0 & 4 & 3 & 2 & 1 & 0 \\ 0 & 0 & 0 & 0 & 4 & 3 & 2 & 1 \end{bmatrix} \begin{bmatrix} 1 \\ 1 \\ 1 \\ 1 \\ 0 \\ 0 \\ 0 \\ 0 \end{bmatrix} = \begin{bmatrix} 1 \\ 3 \\ 6 \\ 10 \\ 9 \\ 7 \\ 4 \\ 0 \end{bmatrix}
$$

$h(n)$ 和 $x(n)$ 及其 4 点和 8 点循环卷积结果分别如图 3.2.2(a)、(b)、(c)和(d)所示。请读者计算验证本例的 8 点循环卷积结果等于 $h(n)$ 与 $x(n)$ 的线性卷积结果。后面将证明，当循环卷积区间长度 L 大于等于 $y(n) = h(n) * x(n)$ 的长度时，循环卷积结果就等于线性卷积。

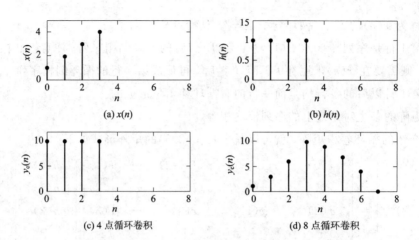

(a) $x(n)$ (b) $h(n)$

(c) 4 点循环卷积 (d) 8 点循环卷积

图 3.2.2　序列及其循环卷积波形

2. 循环卷积定理

有限长序列 $x_1(n)$ 和 $x_2(n)$ 的长度分别为 N_1 和 N_2，$N \geqslant \max[N_1, N_2]$，$x_1(n)$ 和 $x_2(n)$ 的 N 点循环卷积为

$$x(n) = x_2(n) \otimes x_1(n) = \Big[\sum_{m=0}^{N-1} x_2(m) x_1((n-m))_N \Big] R_N(n) \qquad (3.2.8)$$

则 $x(n)$ 的 N 点 DFT 为

$$X(k) = \mathrm{DFT}[x(n)]_N = X_1(k) X_2(k) \qquad (3.2.9)$$

其中　　　　　　　$X_1(k) = \mathrm{DFT}[x_1(n)]_N, \ X_2(k) = \mathrm{DFT}[x_2(n)]_N$

证明　直接对 (3.2.8) 式两边进行 DFT，则有

$$X(k) = \mathrm{DFT}[x(n)]_N$$

$$= \sum_{n=0}^{N-1} \Big[\sum_{m=0}^{N-1} x_1(m) x_2((n-m))_N R_N(n) \Big] W_N^{kn}$$

$$= \sum_{m=0}^{N-1} x_1(m) \sum_{n=0}^{N-1} x_2((n-m))_N W_N^{kn}$$

令 $n-m=n'$，则有

$$X(k) = \sum_{m=0}^{N-1} x_1(m) \sum_{n'=-m}^{N-1-m} x_2((n'))_N W_N^{k(n'+m)}$$

$$= \sum_{m=0}^{N-1} x_1(m) W_N^{km} \sum_{n'=-m}^{N-1-m} x_2((n'))_N W_N^{kn'}$$

因为上式中 $x_2((n'))_N W_N^{kn'}$ 是以 N 为周期的，所以对其在任一个周期上求和的结果不变。因此

$$X(k) = \sum_{m=0}^{N-1} x_1(m) W_N^{km} \cdot \sum_{n'=0}^{N-1} x_2(n') W_N^{kn'}$$

$$= X_1(k) X_2(k) \qquad 0 \leqslant k \leqslant N-1$$

由于 $X(k) = \mathrm{DFT}[x(n)] = X_1(k) X_2(k) = X_2(k) X_1(k)$，因此

$$x(n) = \mathrm{IDFT}[X(k)] = x_1(n) \circledast x_2(n) = x_2(n) \circledast x_1(n)$$

即循环卷积亦满足交换律。

作为习题请读者证明以下频域循环卷积定理：

如果 $x(n) = x_1(n)x_2(n)$，则

$$X(k) = \text{DFT}[x(n)]_N = \frac{1}{N}X_1(k) \, \textcircled{N} \, X_2(k)$$

$$= \frac{1}{N}\Big[\sum_{l=0}^{N-1} X_1(l)X_2((k-l))_N\Big]R_N(k) \qquad (3.2.10a)$$

或

$$X(k) = \frac{1}{N}X_2(k) \, \textcircled{N} \, X_1(k) = \frac{1}{N}\Big[\sum_{l=0}^{N-1} X_2(l)X_1((k-l))_N\Big]R_N(k) \qquad (3.2.10b)$$

式中

$$\left.\begin{array}{l} X_1(k) = \text{DFT}[x_1(n)]_N \\ X_2(k) = \text{DFT}[x_2(n)]_N \end{array}\right\} \quad 0 \leqslant k \leqslant N-1$$

相对频域循环卷积定理，称(3.2.9)式为时域循环卷积定理。

3.2.4 复共轭序列的 DFT

设 $x^*(n)$ 是 $x(n)$ 的复共轭序列，长度为 N，$X(k) = \text{DFT}[x(n)]_N$，则
$$\text{DFT}[x^*(n)]_N = X^*(N-k) \qquad 0 \leqslant k \leqslant N-1 \qquad (3.2.11)$$
且 $X(N) = X(0)$。

证明 根据 DFT 的唯一性，只要证明(3.2.11)式右边等于左边即可。

$$X^*(N-k) = \Big[\sum_{n=0}^{N-1} x(n)W_N^{(N-k)n}\Big]^* = \sum_{n=0}^{N-1} x^*(n)W_N^{-(N-k)n}$$

$$= \sum_{n=0}^{N-1} x^*(n)W_N^{kn} = \text{DFT}[x^*(n)]_N$$

又由 $X(k)$ 的隐含周期性，有

$$X(N) = X(0)$$

用同样的方法可以证明

$$\text{DFT}[x^*(N-n)]_N = X^*(k) \qquad (3.2.12)$$

3.2.5 DFT 的共轭对称性

如前所述，序列傅里叶变换满足共轭对称性，其对称性是指关于坐标原点的纵坐标的对称性。DFT 也有类似的对称性，但在 DFT 中涉及的序列 $x(n)$ 及其离散傅里叶变换 $X(k)$ 均为有限长序列，且定义区间为 0 到 $N-1$，所以这里的对称性是指关于 $N/2$ 点的对称性。下面讨论 DFT 的共轭对称性。

1. 有限长共轭对称序列和共轭反对称序列

为了区别于傅里叶变换中所定义的共轭对称（或共轭反对称）序列，下面用 $x_{ep}(n)$ 和

$x_{op}(n)$分别表示有限长共轭对称序列和共轭反对称序列，则二者满足如下关系式：

$$x_{ep}(n) = x_{ep}^*(N-n) \qquad 0 \leqslant n \leqslant N-1 \qquad (3.2.13a)$$

$$x_{op}(n) = -x_{op}^*(N-n) \qquad 0 \leqslant n \leqslant N-1 \qquad (3.2.13b)$$

当 N 为偶数时，将上式中的 n 换成 $N/2-n$，可得到：

$$x_{ep}\left(\frac{N}{2}-n\right) = x_{ep}^*\left(\frac{N}{2}+n\right) \qquad 0 \leqslant n \leqslant \frac{N}{2}-1$$

$$x_{op}\left(\frac{N}{2}-n\right) = -x_{op}^*\left(\frac{N}{2}+n\right) \qquad 0 \leqslant n \leqslant \frac{N}{2}-1$$

上式更清楚地说明了有限长共轭对称序列是关于 $n=N/2$ 点共轭对称。容易证明，如同任何实函数都可以分解成偶对称分量和奇对称分量一样，任何有限长序列 $x(n)$ 都可以表示成其共轭对称分量和共轭反对称分量之和，即

$$x(n) = x_{ep}(n) + x_{op}(n) \qquad 0 \leqslant n \leqslant N-1 \qquad (3.2.14)$$

将上式中的 n 换成 $N-n$，并取复共轭，再将(3.2.13a)式和(3.2.13b)式代入，得到：

$$x^*(N-n) = x_{ep}^*(N-n) + x_{op}^*(N-n) = x_{ep}(n) - x_{op}(n) \qquad (3.2.15)$$

(3.2.14)式分别加减(3.2.15)式，可得

$$x_{ep}(n) = \frac{1}{2}[x(n) + x^*(N-n)] \qquad (3.2.16a)$$

$$x_{op}(n) = \frac{1}{2}[x(n) - x^*(N-n)] \qquad (3.2.16b)$$

2. DFT 的共轭对称性

(1) 如果将 $x(n)$ 表示为

$$x(n) = x_r(n) + jx_i(n) \qquad (3.2.17)$$

其中

$$x_r(n) = \text{Re}[x(n)] = \frac{1}{2}[x(n) + x^*(n)]$$

$$jx_i(n) = j\,\text{Im}[x(n)] = \frac{1}{2}[x(n) - x^*(n)]$$

那么，由(3.2.11)式和(3.2.16a)式可得

$$\text{DFT}[x_r(n)] = \frac{1}{2}\text{DFT}[x(n) + x^*(n)] = \frac{1}{2}[X(k) + X^*(N-k)] = X_{ep}(k)$$

$$(3.2.18)$$

由(3.2.11)式和(3.2.16b)式可得

$$\text{DFT}[jx_i(n)] = \frac{1}{2}\text{DFT}[x(n) - x^*(n)] = \frac{1}{2}[X(k) - X^*(N-k)] = X_{op}(k)$$

$$(3.2.19)$$

由 DFT 的线性性质即可得

$$X(k) = \text{DFT}[x(n)] = X_{ep}(k) + X_{op}(k) \qquad (3.2.20)$$

其中，$X_{ep}(k) = \text{DFT}[x_r(n)]$ 是 $X(k)$ 的共轭对称分量，$X_{op}(k) = \text{DFT}[jx_i(n)]$ 是 $X(k)$ 的共

轭反对称分量。

（2）如果将 $x(n)$ 表示为

$$x(n) = x_{ep}(n) + x_{op}(n) \qquad 0 \leqslant n \leqslant N-1 \qquad (3.2.21)$$

其中，$x_{ep}(n) = \frac{1}{2}[x(n) + x^*(N-n)]$ 是 $x(n)$ 的共轭对称分量，$x_{op}(n) = \frac{1}{2}[x(n) - x^*(N-n)]$ 是 $x(n)$ 的共轭反对称分量，那么，由(3.2.12)式可得

$$\text{DFT}[x_{ep}(n)] = \frac{1}{2}\text{DFT}[x(n) + x^*(N-n)] = \frac{1}{2}[X(k) + X^*(k)] = \text{Re}[X(k)]$$

$$\text{DFT}[x_{op}(n)] = \frac{1}{2}\text{DFT}[x(n) - x^*(N-n)] = \frac{1}{2}[X(k) - X^*(k)] = \text{j}\,\text{Im}[X(k)]$$

因此

$$X(k) = \text{DFT}[x(n)] = X_R(k) + \text{j}X_I(k) \qquad (3.2.22)$$

其中

$$X_R(k) = \text{Re}[X(k)] = \text{DFT}[x_{ep}(n)]$$

$$\text{j}X_I(k) = \text{j}\,\text{Im}[X(k)] = \text{DFT}[x_{op}(n)]$$

综上所述，可总结出 DFT 的共轭对称性质：如果序列 $x(n)$ 的 DFT 为 $X(k)$，则 $x(n)$ 的实部和虚部(包括 j)的 DFT 分别为 $X(k)$ 的共轭对称分量和共轭反对称分量；而 $x(n)$ 的共轭对称分量和共轭反对称分量的 DFT 分别为 $X(k)$ 的实部和虚部乘以 j。

另外，请读者根据上述共轭对称性证明有限长实序列 DFT 的共轭对称性(见本章习题题 7)。

设 $x(n)$ 是长度为 N 的实序列，且 $X(k) = \text{DFT}[x(n)]_N$，则 $X(k)$ 满足如下对称性：

（1）$X(k)$ 共轭对称，即

$$X(k) = X^*(N-k) \qquad k = 0, 1, \cdots, N-1 \qquad (3.2.23)$$

（2）如果 $x(n)$ 是实偶对称序列，即 $x(n) = x(N-n)$，则 $X(k)$ 实偶对称，即

$$X(k) = X(N-k) \qquad (3.2.24)$$

（3）如果 $x(n)$ 是实奇对称序列，即 $x(n) = -x(N-n)$，则 $X(k)$ 纯虚奇对称，即

$$X(k) = -X(N-k) \qquad (3.2.25)$$

实际中经常需要对实序列进行 DFT，利用上述对称性质，可减少 DFT 的运算量，提高运算效率。例如，计算实序列的 N 点 DFT 时，当 $N =$ 偶数时，只需计算 $X(k)$ 的前面 $N/2+1$ 点，而 $N =$ 奇数时，只需计算 $X(k)$ 的前面 $(N+1)/2$ 点，其他点按照(3.2.23)式即可求得。例如，$X(N-1) = X^*(1)$，$X(N-2) = X^*(2)$，$\cdots$，这样可以减少近一半运算量。

【例 3.2.2】 利用 DFT 的共轭对称性，设计一种高效算法，通过计算一个 N 点 DFT，就可以计算出两个实序列 $x_1(n)$ 和 $x_2(n)$ 的 N 点 DFT。

解 构造新序列 $x(n) = x_1(n) + \text{j}x_2(n)$，对 $x(n)$ 进行 N 点 DFT，得到：

$$X(k) = \text{DFT}[x(n)] = X_{ep}(k) + X_{op}(k)$$

由(3.2.17)、(3.2.18)和(3.2.19)式得到：

$$X_{ep}(k) = DFT[x_1(n)] = \frac{1}{2}[X(k) + X^*(N-k)]$$

$$X_{op}(k) = DFT[jx_2(n)] = \frac{1}{2}[X(k) - X^*(N-k)]$$

所以，由 $X(k)$ 可以求得两个实序列 $x_1(n)$ 和 $x_2(n)$ 的 N 点 DFT：

$$X_1(k) = DFT[x_1(n)] = \frac{1}{2}[X(k) + X^*(N-k)]$$

$$X_2(k) = DFT[x_2(n)] = -j\frac{1}{2}[X(k) - X^*(N-k)]$$

3.3 频 率 域 采 样

时域采样定理告诉我们，在一定条件下，可以由时域离散采样信号恢复原来的连续信号。那么能不能也由频域离散采样恢复原来的信号（或原连续频率函数）？其条件是什么？内插公式又是什么形式？本节就上述问题进行讨论。

设任意序列 $x(n)$ 的 Z 变换为

$$X(z) = \sum_{n=-\infty}^{\infty} x(n)z^{-n}$$

且 $X(z)$ 的收敛域包含单位圆（即 $x(n)$ 存在傅里叶变换）。在单位圆上对 $X(z)$ 等间隔采样 N 点，得到：

$$X(k) = X(z)\mid_{z=e^{j\frac{2\pi}{N}k}} = \sum_{n=-\infty}^{\infty} x(n)e^{-j\frac{2\pi}{N}kn} = \sum_{n=-\infty}^{\infty} x(n)W_N^{kn} \qquad 0 \leqslant k \leqslant N-1 \quad (3.3.1)$$

显然，(3.3.1) 式表示在区间 $[0, 2\pi]$ 上对 $x(n)$ 的傅里叶变换 $X(e^{j\omega})$ 的 N 点等间隔采样。将 $X(k)$ 看做长度为 N 的有限长序列 $x_N(n)$ 的 DFT，即

$$x_N(n) = IDFT[X(k)] \qquad 0 \leqslant n \leqslant N-1$$

下面推导序列 $x_N(n)$ 与原序列 $x(n)$ 之间的关系，并导出频域采样定理。

由 DFT 与 DFS 的关系可知，$X(k)$ 是 $x_N(n)$ 以 N 为周期的周期延拓序列 $\tilde{x}(n)$ 的离散傅里叶级数系数 $\tilde{X}(k)$ 的主值序列，即

$$\tilde{X}(k) = X((k))_N = DFS[\tilde{x}(n)]$$

$$X(k) = \tilde{X}(k)R_N(k)$$

$$\tilde{x}(n) = x_N((n))_N = IDFS[\tilde{X}(k)] = \frac{1}{N}\sum_{k=0}^{N-1}\tilde{X}(k)W_N^{-kn} = \frac{1}{N}\sum_{k=0}^{N-1}X(k)W_N^{-kn}$$

将 (3.3.1) 式代入上式得

$$\tilde{x}(n) = \frac{1}{N}\sum_{k=0}^{N-1}\Big[\sum_{m=-\infty}^{\infty} x(m)W_N^{km}\Big]W_N^{-kn} = \sum_{m=-\infty}^{\infty} x(m)\frac{1}{N}\sum_{k=0}^{N-1}W_N^{k(m-n)}$$

式中

$$\frac{1}{N}\sum_{k=0}^{N-1}W_N^{k(m-n)} = \begin{cases} 1 & m=n+iN,\ i\ \text{为整数} \\ 0 & \text{其他}\ m \end{cases}$$

因此

$$\tilde{x}(n) = \sum_{i=-\infty}^{\infty} x(n+iN) \tag{3.3.2}$$

所以

$$x_N(n) = \tilde{x}(n)R_N(n) = \sum_{i=-\infty}^{\infty} x(n+iN)R_N(n) \tag{3.3.3}$$

式(3.3.3)说明，$X(z)$ 在单位圆上的 N 点等间隔采样 $X(k)$ 的 N 点 IDFT 是原序列 $x(n)$ 以 N 为周期的周期延拓序列的主值序列。综上所述，可以总结出频域采样定理：

如果序列 $x(n)$ 的长度为 M，则只有当频域采样点数 $N \geqslant M$ 时，才有

$$x_N(n) = \text{IDFT}[X(k)] = x(n)$$

即可由频域采样 $X(k)$ 恢复原序列 $x(n)$，否则产生时域混叠现象。

满足频域采样定理时，频域采样序列 $X(k)$ 就是原序列 $x(n)$ 的 N 点 DFT，所以 $X(k)$ 的 N 点 IDFT 是原序列 $x(n)$，必然可以由 $X(k)$ 恢复 $X(z)$ 和 $X(e^{j\omega})$。下面推导用频域采样 $X(k)$ 表示 $X(z)$ 和 $X(e^{j\omega})$ 的内插公式和内插函数。设序列 $x(n)$ 长度为 M，在频域 $[0, 2\pi]$ 上等间隔采样 N 点，$N \geqslant M$，则有

$$X(z) = \sum_{n=0}^{N-1} x(n)z^{-n}$$

$$X(k) = X(z)\,\big|_{z=e^{j\frac{2\pi}{N}k}} \qquad k=0,1,2,\cdots,N-1$$

因为满足频域采样定理，所以式中

$$x(n) = \text{IDFT}[X(k)] = \frac{1}{N}\sum_{k=0}^{N-1} X(k)W_N^{-kn}$$

将上式代入 $X(z)$ 的表示式中，得到：

$$X(z) = \sum_{n=0}^{N-1}\Big[\frac{1}{N}\sum_{k=0}^{N-1} X(k)W_N^{-kn}\Big]z^{-n} = \frac{1}{N}\sum_{k=0}^{N-1} X(k)\sum_{n=0}^{N-1}W_N^{-kn}z^{-n}$$

$$= \frac{1}{N}\sum_{k=0}^{N-1} X(k)\,\frac{1-W_N^{-kN}z^{-N}}{1-W_N^{-k}z^{-1}} \tag{3.3.4a}$$

式中，$W_N^{-kN}=1$，因此

$$X(z) = \frac{1}{N}\sum_{k=0}^{N-1} X(k)\,\frac{1-z^{-N}}{1-W_N^{-k}z^{-1}} \tag{3.3.4b}$$

令

$$\varphi_k(z) = \frac{1}{N}\,\frac{1-z^{-N}}{1-W_N^{-k}z^{-1}} \tag{3.3.5}$$

则

$$X(z) = \sum_{k=0}^{N-1} X(k)\varphi_k(z) \tag{3.3.6}$$

式(3.3.6)称为用 $X(k)$ 表示 $X(z)$ 的复频域内插公式，$\varphi_k(z)$ 称为复频域内插函数。将 $z = \mathrm{e}^{\mathrm{j}\omega}$ 代入(3.3.4a)式，并进行整理化简，可得

$$X(\mathrm{e}^{\mathrm{j}\omega}) = \sum_{k=0}^{N-1} X(k)\varphi\left(\omega - \frac{2\pi}{N}k\right) \tag{3.3.7}$$

$$\varphi(\omega) = \frac{1}{N}\frac{\sin(\omega N/2)}{\sin(\omega/2)}\mathrm{e}^{-\mathrm{j}\omega\left(\frac{N-1}{2}\right)} \tag{3.3.8}$$

(3.3.7)式称为频域内插公式，$\varphi(\omega)$ 称为频域内插函数。在数字滤波器的结构与设计中，我们将会看到，频域采样理论及有关公式可提供一种有用的滤波器结构和滤波器设计途径，(3.3.7)式有助于分析 FIR 滤波器频率采样设计法的逼近性能。

【例 3.3.1】　长度为 26 的三角形序列 $x(n)$ 如图 3.3.1(b)所示。编写 MATLAB 程序验证频域采样理论。

解　解题思想：先计算 $x(n)$ 的 32 点 DFT，得到其频谱函数 $X(\mathrm{e}^{\mathrm{j}\omega})$ 在频率区间$[0, 2\pi]$上等间隔 32 点采样 $X_{32}(k)$，再对 $X_{32}(k)$ 隔点抽取，得到 $X(\mathrm{e}^{\mathrm{j}\omega})$ 在频率区间$[0, 2\pi]$上等间隔 16 点采样 $X_{16}(k)$。最后分别对 $X_{16}(k)$ 和 $X_{32}(k)$ 求 IDFT，得到：

$$x_{16}(n) = \mathrm{IDFT}[X_{16}(k)]_{16}$$

$$x_{32}(n) = \mathrm{IDFT}[X_{32}(k)]_{32}$$

绘制 $x_{16}(n)$ 和 $x_{32}(n)$ 波形图验证频域采样理论。

MATLAB 求解程序 ep331.m 如下：

```
%《数字信号处理(第四版)》第3章例3.3.1程序ep331.m
% 频域采样理论验证
M=26；N=32；n=0:M;
xa=0:M/2；xb= ceil(M/2)−1:−1:0；xn=[xa, xb]；  %产生 M 长三角波序列 x(n)
Xk=fft(xn, 512);                              %512 点 FFT[x(n)]
X32k=fft(xn, 32);                             %32 点 FFT[x(n)]
x32n=ifft(X32k);                              %32 点 IFFT[X32(k)]得到 x32(n)
X16k=X32k(1:2:N);                             %隔点抽取 X32k 得到 X16(k)
x16n=ifft(X16k, N/2);                         %16 点 IFFT[X16(k)]得到 x16(n)
```

以下绘图部分省略。

程序运行结果如图 3.3.1 所示。图 3.3.1(a)和(b)分别为 $X(\mathrm{e}^{\mathrm{j}\omega})$ 和 $x(n)$ 的波形；图 3.3.1(c)和(d)分别为 $X(\mathrm{e}^{\mathrm{j}\omega})$ 的 16 点采样 $|X_{16}(k)|$ 和 $x_{16}(n) = \mathrm{IDFT}[X_{16}(k)]_{16}$ 波形图；图 3.3.1(e)和(f)分别为 $X(\mathrm{e}^{\mathrm{j}\omega})$ 的 32 点采样 $|X_{32}(k)|$ 和 $x_{32}(n) = \mathrm{IDFT}[X_{32}(k)]_{32}$ 波形图；由于实序列的 DFT 满足共轭对称性，因此频域图仅画出$[0, \pi]$上的幅频特性波形。本例中 $x(n)$ 的长度 $M = 26$。从图中可以看出，当采样点数 $N = 16 < M$ 时，$x_{16}(n)$ 确实等于原三角序列 $x(n)$ 以 16 为周期的周期延拓序列的主值序列。由于存在时域混叠失真，因而 $x_{16}(n) \neq x(n)$；当采样点数 $N = 32 > M$ 时，无时域混叠失真，$x_{32}(n) = \mathrm{IDFT}[X_{32}(k)] = x(n)$。

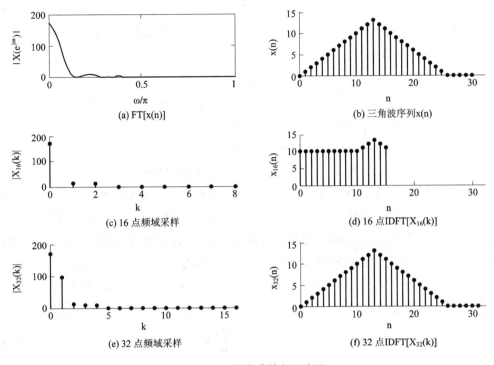

图 3.3.1　频域采样定理验证

3.4　DFT 的应用举例

DFT 的快速算法 FFT 的出现，使 DFT 在数字通信、语音信号处理、图像处理、功率谱估计、系统分析与仿真、雷达信号处理、光学、医学、地震以及数值分析等各个领域都得到广泛应用。然而，各种应用一般都以卷积和相关运算的具体计算为依据，或者以 DFT 作为连续傅里叶变换的近似为基础。所以本节主要介绍用 DFT 计算卷积的基本原理以及用 DFT 对连续信号和序列进行谱分析等最基本的应用。只要掌握了这两种基本应用的原理，就为用 DFT 解决数字滤波和系统分析等问题打下了基础。

3.4.1　用 DFT 计算线性卷积

用 DFT 计算循环卷积很简单。设 $h(n)$ 和 $x(n)$ 的长度分别为 N 和 M，其 L 点循环卷积为

$$y_c(n) = h(n) \, Ⓛ \, x(n) = \sum_{m=0}^{L-1} h(m)x((n-m))_L R_L(n)$$

且

$$\left. \begin{aligned} H(k) &= \mathrm{DFT}[h(n)]_L \\ X(k) &= \mathrm{DFT}[x(n)]_L \end{aligned} \right\} \quad 0 \leqslant k \leqslant L-1, \ L \geqslant \max[N, M]$$

则由 DFT 的时域循环卷积定理有

$$Y_C(k) = \mathrm{DFT}[y_c(n)]_L = H(k)X(k) \qquad 0 \leqslant k \leqslant L-1$$

由此可见，循环卷积既可以在时域直接计算，也可以按照图 3.4.1 所示的计算框图在频域计算。由于 DFT 有快速算法，当 L 很大时，在频域计算循环卷积的速度快得多，因而常用 DFT(FFT) 计算循环卷积。

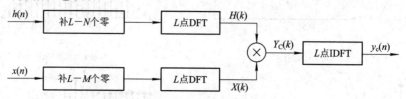

图 3.4.1 用 DFT 计算循环卷积的原理框图

在实际应用中，为了分析时域离散线性时不变系统或者对序列进行滤波处理等，需要计算两个序列的线性卷积。与计算循环卷积一样，为了提高运算速度，也希望用 DFT(FFT) 计算线性卷积。而 DFT 只能直接用来计算循环卷积，因此，下面先导出线性卷积和循环卷积之间的关系以及循环卷积与线性卷积相等的条件，最后得出用图 3.4.1 计算线性卷积的条件。

假设 $h(n)$ 和 $x(n)$ 都是有限长序列，长度分别是 N 和 M。它们的线性卷积和循环卷积分别表示如下：

$$y_l(n) = h(n) * x(n) = \sum_{m=0}^{N-1} h(m)x(n-m) \tag{3.4.1}$$

$$y_c(n) = h(n) \textcircled{L} x(n) = \Big[\sum_{m=0}^{N-1} h(m)x((n-m))_L\Big] R_L(n) \tag{3.4.2}$$

其中

$$L \geqslant \max[N, M], \quad x((n))_L = \sum_{i=-\infty}^{\infty} x(n+iL)$$

所以

$$y_c(n) = \Big[\sum_{m=0}^{N-1} h(m)\sum_{i=-\infty}^{\infty} x(n-m+iL)\Big] R_L(n) = \Big[\sum_{i=-\infty}^{\infty}\sum_{m=0}^{N-1} h(m)x(n+iL-m)\Big] R_L(n)$$

对照 (3.4.1) 式可以看出，上式中

$$\sum_{m=0}^{N-1} h(m)x(n+iL-m) = y_l(n+iL)$$

即

$$y_c(n) = \Big[\sum_{i=-\infty}^{\infty} y_l(n+iL)\Big] R_L(n) \tag{3.4.3}$$

(3.4.3) 式说明，$y_c(n)$ 等于 $y_l(n)$ 以 L 为周期的周期延拓序列的主值序列。我们知道，$y_l(n)$ 长度为 $N+M-1$，因此只有当循环卷积长度 $L \geqslant N+M-1$ 时，$y_l(n)$ 以 L 为周期进行周期延拓时才无时域混叠现象。此时取其主值序列显然满足 $y_c(n)=y_l(n)$。由此证明了循环卷积等于线性卷积的条件是 $L \geqslant N+M-1$。图 3.4.2 中画出了 $h(n)$、$x(n)$、$h(n)*x(n)$ 以及 L 分别取 6、8、10 时 $h(n) \textcircled{L} x(n)$ 的波形。由于 $h(n)$ 长度 $N=4$，$x(n)$ 长度 $M=5$，$N+M-1=8$，因此只有 $L \geqslant 8$ 时，$h(n) \textcircled{L} x(n)$ 波形才与 $h(n)*x(n)$ 相同。

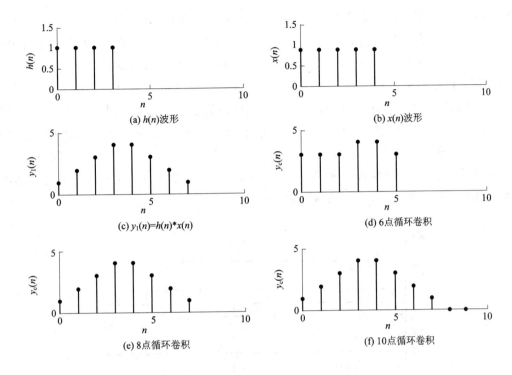

(a) $h(n)$波形　　(b) $x(n)$波形

(c) $y_l(n)=h(n)*x(n)$　　(d) 6点循环卷积

(e) 8点循环卷积　　(f) 10点循环卷积

图 3.4.2　线性卷积与循环卷积波形图

　　综上所述，取 $L \geqslant N+M-1$，则可按照如图 3.4.1 所示的计算框图用 DFT(FFT)计算线性卷积。其中 DFT 和 IDFT 通常用快速算法(FFT)来实现，故常称其为**快速卷积**。

　　实际上，经常遇到两个序列的长度相差很大的情况，例如 $M \gg N$。若仍选取 $L \geqslant N+M-1$，以 L 为循环卷积区间，并用上述快速卷积法计算线性卷积，则要求对短序列补很多零点，而且长序列必须全部输入后才能进行快速计算。因此要求存储容量大，运算时间长，并使处理延时很大，不能实现实时处理。况且在某些应用场合，序列长度不定或者认为是无限长，如电话系统中的语音信号和地震检测信号等。显然，在要求实时处理时，直接套用上述方法是不行的。解决这个问题的方法是将长序列分段计算，这种分段处理方法有重叠相加法和重叠保留法两种。下面只介绍重叠相加法，重叠保留法作为本章习题 21，留给读者讨论。

　　设序列 $h(n)$ 长度为 N，$x(n)$ 为无限长序列。将 $x(n)$ 等长分段，每段长度取 M，则

$$x(n) = \sum_{k=0}^{\infty} x_k(n) \qquad x_k(n) = x(n)R_M(n-kM) \qquad (3.4.4a)$$

于是，$h(n)$ 与 $x(n)$ 的线性卷积可表示为

$$y(n) = h(n) * x(n) = h(n) * \sum_{k=0}^{\infty} x_k(n) = \sum_{k=0}^{\infty} h(n) * x_k(n) = \sum_{k=0}^{\infty} y_k(n) \qquad (3.4.4b)$$

式中

$$y_k(n) = h(n) * x_k(n) \qquad (3.4.4c)$$

(3.4.4b)式说明，计算 $h(n)$ 与 $x(n)$ 的线性卷积时，可先计算分段线性卷积 $y_k(n)=h(n)*$

$x_k(n)$，然后把分段卷积结果叠加起来即可，如图 3.4.3 所示。每一分段卷积 $y_k(n)$ 的长度为 $N+M-1$，因此相邻分段卷积 $y_k(n)$ 与 $y_{k+1}(n)$ 有 $N-1$ 个点重叠，必须把重叠部分的 $y_k(n)$ 与 $y_{k+1}(n)$ 相加，才能得到正确的卷积序列 $y(n)$。显然，可用图 3.4.1 所示的快速卷积法计算分段卷积 $y_k(n)$，其中 $L=N+M-1$。由图 3.4.3 可以看出，当第二个分段卷积 $y_1(n)$ 计算完后，叠加重叠点便可得输出序列 $y(n)$ 的前 $2M$ 个值；同样道理，分段卷积 $y_i(n)$ 计算完后，就可得到 $y(n)$ 第 i 段的 M 个序列值。因此，这种方法不要求大的存储容量，且运算量和延时也大大减少，最大延时 $T_{\text{Dmax}}=2MT_s+T_o$，$T_s$ 是系统采样间隔，T_o 是计算 1 个分段卷积所需时间，一般要求 $T_o<MT_s$。这样，就实现了边输入边计算边输出，如果计算机的运算速度快，可以实现实时处理。

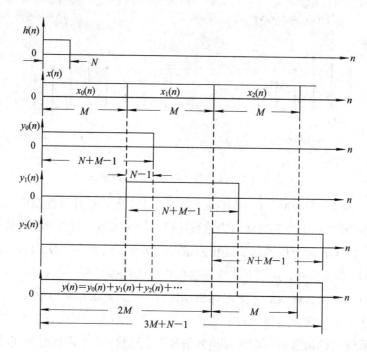

图 3.4.3　用重叠相加法计算线性卷积的时域关系示意图

用 DFT 计算分段卷积 $y_k(n)$ 的方法如下：

（1）$i=0$；$L=N+M-1$；计算并保存 $H(k)=\text{DFT}[h(n)]_L$；

（2）读入 $x_i(n)=x(n)R_M(n-iM)$，构造变换区间 $[0,L-1]$ 上的序列 $\hat{x}_i(n)=x_i(n+iM)R_M(n)$，实际中就是将 $x_i(n)$ 的 M 个值存放在长度为 M 的数组中，并计算 $\hat{X}_i(k)=\text{DFT}[\hat{x}_i(n)]_L$；

（3）$\hat{Y}_i(k)=H(k)\hat{X}_i(k)$；

（4）$\hat{y}_i(n)=y_k(n+kM)R_L(n)=\text{IDFT}[\hat{Y}_i(k)]_L$，$n=0,1,2,\cdots,L-1$；

（5）计算：　　$y(iM+n)=\begin{cases}\hat{y}_{i-1}(M+n)+\hat{y}_i(n) & 0\leqslant n\leqslant N-2\text{（重叠区相加）}\\ \hat{y}_i(n) & N-1\leqslant n\leqslant M-1\text{（非重叠区不加）}\end{cases}$

（6）$i=i+1$，返回（2）。

应当说明，一般 $x(n)$ 是因果序列，假设初始条件 $y_{-1}(n)=0$。

MATLAB 信号处理工具箱中提供了一个函数 fftfilt，该函数用重叠相加法实现线性卷积的计算。调用格式为：$y=fftfilt(h, x, M)$。调用参数中，h 是系统单位脉冲响应向量；x 是输入序列向量；y 是系统的输出序列向量（h 与 x 的卷积结果）；M 是由用户选择的输入序列 x 的分段长度，缺省 M 时，默认输入序列 x 的分段长度 $M=512$。

【**例 3.4.1**】 假设 $h(n)=R_5(n)$，$x(n)=[\cos(\pi n/10)+\cos(2\pi n/5)]u(n)$，用重叠相加法计算 $y(n)=h(n)*x(n)$，并画出 $h(n)$、$x(n)$ 和 $y(n)$ 的波形。

解 $h(n)$ 的长度为 $N=5$，对 $x(n)$ 进行分段，每段长度为 $M=10$。计算 $h(n)$ 和 $x(n)$ 的线性卷积的 MATLAB 程序如下：

```
%例 3.4.1 重叠相加法的 MATLAB 实现程序：ep341.m
Lx=41；N=5；M=10；                        %Lx 为信号序列 x(n) 长度
hn=ones(1, N)；hn1=[hn zeros(1, Lx−N)]；   %产生 h(n)，其后补零是为了绘图好看
n=0：Lx−1；
xn=cos(pi * n/10)+cos(2 * pi * n/5)；       %产生 x(n) 的 Lx 个样值
yn=fftfilt(hn, xn, M)；                     %调用 fftfilt 用重叠相加法计算卷积
%以下为绘图部分(省略)
```

运行程序画出 $h(n)$、$x(n)$ 和 $y(n)$ 的波形如图 3.4.4 所示。请读者从理论上证明 $y(n)$ 的稳态波形是单一频率的正弦波。

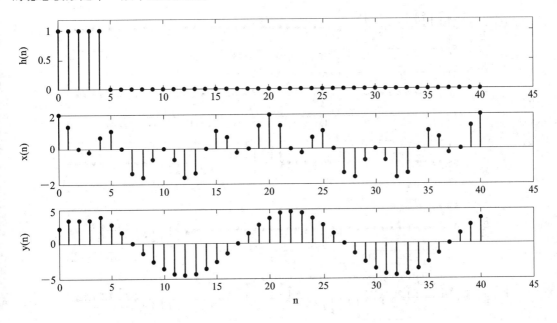

图 3.4.4　例 3.4.1 的求解程序运行结果

运行绘图程序 fig345.m 可以得到用重叠相加法求解本例题的 $x_k(n)$，$y_k(n)$ 和 $y(n)=y_0(n)+y_1(n)+y_2(n)+y_3(n)$，如图 3.4.5 所示。

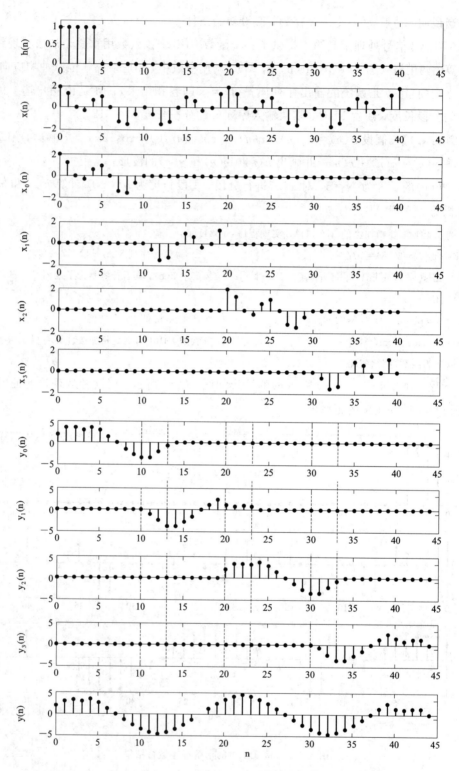

图 3.4.5　重叠相加法时域波形

3.4.2 用 DFT 对信号进行谱分析

所谓信号的谱分析，就是计算信号的傅里叶变换。连续信号与系统的傅里叶分析显然不便于直接用计算机进行计算，使其应用受到限制。而 DFT 是一种时域和频域均离散化的变换，适合数值运算，成为用计算机分析离散信号和系统的有力工具。对连续信号和系统，可以通过时域采样，应用 DFT 进行近似谱分析。下面分别介绍用 DFT 对连续信号和离散信号(序列)进行谱分析的基本原理和方法。

1. 用 DFT 对连续信号进行谱分析

工程实际中，经常遇到连续信号 $x_a(t)$，其频谱函数 $X_a(j\Omega)$ 也是连续函数。为了利用 DFT 对 $x_a(t)$ 进行频谱分析，先对 $x_a(t)$ 进行时域采样，得到 $x(n)=x_a(nT)$，再对 $x(n)$ 进行 DFT，得到的 $X(k)$ 则是 $x(n)$ 的傅里叶变换 $X(e^{j\omega})$ 在频率区间 $[0, 2\pi]$ 上的 N 点等间隔采样。这里 $x(n)$ 和 $X(k)$ 均为有限长序列。然而，由傅里叶变换理论知道，若信号持续时间有限长，则其频谱无限宽；若信号的频谱有限宽，则其持续时间必然为无限长。所以严格地讲，持续时间有限的带限信号是不存在的。因此，按采样定理采样时，上述两种情况下的采样序列 $x(n)=x_a(nT)$ 均应为无限长，不满足 DFT 的变换条件。实际上对频谱很宽的信号，为防止时域采样后产生频谱混叠失真，可用预滤波器滤除幅度较小的高频成分，使连续信号的带宽小于折叠频率。对于持续时间很长的信号，采样点数太多，以致无法存储和计算，只好截取有限点进行 DFT。由上述可见，用 DFT 对连续信号进行频谱分析必然是近似的，其近似程度与信号带宽、采样频率和截取长度有关。实际上从工程角度看，滤除幅度很小的高频成分和截去幅度很小的部分时间信号是允许的。因此，在下面分析中，假设 $x_a(t)$ 是经过预滤波和截取处理的有限长带限信号。

设连续信号 $x_a(t)$ 持续时间为 T_p，最高频率为 f_c，如图 3.4.6(a)所示。$x_a(t)$ 的傅里叶变换为 $X_a(j\Omega)$，对 $x_a(t)$ 进行时域采样得到 $x(n)=x_a(nT)$，$x(n)$ 的傅里叶变换为 $X(e^{j\omega})$。由假设条件可知 $x(n)$ 的长度为

$$N = \frac{T_p}{T} = T_p F_s \tag{3.4.5}$$

式中，T 为采样间隔，$F_s=1/T$ 为采样频率。用 $X(k)$ 表示 $x(n)$ 的 N 点 DFT，下面推导出 $X(k)$ 与 $X_a(j\Omega)$ 的关系，最后由此关系归纳出用 $X(k)$ 表示 $X_a(j\Omega)$ 的方法，即用 DFT 对连续信号进行谱分析的方法。

由(2.4.3)式知道，$x(n)$ 的傅里叶变换 $X(e^{j\omega})$ 与 $x_a(t)$ 的傅里叶变换 $X_a(j\Omega)$ 满足如下关系：

$$X(e^{j\omega}) = \frac{1}{T} \sum_{m=-\infty}^{\infty} X_a\left[j\left(\frac{\omega}{T} - \frac{2\pi}{T}m\right)\right]$$

将 $\omega=\Omega T$ 代入上式，得到：

$$X(e^{j\Omega T}) = \frac{1}{T} \sum_{m=-\infty}^{\infty} X_a\left[j\left(\Omega - \frac{2\pi}{T}m\right)\right] \stackrel{\text{def}}{=} \frac{1}{T}\widetilde{X}_a(j\Omega) \tag{3.4.6}$$

式中

第 3 章 离散傅里叶变换(DFT)

$$\widetilde{X}_a(j\Omega) = \sum_{m=-\infty}^{\infty} X_a\left[j\left(\Omega - \frac{2\pi}{T}m\right)\right]$$

表示模拟信号频谱 $X_a(j\Omega)$ 的周期延拓函数。由 $x(n)$ 的 N 点 DFT 的定义有

$$X(k) = \text{DFT}[x(n)]_N = X(e^{j\omega})\,|_{\omega = \frac{2\pi}{N}k} \qquad 0 \leqslant k \leqslant N-1 \tag{3.4.7}$$

将(3.4.7)式代入(3.4.6)式,得到:

$$X(k) = X(e^{j\frac{2\pi}{N}k}) = \frac{1}{T}\widetilde{X}_a\left(j\frac{2\pi}{NT}k\right) = \frac{1}{T}\widetilde{X}_a\left(j\frac{2\pi}{T_p}k\right) \qquad 0 \leqslant k \leqslant N-1 \tag{3.4.8}$$

(3.4.8)式说明了 $X(k)$ 与 $X_a(j\Omega)$ 的关系。为了符合一般的频谱描述习惯,以频率 f 为自变量,整理(3.4.8)式。令

$$\left.\begin{array}{l} X_a'(f) = X_a(j\Omega)\,|_{\Omega=2\pi f} = X_a(j2\pi f) \\ \widetilde{X}_a'(f) = \widetilde{X}_a(j\Omega)\,|_{\Omega=2\pi f} = \widetilde{X}_a(j2\pi f) \end{array}\right\} \tag{3.4.9}$$

则(3.4.8)式变为

$$X(k) = \frac{1}{T}\widetilde{X}_a'(f)\bigg|_{f=\frac{k}{NT}=\frac{k}{T_p}} \stackrel{\text{def}}{=} \frac{1}{T}\widetilde{X}_a'(kF) \qquad k = 0, 1, 2, \cdots, N-1$$

由此可得

$$\widetilde{X}_a'(kF) = TX(k) = T \cdot \text{DFT}[x(n)]_N \qquad k = 0, 1, 2, \cdots, N-1 \tag{3.4.10}$$

式中,F 表示对模拟信号频谱的采样间隔,所以称之为频率分辨率,$T_p=NT$ 为截断时间长度。

$$F = \frac{1}{T_p} = \frac{1}{NT} = \frac{F_s}{N} \tag{3.4.11}$$

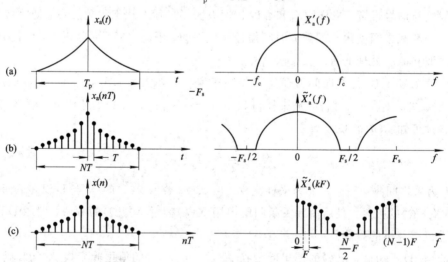

图 3.4.6 用 DFT 分析连续信号谱的原理示意图

(3.4.10)式说明,可以通过对连续信号采样并进行 DFT 再乘以 T,得到模拟信号频谱的周期延拓函数在第一个周期 $[0, F_s]$ 上的 N 点等间隔采样 $\widetilde{X}_a'(kF)$,如图 3.4.6 所示。对满足假设的持续时间有限的带限信号,在满足时域采样定理时,$\widetilde{X}_a'(kF)$ 包含了模拟信号频谱的全部信息($k=0, 1, 2, \cdots, N/2$,表示正频率频谱采样;$k=N/2+1, N/2+2, \cdots, N-1$,表示负频率频谱采样)。所以,上述分析方法不丢失信息,即可由 $X(k)$ 恢复 $X_a(j\Omega)$ 或 $x_a(t)$。

但直接由分析结果 $X(k)$ 看不到 $X_a(j\Omega)$ 的全部频谱特性，而只能看到 N 个离散采样点的谱线，这就是所谓的栅栏效应。对实信号，其频谱函数具有共轭对称性，所以分析正频率频谱就足够了。不存在频谱混叠失真时，正频率 $[0, F_s/2]$ 频谱采样为

$$X_a'(kF) = TX(k) = T \cdot \text{DFT}[x(n)]_N \qquad k = 0, 1, 2, \cdots, N/2 \quad (3.4.12)$$

值得注意，如果 $x_a(t)$ 持续时间无限长，上述分析中要进行截断处理，所以会产生所谓的截断效应，从而使谱分析产生误差。本节最后将讨论上述误差问题产生的原因及改进措施。

下面举例说明截断效应。理想低通滤波器的单位冲激响应 $h_a(t)$ 及其频响函数 $H_a(f)$ 分别如图 3.4.7(a)、(b)所示(图 3.4.7(a)中只画出 $h_a(t)$ 所截取的一段)。图中，

$$h_a(t) = \frac{\sin[\pi(t-\alpha)]}{\pi(t-\alpha)} \qquad \alpha = \frac{T_p}{2}$$

现在用 DFT 来分析 $h_a(t)$ 的频率响应特性。由于 $h_a(t)$ 的持续时间为无穷长，因此要截取一段 T_p，假设 $T_p = 8$ s，采样间隔 $T = 0.25$ s(即采样频率 $F_s = 4$ Hz)，采样点数 $N = T_p/T = 32$；频域采样间隔 $F = 1/T_p = 0.125$ Hz；由于 $h_a(t)$ 为实信号，因此仅取正频率 $[0, F_s/2]$ 频谱采样：

$$H(kF) = T \cdot \text{DFT}[h(n)] \qquad 0 \leqslant k \leqslant 16$$

其中，$h(n) = h_a(nT)R_{32}(n)$。

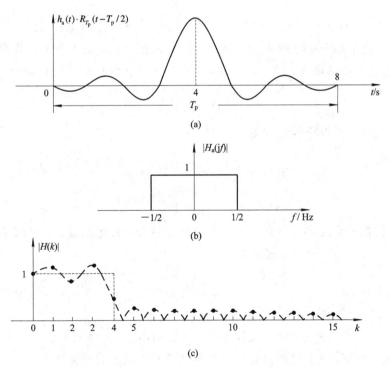

图 3.4.7　用 DFT 计算理想低通滤波器的频响曲线

$|H(kF)|$ 如图 3.4.7(c)中黑点所示。由图可见，低频部分近似理想低通频响特性，而高频误差较大，且整个频响都有波动。这些误差就是由于对 $h_a(t)$ 截断所产生的，所以通常称之为**截断效应**。为减少这种截断误差，可适当加长 T_p，增加采样点数 N 或用窗函数处理

后再进行 DFT。有关窗函数的内容将在 FIR 数字滤波器设计中详细叙述。

在对连续信号进行谱分析时，主要关心两个问题，这就是谱分析范围和频率分辨率。谱分析范围为 $[0, F_s/2]$，直接受采样频率 F_s 的限制。为了不产生频谱混叠失真，通常要求信号的最高频率 $f_c < F_s/2$。频率分辨率用频率采样间隔 F 描述，F 表示谱分析中能够分辨的两个频率分量的最小间隔。显然，F 越小，谱分析就越接近 $X_a(jf)$，所以 F 较小时，我们称频率分辨率较高。下面讨论用 DFT 对连续信号谱分析的参数选择原则。

在已知信号的最高频率 f_c（即谱分析范围）时，为了避免频率混叠现象，要求采样速率 F_s 满足下式：

$$F_s > 2f_c \tag{3.4.13}$$

按照(3.4.11)式，谱分辨率 $F = F_s/N$，如果保持采样点数 N 不变，要提高频谱分辨率（减小 F），就必须降低采样频率，采样频率的降低会引起谱分析范围变窄和频谱混叠失真。如维持 F_s 不变，为提高频率分辨率可以增加采样点数 N，因为 $NT = T_p$，$T = F_s^{-1}$，只有增加对信号的观察时间 T_p，才能增加 N。T_p 和 N 可以按照下面两式进行选择：

$$N > \frac{2f_c}{F} \tag{3.4.14}$$

$$T_p \geqslant \frac{1}{F} \tag{3.4.15}$$

【例 3.4.2】　对实信号进行谱分析，要求谱分辨率 $F \leqslant 10$ Hz，信号最高频率 $f_c = 2.5$ kHz，试确定最小记录时间 $T_{p\,min}$，最大的采样间隔 T_{max}，最少的采样点数 N_{min}。如果 f_c 不变，要求谱分辨率提高 1 倍，最少的采样点数和最小的记录时间是多少？

解
$$T_p \geqslant \frac{1}{F} = \frac{1}{10} = 0.1 \text{ s}$$

因此 $T_{p\,min} = 0.1$ s。因为要求 $F_s \geqslant 2f_c$，所以

$$T_{max} = \frac{1}{F_{s\,min}} = \frac{1}{2f_c} = \frac{1}{2 \times 2500} = 0.2 \times 10^{-3} \text{ s}$$

$$N_{min} = \frac{2f_c}{F} = \frac{2 \times 2500}{10} = 500$$

为使用 DFT 的快速算法 FFT，希望 N 符合 2 的整数幂，为此选用 $N = 512$ 点。为使频率分辨率提高 1 倍，即 $F = 5$ Hz，要求：

$$N_{min} = \frac{2 \times 2500}{5} = 1000, \quad T_{p\,min} = \frac{1}{5} = 0.2 \text{ s}$$

用快速算法 FFT 计算时，选用 $N = 1024$ 点。

上面分析了为提高谱分辨率，又保持谱分析范围不变，必须增长记录时间 T_p，增大采样点数 N。应当注意，这种提高谱分辨率的条件是必须满足时域采样定理，即绝对不能保持 N 不变，通过增大 T 来增加记录时间 T_p。

2. 用 DFT 对序列进行谱分析

我们知道单位圆上的 Z 变换就是序列的傅里叶变换，即

$$X(e^{j\omega}) = X(z)\,\big|_{z=e^{j\omega}}$$

$X(e^{j\omega})$ 是 ω 的连续周期函数。如果对序列 $x(n)$ 进行 N 点 DFT 得到 $X(k)$，则 $X(k)$ 是在区间 $[0, 2\pi]$ 上对 $X(e^{j\omega})$ 的 N 点等间隔采样，频谱分辨率就是采样间隔 $2\pi/N$。因此序列的傅里叶变换可利用 DFT(即 FFT)来计算。

对周期为 N 的周期序列 $\tilde{x}(n)$，由 (2.3.10) 式知道，其频谱函数为

$$X(e^{j\omega}) = \mathrm{FT}[\tilde{x}(n)] = \frac{2\pi}{N} \sum_{k=-\infty}^{\infty} \tilde{X}(k)\delta\left(\omega - \frac{2\pi}{N}k\right)$$

其中

$$\tilde{X}(k) = \mathrm{DFS}[\tilde{x}(n)] = \sum_{n=0}^{N-1} \tilde{x}(n)e^{-j\frac{2\pi}{N}kn}$$

由于 $\tilde{X}(k)$ 以 N 为周期，因而 $X(e^{j\omega})$ 也是以 2π 为周期的离散谱，每个周期有 N 条谱线，第 k 条谱线位于 $\omega = (2\pi/N)k$ 处，代表 $\tilde{x}(n)$ 的 k 次谐波分量。而且，谱线的相对大小与 $\tilde{X}(k)$ 成正比。由此可见，周期序列的频谱结构可用其离散傅里叶级数系数 $\tilde{X}(k)$ 表示。由 DFT 的隐含周期性知道，截取 $\tilde{x}(n)$ 的主值序列 $x(n) = \tilde{x}(n)R_N(n)$，并进行 N 点 DFT，得到：

$$X(k) = \mathrm{DFT}[x(n)]_N = \mathrm{DFT}[\tilde{x}(n)R_N(n)] = \tilde{X}(k)R_N(k) \tag{3.4.16}$$

所以可用 $X(k)$ 表示 $\tilde{x}(n)$ 的频谱结构。

如果截取长度 M 等于 $\tilde{x}(n)$ 的整数个周期，即 $M = mN$，m 为正整数，即

$$x_M(n) = \tilde{x}(n)R_M(n) \tag{3.4.17}$$

$$X_M(k) = \mathrm{DFT}[x_M(n)] = \sum_{n=0}^{M-1} \tilde{x}(n)e^{-j\frac{2\pi}{M}kn} = \sum_{n=0}^{mN-1} \tilde{x}(n)e^{-j\frac{2\pi}{mN}kn} \qquad k = 0, 1, \cdots, mN-1$$

令 $n = n' + iN$；$i = 0, 1, \cdots, m-1$；$n' = 0, 1, \cdots, N-1$，则

$$X_M(k) = \sum_{i=0}^{m-1}\sum_{n'=0}^{N-1} \tilde{x}(n' + iN)e^{-j\frac{2\pi(n'+iN)k}{mN}} = \sum_{i=0}^{m-1}\left[\sum_{n=0}^{N-1} x(n)e^{-j\frac{2\pi n}{mN}k}\right]e^{-j\frac{2\pi}{m}ik}$$

$$= \sum_{i=0}^{m-1} X\left(\frac{k}{m}\right)e^{-j\frac{2\pi}{m}ik} = X\left(\frac{k}{m}\right)\sum_{i=0}^{m-1} e^{-j\frac{2\pi}{m}ik}$$

因为

$$\sum_{i=0}^{M-1} e^{-j\frac{2\pi}{m}ki} = \begin{cases} m & k/m = 整数 \\ 0 & k/m \neq 整数 \end{cases}$$

所以

$$X_M(k) = \begin{cases} mX\left(\dfrac{k}{m}\right) & k/m = 整数 \\ 0 & k/m \neq 整数 \end{cases} \tag{3.4.18}$$

由此可见，$X_M(k)$ 也能表示 $\tilde{x}(n)$ 的频谱结构，只是在 $k = im$ 时，$X_M(im) = m\tilde{X}(i)$，表示 $\tilde{x}(n)$ 的 i 次谐波谱线，其幅度扩大 m 倍。而其他 k 值时，$X_M(k) = 0$，当然，$X(i)$ 与 $X_M(im)$ 对应点频率是相等的 $\left(\frac{2\pi}{N}i = \frac{2\pi}{mN} \cdot mi\right)$。所以，只要截取 $\tilde{x}(n)$ 的整数个周期进行 DFT，就可得到它的频谱结构，达到谱分析的目的。

如果 $\tilde{x}(n)$ 的周期预先不知道，可先通过计算 $\tilde{x}(n)$ 的自相关函数[12][29]估算 $\tilde{x}(n)$ 的周期，然后按上述方法对周期信号进行谱分析。

在很多实际应用中，并非整个单位圆上的频谱都很有意义。例如，对于窄带信号，往往只希望对信号所在的一段频带进行谱分析，这时便希望采样能密集地在这段频带内进行，而带外部分可完全不予考虑。另外，有时希望采样点不局限于单位圆上。例如，语音信号处理中，常常需要知道系统极点所对应的频率，如果极点位置离单位圆较远，则其单位圆上的频谱就很平滑，如图 3.4.8(a)所示，这时很难从中识别出极点对应的频率。如果使采样点轨迹沿一条接近这些极点的弧线或圆周进行，则采样结果将会在极点对应的频率上出现明显的尖峰，如图 3.4.8(b)所示。这样就能准确地测定出极点频率。对均匀分布在以原点为圆心的任何圆上的 N 点$(z_k=re^{j\frac{2\pi}{N}k}$，$k=0$，$1$，$\cdots$，$N-1)$频率采样，可用 DFT(FFT)计算，而沿螺旋弧线采样，则要用线性调频 Z 变换(Chirp - Z 变换，简称 CZT)计算。

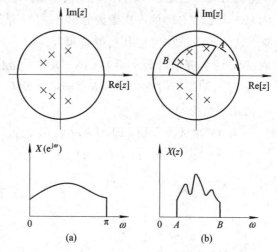

图 3.4.8 单位圆与非单位圆谱分析示意图

例如，要求计算序列在半径为 r 的圆上的频谱，那么 N 个等间隔采样点为 $z_k=re^{j\frac{2\pi}{N}k}$，$k=0$，$1$，$\cdots$，$N-1$，$z_k$ 的频谱分量为

$$X(z_k) = X(z) \mid_{z=z_k} = \sum_{n=0}^{N-1} x(n)r^{-n}e^{-j\frac{2\pi}{N}kn}$$

令 $\hat{x}(n)=x(n)r^{-n}$，则

$$X(z_k) = \sum_{n=0}^{N-1} \hat{x}(n)e^{-j\frac{2\pi}{N}kn} = \text{DFT}[\hat{x}(n)] \qquad 0 \leqslant k \leqslant N-1 \qquad (3.4.19)$$

上式说明，要计算 $x(n)$ 在半径为 r 的圆上的 N 点等间隔频谱分量，可以先对 $x(n)$ 乘以 r^{-n}，再计算 N 点 DFT(FFT)即可得到。若要求 $x(n)$ 分布在该圆的有限角度 $2\pi/M$ 内的 N 点等间隔频谱采样，可以取 $L=MN$，在尾部补 $L-N$ 个零，仍按(3.4.19)式用 DFT 分析整个圆上的 L 点等间隔频谱，最后只取所需角度内的 N 点等间隔采样即可。显然，这种方法的计算量大，效率低。下面要介绍的 Chirp - Z 变换可使这种谱分析的运算量大大减少。

3. Chirp - Z 变换

设序列 $x(n)$ 长度为 N，要求分析 z 平面上 M 点频谱采样值，设分析点 z_k 为

$$z_k = AW^{-k} \qquad 0 \leqslant k \leqslant M-1 \qquad (3.4.20)$$

式中 A 和 W 为复数，用极坐标形式表示为

$$\left. \begin{aligned} A &= A_0 \mathrm{e}^{\mathrm{j}\theta_0} \\ W &= W_0 \mathrm{e}^{-\mathrm{j}\varphi_0} \\ z_k &= A_0 \mathrm{e}^{\mathrm{j}\theta_0} W_0^{-k} \mathrm{e}^{\mathrm{j}k\varphi_0} \end{aligned} \right\} \qquad (3.4.21)$$

式中，A_0 和 W_0 为正实数。当 $k=0$ 时，有

$$z_0 = A_0 \mathrm{e}^{\mathrm{j}\theta_0} = A \qquad (3.4.22)$$

由此可见，(3.4.20)式中，A 决定谱分析起始点 z_0 的位置，W_0 的值决定分析路径的盘旋趋势，φ_0 则表示两个相邻分析点之间的夹角。如果 $W_0 < 1$，则随着 k 增大，分析点 z_k 以 φ_0 为步长向外盘旋；而 $W_0 > 1$ 时，向内盘旋，如图 3.4.9 所示。

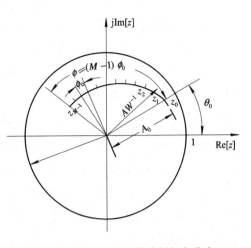

图 3.4.9 Chirp‑Z 变换分析频点分布

将 z_k 代入 Z 变换公式得到：

$$X(z_k) = \sum_{n=0}^{N-1} x(n) \left[AW^{-k} \right]^{-n} = \sum_{n=0}^{N-1} x(n) A^{-n} W^{kn} \qquad 0 \leqslant k \leqslant M-1$$

利用下面的关系式：

$$nk = \frac{1}{2} \left[n^2 + k^2 - (k-n)^2 \right]$$

得到：

$$X(z_k) = \sum_{n=0}^{N-1} x(n) A^{-n} W^{[n^2+k^2-(k-n)^2]/2} = W^{k^2/2} \sum_{n=0}^{N-1} x(n) A^{-n} W^{n^2/2} W^{-(k-n)^2/2}$$

令

$$y(n) = x(n) A^{-n} W^{n^2/2} \qquad (3.4.23)$$

$$h(n) = W^{-n^2/2} \qquad (3.4.24)$$

则

$$X(z_k) = W^{k^2/2} \sum_{n=0}^{N-1} y(n) h(k-n) \qquad 0 \leqslant k \leqslant M-1 \qquad (3.4.25)$$

(3.4.25)式说明，长度为 N 的序列 $x(n)$ 的 M 点 Chirp‑Z 变换可通过预乘得到 $y(n)$，再计算 $y(n)$ 与 $h(n)$ 的卷积 $v(k)$，最后乘以 $W^{k^2/2}$ 这三个步骤得到。计算方框图如图 3.4.10 所示。图中，$h(n) = W^{-n^2/2}$，看成一个数字网络的单位脉冲响应，输出 $v(n) = y(n) * h(n)|_{n=k} = V(k)$。

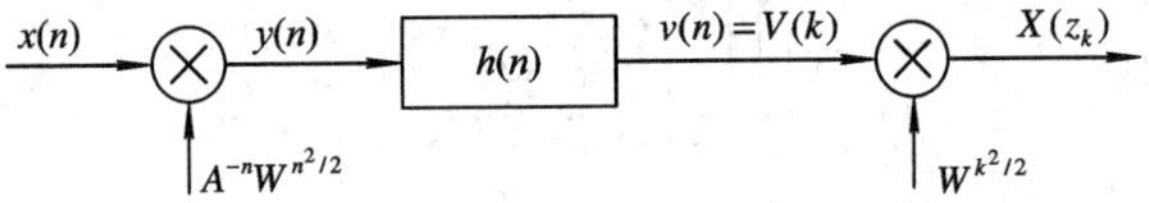

$$x(n) \longrightarrow \bigotimes \xrightarrow{\quad y(n) \quad} \boxed{h(n)} \xrightarrow{\quad v(n) = V(k) \quad} \bigotimes \longrightarrow X(z_k)$$
$$\uparrow A^{-n} W^{n^2/2} \qquad\qquad\qquad\qquad \uparrow W^{k^2/2}$$

图 3.4.10 Chirp‑Z 变换的计算框图

当 $W_0 = 1$ 时，$h(n) = \mathrm{e}^{\mathrm{j}\frac{1}{2}n^2\varphi_0}$，是一个频率随时间线性增长的复指数序列。在雷达系统

中，这样的信号称作线性调频信号，并用专用词汇 Chirp 表示，因此对上述变换起名为线性调频 Z 变换，简称 Chirp - Z 变换(CZT)。

　　下面介绍用 DFT(FFT)计算 Chirp - Z 变换的原理和实现步骤。首先要确定线性卷积的区间。由于序列 $x(n)$ 的长度为 N(即 $0 \leqslant n \leqslant N-1$)，因此 $y(n)$ 的长度也是 N，如图 3.4.11(a)所示。然而 $h(n) = W^{-n^2/2}$ 是无限长序列，$v(n) = y(n) * h(n)$ 必然是无限长序列。而谱分析点数为 M，即我们只对 $0 \leqslant k \leqslant M-1$ 区间上的卷积结果感兴趣，因此只要计算出 $V(k) = v(n)$ 在区间 $[0 \sim M-1]$ 上的 M 个值就可以了。根据上述要求，只要截取区间 $[-(N-1) \sim M-1]$ 上的 $h(n)$ 就可以了。如图 3.4.11(b)所示，这时经线性卷积所得 $v(n)$ 长度为 $2N+M-2$。由(3.4.3)式知，$y(n) \textcircled{L} h(n)$ 是 $v(n)$ 的周期延拓序列的主值序列，延拓周期为 L，即

$$y(n) \textcircled{L} h(n) = \sum_{q=-\infty}^{\infty} v(n+qL) \cdot R_L(n)$$

而 $v(n)$ 的非零区间为 $[-(N-1), N+M-2]$。为了用循环卷积代替线性卷积计算出 $v(n)$ 在 $[0 \sim M-1]$ 区间上的 M 个序列值，以 L 为周期进行周期延拓时，只要保证 $[0, M-1]$ 区间上不混叠即可，所以循环卷积区间长度 L 应大于或等于 $N+M-1$。一般用快速卷积法

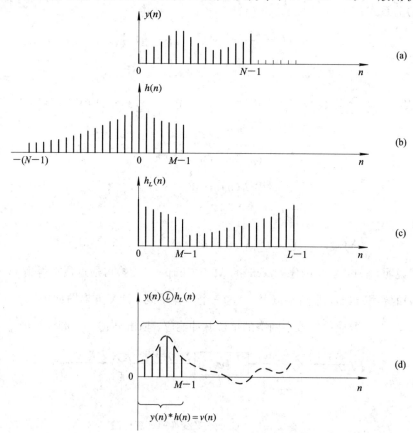

图 3.4.11　Chirp - Z 变换中 $h_L(n)$ 的形成

（FFT 算法）计算，故应选择 $L \geqslant (N+M-1)$，同时又满足 $L=2^m$（m 为自然数）的最小值。若选择 $L=N+M-1$，那么 $y(n)$ 尾部应补 $M-1$ 个零，并将 $h(n)$ 从 $-(N-1)$ 到 $M-1$ 所截取的一段序列以 L 为周期进行周期延拓，取主值序列形成 $h_L(n)$，如图 3.4.11(c) 所示。这时可以用快速卷积法计算如上构造的两个序列 $y(n)$ 和 $h_L(n)$ 的循环卷积。应当注意，当选择 $L=2^m > N+M-1$ 时，$y(n)$ 应补 $L-N$ 个零点，而 $h(n)$ 应从 $M-L$ 到 $M-1$ 区间上截取〔或按上述区间 $-N+1 \sim M-1$ 截取后在 $-N+1$ 点前面补 $L-(N+M-1)$ 个零点〕后，以 L 为周期进行周期延拓。

综上所述，可归纳出具体计算步骤如下：

（1）形成 $h_L(n)$ 序列：

$$h_L(n) = \begin{cases} W^{-n^2/2} & 0 \leqslant n \leqslant M-1 \\ W^{-(n-L)^2/2} & M \leqslant n \leqslant L-1 \end{cases}$$

（2）计算　$H_L(k)=\mathrm{DFT}[h_L(n)]$　　$0 \leqslant k \leqslant L-1$

（3）计算　$y(n) = \begin{cases} x(n)A^{-n}W^{n^2/2} & 0 \leqslant n \leqslant N-1 \\ 0 & N \leqslant n \leqslant L-1 \end{cases}$

（4）计算　$Y(k)=\mathrm{DFT}[y(n)]$　　$0 \leqslant k \leqslant L-1$

（5）计算　$Y(k)H(k)$；

（6）计算　$V(k)=\mathrm{IDFT}[Y(m)H(m)]$　　$0 \leqslant k \leqslant L-1$

（7）计算　$X(z_k)=W^{k^2/2}V(k)$　　$0 \leqslant k \leqslant M-1$

与标准 DFT(FFT) 算法相比较，Chirp-Z 变换有以下特点：

（1）输入序列长度 N 和输出序列长度不需要相等，且二者均可为素数。

（2）分析频率点 z_k 的起始点 z_0 及相邻两点的夹角 φ_0 是任意的（即频率分辨率是任意的），因此可从任意频率上开始，对输入数据进行窄带高分辨率的谱分析。

（3）谱分析路径可以是螺旋形的。

（4）当 $A=1$，$M=N$，$W=\mathrm{e}^{\mathrm{j}\frac{2\pi}{N}}$ 时，z_k 均匀分布在单位圆上，此时 Chirp-Z 变换就是序列的 DFT。因此可以说，DFT 是 Chirp-Z 变换的特例。

总之，Chirp-Z 变换用作谱分析时，具有灵活、适应性强和运算效率高等优点。

4. 用 DFT 进行谱分析的误差问题

DFT（实际中用 FFT 计算）可用来对连续信号和数字信号进行谱分析。在实际分析过程中，要对连续信号**采样**和**截断**，有些非时限数据序列也要截断，由此可能引起分析误差。下面分别对可能产生误差的三种现象进行讨论。

（1）混叠现象。对连续信号进行谱分析时，首先要对其采样，变成时域离散信号后才能用 DFT(FFT) 进行谱分析。采样速率 F_s 必须满足采样定理，否则会在 $\omega=\pi$（对应模拟频率 $f=F_s/2$）附近发生频谱混叠现象。这时用 DFT 分析的结果必然在 $f=F_s/2$ 附近产生较大误差。因此，理论上必须满足 $F_s \geqslant 2f_c$（f_c 为连续信号的最高频率）。对 F_s 确定的情况，一般在采样前进行预滤波，滤除高于折叠频率 $F_s/2$ 的频率成分，以免发生频谱混叠现象。

（2）栅栏效应。我们知道，N 点 DFT 是在频率区间 $[0, 2\pi]$ 上对时域离散信号的频谱进行 N 点等间隔采样，而采样点之间的频谱是看不到的。这就好像从 N 个栅栏缝隙中观看信号的频谱情况，仅得到 N 个缝隙中看到的频谱函数值。因此称这种现象为栅栏效应。由于栅栏效应，有可能漏掉（挡住）大的频谱分量。为了把原来被"栅栏"挡住的频谱分量检测出来，就必须提高频率分辨率。对有限长序列，可以在原序列尾部补零；对无限长序列，可以增大截取长度及 DFT 变换区间长度，从而使频域采样间隔变小，增加频域采样点数和采样点位置，使原来漏掉的某些频谱分量被检测出来。对连续信号的谱分析，只要采样速率 F_s 足够高，且采样点数满足频率分辨率要求（见(3.4.14)式和(3.4.15)式），就可以认为 DFT 后所得离散谱的包络近似代表原信号的频谱。

（3）截断效应。实际中遇到的序列 $x(n)$ 可能是无限长的，用 DFT 对其进行谱分析时，必须将其截短，形成有限长序列 $y(n) = x(n)w(n)$，$w(n)$ 称为窗函数，长度为 N。$w(n) = R_N(n)$，称为矩形窗函数。根据傅里叶变换的频域卷积定理，有

$$Y(e^{j\omega}) = \mathrm{FT}[y(n)] = \frac{1}{2\pi}X(e^{j\omega}) * W(e^{j\omega}) = \frac{1}{2\pi}\int_{-\pi}^{\pi}X(e^{j\theta})W(e^{j(\omega-\theta)})\mathrm{d}\theta$$

其中

$$X(e^{j\omega}) = \mathrm{FT}[x(n)], \quad W(e^{j\omega}) = \mathrm{FT}[w(n)]$$

对矩形窗数 $w(n) = R_N(n)$，有

$$W(e^{j\omega}) = \mathrm{FT}[w(n)] = e^{-j\omega\frac{N-1}{2}}\frac{\sin(\omega N/2)}{\sin(\omega/2)} = W_g(\omega)e^{j\varphi(\omega)}$$

$$W_g(\omega) = \frac{\sin(\omega N/2)}{\sin(\omega/2)}$$

幅度谱 $W_g(\omega) \sim \omega$ 曲线如图 3.4.12 所示（$W_g(\omega)$ 以 2π 为周期，只画低频部分）。图中，$|\omega| < 2\pi/N$ 的部分称为主瓣，其余部分称为旁瓣。

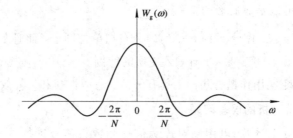

图 3.4.12　矩形窗的幅度谱

例如，$x(n) = \cos\left(\frac{\pi}{4}n\right)$，其频谱为

$$X(e^{j\omega}) = \pi\sum_{l=-\infty}^{\infty}\left[\delta\left(\omega - \frac{\pi}{4} - 2\pi l\right) + \delta\left(\omega + \frac{\pi}{4} - 2\pi l\right)\right]$$

$x(n)$ 的频谱 $X(e^{j\omega})$ 如图 3.4.13(a)所示。将 $x(n)$ 截断后，$y(n) = x(n)R_N(n)$ 的幅频曲线如图 3.4.13(b)所示。

由上述可见，截断后序列的频谱 $Y(e^{j\omega})$ 与原序列频谱 $X(e^{j\omega})$ 必然有差别，这种差别对谱分析的影响主要表现在如下两个方面：

（1）泄露。由图 3.4.13(b) 可知，原来序列 $x(n)$ 的频谱是离散谱线，经截断后，使原来的离散谱线向附近展宽，通常称这种展宽为**泄露**。显然，泄露使频谱变模糊，使谱分辨率降低。从图 3.4.13 可以看出，频谱泄露程度与窗函数幅度谱的主瓣宽度直接相关，在第 7 章将证明，在所有的窗函数中，矩形窗的主瓣是最窄的，但其旁瓣的幅度也最大。所以，在窗函数长度 N 相同时，用矩形窗截取，产生的泄露最小。

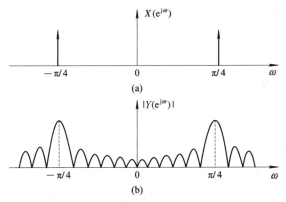

图 3.4.13　$x(n) = \cos(\omega_0 n)$ 加矩形窗前、后的幅频特性

（2）谱间干扰。在主谱线两边形成很多旁瓣，引起不同频率分量间的干扰（简称谱间干扰），特别是强信号谱的旁瓣可能湮没弱信号的主谱线，或者把强信号谱的旁瓣误认为是另一频率的信号的谱线，从而造成假信号，这样就会使谱分析产生较大偏差。由于矩形窗的旁瓣最大，所以，用矩形窗截取时，产生的谱间干扰最大。

由于上述两种影响是由对信号截断引起的，因此称之为**截断效应**。由图 3.4.12 可以看出，增加 N 可使 $W_g(\omega)$ 的主瓣变窄，减小泄露，提高频率分辨率，但旁瓣的相对幅度并不减小。为了减小谱间干扰，应用其他形状的窗函数 $w(n)$ 代替矩形窗（窗函数将在 FIR 数字滤波器设计中介绍）。但在 N 一定时，旁瓣幅度越小的窗函数，其主瓣就越宽。所以，在 DFT 变换区间（即截取长度）N 一定时，只能以降低谱分析分辨率为代价，换取谱间干扰的减小。通过进一步学习数字信号处理的功率谱估计等现代谱估计内容可知，减小截断效应的最好方法是用近代谱估计的方法。但谱估计只适用于不需要相位信息的谱分析场合。

最后要说明的是，栅栏效应与频率分辨率是不同的两个概念。如果截取长度为 N 的一段数据序列，则可以在其后面补 N 个零，再进行 $2N$ 点 DFT，使栅栏宽度减半，从而减轻了栅栏效应。但是这种截短后补零的方法不能提高频率分辨率。因为截短已经使频谱变模糊，补零后仅使采样间隔变小，但得到的频谱采样的包络仍是已经变模糊的频谱，所以频率分辨率没有提高。因此，要提高频率分辨率，就必须对原始信号截取的长度加长（对模拟信号，就是增加采样时间 T_p 的长度）。

习题与上机题

1. 计算以下序列的 N 点 DFT，在变换区间 $0 \leqslant n \leqslant N-1$ 内，序列定义为

(1) $x(n) = 1$

(2) $x(n) = \delta(n)$

(3) $x(n) = \delta(n-n_0)$ $0 < n_0 < N$

(4) $x(n) = R_m(n)$ $0 < m < N$

(5) $x(n) = e^{j\frac{2\pi}{N}mn}$ $0 < m < N$

(6) $x(n) = \cos\left(\dfrac{2\pi}{N}mn\right)$ $0 < m < N$

(7) $x(n) = e^{j\omega_0 n} R_N(n)$

(8) $x(n) = \sin(\omega_0 n) \cdot R_N(n)$

(9) $x(n) = \cos(\omega_0 n) \cdot R_N(N)$

(10) $x(n) = n R_N(n)$

2. 已知下列 $X(k)$，求 $x(n) = \text{IDFT}[X(k)]$：

(1) $X(k) = \begin{cases} \dfrac{N}{2} e^{j\theta} & k=m \\[2mm] \dfrac{N}{2} e^{-j\theta} & k=N-m \\[2mm] 0 & \text{其他 } k \end{cases}$

(2) $X(k) = \begin{cases} -\dfrac{N}{2} e^{j\theta} & k=m \\[2mm] \dfrac{N}{2} j e^{-j\theta} & k=N-m \\[2mm] 0 & \text{其他 } k \end{cases}$

其中，m 为正整数，$0 < m < N/2$。

3. 已知长度为 $N=10$ 的两个有限长序列：

$$x_1(n) = \begin{cases} 1 & 0 \leqslant n \leqslant 4 \\ 0 & 5 \leqslant n \leqslant 9 \end{cases}$$

$$x_2(n) = \begin{cases} 1 & 0 \leqslant n \leqslant 4 \\ -1 & 5 \leqslant n \leqslant 9 \end{cases}$$

作图表示 $x_1(n)$、$x_2(n)$ 和 $y(n) = x_1(n) \circledast x_2(n)$，循环卷积区间长度 $L=10$。

4. 证明 DFT 的对称定理，即假设 $X(k) = \text{DFT}[x(n)]$，证明

$$\text{DFT}[X(n)] = Nx(N-k)$$

5. 如果 $X(k) = \text{DFT}[x(n)]$，证明 DFT 的初值定理

$$x(0) = \frac{1}{N} \sum_{k=0}^{N-1} X(k)$$

6. 设 $x(n)$ 的长度为 N，且

$$X(k) = \text{DFT}[x(n)] \qquad 0 \leqslant k \leqslant N-1$$

令

$$h(n) = x((n))_N R_{mN}(n) \qquad m \text{ 为自然数}$$

$$H(k) = \text{DFT}[h(n)]_{mN} \qquad 0 \leqslant k \leqslant mN-1$$

求 $H(k)$ 与 $X(k)$ 的关系式。

7. 证明：若 $x(n)$ 为实序列，$X(k) = \text{DFT}[x(n)]_N$，则 $X(k)$ 为共轭对称序列，即 $X(k) = X^*(N-k)$；若 $x(n)$ 实偶对称，即 $x(n) = x(N-n)$，则 $X(k)$ 也实偶对称；若 $x(n)$ 实奇对称，即 $x(n) = -x(N-n)$，则 $X(k)$ 为纯虚函数并奇对称。

8. 证明频域循环移位性质：设 $X(k) = \text{DFT}[x(n)]$，$Y(k) = \text{DFT}[y(n)]$，如果 $Y(k) = X((k+l))_N R_N(k)$，则

$$y(n) = \text{IDFT}[Y(k)] = W_N^{ln} x(n)$$

9. 已知 $x(n)$ 长度为 N，$X(k) = \text{DFT}[x(n)]$，

$$y(n) = \begin{cases} x(n) & 0 \leqslant n \leqslant N-1 \\ 0 & N \leqslant n \leqslant mN-1, \ m \text{ 为自然数} \end{cases}$$

$$Y(k) = \text{DFT}[y(n)]_{mN} \qquad 0 \leqslant k \leqslant mN-1$$

求 $Y(k)$ 与 $X(k)$ 的关系式。

10. 证明离散相关定理。若

$$X(k) = X_1^*(k) X_2(k)$$

则

$$x(n) = \text{IDFT}[X(k)] = \sum_{l=0}^{N-1} x_1^*(l) x_2((l+n))_N R_N(n)$$

11. 证明离散帕塞瓦尔定理。若 $X(k) = \text{DFT}[x(n)]$，则

$$\sum_{n=0}^{N-1} |x(n)|^2 = \frac{1}{N} \sum_{k=0}^{N-1} |X(k)|^2$$

12. 已知 $f(n) = x(n) + \mathrm{j}y(n)$，$x(n)$ 与 $y(n)$ 均为长度为 N 的实序列。设

$$F(k) = \text{DFT}[f(n)]_N \qquad 0 \leqslant k \leqslant N-1$$

(1) $\qquad F(k) = \dfrac{1-a^N}{1-aW_N^k} + \mathrm{j}\dfrac{1-b^N}{1-bW_N^k} \qquad a, b \text{ 为实数}$

(2) $\qquad F(k) = 1 + \mathrm{j}N$

试求 $X(k) = \text{DFT}[x(n)]_N$，$Y(k) = \text{DFT}[y(n)]_N$ 以及 $x(n)$ 和 $y(n)$。

13. 已知序列 $x(n) = a^n u(n)$，$0 < a < 1$，对 $x(n)$ 的 Z 变换 $X(z)$ 在单位圆上等间隔采样 N 点，采样序列为

$$X(k) = x(z)\,|_{z=W_N^{-k}} \qquad k = 0, 1, \cdots, N-1$$

求有限长序列 $\text{IDFT}[X(k)]_N$。

14. 两个有限长序列 $x(n)$ 和 $y(n)$ 的零值区间为

$$x(n) = 0 \qquad n < 0, 8 \leqslant n$$

$$y(n) = 0 \qquad n < 0, \ 20 \leqslant n$$

对每个序列作 20 点 DFT，即

$$X(k) = \mathrm{DFT}[x(n)] \qquad k = 0, 1, \cdots, 19$$
$$Y(k) = \mathrm{DFT}[y(n)] \qquad k = 0, 1, \cdots, 19$$

如果

$$F(k) = X(k) \cdot Y(k) \qquad k = 0, 1, \cdots, 19$$
$$f(n) = \mathrm{IDFT}[F(k)] \qquad k = 0, 1, \cdots, 19$$

试问在哪些点上 $f(n)$ 与 $x(n) * y(n)$ 值相等，为什么？

15. 已知实序列 $x(n)$ 的 8 点 DFT 的前 5 个值为 0.25，0.125 $-$ j0.3018，0，0.125 $-$ j0.0518，0。

(1) 求 $X(k)$ 的其余 3 点的值；

(2) $x_1(n) = \sum\limits_{m=-\infty}^{+\infty} x(n+5+8m) R_8(n)$，求 $X_1(k) = \mathrm{DFT}[x_1(n)]_8$；

(3) $x_2(n) = x(n) \mathrm{e}^{\mathrm{j}\pi n/4}$，求 $x_2(k) = \mathrm{DFT}[x_2(n)]_8$。

16. $x(n)$、$x_1(n)$ 和 $x_2(n)$ 分别如题 16 图 (a)、(b) 和 (c) 所示，已知 $X(k) = \mathrm{DFT}[x(n)]_8$。求

$$X_1(k) = \mathrm{DFT}[x_1(n)]_8 \quad \text{和} \quad X_2(k) = \mathrm{DFT}[x_2(n)]_8$$

[注：用 $X(k)$ 表示 $X_1(k)$ 和 $X_2(k)$。]

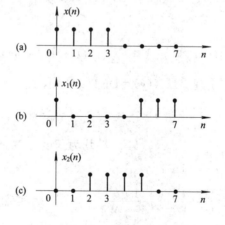

题 16 图

17. 设 $x(n)$ 是长度为 N 的因果序列，且

$$X(\mathrm{e}^{\mathrm{j}\omega}) = \mathrm{FT}[x(n)], \quad y(n) = \Big[\sum_{m=-\infty}^{\infty} x(n+mM) \Big] R_M(n), \quad Y(k) = \mathrm{DFT}[y(n)]_M$$

试确定 $Y(k)$ 与 $X(\mathrm{e}^{\mathrm{j}\omega})$ 的关系式。

18. 用微处理机对实数序列作谱分析，要求谱分辨率 $F \leqslant 50$ Hz，信号最高频率为 1 kHz，试确定以下各参数：

(1) 最小记录时间 $T_{\mathrm{p\,min}}$；

(2) 最大取样间隔 $T_{\max}$；

(3) 最少采样点数 $N_{\min}$；

(4) 在频带宽度不变的情况下，使频率分辨率提高 1 倍（即 F 缩小一半）的 N 值。

19. 已知调幅信号的载波频率 $f_c = 1\ kHz$，调制信号频率 $f_m = 100\ Hz$，用 FFT 对其进行谱分析，试求：

(1) 最小记录时间 $T_{p\ \min}$；

(2) 最低采样频率 $f_{s\ \min}$；

(3) 最少采样点数 $N_{\min}$。

20. 在下列说法中选择正确的结论。线性调频 Z 变换可以用来计算一个有限长序列 $h(n)$ 在 z 平面实轴上诸点 $\{z_k\}$ 的 Z 变换 $H(z_k)$，使

(1) $z_k = a^k$，$k = 0, 1, \cdots, N-1$，a 为实数，$a \neq 1$；

(2) $z_k = ak$，$k = 0, 1, \cdots, N-1$，a 为实数，$a \neq 1$；

(3) (1) 和 (2) 都不行，即线性调频 Z 变换不能计算 $H(z)$ 在 z 平面实轴上的取样值。

21. 我们希望利用 $h(n)$ 长度为 $N = 50$ 的 FIR 滤波器对一段很长的数据序列进行滤波处理，要求采用重叠保留法通过 DFT（即 FFT）来实现。所谓重叠保留法，就是对输入序列进行分段（本题设每段长度为 $M = 100$ 个采样点），但相邻两段必须重叠 V 个点，然后计算各段与 $h(n)$ 的 L 点（本题取 $L = 128$）循环卷积，得到输出序列 $y_m(n)$，m 表示第 m 段循环卷积计算输出。最后，从 $y_m(n)$ 中选取 B 个样值，使每段选取的 B 个样值连接得到滤波输出 $y(n)$。

(1) 求 V；

(2) 求 B；

(3) 确定取出的 B 个采样应为 $y_m(n)$ 中的哪些样点。

22. 证明 DFT 的频域循环卷积定理。

23*. 已知序列 $x(n) = \{\underline{1}, 2, 3, 3, 2, 1\}$。

(1) 求出 $x(n)$ 的傅里叶变换 $X(e^{j\omega})$，画出幅频特性和相频特性曲线（提示：用 1024 点 FFT 近似 $X(e^{j\omega})$）；

(2) 计算 $x(n)$ 的 $N(N \geqslant 6)$ 点离散傅里叶变换 $X(k)$，画出幅频特性和相频特性曲线；

(3) 将 $X(e^{j\omega})$ 和 $X(k)$ 的幅频特性和相频特性曲线分别画在同一幅图中，验证 $X(k)$ 是 $X(e^{j\omega})$ 的等间隔采样，采样间隔为 $2\pi/N$；

(4) 计算 $X(k)$ 的 N 点 IDFT，验证 DFT 和 IDFT 的唯一性。

24*. 给定两个序列：$x_1(n) = \{\underline{2}, 1, 1, 2\}$，$x_2(n) = \{\underline{1}, -1, -1, 1\}$。

(1) 直接在时域计算 $x_1(n)$ 与 $x_2(n)$ 的卷积；

(2) 用 DFT 计算 $x_1(n)$ 与 $x_2(n)$ 的卷积，总结出 DFT 的时域卷积定理。

25*. 已知序列 $h(n) = R_6(n)$，$x(n) = nR_8(n)$。

（1）计算 $y_c(n) = h(n) \textcircled{8} x(n)$；

（2）计算 $y_c(n) = h(n) \textcircled{16} x(n)$ 和 $y(n) = h(n) * x(n)$。

（3）画出 $h(n)$、$x(n)$、$y_c(n)$ 和 $y(n)$ 的波形图，观察总结循环卷积与线性卷积的关系。

26*. 验证频域采样定理。设时域离散信号为

$$x(n) = \begin{cases} a^{|n|} & |n| \leqslant L \\ 0 & |n| > L \end{cases}$$

其中 $a = 0.9$，$L = 10$。

（1）计算并绘制信号 $x(n)$ 的波形。

（2）证明：$X(e^{j\omega}) = \mathrm{FT}[x(n)] = x(0) + 2\sum_{n=1}^{L} x(n)\cos(\omega n)$。

（3）按照 $N = 30$ 对 $X(e^{j\omega})$ 采样得到 $C_k = X(e^{j\omega})\big|_{\omega = \frac{2\pi}{N}k}$，$k = 0, 1, 2, \cdots, N-1$。

（4）计算并图示周期序列 $\tilde{x}(n) = \dfrac{1}{N}\sum_{k=0}^{N-1} C_k e^{j(2\pi/N)kn}$，试根据频域采样定理解释序列 $\tilde{x}(n)$ 与 $x(n)$ 的关系。

（5）计算并图示周期序列 $\tilde{y}(n) = \sum_{m=-\infty}^{\infty} x(n+mN)$，比较 $\tilde{x}(n)$ 与 $\tilde{y}(n)$，验证（4）中的解释。

（6）对 $N = 15$，重复（3）～（5）。

27*. 选择合适的变换区间长度 N，用 DFT 对下列信号进行谱分析，画出幅频特性和相频特性曲线。

（1）$x_1(n) = 2\cos(0.2\pi n)$

（2）$x_2(n) = \sin(0.45\pi n)\sin(0.55\pi n)$

（3）$x_3(n) = 2^{-|n|} R_{21}(n+10)$

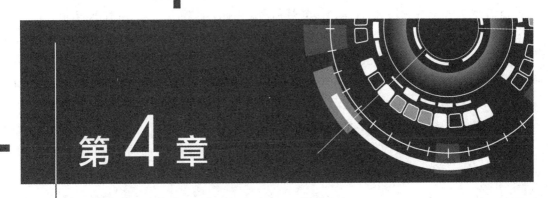

第4章
快速傅里叶变换(FFT)

4.1 引　言

　　DFT 是数字信号分析与处理中的一种重要变换。但直接计算 DFT 的计算量与变换区间长度 N 的平方成正比,当 N 较大时,计算量太大,所以在快速傅里叶变换 FFT(Fast Fourier Transform)出现以前,直接用 DFT 算法进行谱分析和信号的实时处理是不切实际的。直到 1965 年提出 DFT 的一种快速算法以后,情况才发生了根本的变化。

　　自从 1965 年库利(T. W. Cooley)和图基(J. W. Tuky)在《计算数学》(Math. Computation,Vol. 19,1965)杂志上发表了著名的《机器计算傅里叶级数的一种算法》论文后,桑德(G. Sand)—图基等快速算法相继出现,又经人们进行改进,很快形成一套高效计算方法,这就是现在的快速傅里叶变换(FFT)。这种算法使 DFT 的运算效率提高了 $1 \sim 2$ 个数量级,为数字信号处理技术应用于各种信号的实时处理创造了条件,大大推动了数字信号处理技术的发展。

　　人类的求知欲和科学的发展是永无止境的。多年来,人们继续寻求更快、更灵活的好算法。1984 年,法国的杜哈梅尔(P. Dohamel)和霍尔曼(H. Hollmann)提出的分裂基快速算法,使运算效率进一步提高。本章主要讨论基 2 FFT 算法及其编程思想。

4.2　基 2FFT 算法

4.2.1　直接计算 DFT 的特点及减少运算量的基本途径

　　有限长序列 $x(n)$ 的 N 点 DFT 为

第 4 章 快速傅里叶变换(FFT)

第 4 章 快速傅里叶变换(FFT)

$$X(k) = \sum_{n=0}^{N-1} x(n) W_N^{kn} \qquad k = 0, 1, \cdots, N-1 \tag{4.2.1}$$

考虑 $x(n)$ 为复数序列的一般情况，对某一个 k 值，直接按(4.2.1)式计算 $X(k)$ 的 1 个值需要 N 次复数乘法和 $(N-1)$ 次复数加法。因此，计算 $X(k)$ 的所有 N 个值，共需 N^2 次复数乘法和 $N(N-1)$ 次复数加法运算。当 $N \gg 1$ 时，$N(N-1) \approx N^2$。由上述可见，N 点 DFT 的乘法和加法运算次数均为 N^2。当 N 较大时，运算量相当可观。例如 $N=1024$ 时，$N^2=1\,048\,576$。这对于实时信号处理来说，必将对处理设备的计算速度提出难以实现的要求。所以，必须减少其运算量，才能使 DFT 在各种科学和工程计算中得到应用。

如前所述，N 点 DFT 的复乘次数等于 N^2。显然，把 N 点 DFT 分解为几个较短的 DFT，可使乘法次数大大减少。另外，旋转因子 W_N^m 具有明显的周期性和对称性。其周期性表现为

$$W_N^{m+lN} = \mathrm{e}^{-\mathrm{j}\frac{2\pi}{N}(m+lN)} = \mathrm{e}^{-\mathrm{j}\frac{2\pi}{N}m} = W_N^m \tag{4.2.2}$$

其对称性表现为

$$W_N^{-m} = W_N^{N-m} \qquad \text{或者} \qquad [W_N^{N-m}]^* = W_N^m \tag{4.2.3a}$$

$$W_N^{m+\frac{N}{2}} = -W_N^m \tag{4.2.3b}$$

FFT 算法就是不断地把长序列的 DFT 分解成几个短序列的 DFT，并利用 W_N^{kn} 的周期性和对称性来减少 DFT 的运算次数。算法最简单最常用的是基 2FFT。

4.2.2 时域抽取法基 2FFT 基本原理

基 2FFT 算法分为两类：时域抽取法 FFT(Decimation-In-Time FFT，简称 DIT - FFT)；频域抽取法 FFT(Decimation-In-Frequency FFT，简称 DIF - FFT)。本节介绍 DIT - FFT 算法。

设序列 $x(n)$ 的长度为 N，且满足 $N=2^M$，M 为自然数。按 n 的奇偶把 $x(n)$ 分解为两个 $N/2$ 点的子序列

$$x_1(r) = x(2r) \qquad r = 0, 1, \cdots, \frac{N}{2}-1$$

$$x_2(r) = x(2r+1) \qquad r = 0, 1, \cdots, \frac{N}{2}-1$$

则 $x(n)$ 的 DFT 为

$$
\begin{aligned}
X(k) &= \sum_{n=偶数} x(n) W_N^{kn} + \sum_{n=奇数} x(n) W_N^{kn} \\
&= \sum_{r=0}^{N/2-1} x(2r) W_N^{2kr} + \sum_{r=0}^{N/2-1} x(2r+1) W_N^{k(2r+1)} \\
&= \sum_{r=0}^{N/2-1} x_1(r) W_N^{2kr} + W_N^k \sum_{r=0}^{N/2-1} x_2(r) W_N^{2kr}
\end{aligned}
$$

因为

$$W_N^{2kr} = \mathrm{e}^{-\mathrm{j}\frac{2\pi}{N}2kr} = \mathrm{e}^{-\mathrm{j}\frac{2\pi}{N/2}kr} = W_{N/2}^{kr}$$

所以

$$X(k) = \sum_{r=0}^{N/2-1} x_1(r) W_{N/2}^{kr} + W_N^k \sum_{r=0}^{N/2-1} x_2(r) W_{N/2}^{kr}$$

$$= X_1(k) + W_N^k X_2(k) \qquad k = 0, 1, 2, \cdots, N-1 \qquad (4.2.4)$$

其中 $X_1(k)$ 和 $X_2(k)$ 分别为 $x_1(r)$ 和 $x_2(r)$ 的 $N/2$ 点 DFT，即

$$X_1(k) = \sum_{r=0}^{N/2-1} x_1(r) W_{N/2}^{kr} = \text{DFT}[x_1(r)]_{N/2} \qquad (4.2.5)$$

$$X_2(k) = \sum_{r=0}^{N/2-1} x_2(r) W_{N/2}^{kr} = \text{DFT}[x_2(r)]_{N/2} \qquad (4.2.6)$$

由于 $X_1(k)$ 和 $X_2(k)$ 均以 $N/2$ 为周期，且 $W_N^{k+\frac{N}{2}} = -W_N^k$，因此 $X(k)$ 又可表示为

$$X(k) = X_1(k) + W_N^k X_2(k) \qquad k = 0, 1, \cdots, \frac{N}{2}-1 \qquad (4.2.7)$$

$$X\left(k+\frac{N}{2}\right) = X_1(k) - W_N^k X_2(k) \qquad k = 0, 1, \cdots, \frac{N}{2}-1 \qquad (4.2.8)$$

这样，就将 N 点 DFT 分解为两个 $N/2$ 点 DFT 和(4.2.7)式以及(4.2.8)式的运算。(4.2.7)和(4.2.8)式的运算可用图 4.2.1 所示的流图符号表示，称为蝶形运算符号。采用这种图示法，经过一次奇偶抽取分解后，N 点 DFT 运算图可以用图 4.2.2 表示。图中，$N=2^3=8$，$X(0) \sim X(3)$ 由(4.2.7)式给出，而 $X(4) \sim X(7)$ 则由(4.2.8)式给出。

图 4.2.1　蝶形运算符号

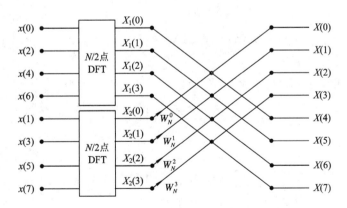

图 4.2.2　8 点 DFT 一次时域抽取分解运算流图

　　由图 4.2.1 可见，要完成一个蝶形运算，需要一次复数乘法和两次复数加法运算。由图 4.2.2 容易看出，经过一次分解后，计算 1 个 N 点 DFT 共需要计算两个 $N/2$ 点 DFT 和 $N/2$ 个蝶形运算。而计算一个 $N/2$ 点 DFT 需要 $(N/2)^2$ 次复数乘法和 $N/2(N/2-1)$ 次复数加法。所以，按图 4.2.2 计算 N 点 DFT 时，总的复数乘法次数为

$$2\left(\frac{N}{2}\right)^2 + \frac{N}{2} = \frac{N(N+1)}{2}\bigg|_{N\gg1} \approx \frac{N^2}{2}$$

复数加法次数为

$$N\left(\frac{N}{2}-1\right)+\frac{2N}{2} = \frac{N^2}{2}$$

由此可见，仅仅经过一次分解，就使运算量减少近一半。既然这样分解对减少 DFT 的运算量是有效的，且 $N=2^M$，$N/2$ 仍然是偶数，故可以对 $N/2$ 点 DFT 再作进一步分解。

与第一次分解相同，将 $x_1(r)$ 按奇偶分解成两个 $N/4$ 点的子序列 $x_3(l)$ 和 $x_4(l)$，即

$$\left.\begin{array}{l} x_3(l) = x_1(2l) \\ x_4(l) = x_1(2l+1) \end{array}\right\} \quad l = 0, 1, \cdots, \frac{N}{4}-1$$

$X_1(k)$ 又可表示为

$$\begin{aligned} X_1(k) &= \sum_{l=0}^{N/4-1} x_1(2l)W_{N/2}^{2kl} + \sum_{l=0}^{N/4-1} x_1(2l+1)W_{N/2}^{k(2l+1)} \\ &= \sum_{l=0}^{N/4-1} x_3(l)W_{N/4}^{kl} + W_{N/2}^{k}\sum_{l=0}^{N/4-1} x_4(l)W_{N/4}^{kl} \\ &= X_3(k) + W_{N/2}^{k}X_4(k) \qquad k = 0, 1, \cdots, \frac{N}{2}-1 \end{aligned} \tag{4.2.9}$$

式中

$$X_3(k) = \sum_{l=0}^{N/4-1} x_3(l)W_{N/4}^{kl} = \text{DFT}[x_3(l)]_{N/4}$$

$$X_4(k) = \sum_{l=0}^{N/4-1} x_4(l)W_{N/4}^{kl} = \text{DFT}[x_4(l)]_{N/4}$$

同理，由 $X_3(k)$ 和 $X_4(k)$ 的周期性和 $W_{N/2}^m$ 的对称性 $(W_{N/2}^{k+N/4}=-W_{N/2}^k)$ 最后得到：

$$\left.\begin{array}{l} X_1(k) = X_3(k) + W_{N/2}^{k}X_4(k) \\ X_1(k+N/4) = X_3(k) - W_{N/2}^{k}X_4(k) \end{array}\right\} \quad k = 0, 1, \cdots, \frac{N}{4}-1 \tag{4.2.10}$$

用同样的方法可计算出

$$\left.\begin{array}{l} X_2(k) = X_5(k) + W_{N/2}^{k}X_6(k) \\ X_2\left(k+\frac{N}{4}\right) = X_5(k) - W_{N/2}^{k}X_6(k) \end{array}\right\} \quad k = 0, 1, \cdots, \frac{N}{4}-1 \tag{4.2.11}$$

其中

$$X_5(k) = \sum_{l=0}^{N/4-1} x_5(l)W_{N/4}^{kl} = \text{DFT}[x_5(l)]_{N/4}$$

$$X_6(k) = \sum_{l=0}^{N/4-1} x_6(l)W_{N/4}^{kl} = \text{DFT}[x_6(l)]_{N/4}$$

$$\left.\begin{array}{l} x_5(l) = x_2(2l) \\ x_6(l) = x_2(2l+1) \end{array}\right\} \quad l = 0, 1, \cdots, \frac{N}{4}-1$$

这样，经过第二次分解，又将 $N/2$ 点 DFT 分解为 2 个 $N/4$ 点 DFT 和(4.2.10)式或 (4.2.11)式所示的 $N/4$ 个蝶形运算，如图 4.2.3 所示。依次类推，经过 M 次分解，最后将

N 点 DFT 分解成 N 个 1 点 DFT 和 M 级蝶形运算，而 1 点 DFT 就是时域序列本身。一个完整的 8 点 DIT - FFT 运算流图如图 4.2.4 所示。图中用到关系式 $W_{N/m}^k = W_N^{mk}$。图中输入序列不是顺序排列，但后面会看到，其排列是有规律的。图中的数组 A 用于存放输入序列和每级运算结果，在后面讨论编程方法和倒序时要用到。

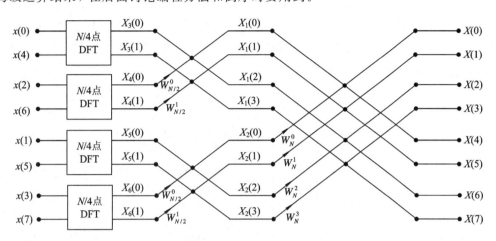

图 4.2.3 8 点 DFT 二次时域抽取分解运算流图

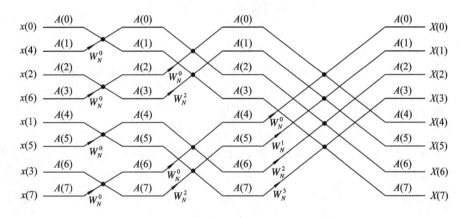

图 4.2.4 8 点 DIT - FFT 运算流图

4.2.3 DIT - FFT 算法与直接计算 DFT 运算量的比较

由 DIT - FFT 算法的分解过程及图 4.2.4 可见，$N = 2^M$ 时，其运算流图应有 M 级蝶形，每一级都由 $N/2$ 个蝶形运算构成。因此，每一级运算都需要 $N/2$ 次复数乘和 N 次复数加（每个蝶形需要两次复数加法）。所以，M 级运算总的复数乘次数为

$$C_M = \frac{N}{2} \cdot M = \frac{N}{2} \operatorname{lb} N$$

复数加次数为

$$C_A = N \cdot M = N \operatorname{lb} N$$

而直接计算 DFT 的复数乘为 N^2 次，复数加为 $N(N-1)$ 次。当 $N \gg 1$ 时，$N^2 \gg$

$(N/2)\text{lb}N$，所以，DIT-FFT算法比直接计算 DFT 的运算次数大大减少。例如，$N = 2^{10} = 1024$ 时，

$$\frac{N^2}{\dfrac{N}{2}\text{lb}N} = \frac{1\ 048\ 576}{5120} = 204.8$$

这样，就使运算效率提高 200 多倍。图 4.2.5 为 FFT 算法和直接计算 DFT 所需复数乘法次数 C_M 与变换点数 N 的关系曲线。由此图更加直观地看出 FFT 算法的优越性，显然，N 越大时，优越性就越明显。

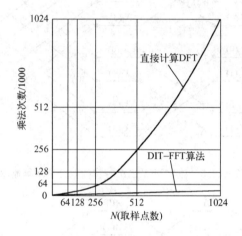

图 4.2.5　DIT-FFT 算法与直接计算 DFT 所需复数乘法次数的比较曲线

4.2.4　DIT-FFT 的运算规律及编程思想

为了最终写出 DIT-FFT 运算程序或设计出硬件实现电路，下面介绍 DIT-FFT 的运算规律和编程思想。

1. 原位计算

由图 4.2.4 可以看出，DIT-FFT 的运算过程很有规律。$N = 2^M$ 点的 FFT 共进行 M 级运算，每级由 $N/2$ 个蝶形运算组成。同一级中，每个蝶形的两个输入数据只对计算本蝶形有用，而且每个蝶形的输入、输出数据结点又同在一条水平线上，这就意味着计算完一个蝶形后，所得输出数据可立即存入原输入数据所占用的存储单元（数组元素）。这样，经过 M 级运算后，原来存放输入序列数据的 N 个存储单元（数组 A）中便依次存放 $X(k)$ 的 N 个值。这种利用同一存储单元存储蝶形计算输入、输出数据的方法称为原位（址）计算。原位计算可节省大量内存，从而使设备成本降低。

2. 旋转因子的变化规律

如上所述，N 点 DIT-FFT 运算流图中，每级都有 $N/2$ 个蝶形。每个蝶形都要乘以因子 W_N^p，称其为旋转因子，p 为旋转因子的指数。但各级的旋转因子和循环方式都有所不同。为了编写计算程序，应先找出旋转因子 W_N^p 与运算级数的关系。用 L 表示从左到右的

运算级数($L=1, 2, \cdots, M$)。观察图 4.2.4 不难发现，第 L 级共有 2^{L-1} 个不同的旋转因子。$N=2^3=8$ 时的各级旋转因子表示如下：

$L=1$ 时，
$$W_N^p = W_{N/4}^J = W_{2^L}^J \qquad J=0$$

$L=2$ 时，
$$W_N^p = W_{N/2}^J = W_{2^L}^J \qquad J=0, 1$$

$L=3$ 时，
$$W_N^p = W_N^J = W_{2^L}^J \qquad J=0, 1, 2, 3$$

对 $N=2^M$ 的一般情况，第 L 级的旋转因子为
$$W_N^p = W_{2^L}^J \qquad J=0, 1, 2, \cdots, 2^{L-1}-1$$

因为
$$2^L = 2^M \times 2^{L-M} = N \cdot 2^{L-M}$$

所以
$$W_N^p = W_{N \cdot 2^{L-M}}^J = W_N^{J \cdot 2^{M-L}} \qquad J=0, 1, 2, \cdots, 2^{L-1}-1 \tag{4.2.12}$$
$$p = J \cdot 2^{M-L} \tag{4.2.13}$$

这样，就可按(4.2.12)和(4.2.13)式确定第 L 级运算的旋转因子(实际编程序时，L 为最外层循环变量)。

3. 蝶形运算规律

设序列 $x(n)$ 经时域抽选(倒序)后，按图 4.2.4 所示的次序(倒序)存入数组 A 中。如果蝶形运算的两个输入数据相距 B 个点，应用原位计算，则蝶形运算可表示成如下形式：
$$A_L(J) \Leftarrow A_{L-1}(J) + A_{L-1}(J+B)W_N^p$$
$$A_L(J+B) \Leftarrow A_{L-1}(J) - A_{L-1}(J+B)W_N^p$$

式中
$$p = J \times 2^{M-L} \qquad J=0, 1, \cdots, 2^{L-1}-1; L=1, 2, \cdots, M$$

下标 L 表示第 L 级运算，$A_L(J)$ 则表示第 L 级运算后的数组元素 $A(J)$ 的值(即第 L 级蝶形的输出数据)。而 $A_{L-1}(J)$ 表示第 L 级运算前 $A(J)$ 的值(即第 L 级蝶形的输入数据)。

4. 编程思想及程序框图

仔细观察图 4.2.4，还可以归纳出一些对编程有用的运算规律：第 L 级中，每个蝶形的两个输入数据相距 $B=2^{L-1}$ 个点；每级有 B 个不同的旋转因子；同一旋转因子对应着间隔为 2^L 点的 2^{M-L} 个蝶形。

总结上述运算规律，便可采用下述运算方法。先从输入端(第 1 级)开始，逐级进行，共进行 M 级运算。在进行第 L 级运算时，依次求出 B 个不同的旋转因子，每求出一个旋转因子，就计算完它对应的所有 2^{M-L} 个蝶形。这样，我们可用三重循环程序实现 DIT－FFT 运算，程序框图如图 4.2.6 所示。

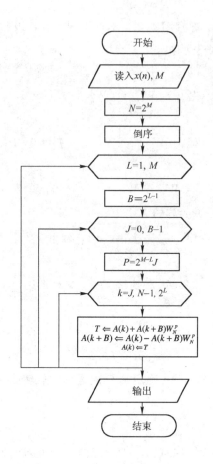

图 4.2.6　DIT - FFT 运算程序框图

　　另外，DIT - FFT 算法运算流图的输出 $X(k)$ 为自然顺序，但为了适应原位计算，其输入序列不是按 $x(n)$ 的自然顺序排列，这种经过 M 次偶奇抽选后的排序称为序列 $x(n)$ 的倒序（倒位）。因此，在运算 M 级蝶形之前应先对序列 $x(n)$ 进行倒序。下面介绍倒序算法。

5. 序列的倒序

　　DIT - FFT 算法的输入序列的排序看起来似乎很乱，但仔细分析就会发现这种倒序是很有规律的。由于 $N=2^M$，因此顺序数可用 M 位二进制数 $(n_{M-1}n_{M-2}\cdots n_1 n_0)$ 表示。M 次偶奇时域抽选过程如图 4.2.7 所示。第一次按最低位 n_0 的 0 和 1 将 $x(n)$ 分解为偶奇两组，第二次又按次低位 n_1 的 0、1 值分别对偶奇组分组；依次类推，第 M 次按 n_{M-1} 位分解，最后所得二进制倒序数如图 4.2.7 所示。表 4.2.1 列出了 $N=8$ 时以二进制数表示的顺序数和倒序数，由表显而易见，只要将顺序数 $(n_2 n_1 n_0)$ 的二进制位倒置，则得对应的二进制倒序值 $(n_0 n_1 n_2)$。按这一规律，用硬件电路和汇编语言程序产生倒序数很容易。但用有些高级语言程序实现时，直接倒置二进制数位是不行的，因此必须找出产生倒序数的十进制运算规律。由表 4.2.1 可见，自然顺序数 I 增加 1，是在顺序数的二进制数最低位加 1，逢 2 向高位进位。而倒序数则是在 M 位二进制数最高位加 1，逢 2 向低位进位。例如，在 (000) 最高位加 1，则得 (100)，而 (100) 最高位为 1，所以最高位加 1 要向次高位进位，其实质是将最高位变为 0，再在次高位加 1，得到（010）。用这种算法，可以从当前任一倒序值求得下一个倒序值。

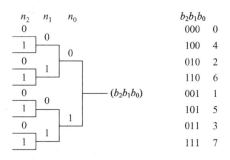

图 4.2.7　形成例序的树状图（$N=2^3$）

表 4.2.1　顺序和倒序对照表

顺　序		倒　序	
十进制数 I	二进制数	二进制数	十进制数 J
0	0 0 0	0 0 0	0
1	0 0 1	1 0 0	4
2	0 1 0	0 1 0	2
3	0 1 1	1 1 0	6
4	1 0 0	0 0 1	1
5	1 0 1	1 0 1	5
6	1 1 0	0 1 1	3
7	1 1 1	1 1 1	7

　　为了叙述方便，用 J 表示当前倒序数的十进制数值。对于 $N=2^M$，M 位二进制数最高位的十进制权值为 $N/2$，且从左向右二进制位的权值依次为 $N/4$，$N/8$，…，2，1。因此，最高为加 1 相当于十进制运算 $J+N/2$。如果最高位是 0（$J<N/2$），则直接由 $J+N/2$ 得下一个倒序值；如果最高位是 1（$J\geqslant N/2$），则先将最高位变成 0（$J\Leftarrow J-N/2$），然后次高位加 1（$J+N/4$）。但次高位加 1 时，同样要判断 0、1 值，如果为 0（$J<N/4$），则直接加 1（$J\Leftarrow J+N/4$），否则将次高位变成 0（$J\Leftarrow J-N/4$），再判断下一位；依此类推，直到完成最高位加 1，逢 2 向右进位的运算。图 4.2.9 所示的倒序的程序框图中的虚线框内就是完成计算倒序值的运算流程图。

　　形成倒序 J 后，将原数组 A 中存放的输入序列重新按倒序排列。设原输入序列 $x(I)$ 先按自然顺序存入数组 A 中。例如，对 $N=8$，$A(0)$，$A(1)$，…，$A(7)$ 中依次存放着 $x(0)$，$x(1)$，$x(2)$，…，$x(7)$。对 $x(n)$ 的重新排序（倒序）规律如图 4.2.8 所示。倒序的程序框图如图 4.2.9 所示。由图 4.2.8 可见，第一个序列值 $x(0)$ 和最后一个序列值 $x(N-1)$ 不需要重排，所以，顺序数 I 初值为 1，终值为 $N-2$，倒序数 J 的初值为 $N/2$。每计算出一个倒序值 J，便与循环语句自动生成的顺序 I 比较，当 $I=J$ 时，不需要交换，当 $I\neq J$ 时，$A(I)$ 与

$A(J)$ 交换数据。另外，为了避免再次调换前面已调换过的一对数据，框图中只对 $I < J$ 的情况调换 $A(I)$ 和 $A(J)$ 的内容。

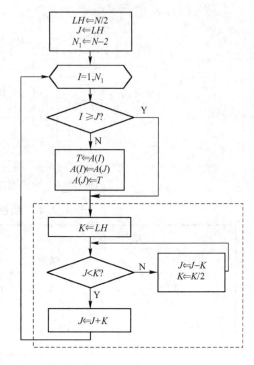

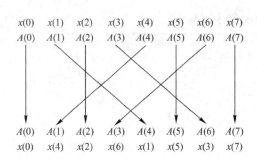

图 4.2.8 倒序规律

图 4.2.9 倒序程序框图

第 3 章介绍的 MATLAB 函数 fft 是一个计算 DFT 的智能程序，如果计算点数 $N = 2^M$，则自动按 DIT - FFT 快速算法计算，否则，直接计算 DFT。所以，调用该函数计算 DFT 时，最好选取 $N = 2^M$，使处理速度大大提高。

4.2.5 频域抽取法 FFT(DIF - FFT)

在基 2FFT 算法中，频域抽取法 FFT 也是一种常用的快速算法，简称 DIF - FFT。

设序列 $x(n)$ 长度为 $N = 2^M$，首先将 $x(n)$ 前后对半分开，得到两个子序列，其 DFT 可表示为如下形式：

$$X(k) = \text{DFT}[x(n)] = \sum_{n=0}^{N-1} x(n) W_N^{kn}$$

$$= \sum_{n=0}^{N/2-1} x(n) W_N^{kn} + \sum_{n=N/2}^{N-1} x(n) W_N^{kn}$$

$$= \sum_{n=0}^{N/2-1} x(n) W_N^{kn} + \sum_{n=0}^{N/2-1} x\left(n + \frac{N}{2}\right) W_N^{k(n+N/2)}$$

$$= \sum_{n=0}^{N/2-1} \left[x(n) + W_N^{kN/2} x\left(n + \frac{N}{2}\right)\right] W_N^{kn}$$

式中

$$W_N^{kN/2} = (-1)^k = \begin{cases} 1 & k = \text{偶数} \\ -1 & k = \text{奇数} \end{cases}$$

将 $X(k)$ 分解成偶数组与奇数组，当 k 取偶数（$k=2m$，$m=0$，1，$\cdots$，$N/2-1$）时

$$\begin{aligned} X(2m) &= \sum_{n=0}^{N/2-1} \left[x(n) + x\left(n + \frac{N}{2}\right) \right] W_N^{2mn} \\ &= \sum_{n=0}^{N/2-1} \left[x(n) + x\left(n + \frac{N}{2}\right) \right] W_{N/2}^{mn} \end{aligned} \tag{4.2.14}$$

当 k 取奇数（$k=2m+1$，$m=0$，1，$\cdots$，$N/2-1$）时，

$$\begin{aligned} X(2m+1) &= \sum_{n=0}^{N/2-1} \left[x(n) - x\left(n + \frac{N}{2}\right) \right] W_N^{n(2m+1)} \\ &= \sum_{n=0}^{N/2-1} \left[x(n) - x\left(n + \frac{N}{2}\right) \right] W_N^n \cdot W_{N/2}^{mn} \end{aligned} \tag{4.2.15}$$

令

$$\left. \begin{aligned} x_1(n) &= x(n) + x\left(n + \frac{N}{2}\right) \\ x_2(n) &= \left[x(n) - x\left(n + \frac{N}{2}\right) \right] W_N^n \end{aligned} \right\} \quad n = 0,1,2,\cdots,\frac{N}{2}-1$$

将 $x_1(n)$ 和 $x_2(n)$ 分别代入（4.2.14）和（4.2.15）式，可得

$$\left. \begin{aligned} X(2m) &= \sum_{n=0}^{N/2-1} x_1(n) W_{N/2}^{mn} \\ X(2m+1) &= \sum_{n=0}^{N/2-1} x_2(n) W_{N/2}^{mn} \end{aligned} \right\} \tag{4.2.16}$$

（4.2.16）式表明，$X(k)$ 按奇偶 k 值分为两组，其偶数组是 $x_1(n)$ 的 $N/2$ 点 DFT，奇数组则是 $x_2(n)$ 的 $N/2$ 点 DFT。$x_1(n)$、$x_2(n)$ 和 $x(n)$ 之间的关系也可用图 4.2.10 所示的蝶形运算流图符号表示。图 4.2.11 表示 $N=8$ 时第一次分解的运算流图。

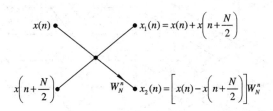

图 4.2.10 DIF-FFT 蝶形运算流图符号

由于 $N=2^M$，$N/2$ 仍然是偶数，继续将 $N/2$ 点 DFT 分成偶数组和奇数组，这样每个 $N/2$ 点 DFT 又可由两个 $N/4$ 点 DFT 形成，其输入序列分别是 $x_1(n)$ 和 $x_2(n)$ 按上下对半分开形成的四个子序列。图 4.2.12 示出了 $N=8$ 时第二次分解运算流图。这样继续分解下去，经过 $M-1$ 次分解，最后分解为 2^{M-1} 个两点 DFT，两点 DFT 就是一个基本蝶形运算流

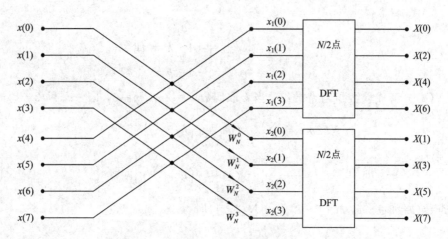

图 4.2.11　DIF - FFT 第一次分解运算流图($N=8$)

图。当 $N=8$ 时，经两次分解，便分解为四个两点 DFT。$N = 8$ 的完整 DIF - FFT 运算流图如图 4.2.13 所示。

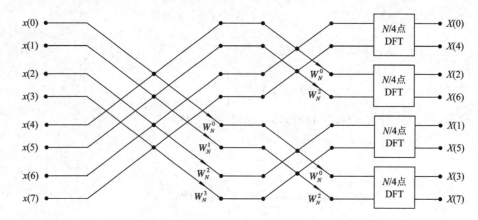

图 4.2.12　DIF - FFT 第二次分解运算流图($N = 8$)

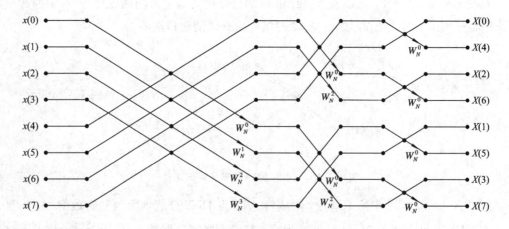

图 4.2.13　DIF - FFT 运算流图($N = 8$)

这种算法是对 $X(k)$ 进行奇偶抽取分解的结果，所以称之为频域抽取法 FFT。观察图

4.2.13 可知，DIF-FFT 算法与 DIT-FFT 算法类似，可以原位计算，共有 M 级运算，每级共有 $N/2$ 个蝶形运算，所以两种算法的运算次数亦相同。不同的是 DIF-FFT 算法输入序列为自然顺序，而输出为倒序排列。因此，M 级运算完后，要对输出数据进行倒序才能得到自然顺序的 $X(k)$。另外，蝶形运算略有不同，DIT-FFT 蝶形先乘后加（减），而 DIF-FFT 蝶形先加（减）后相乘。

最后要说明的是，上述两种 FFT 的算法流图形式不是唯一的。只要保证各支路传输比不变，改变输入与输出点以及中间结点的排列顺序，就可以得到其他变形的 FFT 运算流图，各种运算流图各有特点[1]。

4.2.6　IDFT 的高效算法

上述 FFT 算法流图也可以用于计算 IDFT。比较 DFT 和 IDFT 的运算公式：

$$X(k) = \text{DFT}[x(n)] = \sum_{n=0}^{N-1} x(n) W_N^{kn}$$

$$x(n) = \text{IDFT}[x(n)] = \frac{1}{N} \sum_{k=0}^{N-1} X(k) W_N^{-kn}$$

只要将 DFT 运算式中的系数 W_N^{kn} 改变为 W_N^{-kn}，最后乘以 $1/N$，就是 IDFT 运算公式。所以，只要将上述的 DIT-FFT 与 DIF-FFT 算法中的旋转因子 W_N^p 改为 W_N^{-p}，最后的输出再乘以 $1/N$ 就可以用来计算 IDFT。只是现在流图的输入是 $X(k)$，输出就是 $x(n)$。因此，原来的 DIT-FFT 改为 IFFT 后，称为 DIF-IFFT 更合适；DIF-FFT 改为 IFFT 后，应称为 DIT-IFFT。

如果希望直接调用 FFT 子程序计算 IFFT，则可用下面的方法：

由于

$$x(n) = \frac{1}{N} \Big[\sum_{k=0}^{N-1} X^*(k) W_N^{kn} \Big]^* = \frac{1}{N} \{\text{DFT}[X^*(k)]\}^*$$

所以，可以先将 $X(k)$ 取复共轭，然后直接调用 FFT 子程序，或者送入 FFT 专用硬件设备进行 DFT 运算，最后取复共轭并乘以 $1/N$ 得到序列 $x(n)$。这种方法虽然用了两次取共轭运算，但可以与 FFT 共用同一子程序，因而用起来很方便。

4.3　进一步减少运算量的措施

前面讨论的 DIT-FFT 和 DIF-FFT 算法，由于其算法简单，编程效率高，得到广泛应用。下面介绍进一步减少运算量的途径，以程序的复杂度换取计算效率的进一步提高。

4.3.1　多类蝶形单元运算

由 DIT-FFT 运算流图已得出结论，$N = 2^M$ 点 FFT 共需要 $MN/2$ 次复数乘法。由 (4.2.12)式，当 $L = 1$ 时，只有一种旋转因子 $W_N^0 = 1$，所以，第一级不需要乘法运算。当 $L = 2$ 时，共有两个旋转因子：$W_N^0 = 1$ 和 $W_N^{N/4} = -j$，因此，第二级也不需要乘法运算。在

DFT 中，又称其值为 ± 1 和 $\pm j$ 的旋转因子为无关紧要的旋转因子，如 W_N^0，$W_N^{N/2}$，$W_N^{N/4}$ 等。

综上所述，先除去第一、二两级后，所需复数乘法次数应是

$$C_M = \frac{N}{2}(M-2) \tag{4.3.1}$$

进一步考虑各级中的无关紧要旋转因子。当 $L=3$ 时，有两个无关紧要的旋转因子 W_N^0 和 $W_N^{N/4}$，因为同一旋转因子对应着 $2^{M-L} = N/2^L$ 个碟形运算，所以第三级共有 $2N/2^3 = N/4$ 个碟形不需要复数乘法运算。依此类推，当 $L \geqslant 3$ 时，第 L 级的 2 个无关紧要的旋转因子减少复数乘法的次数为 $2N/2^L = N/2^{L-1}$。这样，从 $L=3$ 至 $L=M$ 共减少复数乘法次数为

$$\sum_{L=3}^{M} \frac{N}{2^{L-1}} = 2N \sum_{L=3}^{M} \left(\frac{1}{2}\right)^L = \frac{N}{2} - 2 \tag{4.3.2}$$

因此，DIT - FFT 的复乘次数降至

$$C_M = \frac{N}{2}(M-2) - \left(\frac{N}{2} - 2\right) = \frac{N}{2}(M-3) + 2 \tag{4.3.3}$$

下面再讨论 FFT 中特殊的复数运算，以便进一步减少复数乘法次数。一般实现一次复数乘法运算需要四次实数乘，两次实数加。但对 $W_N^{N/8} = (1-j)\sqrt{2}/2$ 这一特殊复数，任一复数 $(x+jy)$ 与其相乘时，

$$\frac{\sqrt{2}}{2}(1-j)(x+jy) = \frac{\sqrt{2}}{2}(x+jy-jx+y) = \frac{\sqrt{2}}{2}[(x+y) - j(x-y)] \xlongequal{\text{def}} R + jI$$

$$R = \frac{\sqrt{2}}{2}(x+y)$$

$$I = -\frac{\sqrt{2}}{2}(x-y) = \frac{\sqrt{2}}{2}(y-x)$$

只需要两次实数加和两次实数乘就可实现。这样，$W_N^{N/8}$ 对应的每个蝶形节省两次实数乘。在 DIT - FFT 运算流图中，从 $L=3$ 至 $L=M$ 级，每级都包含旋转因子 $W_N^{N/8}$，第 L 级中，$W_N^{N/8}$ 对应 $N/2^L$ 个蝶形运算。因此从第三级至最后一级，旋转因子 $W_N^{N/8}$ 节省的实数乘次数与 (4.3.2) 式相同。所以从实数乘运算考虑，计算 $N=2^M$ 点 DIT - FFT 所需实数乘法次数为

$$R_M = 4\left[\frac{N}{2}(M-3) + 2\right] - \left(\frac{N}{2} - 2\right) = N\left(2M - \frac{13}{2}\right) + 10 \tag{4.3.4}$$

在基 2FFT 程序中，若包含了所有旋转因子，则称该算法为一类碟形单元运算；若去掉 $W_N^m = \pm 1$ 的旋转因子，则称之为二类碟形单元运算；若再去掉 $W_N^m = \pm j$ 的旋转因子，则称为三类碟形单元运算；若再判断处理 $W_N^m = (1-j)\sqrt{2}/2$，则称之为四类碟形运算。我们将后三种运算称为多类碟形单元运算。显然，碟形单元类型越多，编程就越复杂，但当 N 较大时，乘法运算的减少量是相当可观的。例如，$N=4096$ 时，三类碟形单元运算的乘法次数为一类碟形单元运算的 75%。

4.3.2　旋转因子的生成

在 FFT 运算中，旋转因子 $W_N^m = \cos(2\pi m/N) - \mathrm{j}\sin(2\pi m/N)$，求正弦和余弦函数值的计算量是很大的。所以编程时，产生旋转因子的方法直接影响运算速度。一种方法是在每级运算中直接产生；另一种方法是在 FFT 程序开始前预先计算出 W_N^m，$m = 0, 1, \cdots, N/2 - 1$，存放在数组中，作为旋转因子表，在程序执行过程中直接查表得到所需旋转因子值，不再计算。这样使运算速度大大提高，其不足之处是占用内存较多。

4.3.3　实序列的 FFT 算法

在实际工作中，数据 $x(n)$ 常常是实数序列。如果直接按 FFT 运算流图计算，就是把 $x(n)$ 看成一个虚部为零的复序列进行计算，这就增加了存储量和运算时间。处理该问题的方法有三种。早期提出的方法是用一个 N 点 FFT 计算两个 N 点实序列的 FFT，一个实序列作为 $x(n)$ 的实部，另一个作为虚部，计算完 FFT 后，根据 DFT 的共轭对称性，用例 3.2.2 所述的方法由输出 $X(k)$ 分别得到两个实序列的 N 点 DFT。第二种方法是用 $N/2$ 点 FFT 计算一个 N 点实序列的 DFT。第三种方法是用离散哈特莱变换（DHT）[1]。下面简要介绍第二种方法。

设 $x(n)$ 为 N 点实序列，取 $x(n)$ 的偶数点和奇数点分别作为新构造序列 $y(n)$ 的实部和虚部，即

$$x_1(n) = x(2n),\ x_2(n) = x(2n+1) \qquad n = 0, 1, \cdots, \frac{N}{2} - 1$$

$$y(n) = x_1(n) + \mathrm{j}x_2(n) \qquad n = 0, 1, \cdots, \frac{N}{2} - 1$$

对 $y(n)$ 进行 $N/2$ 点 FFT，输出 $Y(k)$，则

$$\left.\begin{array}{l} X_1(k) = \mathrm{DFT}[x_1(n)] = Y_{ep}(k) \\ X_2(k) = \mathrm{DFT}[x_2(n)] = -\mathrm{j}Y_{op}(k) \end{array}\right\} \qquad k = 0, 1, \cdots, \frac{N}{2} - 1$$

根据 DIT - FFT 的思想及（4.2.7）和（4.2.8）式，可得到 $X(k)$ 的前 $\frac{N}{2} + 1$ 个值：

$$X(k) = X_1(k) + W_N^k X_2(k) \qquad k = 0, 1, \cdots, \frac{N}{2} \tag{4.3.5}$$

式中，$X_1\left(\dfrac{N}{2}\right) = X_1(0)$，$X_2\left(\dfrac{N}{2}\right) = X_2(0)$。由于 $x(n)$ 为实序列，因此 $X(k)$ 具有共轭对称性，$X(k)$ 的另外 $N/2$ 点的值为

$$X(N-k) = X^*(k) \qquad k = 1, \cdots, \frac{N}{2} - 1$$

计算 $\dfrac{N}{2}$ 点 FFT 的复乘次数为 $\dfrac{N}{4}(M-1)$，计算式（4.3.5）的复乘次数为 $\dfrac{N}{2}$，所以用这种算法，计算 $X(k)$ 所需复数乘法次数为 $\dfrac{N}{4}(M-1) + \dfrac{N}{2} = \dfrac{N}{4}(M+1)$。相对一般的 N 点 FFT

算法，上述算法的运算效率为 $\eta = \dfrac{N}{2}M / \dfrac{N}{4}(M+1) = \dfrac{2M}{M+1}$，当 $N = 2^M = 2^{10}$ 时，$\eta = 20/11$，运算速度提高近 1 倍。

4.4 其他快速算法简介

快速傅里叶变换算法是信号处理领域重要的研究课题。自从 1965 年提出基 2FFT 算法以来，现在已提出的快速算法有多种，且还在不断研究探索新的快速算法。由于教材篇幅和教学大纲所限，本章仅介绍算法最简单、编程最容易的基 2FFT 算法原理及其编程思想，使读者建立快速傅里叶变换的基本概念，了解研究 FFT 算法的主要途径和编程思路。其他高效快速算法请读者参考文献[1]、[3]、[12]。例如，分裂基 FFT 算法、离散哈特莱变换（DHT）、基 4 FFT、基 8 FFT、基 rFFT、混合基 FFT，以及进一步减少运算量的途径等内容，对研究新的快速算法都是很有用的。本节简要介绍其他几种快速算法的运算量及其主要特点，以便读者选择快速算法时参考。

从理论上讲，不同基数的 FFT 算法的运算效率不同，实际中最常用的是基 2FFT、基 4 FFT、分裂基 FFT 和 DHT[1]。为此，下面简要介绍后三种 FFT 算法的特点和运算效率，以扩展读者的视野。其具体算法请参考文献[1]、[12]。

在基 rFFT 算法中，基 4FFT 算法运算效率与基 8FFT 很接近，但基 4FFT 算法实现程序简单，且判断开销少。可以证明，当 FFT 的基大于 4 时，不会明显降低计算量。基 4FFT 要求 $N = 4^M$，M 为自然数。其复数乘法次数为[12]

$$C_M(\text{基 } 4) = \frac{3}{8} N \operatorname{lb} N \tag{4.4.1}$$

其中未计入乘以 $\pm j$ 和 1 的计算。比较基 2FFT 的复数乘法次数 $C_M(2) = \dfrac{1}{2} N \operatorname{lb} N$，基 4FFT 的复数乘法次数减少 25%。

1984 年，法国的杜梅尔（P. Dohamel）和霍尔曼（H. Hollmann）将基 2 分解和基 4 分解糅合，提出了分裂基 FFT 算法，其复数乘法次数接近 FFT 理论最小值，但其运算流图却与基 2FFT 很相似，编程简单，运算程序也很短，是一种很实用的高效算法。分裂基 FFT 算法复数乘法次数为[1]

$$C_M(\text{分裂基}) = \frac{N}{3} \operatorname{lb} N - \frac{2}{9} N + (-1)^M \frac{2}{9} \tag{4.4.2}$$

只考虑(4.4.2)式的第一项，分裂基 FFT 算法的复数乘法次数就比基 2FFT 减少 33%，比基 4FFT 减少 11%。应当说明，在比较时，未考虑(4.4.2)式后 2 项减少的运算量，所以分裂基 FFT 算法的效率更高。

由以上比较可见，分裂基 FFT 算法的效率最高，所以得到广泛应用。但是，对实序列 $x(n)$，上述各种 FFT 算法仍将其看成虚部为零的复序列存储和计算。而一次复数乘法需要四次实数乘法和二次实数加法。所以，必然浪费存储资源和增加多余的运算量。我们知道，

实序列的 N 点 DFT 具有共轭对称性，即

$$X(N-k) = X^*(k) \qquad k = 0, 1, 2, \cdots, N-1$$

所以，只要计算出 $X(k)$ 的前面 $N/2$ 个值，则其后面的 $N/2$ 个值可以由对称性求得。因此，FFT 算法得到的 N 个 $X(k)$ 值有一半是多余的。由以上分析可见，对实序列一定存在更高效的快速算法。离散哈特莱变换（DHT）就是针对实序列的一种高效变换算法，相对一般的 FFT 算法，DHT 的快速算法 FHT 可以减少近一半的计算量[1]。N 点基 2 时域抽取快速 DHT（基 2DIT－FHT）算法的实数乘法次数为[1]

$$M_{\text{FHT}} = NM - 3N + 4 \tag{4.4.3}$$

N 点基 2DIT－FHT 算法的实数加法次数为[1]

$$A_{\text{FHT}} = 3N\frac{M-1}{2} + 2 \tag{4.4.4}$$

由式(4.4.3)可见，基 2DIT－FHT 算法的实数乘法次数约为基 2DIT－FFT 算法的一半。与前面三种 FFT 算法比较，对实序列，基 2DIT－FHT 算法的实数乘法次数最少。

应当说明，DHT 是与 DFT 不同的变换，所以要想得到实序列的 DFT，还要根据二者的关系式进行转换。下面会看到该关系非常简单。

DHT 具有以下主要优点：

(1) DHT 是实数变换，在对实信号进行处理时避免了复数运算，运算效率高，且实现硬件简单经济。

(2) DHT 的正、逆变换（除了因子 $1/N$ 外）具有相同的形式，所以实现硬件或程序亦相同。N 点 DHT 定义如下：

$$X_{\text{H}}(k) = \text{DHT}[x(n)]_N = \sum_{n=0}^{N-1} x(n) \cos\left(\frac{2\pi}{N}kn\right) \qquad k = 0, 1, 2, \cdots, N-1 \tag{4.4.5}$$

N 点逆 DHT 变换定义为

$$x(n) = \text{IDHT}[X_{\text{H}}(k)]_N = \frac{1}{N}\sum_{k=0}^{N-1} X_{\text{H}}(k) \cos\left(\frac{2\pi}{N}kn\right) \qquad n = 0, 1, 2, \cdots, N-1 \tag{4.4.6}$$

式中，$\text{cas}\alpha = \cos\alpha + \sin\alpha$。

(3) DHT 满足循环卷积定理，所以，可以直接用 FHT 实现实序列的快速卷积，大大提高处理速度[1]，并使处理硬件简化。

(4) DHT 与 DFT 之间的关系非常简单，容易实现二者之间的转换，关系式如下：

$$X(k) = \frac{1}{2}[X_{\text{H}}(k) + X_{\text{H}}(N-k)] - \text{j}\frac{1}{2}[X_{\text{H}}(k) - X_{\text{H}}(N-k)] \tag{4.4.7}$$

所以对实信号 $x(n)$ 进行谱分析时，可以先对 $x(n)$ 进行 FHT，得到 $X_{\text{H}}(k) = \text{DHT}[x(n)]_N$，然后再将 $X_{\text{H}}(k)$ 转换成 $X(k) = \text{DFT}[x(n)]_N$，这样可以提高分析速度，减少存储空间。

习题与上机题

1. 如果某通用单片计算机的速度为平均每次复数乘需要 4 μs，每次复数加需要 1 μs，用来计算 $N = 1024$ 点 DFT，问直接计算需要多少时间。用 FFT 计算呢？照这样计算，用 FFT 进行快速卷积来对信号进行处理时，估计可实现实时处理的信号最高频率。

2. 如果将通用单片机换成数字信号处理专用单片机 TMS320 系列，计算复数乘和复数加各需要 10 ns。请重复做上题。

3. 已知 $X(k)$ 和 $Y(k)$ 是两个 N 点实序列 $x(n)$ 和 $y(n)$ 的 DFT，希望从 $X(k)$ 和 $Y(k)$ 求 $x(n)$ 和 $y(n)$，为提高运算效率，试设计用一次 N 点 IFFT 来完成的算法。

4. 设 $x(n)$ 是长度为 $2N$ 的有限长实序列，$X(k)$ 为 $x(n)$ 的 $2N$ 点 DFT。

(1) 试设计用一次 N 点 FFT 完成计算 $X(k)$ 的高效算法；

(2) 若已知 $X(k)$，试设计用一次 N 点 IFFT 实现求 $X(k)$ 的 $2N$ 点 IDFT 运算。

5. 分别画出 16 点基 2DIT - FFT 和 DIF - FFT 运算流图，并计算其复数乘次数，如果考虑三类碟形的乘法计算，试计算复乘次数。

6*. 按照下面的 IDFT 算法编写 MATLAB 语言 IFFT 程序，其中的 FFT 部分不用写出清单，可调用 fft 函数。并分别对单位脉冲序列、矩形序列、三角序列和正弦序列进行 FFT 和 IFFT，验证所编程序。

$$x(n) = \text{IDFT}[X(k)] = \frac{1}{N}[\text{DFT}[X^*(k)]]^*$$

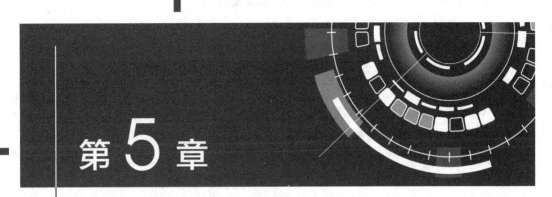

第5章

时域离散系统的网络结构

5.1 引 言

一般时域离散系统或网络可以用差分方程、单位脉冲响应以及系统函数进行描述。如果系统输入、输出服从 N 阶差分方程：

$$y(n) = \sum_{i=0}^{M} b_i x(n-i) - \sum_{i=1}^{N} a_i y(n-i) \tag{5.1.1}$$

则其系统函数 $H(z)$ 为

$$H(z) = \frac{Y(z)}{X(z)} = \frac{\sum_{i=0}^{M} b_i z^{-i}}{1 + \sum_{i=1}^{N} a_i z^{-i}} \tag{5.1.2}$$

为了用计算机或专用硬件完成对输入信号的处理（运算），必须把(5.1.1)式或者(5.1.2)式变换成一种算法，按照这种算法对输入信号进行运算。其实(5.1.1)式就是对输入信号的一种直接算法，如果已知输入信号 $x(n)$ 以及 a_i、b_i 和 n 时刻以前的 $y(n-i)$，则可以递推出 $y(n)$ 值。但给定一个差分方程，不同的算法有多种，例如：

$$H_1(z) = \frac{1}{1 - 0.8z^{-1} + 0.15z^{-2}}$$

$$H_2(z) = \frac{-1.5}{1 - 0.3z^{-1}} + \frac{2.5}{1 - 0.5z^{-1}}$$

$$H_3(z) = \frac{1}{1 - 0.3z^{-1}} \cdot \frac{1}{1 - 0.5z^{-1}}$$

可以证明以上 $H_1(z) = H_2(z) = H_3(z)$，但它们具有不同的算法。不同的算法直接影响系统运算误差、运算速度以及系统的复杂程度和成本等,因此研究实现信号处理的算法是一个很重要的问题。我们用网络结构表示具体的算法,因此网络结构实际表示的是一种运算结构。这一章是第 9 章数字信号处理实现的必要基础。

在介绍数字系统的基本网络结构之前,先介绍网络结构的表示方法。

5.2 用信号流图表示网络结构

观察(5.1.1)式可知,数字信号处理中有三种基本运算,即乘法、加法和单位延迟。三种基本运算框图及其流图如图 5.2.1 所示。

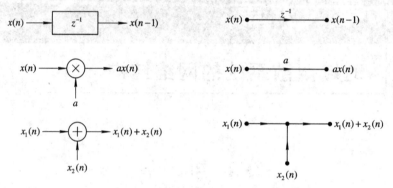

图 5.2.1 三种基本运算的流图表示

z^{-1} 与系数 a 作为支路增益写在支路箭头旁边,箭头表示信号流动方向。如果箭头旁边没有标明增益,则认为支路增益是 1。两个变量相加,用一个圆点表示(称为网络节点),这样整个运算结构完全可用这样一些基本运算支路组成,图 5.2.2 所示的就是这样的流图,该图中圆点称为节点,输入 $x(n)$ 的节点称为源节点或输入节点,输出 $y(n)$ 称为吸收节点或输出节点。每个节点处的信号称节点变量,这样信号流图实际上是由连接节点的一些有方向性的支路构成的。和每个节点连接的有输入支路和输出支路,节点变量等于所有输入支路的输出之和。在图 5.2.2 中,

$$\begin{cases} w_1(n) = w_2(n-1) \\ w_2(n) = w_2'(n-1) \\ w_2'(n) = x(n) - a_1 w_2(n) - a_2 w_1(n) \\ y(n) = b_2 w_1(n) + b_1 w_2(n) + b_0 w_2'(n) \end{cases} \qquad (5.2.1)$$

从该例中,我们看到用信号流图表示系统的运算情况(网络结构)是比较简明的。以下我们均用信号流图表示网络结构。

不同的信号流图代表不同的运算方法,而对于同一个系统函数可以有多种信号流图与之相对应。从基本运算考虑,满足以下条件,称为基本信号流图。

(1) 信号流图中所有支路都是基本支路,即支路增益是常数或者是 z^{-1};

(2) 流图环路中必须存在延迟支路;

(3) 节点和支路的数目是有限的。

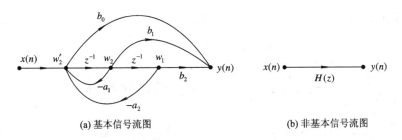

(a) 基本信号流图   (b) 非基本信号流图

图 5.2.2 信号流图

图 5.2.2(a)是基本信号流图,图中有两个环路,环路增益分别为 $-a_1z^{-1}$ 和 $-a_2z^{-2}$,且环路中都有延时支路,而图 5.2.2(b)不是基本信号流图,它不能决定一种具体的算法,不满足基本信号流图的条件。

根据信号流图可以求出网络的系统函数,方法是列出各个节点变量方程,形成联立方程组,并进行求解,求出输出与输入之间的 z 域关系。

【例 5.2.1】 求图 5.2.2(a)信号流图决定的系统函数 $H(z)$。

解 图 5.2.2(a)信号流图的节点变量方程为(5.2.1)式,对(5.2.1)式进行 Z 变换,得到:

$$\begin{cases} W_1(z) = W_2(z)z^{-1} \\ W_2(z) = W_2'(z)z^{-1} \\ W_2'(z) = X(z) - a_1 W_2(z) - a_2 W_1(z) \\ Y(z) = b_2 W_1(z) + b_1 W_2(z) + b_0 W_2'(z) \end{cases}$$

经过联立求解得到:

$$H(z) = \frac{Y(z)}{X(z)} = \frac{b_0 + b_1 z^{-1} + b_2 z^{-2}}{1 + a_1 z^{-1} + a_2 z^{-2}}$$

当结构复杂时,上面利用节点变量方程联立求解的方法较麻烦,不如用梅逊(Masson)公式直接写 $H(z)$ 表示式方便。关于梅逊公式请参考本书附录 A。

一般将网络结构分成两类,一类称为有限长单位脉冲响应网络,简称 FIR(Finite Impulse Response)网络,另一类称为无限长单位脉冲响应网络,简称 IIR(Infinite Impulse Response)网络。FIR 网络中一般不存在输出对输入的反馈支路,因此差分方程用下式描述:

$$y(n) = \sum_{i=0}^{M} b_i x(n-i) \tag{5.2.2}$$

其单位脉冲响应 $h(n)$ 是有限长的,按照(5.2.2)式,$h(n)$ 表示为

$$h(n) = \begin{cases} b_n & 0 \leqslant n \leqslant M \\ 0 & \text{其他 } n \end{cases}$$

IIR 网络结构存在输出对输入的反馈支路,也就是说,信号流图中存在反馈环路。这类网络的单位脉冲响应是无限长的。例如,一个简单的一阶 IIR 网络的差分方程为

$$y(n) = ay(n-1) + x(n)$$

其单位脉冲响应 $h(n)=a^{n}u(n)$。这两类不同的网络结构各有不同的特点，下面分类叙述其网络结构。

5.3 IIR 系统的基本网络结构

IIR 系统的基本网络结构有三种，即直接型、级联型和并联型。

1. 直接型

将 N 阶差分方程重写如下：

$$y(n)=\sum_{i=0}^{M}b_{i}x(n-i)+\sum_{i=1}^{N}a_{i}y(n-i)$$

对应的系统函数为

$$H(z)=\frac{\displaystyle\sum_{i=0}^{M}b_{i}z^{-i}}{1-\displaystyle\sum_{i=1}^{N}a_{i}z^{-i}}$$

设 $M=N=2$，按照差分方程可以直接画出网络结构如图 5.3.1(a)所示。图中第一部分系统函数用 $H_1(z)$ 表示，第二部分用 $H_2(z)$ 表示，那么 $H(z)=H_1(z)\cdot H_2(z)$，当然也可以写成 $H(z)=H_2(z)\cdot H_1(z)$，按照该式，相当于将图 5.3.1(a)中两部分流图交换位置，如图 5.3.1(b)所示。该图中节点变量 $w_1=w_2$，因此前后两部分的延时支路可以合并，形成如图 5.3.1(c)所示的网络结构流图，我们将图 5.3.1(c)所示的这类流图称为 IIR 直接型网络

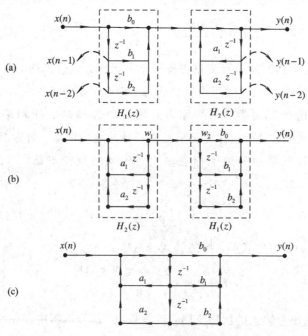

图 5.3.1 IIR 网络直接型结构

结构。

$M=N=2$ 时的系统函数为

$$H(z) = \frac{b_0 + b_1 z^{-1} + b_2 z^{-2}}{1 - a_1 z^{-1} - a_2 z^{-2}}$$

对照图 5.3.1(c) 的各支路的增益系数与 $H(z)$ 分母分子多项式的系数可见，可以直接按照 $H(z)$ 画出直接型结构流图。

【例 5.3.1】 设 IIR 数字滤波器的系统函数 $H(z)$ 为

$$H(z) = \frac{8 - 4z^{-1} + 11z^{-2} - 2z^{-3}}{1 - \frac{5}{4}z^{-1} + \frac{3}{4}z^{-2} - \frac{1}{8}z^{-3}}$$

画出该滤波器的直接型结构。

解 由 $H(z)$ 写出差分方程如下：

$$y(n) = \frac{5}{4}y(n-1) - \frac{3}{4}y(n-2) + \frac{1}{8}y(n-3)$$
$$+ 8x(n) - 4x(n-1) + 11x(n-2) - 2x(n-3)$$

按照差分方程画出如图 5.3.2 所示的直接型网络结构。

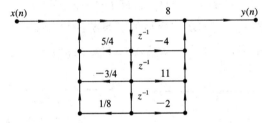

图 5.3.2　例 5.3.1 图

上面我们按照差分方程画出了网络结构，也可以按照 $H(z)$ 表达式，直接画出直接型网络结构，这里需要用到 Masson 公式。

下面讲述直接型的 MATLAB 的表示与实现。

在 MATLAB 中，直接型结构由 2 个行向量 B 和 A 表示，B 和 A 与数字滤波器系统函数的关系如下：

$$A = [a_0, a_1, a_2, \cdots, a_N], \quad B = [b_0, b_1, b_2, \cdots, b_M]$$

则直接型系统函数为

$$H(z) = \frac{\displaystyle\sum_{i=0}^{M} b_i z^{-i}}{\displaystyle\sum_{i=0}^{N} a_i z^{-i}}$$

调用 1.4.2 节介绍的 MATLAB 信号处理工具箱函数 filter 就是按照直接型结构实现滤波器。如果滤波器输入信号向量为 xn，输出信号向量为 yn，则 yn=filter(B, A. xn) 按照直接型结构实现对 xn 的滤波，计算系统对输入信号向量 xn 的零状态响应输出信号向量 yn，yn 与 xn 长度相等。

2. 级联型

在(5.1.2)式表示的系统函数 $H(z)$ 中，分子、分母均为多项式，且多项式的系数一般为实数。现将分子、分母多项式分别进行因式分解，得到：

$$H(z) = A \frac{\prod\limits_{r=1}^{M}(1 - c_r z^{-1})}{\prod\limits_{r=1}^{N}(1 - d_r z^{-1})} \tag{5.3.1}$$

式中，A 是常数；c_r 和 d_r 分别表示 $H(z)$ 的零点和极点。由于多项式的系数是实数，c_r 和 d_r 是实数或者是共轭成对的复数，将共轭成对的零点(极点)放在一起，形成一个二阶多项式，其系数仍为实数；再将分子、分母均为实系数的二阶多项式放在一起，形成一个二阶网络 $H_j(z)$。$H_j(z)$ 如下式：

$$H_j(z) = \frac{\beta_{0j} + \beta_{1j} z^{-1} + \beta_{2j} z^{-2}}{1 - a_{1j} z^{-1} - a_{2j} z^{-2}} \tag{5.3.2}$$

式中，β_{0j}、β_{1j}、β_{2j}、α_{1j} 和 α_{2j} 均为实数。这样 $H(z)$ 就分解成一些一阶或二阶的子系统函数的相乘形式：

$$H(z) = H_1(z) H_2(z) \cdots H_k(z) \tag{5.3.3}$$

式中 $H_i(z)$ 表示一个一阶或二阶的数字网络的子系统函数，每个 $H_i(z)$ 的网络结构均采用前面介绍的直接型网络结构，如图 5.3.3 所示，$H(z)$ 则由 k 个子系统级联构成。

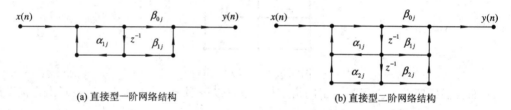

(a) 直接型一阶网络结构　　　　　　　　(b) 直接型二阶网络结构

图 5.3.3　一阶和二阶直接型网络结构

【例 5.3.2】 设系统函数 $H(z)$ 如下式：

$$H(z) = \frac{8 - 4z^{-1} + 11z^{-2} - 2z^{-3}}{1 - 1.25z^{-1} + 0.75z^{-2} - 0.125z^{-3}}$$

试画出其级联型网络结构。

解 将 $H(z)$ 的分子、分母进行因式分解，得到：

$$H(z) = \frac{(2 - 0.379z^{-1})(4 - 1.24z^{-1} + 5.264z^{-2})}{(1 - 0.25z^{-1})(1 - z^{-1} + 0.5z^{-2})}$$

为减少单位延迟的数目，将一阶的分子、分母多项式组成一个一阶网络，二阶的分子、分母多项式组成一个二阶网络，画出级联结构图如图 5.3.4 所示。

级联型结构中每一个一阶网络决定一个零点、一个极点，每一个二阶网络决定一对零点、一对极点。在(5.3.2)式中，调整 β_{0j}、β_{1j} 和 β_{2j} 三个系数可以改变一对零点的位置，调整 α_{1j} 和 α_{2j} 可以改变一对极点的位置。因此，相对直接型结构，其优点是调整方便。此外，级联结构中后面的网络输出不会再流到前面，运算误差的积累相对直接型也小。

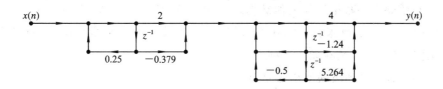

图 5.3.4 例 5.3.2 图

3. 并联型

如果将级联形式的 $H(z)$ 展成部分分式形式，则得到：

$$H(z) = H_1(z) + H_2(z) + \cdots + H_k(z) \qquad (5.3.4)$$

对应的网络结构为这 k 个子系统并联。上式中，$H_i(z)$ 通常为一阶网络或二阶网络，网络系数均为实数。二阶网络的系统函数一般为

$$H_i(z) = \frac{\beta_{0i} + \beta_{1i}z^{-1}}{1 - \alpha_{1i}z^{-1} - \alpha_{2i}z^{-2}}$$

式中，β_{0i}、β_{1i}、α_{1i} 和 α_{2i} 都是实数。如果 $\beta_{1i} = \alpha_{2i} = 0$，则构成一阶网络。由 (5.3.4) 式，其输出 $Y(z)$ 表示为

$$Y(z) = H_1(z)X(z) + H_2(z)X(z) + \cdots + H_k(z)X(z)$$

上式表明将 $x(n)$ 送入每个二阶（包括一阶）网络后，将所有输出加起来得到输出 $y(n)$。

【例 5.3.3】 画出例题 5.3.2 中的 $H(z)$ 的并联型结构。

解 将例 5.3.2 中 $H(z)$ 展成部分分式形式：

$$H(z) = 16 + \frac{8}{1 - 0.5z^{-1}} + \frac{-16 + 20z^{-1}}{1 - z^{-1} + 0.5z^{-2}}$$

将每一部分用直接型结构实现，其并联型网络结构如图 5.3.5 所示。

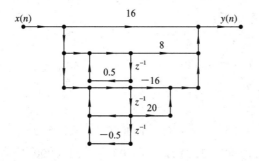

图 5.3.5 例 5.3.3 图

在这种并联型结构中，每一个一阶网络决定一个实数极点，每一个二阶网络决定一对共轭极点，因此调整极点位置方便，但调整零点位置不如级联型方便。另外，各个基本网络是并联的，产生的运算误差互不影响，不像直接型和级联型那样有误差积累，因此，并联形式运算误差最小。由于基本网络并联，可同时对输入信号进行运算，因此并联型结构与直接型和级联型比较，其运算速度最高。

MATLAB 信号处理工具箱提供了 14 种线性系统网络结构变换函数，实现各种结构之

间的变换。可惜缺少并联结构与其他结构之间的变换函数，参考文献[10，18]中开发了直接型与并联型的相互变换函数 tf2par 和 par2tf。本书涉及的 3 种常用结构（直接型、级联型、格型）之间的变换函数有如下 4 种：

（1）tf2sos 直接型到级联型结构变换。

（2）sos2tf 级联型到直接型网络结构的变换。

（3）tf2latc 直接型到格型结构变换。

（4）latc2tf 格型到直接型结构变换。

下面先简要介绍变换函数 tf2sos 和 sos2tf 及其调用格式，tf2latc 和 latc2tf 在 5.7 节介绍。

（1）[S，G] = tf2sos(B，A)：实现直接型到级联型的变换。B 和 A 分别为直接型系统函数的分子和分母多项式系数向量，当 A＝1 时，表示 FIR 系统函数。返回 L 级二阶级联型结构的系数矩阵 S 和增益常数 G。

$$S = \begin{bmatrix} b_{01} & b_{11} & b_{21} & 1 & a_{11} & a_{21} \\ b_{02} & b_{12} & b_{22} & 1 & a_{12} & a_{22} \\ & & \cdots & & & \\ b_{0L} & b_{1L} & b_{2L} & 1 & a_{1L} & a_{2L} \end{bmatrix}$$

S 为 L×6 矩阵，每一行表示一个二阶子系统函数的系数向量，第 k 行对应的 2 阶系统函数为

$$H_k(z) = \frac{b_{0k} + b_{1k}z^{-1} + b_{2k}z^{-2}}{1 + a_{1k}z^{-1} + a_{2k}z^{-2}} \qquad k = 1, 2, \cdots, L$$

级联结构的系统函数为

$$H(z) = H_1(z)H_2(z)\cdots H_L(z)$$

例 5.3.2 的求解程序如下：

B=[8，−4，11，−2]；

A=[1，−1.25，0.75，−0.125]；

[S，G]=tf2sos(B，A)

运行结果：

S = 1.0000   −0.1895   0   1.0000   −0.2500   0

     1.0000   −0.3100   1.3161   1.0000   −1.0000   0.5000

G = 8

$$H(z) = 8\,\frac{1 - 0.1895z^{-1}}{1 - 0.25z^{-1}} \cdot \frac{1 - 0.31z^{-1} + 1.3161z^{-2}}{1 - z^{-1} + 0.5z^{-2}}$$

该结果与例 5.3.2 所得结果等价，但本程序结果更标准。

（2）[B，A] = sos2tf(S，G)：实现级联型到直接型网络结构的变换。B、A、S 和 G 的含义与 [S，G] = tf2sos(B，A) 中相同。

5.4 FIR 系统的基本网络结构

FIR 网络结构特点是没有反馈支路，即没有环路，其单位脉冲响应是有限长的。设单位脉冲响应 $h(n)$ 长度为 N，其系统函数 $H(z)$ 和差分方程分别为

$$H(z) = \sum_{n=0}^{N-1} h(n) z^{-n}$$

$$y(n) = \sum_{m=0}^{N-1} h(m) x(n-m)$$

1. 直接型

按照 $H(z)$ 或者卷积公式直接画出结构图如图 5.4.1 所示。这种结构称为直接型网络结构或者称为卷积型结构。

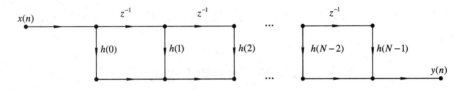

图 5.4.1 FIR 直接型网络结构

2. 级联型

将 $H(z)$ 进行因式分解，并将共轭成对的零点放在一起，形成一个系数为实数的二阶形式，这样级联型网络结构就是由一阶或二阶因子构成的级联结构，其中每一个因式都用直接型实现。

【例 5.4.1】 设 FIR 网络系统函数 $H(z)$ 如下式：

$$H(z) = 0.96 + 2.0 z^{-1} + 2.8 z^{-2} + 1.5 z^{-3}$$

画出 $H(z)$ 的直接型结构和级联型结构。

解 将 $H(z)$ 进行因式分解，得到：

$$H(z) = (0.6 + 0.5 z^{-1})(1.6 + 2 z^{-1} + 3 z^{-2})$$

其级联型结构和直接型结构如图 5.4.2(a) 和 (b) 所示。

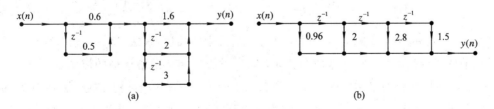

图 5.4.2 例 5.4.1 图

例 5.4.1 的求解程序如下：

B=[0.96, 2, 2.8, 1.5];

A=1;

[S, G]=tf2sos(B, A)

运行结果：

S = 1.0000　0.8333　　　0　1.0000　　0　　0

　　1.0000　1.2500　1.8750　1.0000　　0　　0

G = 0.9600

级联结构的系统函数为

$$H(z)=0.96(1+0.833z^{-1})(1+1.25z^{-1}+1.875z^{-2})$$

级联型结构每一个一阶因子控制一个零点，每一个二阶因子控制一对共轭零点，因此调整零点位置比直接型方便，但 $H(z)$ 中的系数比直接型多，因而需要的乘法器多。在例 5.4.1 中直接型需要四个乘法器，而级联型则需要五个乘法器。分解的因子愈多，需要的乘法器也愈多。另外，当 $H(z)$ 的阶次高时，也不易分解。因此，普遍应用的是直接型。

5.5　FIR 系统的线性相位结构

线性相位结构是 FIR 系统的直接型结构的简化网络结构，特点是网络具有线性相位特性，比直接型结构节约了近一半的乘法器。第 7 章将证明，如果系统具有线性相位，它的单位脉冲响应满足下面公式：

$$h(n)=\pm h(N-n-1) \tag{5.5.1}$$

式中，"＋"代表第一类线性相位滤波器；"－"代表第二类线性相位滤波器。系统函数满足下面两式：

当 N 为偶数时，

$$H(z)=\sum_{n=0}^{N/2-1}h(n)[z^{-n}\pm z^{-(N-n-1)}] \tag{5.5.2}$$

当 N 为奇数时，

$$H(z)=\sum_{n=0}^{(\frac{N-1}{2})-1}h(n)[z^{-n}\pm z^{-(N-n-1)}]+h\left(\frac{N-1}{2}\right)z^{-\frac{N-1}{2}} \tag{5.5.3}$$

观察(5.5.2)式和(5.5.3)式，运算时先进行方括号中的加法(减法)运算，再进行乘法运算，这样就节约了乘法运算。按照这两个公式，第一类线性相位网络结构的流图如图 5.5.1 所示，第二类线性相位网络结构的流图如图 5.5.2 所示。和直接型结构比较，如果 N 取偶数，直接型需要 N 个乘法器，而线性相位结构减少到 $N/2$ 个乘法器，节约了一半的乘法器。如果 N 取奇数，则乘法器减少到 $(N+1)/2$ 个，也近似节约了近一半的乘法器。

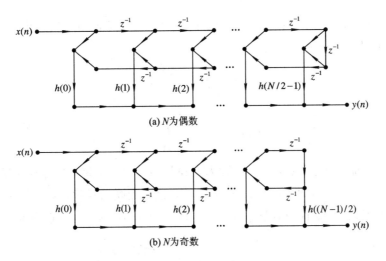

(a) N为偶数

(b) N为奇数

图 5.5.1　第一类线性相位网络结构流图

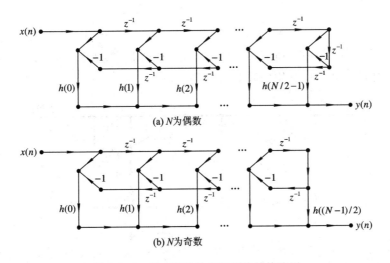

(a) N为偶数

(b) N为奇数

图 5.5.2　第二类线性相位网络结构流图

5.6　FIR 系统的频率采样结构

我们已经知道，频率域等间隔采样，相应的时域信号会以采样点数为周期进行周期性延拓。如果在频率域采样点数 N 大于等于原序列的长度 M，则不会引起信号失真，此时由 (3.3.6) 式得到原序列的 Z 变换 $H(z)$ 与频域采样值 $H(k)$ 满足下面关系式：

$$H(z) = (1 - z^{-N}) \frac{1}{N} \sum_{k=0}^{N-1} \frac{H(k)}{1 - W_N^{-k} z^{-1}} \tag{5.6.1}$$

设 FIR 滤波器单位脉冲响应 $h(n)$ 长度为 M，系统函数 $H(z) = \mathrm{ZT}[h(n)]$，则 (5.6.1) 式中 $H(k)$ 用下式计算：

$$H(k) = H(z) \big|_{z = \mathrm{e}^{\mathrm{j} \frac{2\pi}{N} k}} \qquad k = 0, 1, 2, \cdots, N-1$$

要求频率域采样点数 $N \geqslant M$。(5.6.1) 式提供了一种称为频率采样的网络结构。由于这种结构是通过频域采样得来的，存在时域混叠的问题，因此不适合 IIR 系统，只适合 FIR 系统。

但这种网络结构中又存在反馈网络，不同于前面介绍的 FIR 网络结构，下面进行分析。

将(5.6.1)式写成下式：

$$H(z) = \frac{1}{N} H_c(z) \sum_{k=0}^{N-1} H_k(z) \tag{5.6.2}$$

$$H_c(z) = 1 - z^{-N}$$

$$H_k(z) = \frac{H(k)}{1 - W_N^{-k} z^{-1}}$$

式中 $H_c(z)$ 是前面学习过的梳状滤波器，$H_k(z)$ 是 IIR 的一阶网络。这样，$H(z)$ 是由梳状滤波器 $H_c(z)$ 和 N 个一阶网络 $H_k(z)$ 的并联结构进行级联而成的，其网络结构如图 5.6.1 所示。我们看到该网络结构中有反馈支路，它是由 $H_k(z)$ 产生的，其极点为

$$z_k = e^{j\frac{2\pi}{N}k} \qquad k = 0, 1, 2, \cdots, N-1$$

即它们是单位圆上等间隔分布的 N 个极点，第 2 章已学过 $H_c(z)$ 是一个梳状滤波网络，其零点为

$$z_k = e^{j\frac{2\pi}{N}k} \qquad k = 0, 1, 2, \cdots, N-1$$

刚好和极点相同，也是等间隔地分布在单位圆上。理论上，极点和零点相互抵消，保证了网络的稳定性，使频率域采样结构仍属 FIR 网络结构。

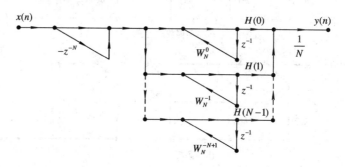

图 5.6.1　FIR 滤波器频率采样结构

频率域采样结构有两个突出优点：

（1）在频率采样点 ω_k 处，$H(e^{j\omega_k}) = H(k)$，只要调整 $H(k)$（即一阶网络 $H_k(z)$ 中乘法器的系数 $H(k)$），就可以有效地调整频响特性，使实践中调整方便，可以实现任意形状的频响曲线。

（2）只要 $h(n)$ 长度 N 相同，对于任何频响形状，其梳状滤波器部分和 N 个一阶网络部分结构完全相同，只是各支路增益 $H(k)$ 不同。这样，相同部分便可以标准化、模块化。各支路增益可做成可编程单元，生产可编程 FIR 滤波器。

然而，上述频率采样结构亦有两个缺点：

（1）系统稳定是靠位于单位圆上的 N 个零极点相互对消保证的。实际上，因为寄存器字长都是有限的，对网络中支路增益 W_N^{-k} 量化时产生量化误差，可能使零极点不能完全对消，从而影响系统稳定性。

（2）结构中，$H(k)$ 和 W_N^{-k} 一般为复数，要求乘法器完成复数乘法运算，这对硬件实现是不方便的。

为了克服上述缺点，对频率采样结构作以下修正。

首先将单位圆上的零极点向单位圆内收缩一点，收缩到半径为 r 的圆上，取 $r<1$ 且 $r \approx 1$。此时 $H(z)$ 为

$$H(z) = (1 - r^N z^{-N}) \frac{1}{N} \sum_{k=0}^{N-1} \frac{H_r(k)}{1 - rW_N^{-k} z^{-1}} \tag{5.6.3}$$

式中，$H_r(k)$ 是在 r 圆上对 $H(z)$ 的 N 点等间隔采样值。由于 $r \approx 1$，因此可近似取 $H_r(k) \approx H(k)$。这样，零极点均为 $r\mathrm{e}^{\mathrm{j}\frac{2\pi}{N}k}$，$k = 0, 1, 2, \cdots, N-1$。如果由于实际量化误差，零极点不能抵消时，极点位置仍处在单位圆内，保持系统稳定。

另外，由 DFT 的共轭对称性知道，如果 $h(n)$ 是实数序列，则其离散傅里叶变换 $H(k)$ 关于 $N/2$ 点共轭对称，即 $H(k) = H^*(N-k)$。而且 $W_N^{-k} = W_N^{N-k}$，我们将 $H_k(z)$ 和 $H_{N-k}(z)$ 合并为一个二阶网络，并记为 $H_k(z)$，则

$$\begin{aligned}
H_k(z) &= \frac{H(k)}{1 - rW_N^{-k} z^{-1}} + \frac{H(N-k)}{1 - rW_N^{-(N-k)} z^{-1}} \\
&= \frac{H(k)}{1 - rW_N^{-k} z^{-1}} + \frac{H^*(k)}{1 - r(W_N^{-k})^* z^{-1}} \\
&= \frac{a_{0k} + a_{1k} z^{-1}}{1 - 2r\cos\left(\frac{2\pi}{N}k\right)z^{-1} + r^2 z^{-2}}
\end{aligned}$$

式中

$$\left.\begin{aligned}
a_{0k} &= 2\mathrm{Re}[H(k)] \\
a_{1k} &= -2\mathrm{Re}[rH(k)W_N^k]
\end{aligned}\right\} \quad k = 1, 2, 3, \cdots, \frac{N}{2} - 1$$

显然，二阶网络 $H_k(z)$ 的系数都为实数，其结构如图 5.6.2(a)所示。当 N 为偶数时，$H(z)$ 可表示为

$$H(z) = (1 - r^N z^{-N}) \frac{1}{N}\left[\frac{H(0)}{1 - rz^{-1}} + \frac{H\left(\frac{N}{2}\right)}{1 + rz^{-1}} + \sum_{k=1}^{\frac{N}{2}-1} \frac{a_{0k} + a_{1k} z^{-1}}{1 - 2r\cos\left(\frac{2\pi}{N}k\right)z^{-1} + r^2 z^{-2}}\right]$$

$$\tag{5.6.4}$$

式中，$H(0)$ 和 $H(N/2)$ 为实数。(5.6.4)式对应的频率采样修正结构由 $N/2 - 1$ 个二阶网络和两个一阶网络并联构成，如图 5.5.4(b)所示。当 $N=$ 奇数时，只有一个采样值 $H(0)$ 为实数，$H(z)$ 可表示为

$$H(z) = (1 - r^N z^{-N}) \frac{1}{N}\left[\frac{H(0)}{1 - rz^{-1}} + \sum_{k=1}^{(N-1)/2} \frac{a_{0k} + a_{1k} z^{-1}}{1 - 2r\cos\left(\frac{2\pi}{N}k\right)z^{-1} + r^2 z^{-2}}\right] \tag{5.6.5}$$

N 等于奇数的修正结构由一个一阶网络和 $(N-1)/2$ 个二阶网络结构构成。

由图 5.6.2 可见，当采样点数 N 很大时，其结构显然很复杂，需要的乘法器和延时单

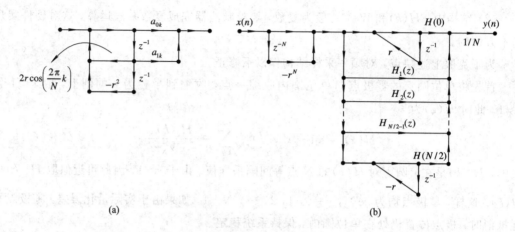

(a)
(b)

图 5.6.2 频率采样修正结构

元很多。但对于窄带滤波器，大部分频率采样值 $H(k)$ 为零，从而使二阶网络个数大大减少。所以频率采样结构适用于窄带滤波器。

5.7 格型网络结构

格型网络结构适用于一般时域离散系统，结构的优点是对有限字长效应比较不敏感，且适合递推算法。它在一般数字滤波器、自适应滤波器、线性预测以及谱估计中都有广泛的应用。

5.7.1 全零点格型网络结构

1. 全零点格型网络的系统函数

全零点格型网络结构的流图如图 5.7.1 所示。该流图只有直通通路，没有反馈回路，因此可称为 FIR 格型网络结构。观察该图，它可以看成是由图 5.7.2 的基本单元级联而成。

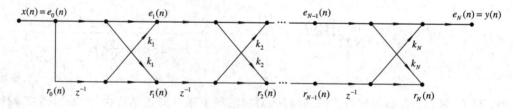

图 5.7.1 全零点格型网络结构

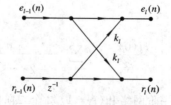

图 5.7.2 基本单元

按照图 5.7.2 写出差分方程如下：

$$e_l(n) = e_{l-1}(n) + r_{l-1}(n-1)k_l \tag{5.7.1}$$

$$r_l(n) = e_{l-1}(n)k_l + r_{l-1}(n-1) \tag{5.7.2}$$

将上式进行 Z 变换，得到

$$E_l(z) = E_{l-1}(z) + z^{-1}R_{l-1}(z)k_l \tag{5.7.3}$$

$$R_l(z) = E_{l-1}(z)k_l + z^{-1}R_{l-1}(z) \tag{5.7.4}$$

再将上式写成矩阵形式

$$\begin{bmatrix} E_l(z) \\ R_l(z) \end{bmatrix} = \begin{bmatrix} 1 & z^{-1}k_l \\ k_l & z^{-1} \end{bmatrix} \begin{bmatrix} E_{l-1}(z) \\ R_{l-1}(z) \end{bmatrix} \tag{5.7.5}$$

将 N 个基本单元级联后，得到：

$$\begin{bmatrix} E_N(z) \\ R_N(z) \end{bmatrix} = \begin{bmatrix} 1 & z^{-1}k_N \\ k_N & z^{-1} \end{bmatrix} \begin{bmatrix} 1 & z^{-1}k_{N-1} \\ k_{N-1} & z^{-1} \end{bmatrix} \cdots \begin{bmatrix} 1 & z^{-1}k_1 \\ k_1 & z^{-1} \end{bmatrix} \begin{bmatrix} E_0(z) \\ R_0(z) \end{bmatrix} \tag{5.7.6}$$

令 $Y(z)=E_N(z)$，$X(z)=E_0(z)=R_0(z)$，其输出为

$$Y(z) = \begin{bmatrix} 1 & 0 \end{bmatrix} \begin{bmatrix} E_N(z) \\ R_N(z) \end{bmatrix} = \begin{bmatrix} 1 & 0 \end{bmatrix} \left(\prod_{l=N}^{1} \begin{bmatrix} 1 & z^{-1}k_l \\ k_l & z^{-1} \end{bmatrix} \right) \begin{bmatrix} 1 \\ 1 \end{bmatrix} X(z) \tag{5.7.7}$$

由上式得到全零点格型网络的系统函数为

$$H(z) = \frac{Y(z)}{X(z)} = \begin{bmatrix} 1 & 0 \end{bmatrix} \left(\prod_{l=N}^{1} \begin{bmatrix} 1 & z^{-1}k_l \\ k_l & z^{-1} \end{bmatrix} \right) \begin{bmatrix} 1 \\ 1 \end{bmatrix} \tag{5.7.8}$$

只要知道格型网络的系数 k_l，$l=1,2,3,\cdots,N$，由上式可以直接求出 FIR 格型网络的系统函数。

2. 由 FIR 直接型网络结构转换成全零点格型网络结构

假设 N 阶 FIR 型网络结构的系统函数为

$$H(z) = \sum_{n=0}^{N} h(n)z^{-n} \tag{5.7.9}$$

式中，$h(0)=1$；$h(n)$ 是 FIR 网络的单位脉冲响应。令 $a_k=h(k)$，得到：

$$H(z) = \sum_{k=0}^{N} a_k z^{-k} \tag{5.7.10}$$

式中，$a_0=h(0)=1$；k_l 为全零点格型网络的系数，$l=1,2,\cdots,N$。

下面仅给出转换公式，推导过程请参考文献[19]：

$$a_k = a_k^{(N)} \tag{5.7.11}$$

$$a_l^{(l)} = k_l \tag{5.7.12}$$

$$a_k^{(l-1)} = \frac{a_k^{(l)} - k_l a_{l-k}^{(l)}}{1 - k_l^2} \qquad k=1,2,3,\cdots,l-1 \tag{5.7.13}$$

式中，$l=N,N-1,\cdots,1$。

解释 公式中的下标 k（或 l）表示第 k（或 l）个系数，这里 FIR 结构和格型结构均各有 N 个系数；(5.7.13)式是一个递推公式，上标（带圆括弧）表示递推序号，从 (N) 开始，然后是 $N-1$，$N-2$，…，2；注意(5.7.12)式 $a_l^{(l)}=k_l$，当递推到上标圆括弧中的数字与下标相同时，格型结构的系数 k_l 刚好与 FIR 的系数 $a_l^{(l)}=a_l$ 相等。下面举例说明。

【例 5.7.1】 将下面三阶 FIR 系统函数 $H_3(z)$ 转换成格型网络，要求画出该 FIR 直接型结构和相应的格型网络结构流图。

$$H_3(z) = 1 - 0.9z^{-1} + 0.64z^{-2} - 0.576z^{-3}$$

解 例题中 $N=3$，按照(5.7.11)式，有

$$a_1^{(3)} = -0.9, \quad a_2^{(3)} = 0.64, \quad a_3^{(3)} = -0.576$$

由(5.7.12)式，得到：

$$k_3 = a_3^{(3)} = -0.576$$

按照(5.7.13)式，递推得到：

$l=3$，$k=1$ 时，

$$a_1^{(2)} = \frac{a_1^{(3)} - k_3 a_2^{(3)}}{1 - k_3^2} = \frac{-0.9 + 0.576 \times 0.64}{1 - (0.576)^2} = -0.795\ 182\ 45$$

$l=3$，$k=2$ 时，

$$a_2^{(2)} = \frac{a_2^{(3)} - k_3 a_1^{(3)}}{1 - k_3^2} = \frac{0.64 - 0.576 \times 0.9}{1 - (0.576)^2} = 0.181\ 974\ 91$$

$$k_2 = a_2^{(2)} = 0.181\ 974\ 91$$

$l=2$，$k=1$ 时，

$$a_1^{(1)} = \frac{a_1^{(2)} - k_2 a_1^{(2)}}{1 - k_2^2} = \frac{-0.795\ 182\ 45 \times (1 - 0.181\ 974\ 91)}{1 - (0.181\ 974\ 91)^2} = -0.672\ 757\ 47$$

$$k_1 = -0.672\ 757\ 47$$

最后按照算出的格型结构的系数，画出三阶 FIR 直接型结构和三级格型网络结构流图如图 5.7.3 所示。

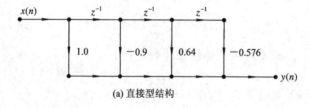

(a) 直接型结构

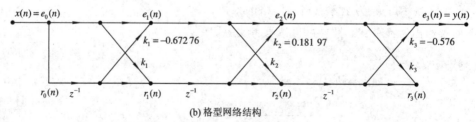

(b) 格型网络结构

图 5.7.3　例 5.7.1 图

略去由全零点格型网络结构转换到 FIR 直接型网络结构的公式，如需要了解该内容，请参考文献[19]。

实际上，调用 MATLAB 函数实现直接型网络结构与格型网络结构之间的相互转换非常容易。tf2latc 实现直接型到格型结构变换，latc2tf 实现格型到直接型结构变换。

K＝tf2latc(hn)：求 FIR 格型结构的系数向量 K＝[k_1，k_2，…，k_N]，hn 为 FIR 滤波器的单位脉冲响应向量，并关于 hn(1)＝h(0) 归一化。应当注意，当 FIR 系统函数在单位圆上有零极点时，可能发生转换错误。

hn＝latc2tf(K) 将 FIR 格型结构转换为 FIR 直接型结构。K 为 FIR 格型结构的系数向量，hn 为 FIR 滤波器的单位脉冲响应向量，即 FIR 直接型结构系数向量。显然，该函数可以用于求格型结构的系统函数的系数。

例 5.7.1 的求解程序如下：

hn＝[1，－0.9，0.64，－0.576]；

K＝tf2latc(hn)

运行结果：

K＝[－0.6728　0.1820　－0.5760]

与上面的递推结果相同。

5.7.2　全极点格型网络结构

全极点 IIR 系统的系统函数用下式表示：

$$H(z) = \frac{1}{1 + \sum_{k=1}^{N} a_k z^{-k}} = \frac{1}{A(z)} \tag{5.7.14}$$

$$A(z) = 1 + \sum_{k=1}^{N} a_k z^{-k} \tag{5.7.15}$$

式中，$A(z)$ 是 FIR 系统，因此全极点 IIR 系统 $H(z)$ 是 FIR 系统 $A(z)$ 的逆系统。下面先介绍如何将 $H(z)$ 变成 $A(z)$。

假设系统的输入和输出分别用 $x(n)$、$y(n)$ 表示，由 (5.7.14) 式得到全极点 IIR 滤波器的差分方程为

$$y(n) = -\sum_{k=1}^{N} a_k y(n-k) + x(n) \tag{5.7.16}$$

如果将 $x(n)$、$y(n)$ 的作用相互交换，差分方程则变成下式：

$$x(n) = -\sum_{k=1}^{N} a_k x(n-k) + y(n)$$

则

$$y(n) = x(n) + \sum_{k=1}^{N} a_k x(n-k) \tag{5.7.17}$$

观察上式，它描述的是具有系统函数 $H(z) = A(z)$ 的 FIR 系统，而 (5.7.16) 式描述的是

$H(z)=1/A(z)$ 的 IIR 系统。按照(5.7.16)式描述的全极点直接型结构如图 5.7.4 所示。

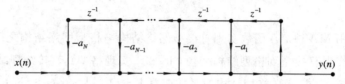

图 5.7.4　全极点 IIR 系统的直接型结构

　　基于上面的事实，我们将 FIR 格型结构通过交换公式中的输入输出作用，形成它的逆系统，即全极点格型 IIR 系统。重新定义输入输出

$$x(n) \overset{\text{def}}{=} e_N(n), \quad y(n) \overset{\text{def}}{=} e_0(n)$$

再将 FIR 格型结构的基本公式(5.7.1)、(5.7.2)重写如下：

$$e_l(n) = e_{l-1}(n) + r_{l-1}(n-1)k_l \tag{5.7.18}$$

$$r_l(n) = e_{l-1}(n)k_l + r_{l-1}(n-1) \tag{5.7.19}$$

由于重新定义了输入输出，将 $e_l(n)$ 按降序运算，$r_l(n)$ 不变，即

$$x(n) = e_N(n) \tag{5.7.20}$$

$$e_{l-1}(n) = e_l(n) - r_{l-1}(n-1)k_l \qquad l = N, N-1, \cdots, 1 \tag{5.7.21}$$

$$r_l(n) = e_{l-1}(n)k_l + r_{l-1}(n-1) \qquad l = N, N-1, \cdots, 1 \tag{5.7.22}$$

$$y(n) = e_0(n) = r_0(n) \tag{5.7.23}$$

按照上面四个方程画出它的结构如图 5.7.5 所示。为了说明这是一个全极点 IIR 系统，令 $N=1$，得到方程为

$$x(n) = e_1(n) \tag{5.7.24}$$

$$e_0(n) = e_1(n) - r_0(n-1)k_l \tag{5.7.25}$$

$$r_1(n) = e_0(n)k_l + r_0(n-1) \tag{5.7.26}$$

$$y(n) = e_0(n) = x(n) - k_1 y(n-1) \tag{5.7.27}$$

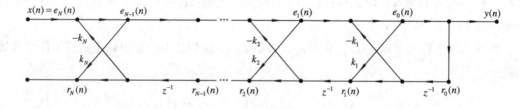

图 5.7.5　全极点 IIR 格型结构

当 $x(n)$ 和 $y(n)$ 分别作为输入和输出时，(5.7.27)式就是一个全极点的差分方程，由(5.7.24)~(5.7.27)式描述的结构就是一阶的单极点格型网络，如图 5.7.6(a)所示。如果 $N=2$，可得到下面方程组：

$$x(n) = e_2(n) \tag{5.7.28}$$

$$e_1(n) = e_2(n) - k_2 r_1(n-1) \tag{5.7.29}$$

$$r_2(n) = k_2 e_1(n) + r_1(n-1) \tag{5.7.30}$$

$$e_0(n) = e_1(n) - k_1 r_0(n-1) \tag{5.7.31}$$

$$r_1(n) = k_1 e_0(n) + r_0(n-1) \tag{5.7.32}$$

$$y(n) = e_0(n) = r_0(n) \tag{5.7.33}$$

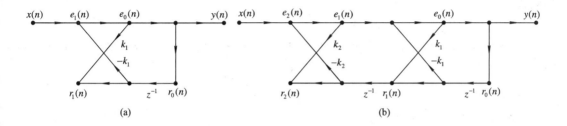

图 5.7.6　单极点和双极点 IIR 格型网络结构

经过化简,得到:

$$y(n) = -k_1(1+k_2)y(n-1) - k_2 y(n-2) + x(n) \tag{5.7.34}$$

$$r_2(n) = k_2 y(n) + k_1(1+k_2)y(n-1) + y(n-2) \tag{5.7.35}$$

显然,(5.7.34)式差分方程表示的就是双极点 IIR 系统。按照上面两式构成的双极点 IIR 格型结构如图 5.7.6(b)所示。

由上面分析知道,全极点网络可以由全零点格型网络形成,这是一个求逆的问题。对比全零点格型结构和全极点结构,可以归纳出下面的一般求逆准则:

(1) 将输入到输出的无延时通路全部反向,并将该通路的常数支路增益变成原常数的倒数(此处为 1);

(2) 将指向这条新通路的各节点的其他节点的支路增益乘以 -1;

(3) 将输入输出交换位置。

调用 MATLAB 转换函数可以实现全极点系统的直接型和格型结构之间的转换。

K = tf2latc(1, A):求 IIR 全极点系统格型结构的系数向量 K,A 为(5.7.14)式给出的 IIR 全极点系统函数的分母多项式 A(z)的系数向量。

具有零点和极点的 IIR 格型网络称为格梯型网络结构,这部分内容请参考文献[18]和[26]的例 7.21。

[K, V] = tf2latc(B, A):求具有零点和极点的 IIR 格型网络系数向量 K,及其梯型网络系数向量 V。应当注意,当 IIR 系统函数在单位圆上有极点时,可能发生转换错误。

[B, A] = latc2tf(K, 'allpole'):将 IIR 全极点系统格型结构转换为直接型结构。K 为 IIR 全极点系统格型结构的系数向量,A 为 IIR 全极点系统系数函数的分母多项式 A(z)的系数向量。显然,该函数可以用于求格型结构的系统函数,这时分子为常数 1,所以 B=1。

[B, A] = latc2tf(K, V):将具有零点和极点的 IIR 格梯型网络结构转换为直接型结构。

例如:

$$A(z) = 1 + \frac{13}{24}z^{-1} + \frac{5}{8}z^{-2} + \frac{1}{3}z^{-3}$$

则求 IIR 全极点系统格型结构系数向量 K 的程序为

A=[1, 13/24, 5/8, 1/3];

K=tf2latc(1, A)

运行结果:

K =[0.2500   0.5000   0.3333]

对上面所求格型结构的系数向量 K,调用 latc2tf 求其对应的格型结构的系统函数的程序如下:

K =[0.2500, 0.5000, 0.3333];

[B, A]=latc2tf(K, 'allpole')

运行结果:

B =[1   0   0   0]

A =[1.0000   0.5417   0.6250   0.3333]

对应的系统函数为

$$H(z) = \frac{B(z)}{A(z)} = \frac{1}{1 + 0.5417z^{-1} + 0.625z^{-2} + 0.3333z^{-3}}$$

下面再推导全极点网络结构的系统函数,将(5.7.21)和(5.7.22)式进行 Z 变换,得到:

$$E_{l-1}(z) = E_l(z) - z^{-1}R_{l-1}(z)k_l \tag{5.7.36}$$

$$R_l(z) = E_{l-1}(z)k_l + z^{-1}R_{l-1}(z) \tag{5.7.37}$$

写成矩阵形式:

$$\begin{bmatrix} E_l(z) \\ R_l(z) \end{bmatrix} = \begin{bmatrix} 1 & z^{-1}k_l \\ k_l & z^{-1} \end{bmatrix} \begin{bmatrix} E_{l-1}(z) \\ R_{l-1}(z) \end{bmatrix} \tag{5.7.38}$$

将 N 个基本单元级联后,得到:

$$X(z) = E_N(z), \quad Y(z) = E_0(z) = R_0(z)$$

$$X(z) = \begin{bmatrix} 1 & 0 \end{bmatrix} \begin{bmatrix} E_N(z) \\ R_N(z) \end{bmatrix} = \begin{bmatrix} 1 & 0 \end{bmatrix} \left\{ \prod_{l=N}^{1} \begin{bmatrix} 1 & z^{-1}k_l \\ k_l & z^{-1} \end{bmatrix} \right\} \begin{bmatrix} 1 \\ 1 \end{bmatrix} Y(z) \tag{5.7.39}$$

$$H(z) = \frac{Y(z)}{X(z)} = \frac{1}{\begin{bmatrix} 1 & 0 \end{bmatrix} \left\{ \prod_{l=N}^{1} \begin{bmatrix} 1 & z^{-1}k_l \\ k_l & z^{-1} \end{bmatrix} \right\} \begin{bmatrix} 1 \\ 1 \end{bmatrix}} \tag{5.7.40}$$

与全零点格型网络的系统函数(5.7.8)式比较,全极点格型网络的系统函数正好是(5.7.8)式的倒数。

全极点格型网络同样存在稳定问题,可以证明稳定的充分必要条件是 $|k_l| \leqslant 1$, $l=1$, 2, $\cdots$, N。

具有零点和极点的 IIR 格型网络称为格梯形网络结构,这部分内容请参考文献[12]。

习题与上机题

1. 已知系统用下面差分方程描述：

$$y(n) = \frac{3}{4}y(n-1) - \frac{1}{8}y(n-2) + x(n) + \frac{1}{3}x(n-1)$$

试分别画出系统的直接型、级联型和并联型结构。式中 $x(n)$ 和 $y(n)$ 分别表示系统的输入和输出信号。

2. 设数字滤波器的差分方程为

$$y(n) = x(n) + x(n-1) + \frac{1}{3}y(n-1) + \frac{1}{4}y(n-2)$$

试画出系统的直接型结构。

3. 设系统的差分方程为

$$y(n) = (a+b)y(n-1) - aby(n-2) + x(n-2) + (a+b)x(n-1) + abx(n)$$

式中，$|a|<1$，$|b|<1$，$x(n)$ 和 $y(n)$ 分别表示系统的输入和输出信号，试画出系统的直接型和级联型结构。

4. 设系统的系统函数为

$$H(z) = 4\,\frac{(1+z^{-1})(1-1.414z^{-1}+z^{-2})}{(1-0.5z^{-1})(1+0.9z^{-1}+0.81z^{-2})}$$

试画出各种可能的级联型结构，并指出哪一种最好。

5. 题 5 图中画出了四个系统，试用各子系统的单位脉冲响应分别表示各总系统的单位脉冲响应，并求其总系统函数。

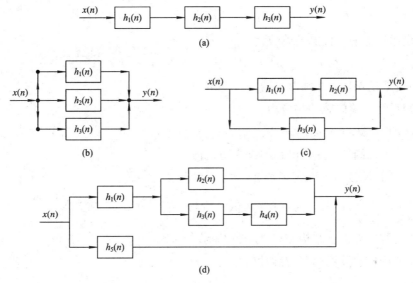

题 5 图

6. 题 6 图中画出了 10 种不同的流图，试分别写出它们的系统函数及差分方程。

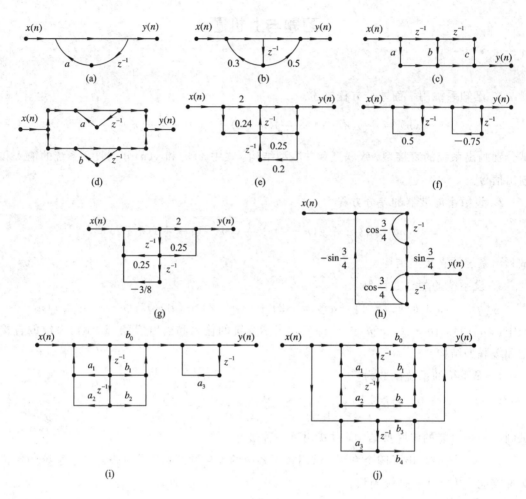

题 6 图

7. 假设滤波器的单位脉冲响应为

$$h(n) = a^n u(n) \qquad 0 < a < 1$$

求出滤波器的系统函数，并画出它的直接型结构。

8. 已知系统的单位脉冲响应为

$$h(n) = \delta(n) + 2\delta(n-1) + 0.3\delta(n-2) + 2.5\delta(n-3) + 0.5\delta(n-5)$$

试写出系统的系统函数，并画出它的直接型结构。

9. 已知 FIR 滤波器的系统函数为

$$H(z) = \frac{1}{10}(1 + 0.9z^{-1} + 2.1z^{-2} + 0.9z^{-3} + z^{-4})$$

试画出该滤波器的直接型结构和线性相位结构。

10. 已知 FIR 滤波器的单位脉冲响应为：

(1) $N = 6$

$$h(0) = h(5) = 15$$

$$h(1) = h(4) = 2$$

$$h(2)=h(3)=3$$

（2）$N=7$

$$h(0)=-h(6)=3$$

$$h(1)=-h(5)=-2$$

$$h(2)=-h(4)=1$$

$$h(3)=0$$

试画出它们的线性相位型结构图，并分别说明它们的幅度特性、相位特性各有什么特点。

11. 已知 FIR 滤波器的 16 个频率采样值为：

$H(0)=12$, $\qquad H(3)\sim H(13)=0$

$H(1)=-3-\mathrm{j}\sqrt{3}$, $\qquad H(14)=1-\mathrm{j}$

$H(2)=1+\mathrm{j}$, $\qquad H(15)=-3+\mathrm{j}\sqrt{3}$

试画出其频率采样结构，选择 $r=1$，可以用复数乘法器。

12. 已知 FIR 滤波器系统函数在单位圆上 16 个等间隔采样点为：

$H(0)=12$ $\qquad H(3)\sim H(13)=0$

$H(1)=-3-\mathrm{j}\sqrt{3}$ $\qquad H(14)=1-\mathrm{j}$

$H(2)=1+\mathrm{j}$ $\qquad H(15)=-3+\mathrm{j}\sqrt{3}$

试画出它的频率采样结构，取修正半径 $r=0.9$，要求用实数乘法器。

13. 已知 FIR 滤波器的单位脉冲响应为

$$h(n)=\delta(n)-\delta(n-1)+\delta(n-4)$$

试用频率采样结构实现该滤波器。设采样点数 $N=5$，要求画出频率采样网络结构，写出滤波器参数的计算公式。

14. 令：

$$H_1(z)=1-0.6z^{-1}-1.414z^{-2}+0.864z^{-3}$$

$$H_2(z)=1-0.98z^{-1}+0.9z^{-2}-0.898z^{-3}$$

$$H_3(z)=H_1(z)/H_2(z)$$

分别画出它们的直接型结构。

15. 写出题 15 图中系统的系统函数和单位脉冲响应。

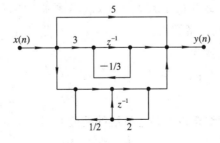

题 15 图

16. 画出题 15 图中系统的转置结构，并验证两者具有相同的系统函数。

17. 用 b_1 和 b_2 确定 a_1、a_2、c_1 和 c_0，使题 17 图中的两个系统等效。

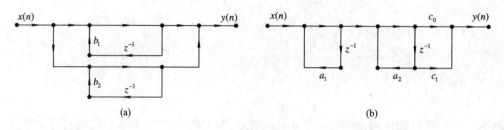

题 17 图

18. 对于题 18 图中的系统，要求：

(1) 确定它的系统函数；

(2) 如果系统参数为

① $b_0 = b_2 = 1$，$b_1 = 2$，$a_1 = 1.5$，$a_2 = -0.9$

② $b_0 = b_2 = 1$，$b_1 = 2$，$a_1 = 1$，$a_2 = -2$

画出系统的零极点分布图，并检验系统的稳定性。

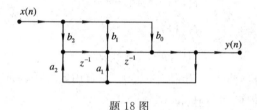

题 18 图

19*. 假设滤波器的系统函数为

$$H(z) = \frac{5 - 2z^{-3} - 3z^{-6}}{1 - z^{-1}}$$

在单位圆上采样六点，选择 $r = 0.95$，试画出它的频率采样结构，并在计算机上用 DFT 求出频率采样结构中的有关系数。

20. 已知 FIR 滤波器的系统函数为：

(1) $H(z) = 1 + 0.8z^{-1} + 0.65z^{-2}$

(2) $H(z) = 1 - 0.6z^{-1} + 0.825z^{-2} - 0.9z^{-3}$

试分别画出它们的直接型结构和格型结构，并求出格型结构的有关参数。

21. 假设 FIR 格型网络结构的参数 $k_1 = -0.08$，$k_2 = 0.217$，$k_3 = 1.0$，$k_4 = 0.5$，求系统的系统函数并画出 FIR 直接型结构。

22. 假设系统的系统函数为

$$H(z) = 1 + 2.88z^{-1} + 3.4048z^{-2} + 1.74z^{-3} + 0.4z^{-4}$$

要求：

(1) 画出系统的直接型结构以及描述系统的差分方程；

(2) 画出相应的格型结构，并求出它的系数；

(3) 判断系统是否为最小相位系统。

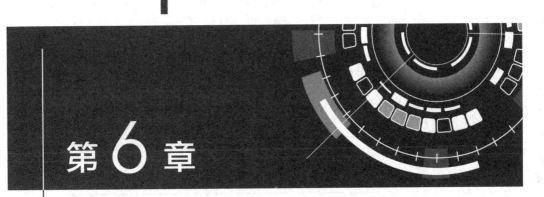

第6章

无限脉冲响应数字滤波器的设计

6.1 数字滤波器的基本概念

所谓数字滤波器，是指输入、输出均为数字信号，通过数值运算处理改变输入信号所含频率成分的相对比例，或者滤除某些频率成分的数字器件或程序。因此，数字滤波的概念和模拟滤波相同，只是信号的形式和实现滤波方法不同。正因为数字滤波通过数值运算实现滤波，所以数字滤波器处理精度高、稳定、体积小、重量轻、灵活、不存在阻抗匹配问题，可以实现模拟滤波器无法实现的特殊滤波功能。如果要处理的是模拟信号，可通过A/DC和D/AC，在信号形式上进行匹配转换，同样可以使用数字滤波器对模拟信号进行滤波。

1. 数字滤波器的分类

按照不同的分类方法，数字滤波器有许多种类，但总起来可以分成两大类：经典滤波器和现代滤波器。经典滤波器的特点是其输入信号中有用的频率成分和希望滤除的频率成分各占有不同的频带，通过一个合适的选频滤波器滤除干扰，得到纯净信号，达到滤波的目的。例如，输入信号 $x(t)$ 中含有干扰，其时域波形和频谱图分别如图 6.1.1(a)、(b)所示，由图可见，信号和干扰的频带互不重叠，可用图 6.1.1(c)所示低通滤波器滤除干扰，得到纯信号，如图 6.1.1(d)所示。

但是，如果信号和干扰的频谱相互重叠，则经典滤波器不能有效地滤除干扰，最大限度地恢复信号，这时就需要现代滤波器，例如维纳滤波器、卡尔曼滤波器、自适应滤波器等最佳滤波器。现代滤波器是根据随机信号的一些统计特性，在某种最佳准则下，最大限度地抑制干扰，同时最大限度地恢复信号，从而达到最佳滤波的目的。本书仅介绍经典滤波器

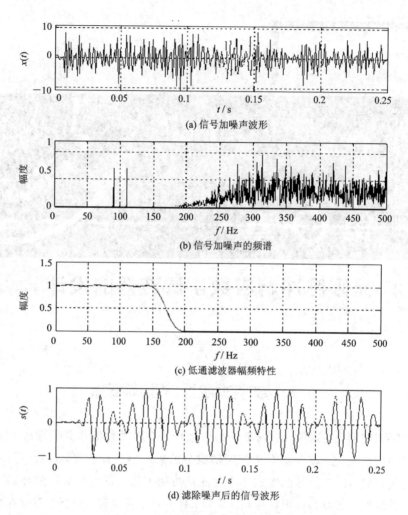

(a) 信号加噪声波形

(b) 信号加噪声的频谱

(c) 低通滤波器幅频特性

(d) 滤除噪声后的信号波形

图 6.1.1 用经典滤波器从噪声中提取信号

的设计分析与实现方法,而现代滤波器属于随机信号处理范畴,已超出本书学习范围。

经典数字滤波器从滤波特性上分类,可以分成低通、高通、带通和带阻等滤波器。它们的理想幅频特性如图 6.1.2 所示。这种理想滤波器是不可能实现的,因为它们的单位脉冲

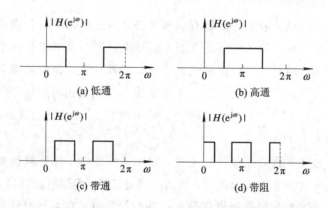

(a) 低通

(b) 高通

(c) 带通

(d) 带阻

图 6.1.2 理想低通、高通、带通和带阻滤波器幅度特性

响应均是非因果且无限长的,我们只能按照某些准则设计滤波器,使之在误差容限内逼近理想滤波器,理想滤波器可作为逼近的标准。另外,需要注意的是,数字滤波器的频率响应函数 $H(e^{j\omega})$ 都是以 2π 为周期的,低通滤波器的通频带中心位于 2π 的整数倍处,而高通滤波器的通频带中心位于 π 的奇数倍处,这一点和模拟滤波器是有区别的。一般在数字频率的主值区 $[-\pi, \pi]$ 描述数字滤波器的频率响应特性。

数字滤波器从实现的网络结构或者从单位脉冲响应长度分类,可以分成无限长单位脉冲响应(IIR)滤波器和有限长单位脉冲响应(FIR)滤波器。它们的系统函数分别为:

$$H(z) = \frac{\sum_{j=0}^{M} b_j z^{-j}}{1 + \sum_{k=1}^{N} a_k z^{-k}} \qquad (6.1.1)$$

$$H(z) = \sum_{n=0}^{N-1} h(n) z^{-n} \qquad (6.1.2)$$

(6.1.1)式中的 $H(z)$ 称为 N 阶 IIR 数字滤波器系统函数;(6.1.2)式中的 $H(z)$ 称为 $N-1$ 阶 FIR 数字滤波器系统函数。这两种数字滤波器的设计方法有很大区别,因此下面分成两章分别进行学习。

根据滤波器对信号的处理作用又将其分为选频滤波器和其他滤波器。上述低通、高通、带通和带阻滤波器均属于选频滤波器,其他滤波器有微分器、希尔伯特变换器、频谱校正等滤波器。

滤波器可用于波形形成、调制解调器、从噪声中提取信号(见图 6.1.1)、信号分离和信道均衡等。所以学习滤波器的设计与实现是必不可少的。运行本书程序集中的绘图程序 fig611b.m 可以清楚地观察用滤波器分离载波频率不同的两路双边带信号的原理。

2. 数字滤波器的技术指标

常用的数字滤波器一般属于选频滤波器。假设数字滤波器的频率响应函数 $H(e^{j\omega})$ 用下式表示:

$$H(e^{j\omega}) = |H(e^{j\omega})| e^{j\theta(\omega)}$$

式中,$|H(e^{j\omega})|$ 称为幅频特性函数;$\theta(\omega)$ 称为相频特性函数。幅频特性表示信号通过该滤波器后各频率成分振幅衰减情况,而相频特性反映各频率成分通过滤波器后在时间上的延时情况。因此,即使两个滤波器幅频特性相同,而相频特性不同,对相同的输入,滤波器输出的信号波形也是不一样的。一般选频滤波器的技术指标由幅频特性给出,对几种典型滤波器(如巴特沃斯滤波器),其相频特性是确定的,所以设计过程中,对相频特性一般不作要求。但如果对输出波形有要求,则需要考虑相频特性的技术指标,例如波形传输、图像信号处理等。本章主要研究针对幅频特性指标的选频滤波器设计。如果对输出波形有严格要求,则需要设计线性相位数字滤波器,这部分内容在第 7 章介绍。

对于图 6.1.2 所示的各种理想滤波器,我们必须设计一个因果可实现的滤波器去近似实现。另外,也要考虑复杂性与成本问题,因此实用中通带和阻带中都允许一定的误差容限,即通带不是完全水平的,阻带不是绝对衰减到零。此外,按照要求,在通带与阻带之间还应设置一定宽度的过渡带。

图 6.1.3 表示低通滤波器的幅频特性，ω_p 和 ω_s 分别称为通带边界频率和阻带截止频率。通带频率范围为 $0 \leqslant |\omega| \leqslant \omega_p$，在通带中要求 $(1-\delta_1) < |H(e^{j\omega})| \leqslant 1$，阻带频率范围为 $\omega_s \leqslant |\omega| \leqslant \pi$，在阻带中要求 $|H(e^{j\omega})| \leqslant \delta_2$。从 ω_p 到 ω_s 称为过渡带，过渡带上的频响一般是单调下降的。通常，通带内和阻带内允许的衰减一般用分贝数表示，通带内允许的最大衰减用 α_p 表示，阻带内允许的最小衰减用 α_s 表示。对低通滤波器，α_p 和 α_s 分别定义为：

$$\alpha_p = 20 \lg \frac{\max |H(e^{j\omega})|}{\min |H(e^{j\omega})|} \text{ dB} \qquad 0 \leqslant |\omega| \leqslant \omega_p \qquad (6.1.3a)$$

$$\alpha_s = 20 \lg \frac{\text{通带中} \max |H(e^{j\omega})|}{\text{阻带中} \max |H(e^{j\omega})|} \text{ dB} \qquad (6.1.4a)$$

显然，α_p 越小，通带波纹越小，通带逼近误差就越小；α_s 越大，阻带波纹越小，阻带逼近误差就越小；ω_p 与 ω_s 间距越小，过渡带就越窄。所以低通滤波器的设计指标完全由通带边界频率 ω_p、通带最大衰减 α_p、阻带边界频率 ω_s 和阻带最小衰减 α_s 确定。

片段常数特性：对于选频型滤波器，一般对通带和阻带内的幅频响应曲线形状没有具体要求，只要求其波纹幅度小于某个常数，通常将这种要求称为"片段常数特性"。所谓片段，是指"通带"和"阻带"，常数是指"通带波纹幅度 δ_1"和"阻带波纹幅度 δ_2"，而通带最大衰减 α_p 和阻带最小衰减 α_s 是与 δ_1 和 δ_2 完全等价的两个常数。片段常数特性概念在选频型滤波器设计中很重要，尤其有助于理解 IIR 数字滤波器的双线性变换设计思想。

对图 6.1.3 所示的单调下降幅频特性，α_p 和 α_s 分别可以表示为

$$\alpha_p = 20 \lg \frac{|H(e^{j0})|}{|H(e^{j\omega_p})|} \text{ dB} \qquad (6.1.3b)$$

$$\alpha_s = 20 \lg \frac{|H(e^{j0})|}{|H(e^{j\omega_s})|} \text{ dB} \qquad (6.1.4b)$$

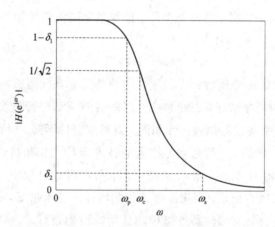

图 6.1.3　低通滤波器的幅频特性指标示意图

如果将 $|H(e^{j0})|$ 归一化为 1，(6.1.3b) 和 (6.1.4b) 式则表示为：

$$\alpha_p = -20 \lg |H(e^{j\omega_p})| \text{ dB} \qquad (6.1.5)$$

$$\alpha_s = -20 \lg |H(e^{j\omega_s})| \text{ dB} \qquad (6.1.6)$$

当幅度下降到 $\sqrt{2}/2$ 时，标记 $\omega=\omega_c$，此时 $\alpha=-20\lg|H(e^{j\omega_c})|=3\ \text{dB}$，称 ω_c 为 3 dB 通带截止频率。ω_p、ω_c 和 ω_s 统称为边界频率，它们是滤波器设计中所涉及的很重要的参数。对其他类型的滤波器，(6.1.3b)式和(6.1.4b)式中的 $H(e^{j0})$ 应改成 $H(e^{j\omega_0})$，ω_0 为滤波器通带中心频率。

3. 数字滤波器设计方法概述

IIR 滤波器和 FIR 滤波器的设计方法完全不同。IIR 滤波器设计方法有间接法和直接法，间接法是借助于模拟滤波器的设计方法进行的。其设计步骤是：先设计过渡模拟滤波器得到系统函数 $H_a(s)$，然后将 $H_a(s)$ 按某种方法转换成数字滤波器的系统函数 $H(z)$。这是因为模拟滤波器的设计方法已经很成熟，不仅有完整的设计公式，还有完善的图表和曲线供查阅；另外，还有一些典型的优良滤波器类型可供我们使用。直接法直接在频域或者时域中设计数字滤波器，由于要解联立方程，设计时需要计算机辅助设计。FIR 滤波器不能采用间接法，常用的设计方法有窗函数法、频率采样法和切比雪夫等波纹逼近法。

对于线性相位滤波器，经常采用 FIR 滤波器。可以证明，FIR 滤波器的单位脉冲响应满足一定条件时，其相位特性在整个频带是严格线性的，这是模拟滤波器无法达到的。当然，也可以采用 IIR 滤波器，但必须使用全通网络对其非线性相位特性进行校正，这样增加了设计与实现的复杂性。

本章只介绍 IIR 滤波器的间接设计方法。为此，我们先介绍模拟低通滤波器的设计，这是因为低通滤波器的设计是设计其他滤波器的基础。模拟高通、带通和带阻滤波器的设计过程是：先将希望设计的各种滤波器的技术指标转换为低通滤波器技术指标，然后设计相应的低通滤波器，最后采用频率转换法将低通滤波器转换成所希望的各种滤波器。

应当说明，滤波器设计公式较多，计算繁杂。但是，在计算机普及的今天，各种设计方法都有现成的设计程序(或设计函数)供我们调用。所以，只要掌握了滤波器基本设计原理，在工程实际中采用计算机辅助设计滤波器是很容易的事。

6.2 模拟滤波器的设计

模拟滤波器的理论和设计方法已发展得相当成熟，且有多种典型的模拟滤波器供我们选择，如巴特沃斯(Butterworth)滤波器、切比雪夫(Chebyshev)滤波器、椭圆(Ellipse)滤波器、贝塞尔(Bessel)滤波器等。这些滤波器都有严格的设计公式、现成的曲线和图表供设计人员使用，而且所设计的系统函数都满足电路实现条件。这些典型的滤波器各有特点：巴特沃斯滤波器具有单调下降的幅频特性；切比雪夫滤波器的幅频特性在通带或者阻带有等波纹特性，可以提高选择性；贝塞尔滤波器通带内有较好的线性相位特性；椭圆滤波器的选择性相对前三种是最好的，但通带和阻带内均呈现等波纹幅频特性，相位特性的非线性也稍严重。设计时，根据具体要求选择滤波器的类型。

选频型模拟滤波器按幅频特性可分成低通、高通、带通和带阻滤波器，它们的理想幅频特性如图 6.2.1 所示。但设计滤波器时，总是先设计低通滤波器，再通过频率变换将低通滤波器转换成希望类型的滤波器。下面先介绍低通滤波器的技术指标和逼近方法，然后分别介绍巴特沃斯滤波器和切比雪夫滤波器的设计方法。椭圆滤波器的设计理论比较复杂，所以只介绍其 MATLAB 设计函数，并举例说明直接调用 MATLAB 函数设计椭圆滤波器的方法。其他滤波器的设计方法请参考文献[9]。

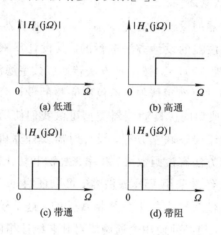

图 6.2.1　各种理想模拟滤波器幅频特性

6.2.1　模拟低通滤波器的设计指标及逼近方法

本书中，分别用 $h_a(t)$、$H_a(s)$、$H_a(j\Omega)$ 表示模拟滤波器的单位冲激响应、系统函数、频率响应函数，三者的关系如下：

$$H_a(s) = \mathrm{LT}[h_a(t)] = \int_{-\infty}^{\infty} h_a(t)\mathrm{e}^{-st}\,\mathrm{d}t$$

$$H_a(j\Omega) = \mathrm{FT}[h_a(t)] = \int_{-\infty}^{\infty} h_a(t)\mathrm{e}^{-j\Omega t}\,\mathrm{d}t$$

可以用 $h_a(t)$、$H_a(s)$、$H_a(j\Omega)$ 中任一个描述模拟滤波器，也可以用线性常系数微分方程描述模拟滤波器。但是设计模拟滤波器时，设计指标一般由幅频响应函数 $|H_a(j\Omega)|$ 给出，而模拟滤波器设计就是根据设计指标，求系统函数 $H_a(s)$。

工程实际中通常用所谓的损耗函数(也称为衰减函数)$A(\Omega)$ 来描述滤波器的幅频响应特性，对归一化幅频响应函数($\max|H_a(j\Omega)|=1$，本书后面都是针对该情况，特别说明的除外)，$A(\Omega)$ 定义如下(其单位是分贝，用 dB 表示)：

$$A(\Omega) = -20\lg|H_a(j\Omega)| = -10\lg|H_a(j\Omega)|^2 \quad \mathrm{dB} \qquad (6.2.1)$$

应当注意，损耗函数 $A(\Omega)$ 和幅频特性函数 $|H(j\Omega)|$ 只是滤波器幅频响应特性的两种描述方法。损耗函数的优点是对幅频响应 $|H_a(j\Omega)|$ 的取值非线性压缩，放大了小的幅度，从而可以同时观察通带和阻带频响特性的变化情况。二者的特点如图 6.2.2 所示。图 6.2.2(a)所示的幅频响应函数完全看不清阻带内取值较小(0.001 以下)的波纹，而图 6.2.2(b)所示的同一个滤波器的损耗函数则能很清楚地显示出阻带 -60 dB 以下的波纹变化曲线。

另外，直接画出的损耗函数曲线图正好与幅频特性曲线形状相反，所以，习惯将 $-A(\Omega)$ 曲线称为损耗函数(本书中也如此称谓)，如图 6.2.2(b)所示。

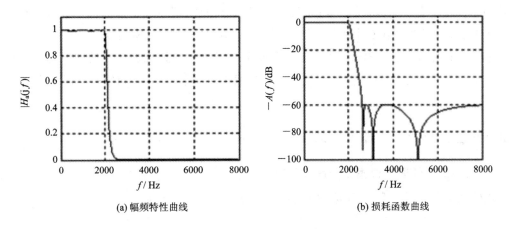

(a) 幅频特性曲线 (b) 损耗函数曲线

图 6.2.2　幅频响应与损耗函数曲线的比较

模拟低通滤波器的设计指标参数有 α_p、Ω_p、α_s 和 Ω_s。其中 Ω_p 和 Ω_s 分别称为通带边界频率和阻带截止频率，α_p 称为通带最大衰减(即通带 $[0,\Omega_p]$ 中允许 $A(\Omega)$ 的最大值)，α_s 称为阻带最小衰减(即阻带 $\Omega \geqslant \Omega_s$ 上允许 $A(\Omega)$ 的最小值)，α_p 和 α_s 的单位为 dB。以上技术指标如图 6.2.3 所示，图(a)以幅频特性描述，图(b)以损耗函数描述。

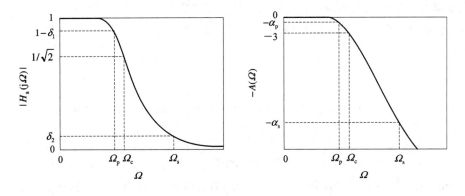

图 6.2.3　模拟低通滤波器的设计指标参数示意图

由图 6.2.3 可见，对于单调下降的幅度特性，α_p 和 α_s 可表示成：

$$\alpha_p = -10 \lg |H_a(j\Omega_p)|^2 \qquad (6.2.2)$$

$$\alpha_s = -10 \lg |H_a(j\Omega_s)|^2 \qquad (6.2.3)$$

因为图 6.2.3 中 $|H_a(j\Omega_c)| = 1/\sqrt{2}$，$-20 \lg |H_a(j\Omega_c)| = 3$ dB，所以 Ω_c 称为 3 dB 截止频率。δ_1 和 δ_2 分别称为通带和阻带波纹幅度，容易得到关系式：

$$\alpha_p = -20 \lg(1-\delta_1) \qquad (6.2.4)$$

$$\alpha_s = -20 \lg \delta_2 \qquad (6.2.5)$$

滤波器的技术指标给定后，需要设计一个系统函数 $H_a(s)$，希望其幅度平方函数 $|H_a(j\Omega)|^2$ 满足给定的指标。一般滤波器的单位冲激响应为实函数，因此

$$| H_a(j\Omega) |^2 = H_a(s) H_a(-s) |_{s=j\Omega} = H_a(j\Omega) H_a^*(j\Omega) \tag{6.2.6}$$

如果能由 α_p、Ω_p、α_s 和 Ω_s 求出 $|H_a(j\Omega)|^2$，那么就可以求出 $H_a(s)H_a(-s)$，由此可求出所需要的 $H_a(s)$。$H_a(s)$ 必须是因果稳定的，因此极点必须落在 s 平面的左半平面，相应的 $H_a(-s)$ 的极点必然落在右半平面。这就是由 $H_a(s)H_a(-s)$ 求所需要的 $H_a(s)$ 的具体原则，即模拟低通滤波器的逼近方法。因此幅度平方函数在模拟滤波器的设计中起着很重要的作用。对于上面介绍的五种典型滤波器，其幅度平方函数都有确知表达式，可以直接引用。

6.2.2 巴特沃斯低通滤波器的设计

1. 巴特沃斯低通模拟滤波器设计原理

巴特沃斯低通滤波器的幅度平方函数 $|H_a(j\Omega)|^2$ 用下式表示：

$$| H_a(j\Omega) |^2 = \frac{1}{1 + \left(\dfrac{\Omega}{\Omega_c}\right)^{2N}} \tag{6.2.7}$$

式中，N 称为滤波器的阶数。当 $\Omega=0$ 时，$|H_a(j\Omega)|=1$；$\Omega=\Omega_c$ 时，$|H_a(j\Omega)|=1/\sqrt{2}$，$\Omega_c$ 是 3 dB 截止频率。在 $\Omega=\Omega_c$ 附近，随 Ω 加大，幅度迅速下降。幅度特性与 Ω 和 N 的关系如图 6.2.4 所示。幅度下降的速度与阶数 N 有关，N 愈大，通带愈平坦，过渡带愈窄，过渡带与阻带幅度下降的速度愈快，总的频响特性与理想低通滤波器的误差愈小。

以 s 替换 $j\Omega$，将幅度平方函数 $|H_a(j\Omega)|^2$ 写成 s 的函数：

$$H_a(s) H_a(-s) = \frac{1}{1 + \left(\dfrac{s}{j\Omega_c}\right)^{2N}} \tag{6.2.8}$$

复变量 $s=\sigma+j\Omega$，此式表明幅度平方函数有 $2N$ 个极点，极点 s_k 用下式表示：

$$s_k = (-1)^{\frac{1}{2N}} (j\Omega_c) = \Omega_c e^{j\pi\left(\frac{1}{2} + \frac{2k+1}{2N}\right)} \tag{6.2.9}$$

式中，$k=0, 1, 2, \cdots, 2N-1$。$2N$ 个极点等间隔分布在半径为 Ω_c 的圆上(该圆称为巴特沃斯圆)，间隔是 π/N rad。例如 $N=3$，极点间隔为 $\pi/3$ rad，如图 6.2.5 所示。

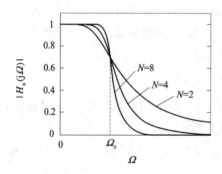

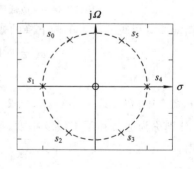

图 6.2.4 巴特沃斯低通滤波器幅度特性与 Ω 和 N 的关系

图 6.2.5 三阶巴特沃斯滤波器极点分布图

为形成因果稳定的滤波器，$2N$ 个极点中只取 s 平面左半平面的 N 个极点构成 $H_a(s)$，而右半平面的 N 个极点构成 $H_a(-s)$。$H_a(s)$ 的表达式为

$$H_a(s) = \frac{\Omega_c^N}{\prod\limits_{k=0}^{N-1}(s - s_k)} \tag{6.2.10}$$

设 $N=3$，极点有 6 个，它们分别为

$$s_0 = \Omega_c e^{j\frac{2}{3}\pi}, \qquad s_1 = -\Omega_c, \qquad s_2 = \Omega_c e^{-j\frac{2}{3}\pi}$$

$$s_3 = \Omega_c e^{-j\frac{1}{3}\pi}, \qquad s_4 = \Omega_c, \qquad s_5 = \Omega_c e^{j\frac{1}{3}\pi}$$

取 s 平面左半平面的极点 s_0、s_1、s_2 组成系统函数 $H_a(s)$，即

$$H_a(s) = \frac{\Omega_c^3}{(s+\Omega_c)(s - \Omega_c e^{j\frac{2}{3}\pi})(s - \Omega_c e^{-j\frac{2}{3}\pi})}$$

由于不同的技术指标对应的边界频率和滤波器幅频特性不同，为使设计公式和图表统一，将频率归一化。巴特沃斯滤波器采用对 3 dB 截止频率 Ω_c 归一化，归一化后的系统函数为

$$G_a\left(\frac{s}{\Omega_c}\right) = \frac{1}{\prod\limits_{k=0}^{N-1}\left(\dfrac{s}{\Omega_c} - \dfrac{s_k}{\Omega_c}\right)} \tag{6.2.11}$$

令 $p = \eta + j\lambda = s/\Omega_c$，$\lambda = \Omega/\Omega_c$，$\lambda$ 称为归一化频率，p 称为归一化复变量，这样巴特沃斯滤波器的归一化低通原型系统函数为

$$G_a(p) = \frac{1}{\prod\limits_{k=0}^{N-1}(p - p_k)} \tag{6.2.12}$$

式中，$p_k = s_k/\Omega_c$，为归一化极点，用下式表示：

$$p_k = e^{j\pi\left(\frac{1}{2} + \frac{2k+1}{2N}\right)} \qquad k = 0, 1, \cdots, N-1 \tag{6.2.13}$$

显然，

$$s_k = \Omega_c p_k \tag{6.2.14}$$

这样，只要根据技术指标求出阶数 N，按照 (6.2.13) 式求出 N 个极点，再按照 (6.2.12) 式得到归一化低通原型系统函数 $G_a(p)$，如果给定 Ω_c，再去归一化，即将 $p = s/\Omega_c$ 代入 $G_a(p)$ 中（或由 (6.2.14) 式求出 $s_k = \Omega_c p_k$），便得到期望设计的系统函数 $H_a(s)$。

将极点表示式 (6.2.13) 代入 (6.2.12) 式，得到 $G_a(p)$ 的分母是 p 的 N 阶多项式，用下式表示：

$$G_a(p) = \frac{1}{p^N + b_{N-1}p^{N-1} + b_{N-2}p^{N-2} + \cdots + b_1 p + b_0} \tag{6.2.15}$$

归一化原型系统函数 $G_a(p)$ 的系数 b_k，$k = 0, 1, \cdots, N-1$，以及极点 p_k，可以由表 6.2.1 得到。另外，表中还给出了 $G_a(p)$ 的因式分解形式中的各系数，这样只要求出阶数 N，查表可得到 $G_a(p)$ 及各极点，而且可以选择级联型和直接型结构的系统函数表示形式，避免了因式分解运算工作。

表 6.2.1　巴特沃斯归一化低通滤波器参数

极点位置 阶数 N	$P_{0, N-1}$	$P_{1, N-2}$	$P_{2, N-3}$	$P_{3, N-4}$	P_4
1	-1.0000				
2	$-0.7071\pm j0.7071$				
3	$-0.5000\pm j0.8660$	-1.0000			
4	$-0.3827\pm j0.9239$	$-0.9239\pm j0.3827$			
5	$-0.3090\pm j0.9511$	$-0.8090\pm j0.5878$	-1.0000		
6	$-0.2588\pm j0.9659$	$-0.7071\pm j0.7071$	$-0.9659\pm j0.2588$		
7	$-0.2225\pm j0.9749$	$-0.6235\pm j0.7818$	$-0.9091\pm j0.4339$	-1.0000	
8	$-0.1951\pm j0.9808$	$-0.5556\pm j0.8315$	$-0.8315\pm j0.5556$	$-0.9808\pm j0.1951$	
9	$-0.1736\pm j0.9848$	$-0.5000\pm j0.8660$	$-0.7660\pm j0.6428$	$-0.9397\pm j0.3420$	-1.0000

分母多项式 阶数 N	$B(p)=p^N+b_{N-1}p^{N-1}+b_{N-2}p^{N-2}+\cdots+b_1 p+b_0$								
	b_0	b_1	b_2	b_3	b_4	b_5	b_6	b_7	b_8
1	1.0000								
2	1.0000	1.4142							
3	1.0000	2.0000	2.0000						
4	1.0000	2.6131	3.4142	2.613					
5	1.0000	3.2361	5.2361	5.2361	3.2361				
6	1.0000	3.8637	7.4641	9.1416	7.4641	3.8637			
7	1.0000	4.4940	10.0978	14.5918	14.5918	10.0978	4.4940		
8	1.0000	5.1258	13.1371	21.8462	25.6884	21.8642	13.1371	5.1258	
9	1.0000	5.7588	16.5817	31.1634	41.9864	41.9864	31.1634	16.5817	5.7588

分母因子 阶数 N	$B(p)=B_1(p)B_2(p)\cdots B_{\lfloor N/2\rfloor}(p)$　　　$\left\lfloor\dfrac{N}{2}\right\rfloor$ 表示取大于等于 $\dfrac{N}{2}$ 的最小整数
1	$(p+1)$
2	$(p^2+1.4142p+1)$
3	$(p^2+p+1)(p+1)$
4	$(p^2+0.7654p+1)(p^2+1.8478p+1)$
5	$(p^2+0.6180p+1)(p^2+1.6180p+1)(p+1)$
6	$(p^2+0.5176p+1)(p^2+1.4142p+1)(p^2+1.9319p+1)$
7	$(p^2+0.4450p+1)(p^2+1.2470p+1)(p^2+1.8019p+1)(p+1)$
8	$(p^2+0.3902p+1)(p^2+1.1111p+1)(p^2+1.6629p+1)(p^2+1.9616p+1)$
9	$(p^2+0.3473p+1)(p^2+p+1)(p^2+1.5321p+1)(p^2+1.8974p+1)(p+1)$

数字信号处理（第五版）

由(6.2.9)式和(6.2.10)式可知,只要求出巴特沃斯滤波器的阶数 N 和 3 dB 截止频率 Ω_c,就可以求出滤波器的系统函数 $H_a(s)$。所以,巴特沃斯滤波器的设计实质上就是根据设计指标求阶数 N 和 3 dB 截止频率 Ω_c 的过程。下面先介绍阶数 N 的确定方法。

阶数 N 的大小主要影响通带幅频特性的平坦程度和过渡带、阻带的幅度下降速度,它由技术指标 Ω_p、α_p、Ω_s 和 α_s 确定。将 $\Omega = \Omega_p$ 代入幅度平方函数(6.2.7)式中,再将幅度平方函数 $|H_a(j\Omega)|^2$ 代入(6.2.2)式,得到:

$$1 + \left(\frac{\Omega_p}{\Omega_c}\right)^{2N} = 10^{\alpha_p/10} \tag{6.2.16}$$

将 $\Omega = \Omega_s$ 代入(6.2.7)式中,再将 $|H_a(j\Omega)|^2$ 代入(6.2.3)式中,得到:

$$1 + \left(\frac{\Omega_s}{\Omega_c}\right)^{2N} = 10^{\alpha_s/10} \tag{6.2.17}$$

由(6.2.16)和(6.2.17)式得到:

$$\left(\frac{\Omega_s}{\Omega_p}\right)^N = \sqrt{\frac{10^{\alpha_s/10} - 1}{10^{\alpha_p/10} - 1}}$$

令

$$\lambda_{sp} = \frac{\Omega_s}{\Omega_p} \tag{6.2.18a}$$

$$k_{sp} = \sqrt{\frac{10^{\alpha_s/10} - 1}{10^{\alpha_p/10} - 1}} \tag{6.2.18b}$$

则 N 由下式表示:

$$N = \frac{\lg k_{sp}}{\lg \lambda_{sp}} \tag{6.2.18c}$$

用上式求出的 N 可能有小数部分,应取大于或等于 N 的最小整数。关于 3 dB 截止频率 Ω_c,如果技术指标中没有给出,可以按照(6.2.16)式或(6.2.17)式求出。由(6.2.16)式得到:

$$\Omega_c = \Omega_p (10^{0.1\alpha_p} - 1)^{-\frac{1}{2N}} \tag{6.2.19}$$

由(6.2.17)式得到:

$$\Omega_c = \Omega_s (10^{0.1\alpha_s} - 1)^{-\frac{1}{2N}} \tag{6.2.20}$$

请注意,如果采用(6.2.19)式确定 Ω_c,则通带指标刚好满足要求,阻带指标有富余;如果采用(6.2.20)式确定 Ω_c,则阻带指标刚好满足要求,通带指标有富余。

总结以上,低通巴特沃斯滤波器的设计步骤如下:

(1) 根据技术指标 Ω_p、α_p、Ω_s 和 α_s,用(6.2.18)式求出滤波器的阶数 N。

(2) 按照(6.2.13)式,求出归一化极点 p_k,将 p_k 代入(6.2.12)式,得到归一化低通原型系统函数 $G_a(p)$。也可以根据阶数 N 直接查表 6.2.1 得到 p_k 和 $G_a(p)$。

(3) 将 $G_a(p)$ 去归一化。将 $p = s/\Omega_c$ 代入 $G_a(p)$,得到实际的滤波器系统函数

$$H_a(s) = G(p) \Big|_{p = \frac{s}{\Omega_c}}$$

这里 Ω_c 为 3 dB 截止频率，如果技术指标没有给出 Ω_c，可以按照(6.2.19)式或(6.2.20)式求出。

【例 6.2.1】 已知通带截止频率 $f_p = 5$ kHz，通带最大衰减 $\alpha_p = 2$ dB，阻带截止频率 $f_s = 12$ kHz，阻带最小衰减 $\alpha_s = 30$ dB，按照以上技术指标设计巴特沃斯低通滤波器。

解 (1) 确定阶数 N。

$$k_{sp} = \sqrt{\frac{10^{0.1\alpha_s} - 1}{10^{0.1\alpha_p} - 1}} = 41.3223$$

$$\lambda_{sp} = \frac{2\pi f_s}{2\pi f_p} = 2.4$$

$$N = \frac{\lg 41.3223}{\lg 2.4} = 4.25, \text{ 取 } N = 5$$

(2) 按照(6.2.13)式，其极点为

$$p_0 = e^{j\frac{3}{5}\pi}, \qquad p_1 = e^{j\frac{4}{5}\pi}, \qquad p_2 = e^{j\pi}$$

$$p_3 = e^{j\frac{6}{5}\pi}, \qquad p_4 = e^{j\frac{7}{5}\pi}$$

按照(6.2.12)式，归一化低通原型系统函数为

$$G_a(p) = \frac{1}{\prod\limits_{k=0}^{4}(p - p_k)}$$

上式分母可以展开成五阶多项式，或者将共轭极点放在一起，形成因式分解式。这里不如直接查表 6.2.1 简单，由 $N = 5$ 直接查表得到：

极点：
$$-0.3090 \pm j0.9511, \ -0.8090 \pm j0.5878, \ -1.0000$$

归一化低通原型系统函数为

$$G_a(p) = \frac{1}{p^5 + b_4 p^4 + b_3 p^3 + b_2 p^2 + b_1 p + b_0}$$

式中，$b_0 = 1.0000$，$b_1 = 3.2361$，$b_2 = 5.2361$，$b_3 = 5.2361$，$b_4 = 3.2361$。

分母因式分解形式为

$$G_a(p) = \frac{1}{(p^2 + 0.6180p + 1)(p^2 + 1.6180p + 1)(p + 1)}$$

以上公式中的数据均取小数点后四位。

(3) 为将 $G_a(p)$ 去归一化，先求 3 dB 截止频率 Ω_c。按照(6.2.19)式，得到：

$$\Omega_c = \Omega_p (10^{0.1\alpha_p} - 1)^{-\frac{1}{2N}} = 2\pi \times 5.2755 \text{ krad/s}$$

将 Ω_c 代入(6.2.20)式，得到：

$$\Omega_s' = \Omega_c (10^{0.1\alpha_s} - 1)^{\frac{1}{2N}} = 2\pi \times 10.525 \text{ krad/s}$$

此时算出的 Ω_s' 比题目中给的 Ω_s 小，因此，过渡带小于指标要求。或者说，在 $\Omega_s = 2\pi \times 12$ krad/s 时衰减大于 30 dB，所以说阻带指标有富余量。

将 $p = s/\Omega_c$ 代入 $G_a(p)$ 中，得到：

$$H_a(s) = \frac{\Omega_c^5}{s^5 + b_4\Omega_c s^4 + b_3\Omega_c^2 s^3 + b_2\Omega_c^3 s^2 + b_1\Omega_c^4 s + b_0\Omega_c^5}$$

2. 用 MATLAB 工具箱函数设计巴特沃斯滤波器

MATLAB 信号处理工具箱函数 buttap，buttord 和 butter 是巴特沃斯滤波器设计函数。其 5 种调用格式如下。

• [Z, P, K]=buttap(N)

该格式用于计算 N 阶巴特沃斯归一化(3 dB 截止频率 Ω_c=1)模拟低通原型滤波器系统函数的零、极点和增益因子。返回长度为 N 的列向量 Z 和 P，分别给出 N 个零点和极点的位置，K 表示滤波器增益。得到的系统函数为如下形式：

$$G_a(p) = K \frac{(p-Z(1))(p-Z(2))\cdots(p-Z(N))}{(p-P(1))(p-P(2))\cdots(p-P(N))} \tag{6.2.21}$$

式中，Z(k)和 P(k)分别为向量 Z 和 P 的第 k 个元素。如果要从计算得到的零、极点得到系统函数的分子和分母多项式系数向量 B 和 A，可以调用结构转换函数[B, A]=zp2tf(Z, P, K)。

• [N, wc]= buttord(wp, ws, Rp, As)

该格式用于计算巴特沃斯数字滤波器的阶数 N 和 3 dB 截止频率 wc。调用参数 wp 和 ws 分别为数字滤波器的通带边界频率和阻带边界频率的归一化值，要求 0≤wp≤1, 0≤ws≤1，1 表示数字频率 π(对应模拟频率 $F_s/2$, F_s 表示采样频率)。Rp 和 As 分别为通带最大衰减和阻带最小衰减(dB)。当 ws≤wp 时，为高通滤波器；当 wp 和 ws 为二元矢量时，为带通或带阻滤波器，这时 wc 也是二元向量。N 和 wc 作为 butter 函数的调用参数。

• [N, wc]= buttord(wp, ws, Rp, As, 's')

该格式用于计算巴特沃斯模拟滤波器的阶数 N 和 3 dB 截止频率 wc。wp、ws 和 wc 是实际模拟角频率(rad/s)。其他参数与格式 2)相同。

• [B, A]=butter(N, wc, 'ftype')

计算 N 阶巴特沃斯数字滤波器系统函数分子和分母多项式的系数向量 B 和 A。调用参数 N 和 wc 分别为巴特沃斯数字滤波器的阶数和 3 dB 截止频率的归一化值(关于 π 归一化)，一般按格式 2)调用函数 buttord 计算 N 和 wc。由系数向量 B 和 A 可以写出数字滤波器系统函数：

$$H(z) = \frac{B(z)}{A(z)} = \frac{B(1)+B(2)z^{-1}+\cdots+B(N)z^{-(N-1)}+B(N+1)z^{-N}}{A(1)+A(2)z^{-1}+\cdots+A(N)z^{-(N-1)}+A(N+1)z^{-N}} \tag{6.2.22}$$

式中，B(k)和 A(k)分别为向量 B 和 A 的第 k 个元素。

• [B, A]=butter(N, wc, 'ftype', 's')

计算巴特沃斯模拟滤波器系统函数的分子和分母多项式的系数向量 B 和 A。调用参数 N 和 wc 分别为巴特沃斯模拟滤波器的阶数和 3 dB 截止频率(实际角频率)。由系数向量 B 和 A 写出模拟滤波器的系统函数为

$$H_a(s) = \frac{B(s)}{A(s)} = \frac{B(1)s^N+B(2)s^{N-1}+\cdots+B(N)s+B(N+1)}{A(1)s^N+A(2)s^{N-1}+\cdots+A(N)s+A(N+1)} \tag{6.2.23}$$

由于高通滤波器和低通滤波器都只有一个 3 dB 截止频率 wc，因此仅由调用参数 wc 不

能区别要设计的是高通还是低通滤波器。当然仅由二维向量 wc 也不能区分带通和带阻。所以用参数 ftype 来区分。ftype＝high 时，设计 3 dB 截止频率为 wc 的高通滤波器。缺省 ftype 时默认设计低通滤波器。ftype＝stop 时，设计 3 dB 截止频率为 wc 的带阻滤波器，此时 wc 为二元向量[wcl，wcu]，wcl 和 wcu 分别为带阻滤波器的通带 3 dB 下截止频率和上截止频率。缺省 ftype 时设计带通滤波器，通带为频率区间 wcl＜ω＜wcu。应当注意，设计的带通和带阻滤波器系统函数是 2N 阶的。这是因为带通滤波器相当于 N 阶低通滤波器与 N 阶高通滤波器级联。

(6.2.21)、(6.2.22)和(6.2.23)式也适用于后面要介绍的切比雪夫和椭圆滤波器的 MATLAB 设计函数。

【例 6.2.2】 调用 buttord 和 butter 设计巴特沃斯低通模拟滤波器。要求与例 6.2.1 相同。

设计程序 ep622.m 如下：

```
wp＝2 * pi * 5000；ws＝2 * pi * 12000；Rp＝2；As＝30；%设置滤波器参数
[N，wc]＝buttord(wp，ws，Rp，As，'s')；        %计算滤波器阶数 N 和 3 dB 截止频率 wc
[B，A]＝butter(N，wc，'s')；                  %计算滤波器系统函数分子分母多项式系数
k＝0:511；fk＝0:14000/512:14000；wk＝2 * pi * fk；
Hk＝freqs(B，A，wk)；
subplot(2，2，1)；
plot(fk/1000，20 * log10(abs(Hk)))；grid on
xlabel('频率(kHz)')；ylabel('幅度(dB)')
axis([0，14，-40，5])
```

运行结果：

N＝5，wc＝3.7792e＋004，B＝7.7094e＋022

A ＝[1 1.2230e＋005 7.4785e＋009 2.8263e＋014 6.6014e＋018 7.7094e＋022]

将 B 和 A 代入(6.2.23)式写出系统函数为

$$H_a(s)=\frac{B}{s^5+A(2)s^4+A(3)s^3+A(4)s^2+A(5)s+A(6)}$$

与例 6.2.1 计算结果形式相同。滤波器的损耗函数曲线如图 6.2.6 所示。

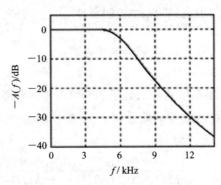

图 6.2.6 程序 ep622.m 运行输出的损耗函数(例 6.2.1 的设计结果)

由图可以看出，在 $f_s = 12$ kHz 时，衰减 30 dB，即阻带刚好满足指标要求，通带指标有富余。这就说明 buttord 函数使用(6.2.20)式计算 3 dB 截止频率。

6.2.3 切比雪夫滤波器的设计

1. 切比雪夫滤波器的设计原理

巴特沃斯滤波器的频率特性曲线，无论在通带还是阻带都是频率的单调减函数。因此，当通带边界处满足指标要求时，通带内肯定会有较大富余量。因此，更有效的设计方法应该是将逼近精确度均匀地分布在整个通带内，或者均匀分布在整个阻带内，或者同时均匀分布在两者之内。这样，就可以使滤波器阶数大大降低。这可通过选择具有等波纹特性的逼近函数来达到。

切比雪夫滤波器的幅频特性就具有这种等波纹特性。它有两种形式：幅频特性在通带内是等波纹的、在阻带内是单调下降的切比雪夫 I 型滤波器；幅频特性在通带内是单调下降、在阻带内是等波纹的切比雪夫 II 型滤波器。采用何种形式的切比雪夫滤波器取决于实际用途。图 6.2.7(a)和(b)分别画出不同阶数的切比雪夫 I 型和 II 型滤波器幅频特性。

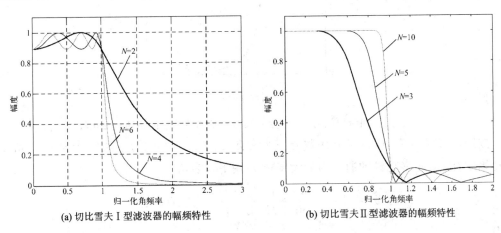

(a) 切比雪夫 I 型滤波器的幅频特性　　　　(b) 切比雪夫 II 型滤波器的幅频特性

图 6.2.7　不同阶数的切比雪夫 I 型和 II 型滤波器幅频特性

我们这里仅介绍切比雪夫 I 型滤波器的设计方法。其幅度平方函数用 $|H_a(j\Omega)|^2$ 表示：

$$|H_a(j\Omega)|^2 = \frac{1}{1 + \varepsilon^2 C_N^2\left(\dfrac{\Omega}{\Omega_p}\right)} \tag{6.2.24}$$

式中，ε 为小于 1 的正数，表示通带内幅度波动的程度，ε 愈大，波动幅度也愈大；Ω_p 称为通带截止频率。令 $\lambda = \Omega/\Omega_p$，称为对 Ω_p 的归一化频率。$C_N(x)$ 称为 N 阶切比雪夫多项式，定义为

$$C_N(x) = \begin{cases} \cos(N\arccos x) & |x| \leqslant 1 \\ \mathrm{ch}(N\mathrm{arch}\, x) & |x| \geqslant 1 \end{cases}$$

当 $N=0$ 时，$C_0(x)=1$；当 $N=1$ 时，$C_1(x)=x$；当 $N=2$ 时，$C_2(x)=2x^2-1$；当 $N=3$ 时，$C_3(x)=4x^3-3x$。由此可归纳出高阶切比雪夫多项式的递推公式为

$$C_{N+1}(x) = 2xC_N(x) - C_{N-1}(x) \tag{6.2.25}$$

切比雪夫多项式的特性：

（1）切比雪夫多项式的过零点在$|x| \leqslant 1$的范围内；

（2）当$|x| < 1$时，$|C_N(x)| \leqslant 1$，在$|x| < 1$范围内具有等波纹性；

（3）当$|x| > 1$时，$C_N(x)$是双曲线函数，随x单调上升。

这样，当$|x| \leqslant 1$时，$\varepsilon^2 C_N^2(x)$在0至ε^2之间波动，函数$1 + \varepsilon^2 C_N^2(x)$的倒数即是幅度平方函数$|H_a(j\Omega)|^2$。所以$|H_a(j\Omega)|^2$在$[0, \Omega_p]$上有等波纹波动，最大值为1，最小值为$1/(1+\varepsilon^2)$。当$\Omega > \Omega_p$时，$|H_a(j\Omega)|^2$随$\Omega$加大很快接近于零。图6.2.8分别画出了四阶切比雪夫 I 型和巴特沃斯低通滤波器的幅频特性，显然，切比雪夫滤波器比巴特沃斯滤波器有较窄的过渡带。

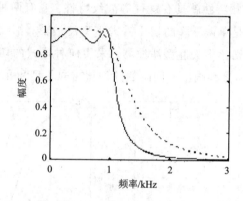

图 6.2.8　四阶切比雪夫 I 型和巴特沃斯低通滤波器的幅频特性比较

按照(6.2.24)式，幅度平方函数与三个参数(ε、Ω_p、N)有关。其中ε与通带内允许的波动幅度有关，定义允许的通带内最大衰减α_p用下式表示：

$$\alpha_p = 10\lg \frac{\max|H_a(j\Omega)|^2}{\min|H_a(j\Omega)|^2} \qquad |\Omega| \leqslant \Omega_p$$

式中

$$\max|H_a(j\Omega)|^2 = 1, \ \min|H_a(j\Omega)|^2 = \frac{1}{1+\varepsilon^2}$$

因此

$$\alpha_p = 10\lg(1+\varepsilon^2) \tag{6.2.26}$$

$$\varepsilon^2 = 10^{0.1\alpha_p} - 1 \tag{6.2.27}$$

这样，根据通带内最大衰减α_p，可以求出参数ε。阶数N影响过渡带的宽度，同时也影响通带内波动的疏密，因为N等于通带内最大值与最小值的总个数。设阻带的起始点频率(阻带截止频率)用Ω_s表示，在Ω_s处的$|H_a(j\Omega)|^2$用(6.2.24)式确定：

$$|H_a(j\Omega_s)|^2 = \frac{1}{1+\varepsilon^2 C_N^2\left(\dfrac{\Omega_s}{\Omega_p}\right)} \tag{6.2.28}$$

令$\lambda_s = \Omega_s/\Omega_p$，由$\lambda_s > 1$，有

$$C_N(\lambda_s) = \mathrm{ch}(N\,\mathrm{arch}\lambda_s) = \frac{1}{\varepsilon}\sqrt{\frac{1}{\mid H_a(\mathrm{j}\Omega_s)\mid^2}-1}$$

可以解出

$$N = \frac{\mathrm{arch}\left[\dfrac{1}{\varepsilon}\sqrt{\dfrac{1}{\mid H_a(\mathrm{j}\Omega_s)\mid^2}-1}\right]}{\mathrm{arch}(\lambda_s)} \tag{6.2.29}$$

$$\Omega_s = \Omega_p\,\mathrm{ch}\left\{\frac{1}{N}\mathrm{arch}\left[\frac{1}{\varepsilon}\sqrt{\frac{1}{\mid H_a(\mathrm{j}\Omega_s)\mid^2}-1}\right]\right\} \tag{6.2.30}$$

3 dB 截止频率用 Ω_c 表示，

$$\mid H_a(\mathrm{j}\Omega_c)\mid^2 = \frac{1}{2}$$

按照(6.2.24)式，有

$$\varepsilon^2 C_N^2(\lambda_c) = 1,\ \lambda_c = \frac{\Omega_c}{\Omega_p}$$

通常取 $\lambda_c > 1$，因此

$$C_N(\lambda_c) = \pm\frac{1}{\varepsilon} = \mathrm{ch}(N\,\mathrm{arch}\lambda_c)$$

上式中仅取正号，得到 3 dB 截止频率计算公式：

$$\Omega_c = \Omega_p\,\mathrm{ch}\left(\frac{1}{N}\mathrm{arch}\frac{1}{\varepsilon}\right) \tag{6.2.31}$$

Ω_p 通常是设计指标给定的，由(6.2.27)和(6.2.29)式求出 ε 和 N 后，可以求出滤波器的极点，并确定归一化系统函数 $G_a(p)$，$p=s/\Omega_p$。下面略去繁杂的求解过程，仅介绍一些有用的结论。

设 $H_a(s)$ 的极点为 $s_i=\sigma_i+\mathrm{j}\Omega_i$，可以证明：

$$\left.\begin{array}{l}\sigma_i = -\Omega_p\,\mathrm{sh}\xi\sin\dfrac{2i-1}{2N}\pi \\[2mm] \Omega_i = \Omega_p\,\mathrm{ch}\xi\cos\dfrac{2i-1}{2N}\pi\end{array}\right\} \quad i=1,2,3,\cdots,N \tag{6.2.32}$$

式中

$$\xi = \frac{1}{N}\mathrm{arsh}\frac{1}{\varepsilon} \tag{6.2.33}$$

$$\frac{\sigma_i^2}{\Omega_p^2\,\mathrm{sh}^2\xi} + \frac{\Omega_i^2}{\Omega_p^2\,\mathrm{ch}^2\xi} = 1 \tag{6.2.34}$$

(6.2.33)式是一个椭圆方程，长半轴为 $\Omega_p\,\mathrm{ch}\xi$(在虚轴上)，短半轴为 $\Omega_p\,\mathrm{sh}\xi$(在实轴上)。令 $b\Omega_p$ 和 $a\Omega_p$ 分别表示长半轴和短半轴，可推导出：

$$a = \frac{1}{2}(\beta^{\frac{1}{N}} - \beta^{-\frac{1}{N}}) \tag{6.2.35}$$

$$b = \frac{1}{2}(\beta^{\frac{1}{N}} + \beta^{-\frac{1}{N}}) \tag{6.2.36}$$

式中

$$\beta = \frac{1}{\varepsilon} + \sqrt{\frac{1}{\varepsilon^2} + 1} \qquad (6.2.37)$$

因此切比雪夫滤波器的极点就是一组分布在 $b\Omega_p$ 为长半轴、$a\Omega_p$ 为短半轴的椭圆上的点。为因果稳定，用左半平面的极点构成 $G_a(p)$，即

$$G_a(p) = \frac{1}{c \prod_{i=1}^{N}(p - p_i)} \qquad (6.2.38)$$

式中，c 是待定系数。根据幅度平方函数(6.2.24)式可导出：$c = \varepsilon \cdot 2^{N-1}$，代入(6.2.38)式，得到归一化的系统函数为

$$G_a(p) = \frac{1}{\varepsilon 2^{N-1} \prod_{i=1}^{N}(p - p_i)} \qquad (6.2.39)$$

去归一化后的系统函数为

$$H_a(s) = G_a(p) \Big|_{p=\frac{s}{\Omega_p}} = \frac{\Omega_p^N}{\varepsilon \cdot 2^{N-1} \prod_{i=1}^{N}(s - p_i\Omega_p)} \qquad (6.2.40)$$

按照以上分析，归纳出切比雪夫 I 型滤波器设计步骤：

（1）确定技术指标参数 α_p、Ω_p、α_s 和 Ω_s。α_p 是 $\Omega = \Omega_p$ 时的衰减，α_s 是 $\Omega = \Omega_s$ 时的衰减，它们满足

$$\alpha_p = 10 \lg \frac{1}{|H_a(j\Omega_p)|^2} \qquad (6.2.41)$$

$$\alpha_s = 10 \lg \frac{1}{|H_a(j\Omega_s)|^2} \qquad (6.2.42)$$

这里 α_p 就是前面定义的通带最大衰减，见(6.2.26)式。

（2）求滤波器阶数 N 和参数 ε。归一化边界频率为 $\lambda_p = 1$，$\lambda_s = \Omega_s/\Omega_p$。由(6.2.24)式得到：

$$\frac{1}{|H_a(j\Omega_p)|^2} = 1 + \varepsilon^2 C_N(\lambda_p)$$

$$\frac{1}{|H_a(j\Omega_s)|^2} = 1 + \varepsilon^2 C_N(\lambda_s)$$

将以上两式代入(6.2.41)和(6.2.42)式，得到：

$$10^{0.1\alpha_p} = 1 + \varepsilon^2 C_N(\lambda_p) = 1 + \varepsilon^2 \cos^2(N \arccos 1) = 1 + \varepsilon^2$$

$$10^{0.1\alpha_s} = 1 + \varepsilon^2 C_N(\lambda_s) = 1 + \varepsilon^2 \mathrm{ch}^2(N \mathrm{arch}\lambda_s)$$

$$\frac{10^{0.1\alpha_s} - 1}{10^{0.1\alpha_p} - 1} = \mathrm{ch}^2(N \mathrm{arch}\lambda_s)$$

令

$$k_1^{-1} = \sqrt{\frac{10^{0.1\alpha_s} - 1}{10^{0.1\alpha_p} - 1}} \qquad (6.2.43)$$

则 $\mathrm{ch}[N\mathrm{arch}\lambda_s] = k_1^{-1}$，因此

$$N = \frac{\text{arch}k_1^{-1}}{\text{arch}\lambda_s} \qquad (6.2.44)$$

这样，先由(6.2.43)式求出 k_1^{-1}，代入(6.2.44)式，求出阶数 N，最后取大于或等于 N 的最小整数。

按照(6.2.27)式求 ε：

$$\varepsilon^2 = 10^{0.1\alpha_p} - 1 \qquad (6.2.45)$$

(3) 求归一化系统函数 $G_a(p)$。为求 $G_a(p)$，先按照(6.2.32)式求出归一化极点 p_k，$k=1, 2, \cdots, N$。

$$p_k = -\text{ch}\xi\sin\frac{(2k-1)\pi}{2N} + \text{j ch}\xi\cos\frac{(2k-1)\pi}{2N} \qquad (6.2.46)$$

将极点 p_k 代入(6.2.39)式，得到：

$$G_a(p) = \frac{1}{\varepsilon \cdot 2^{N-1}\prod\limits_{i=1}^{N}(p-p_i)}$$

(4) 将 $G_a(p)$ 去归一化，得到实际的 $H_a(s)$，即

$$H_a(s) = G_a(p) \big|_{p=s/\Omega_p} \qquad (6.2.47)$$

【例 6.2.3】 设计低通切比雪夫滤波器，要求通带截止频率 $f_p=3$ kHz，通带最大衰减 $\alpha_p=0.1$ dB，阻带截止频率 $f_s=12$ kHz，阻带最小衰减 $\alpha_s=60$ dB。

解 (1) 滤波器的技术要求：

$$\alpha_p = 0.1 \text{ dB}, \Omega_p = 2\pi f_p = 6\pi \text{ krad/s}$$

$$\alpha_s = 60 \text{ dB}, \Omega_s = 2\pi f_s = 24\pi \text{ krad/s}$$

$$\lambda_p = 1, \lambda_s = \frac{f_s}{f_p} = 4$$

(2) 由(6.2.44)和 (6.2.45)式求阶数 N 和 ε：

$$N = \frac{\text{arch}k_1^{-1}}{\text{arch}\lambda_s}$$

$$k_1^{-1} = \sqrt{\frac{10^{0.1\alpha_s} - 1}{10^{0.1\alpha_p} - 1}} = 6553$$

$$N = \frac{\text{arch}6553}{\text{arch}4} = \frac{9.47}{2.06} = 4.6，取 N = 5$$

$$\varepsilon = \sqrt{10^{0.1\alpha_p} - 1} = \sqrt{10^{0.01} - 1} = 0.1526$$

(3) 将极点 p_k、N 和 ε 代入(6.2.39)式求 $G_a(p)$：

$$G_a(p) = \frac{1}{0.1526 \cdot 2^{(5-1)}\prod\limits_{i=1}^{5}(p-p_i)}$$

由(6.2.46)式求出 $N=5$ 时的极点 p_i，代入上式，得到：

$$G_a(p) = \frac{1}{2.442(p+0.5389)(p^2+0.3331p+1.1949)(p^2+0.8720p+0.6359)}$$

(4) 将 $G_a(p)$ 去归一化, 得到:

$$H_a(s) = G_a(p)|_{p=s/\Omega_p} = \frac{9.7445 \times 10^{20}}{(s + 1.0158 \times 10^4)(s^2 + 6.2788 \times 10^3 s + 4.2455 \times 10^8)}$$

$$\cdot \frac{1}{(s^2 + 1.6437 \times 10^4 s + 2.2594 \times 10^8)}$$

2. 用 MATLAB 设计切比雪夫滤波器

MATLAB 信号处理工具箱函数 cheb1ap、cheb1ord 和 cheby1 是切比雪夫 I 型滤波器设计函数。其调用格式如下:

- $[z, p, k] = \text{cheb1ap}(N, Rp)$
- $[N, wpo] = \text{cheb1ord}(wp, ws, Rp, As)$
- $[N, wpo] = \text{cheb1ord}(wp, ws, Rp, As, 's')$
- $[B, A] = \text{cheby1}(N, Rp, wpo, 'ftype')$
- $[B, A] = \text{cheby1}(N, Rp, wpo, 'ftype', 's')$

切比雪夫 I 型滤波器设计函数与前面的巴特沃斯滤波器设计函数比较, 只有两点不同。一是这里设计的是切比雪夫 I 型滤波器; 二是格式 2) 和 3) 的返回参数与格式 4) 和 5) 的调用参数 wpo 是切比雪夫 I 型滤波器的通带截止频率, 而不是 3 dB 截止频率。其他参数含义与巴特沃斯滤波器设计函数中的参数相同。系数向量 B 和 A 与数字和模拟滤波器系统函数的关系由 (6.2.22) 和 (6.2.23) 式给出。

MATLAB 信号处理工具箱函数 cheb2ap、cheb2ord 和 cheby2 是切比雪夫 II 型滤波器设计函数。其调用格式如下:

- $[z, p, G] = \text{cheb2ap}(N, Rs)$

该格式用于计算 N 阶切比雪夫 II 型归一化(阻带截止频率 $\Omega_s = 1$)模拟低通滤波器系统函数的零、极点和增益因子。返回长度为 N 的列向量 z 和 p, 分别给出 N 个零点和极点的位置。G 表示滤波器增益。Rs 是阻带最小衰减(dB)。

- $[N, wso] = \text{cheb2ord}(wp, ws, Rp, As)$

该格式用于计算切比雪夫 II 型数字滤波器的阶数 N 和阻带截止频率 wso。调用参数 wp 和 ws 分别为数字滤波器的通带边界频率和阻带边界频率的归一化值, 要求 $0 \leqslant wp \leqslant 1$, $0 \leqslant ws \leqslant 1$, 1 表示数字频率 π(对应模拟频率 $F_s/2$)。Rp 和 As 分别为通带最大衰减和阻带最小衰减(dB)。当 $ws \leqslant wp$ 时, 为高通滤波器; 当 wp 和 ws 为二元矢量时, 为带通或带阻滤波器, 这时 wso 也是二元向量。N 和 wso 作为 cheby2 的调用参数。

- $[N, wso] = \text{cheb2ord}(wp, ws, Rp, As, 's')$

该格式用于计算切比雪夫 II 型模拟滤波器的阶数 N 和阻带截止频率 wso。wp、ws 和 wso 是实际模拟角频率(rad/s)。其他参数与格式 2) 相同。

- $[B, A] = \text{cheby2}(N, As, wso, 'ftype')$

该格式用于计算 N 阶切比雪夫 II 型数字滤波器系统函数的分子和分母多项式系数向量 B 和 A。调用参数 N 和 wso 分别为切比雪夫 II 型数字滤波器的阶数和阻带截止频率的归一化值(关于 π 归一化),一般调用函数 cheb2ord 计算 N 和 wso。

- [B,A]=cheby2(N,As,wso,'ftype','s')

该格式用于计算 N 阶切比雪夫Ⅱ型模拟滤波器系统函数的分子和分母多项式系数向量 B 和 A。调用参数 N 和 wso 分别为 N 阶切比雪夫Ⅱ型模拟滤波器的阶数和阻带截止频率(实际角频率)。

ftype 的定义与巴特沃斯滤波器设计函数中的 ftype 相同。

【例 6.2.4】 设计切比雪夫Ⅰ型和切比雪夫Ⅱ型模拟低通滤波器。要求与例 6.2.3 相同。

解 设计程序 ep624.m 如下:

```
%例 6.2.4 设计程序:ep624.m
%设计切比雪夫Ⅰ型模拟低通滤波器
wp=2*pi*3000;ws=2*pi*12000;Rp=0.1;As=60;%设置指标参数
[N1,wp1]=cheb1ord(wp,ws,Rp,As,'s');%计算切比雪夫Ⅰ型模拟低通滤波器阶数和通带
                    %边界频率
[B1,A1]=cheby1(N1,Rp,wp1,'s');%计算切比雪夫Ⅰ型模拟低通滤波器系统函数系数
subplot(2,2,1);
fk=0:12000/512:12000;wk=2*pi*fk;
Hk=freqs(B1,A1,wk);
plot(fk/1000,20*log10(abs(Hk)));grid on
xlabel('频率(kHz)');ylabel('幅度(dB)')
axis([0,12,-70,5])
%设计切比雪夫Ⅱ型模拟低通滤波器(省略)
```

运行结果:

N=5

切比雪夫Ⅰ型模拟低通滤波器通带边界频率:wp1 =1.8850e+004

切比雪夫Ⅰ型模拟低通滤波器系统函数分子分母多项式系数:

B1=9.7448e+020

A1=[1 3.2873e+004 9.8445e+008 1.6053e+013 1.8123e+017 9.7448e+020]

切比雪夫Ⅰ型和Ⅱ型滤波器损耗函数分别如图 6.2.9(a)和(b)所示。

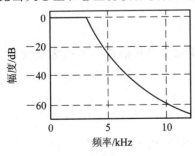
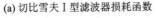

(a) 切比雪夫Ⅰ型滤波器损耗函数

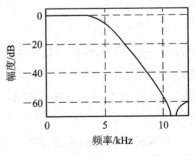

(b) 切比雪夫Ⅱ型滤波器损耗函数

图 6.2.9 五阶切比雪夫Ⅰ型和Ⅱ型模拟低通滤波器损耗函数(例 6.2.3 的设计结果)

6.2.4　椭圆滤波器的设计

椭圆(Elliptic)滤波器在通带和阻带内都具有等波纹幅频响应特性。由于其极点位置与经典场论中的椭圆函数有关，所以由此取名为椭圆滤波器。又因为在 1931 年考尔(Cauer)首先对这种滤波器进行了理论证明，所以其另一个通用名字为考尔(Cauer)滤波器。椭圆滤波器的典型幅频响应特性曲线如图 6.2.10 所示。由图 6.2.10(a)可见，椭圆滤波器通带和阻带波纹幅度固定时，阶数越高，过渡带越窄；由图 6.2.10(b)可见，当椭圆滤波器阶数固定时，通带和阻带波纹幅度越小，过渡带就越宽。所以椭圆滤波器的阶数 N 由通带边界频率 Ω_p、阻带边界频率 Ω_s、通带最大衰减 α_p 和阻带最小衰减 α_s 共同决定。后面对五种滤波器的比较将证实，阶数相同时，椭圆滤波器可以获得对理想滤波器幅频响应的最好逼近，是一种性能价格比最高的滤波器，所以应用非常广泛。

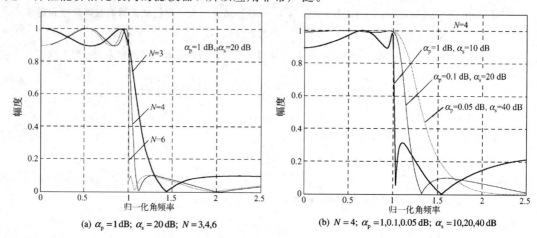

(a) $\alpha_p = 1\,dB$；$\alpha_s = 20\,dB$；$N = 3,4,6$　　　(b) $N = 4$；$\alpha_p = 1,0.1,0.05\,dB$；$\alpha_s = 10,20,40\,dB$

图 6.2.10　椭圆滤波器幅频响应特性曲线

椭圆滤波器逼近理论是复杂的纯数学问题，该问题的详细推导已超出本书的范围。只要给定滤波器指标，通过调用 MATLAB 信号处理工具箱提供的椭圆滤波器设计函数，就很容易得到椭圆滤波器系统函数和零极点位置。

MATLAB 信号处理工具箱提供椭圆滤波器设计函数 ellipap、ellipord 和 ellip。其调用格式如下：

* [z, p, k]= ellipap(N, Rp, As)

用于计算 N 阶归一化(通带边界频率 wp=1)模拟低通椭圆滤波器的零点向量 z、极点向量 p 和增益因子 k。Rp 和 As 分别为通带最大衰减和阻带最小衰减(dB)。返回长度为 N 的列向量 z 和 p 分别给出 N 个零点和 N 个极点的位置。

* [N, wpo]= ellipord(wp, ws, Rp, As)

用于计算满足指标的椭圆数字滤波器的最低阶数 N 和通带边界频率 wpo，指标要求由参数(wp, ws, Rp, As)给定。参数(wp, ws, Rp, As)的定义与巴特沃斯滤波器设计函数 buttord 中的相应参数相同。

* [N, wpo]= ellipord(wp, ws, Rp, As, 's')

数字信号处理（第五版）

用于计算满足指标的椭圆模拟滤波器的最低阶数 N 和通带边界频率 wpo。

- [B, A]= ellip(N, Rp, wpo, 'ftype')

当 wpo 是表示滤波器通带边界频率的标量，而且缺省参数 ftype 时，该格式返回 N 阶低通椭圆数字滤波器系统函数的分子和分母多项式系数向量 B 和 A，滤波器通带波纹为 Rp dB；当 ftype＝high 时，返回 N 阶高通椭圆数字滤波器系统函数系数向量 B 和 A。当 wpo 是表示带通滤波器通带边界频率的二元向量，而且缺省参数 ftype 时，该格式返回 2N 阶带通椭圆数字滤波器系统函数的分子和分母多项式系数向量 B 和 A，滤波器通带波纹为 Rp dB。当 ftype＝stop 时，返回 2N 阶带阻椭圆数字滤波器系统函数系数向量 B 和 A。二元向量参数 wpo 表示阻带上下边界频率(关于 π 归一化)。

- [B, A]= ellip(N, Rp, wpo, 'ftype', 's')

计算椭圆模拟滤波器系统函数系数向量 B 和 A。当然，其中的边界频率均为实际模拟角频率值(rad/s)。

【例 6.2.5】 设计椭圆模拟低通滤波器。要求与例 6.2.3 相同。设计程序 ep625.m 如下：

```
% 椭圆滤波器设计程序：ep625.m
wp=2 * pi * 3000；ws=2 * pi * 12000；Rp=0.1；As=60；%设置指标参数
[N, wpo]=ellipord(wp, ws, Rp, As, 's')；%计算椭圆低通模拟滤波器阶数和通带边界频率
[B, A]=ellip(N, Rp, As, wpo, 's')；    %计算低通模拟滤波器系统函数系数
%省去以下绘图部分
```

运行结果：

椭圆模拟低通滤波器阶数：N＝4

模拟低通滤波器通带边界频率：wpo=1.8850e+004

椭圆模拟低通滤波器系统函数分子分母多项式系数：

B=[0.0010 −8.3913e−015 2.9126e+007 8.0051e−004 1.0859e+017]

A=[1 3.3792e+004 9.3066e+008 1.3646e+013 1.0984e+017]

滤波器损耗函数如图 6.2.11 所示。虽然本例中椭圆滤波器阶数是 4，但从图 6.2.11 可以看出，四阶椭圆模拟低通滤波器的过渡带宽度小于 7 kHz，比指标要求(9 kHz)窄 2 kHz。而例 6.2.4 中需要五阶切比雪夫模拟低通滤波器，且其过渡带宽度大于 7 kHz。对于本例的设计指标，如果用巴特沃斯模拟低通滤波器，计算所要求的阶数 N＝7。

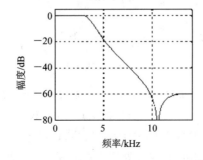

图 6.2.11　四阶椭圆模拟低通滤波器损耗

6.2.5 五种类型模拟滤波器的比较

前面讨论了四种类型的模拟低通滤波器(巴特沃斯、切比雪夫Ⅰ型、切比雪夫Ⅱ型和椭圆滤波器)的设计方法,这四种滤波器是主要考虑逼近幅度响应指标的滤波器,第五种(贝塞尔滤波器)是主要考虑逼近线性相位特性的滤波器。为了正确地选择滤波器类型以满足给定的幅频响应指标,必须比较四种幅度逼近滤波器的特性。为此,下面比较相同阶数的归一化巴特沃斯、切比雪夫Ⅰ型、切比雪夫Ⅱ型和椭圆滤波器的频率响应特性。

调用 MATLAB 滤波器设计函数,很容易验证:当阶数相同时,对相同的通带最大衰减 α_p 和阻带最小衰减 α_s,巴特沃斯滤波器具有单调下降的幅频特性,过渡带最宽。两种类型的切比雪夫滤波器的过渡带宽度相等,比巴特沃斯滤波器的过渡带窄,但比椭圆滤波器的过渡带宽。切比雪夫Ⅰ型滤波器在通带具有等波纹幅频特性,过渡带和阻带是单调下降的幅频特性。切比雪夫Ⅱ型滤波器的通带幅频响应几乎与巴特沃斯滤波器相同,阻带是等波纹幅频特性。椭圆滤波器的过渡带最窄,通带和阻带均是等波纹幅频特性。

相位逼近情况:巴特沃斯和切比雪夫滤波器在大约 3/4 的通带上非常接近线性相位特性,而椭圆滤波器仅在大约半个通带上非常接近线性相位特性。贝塞尔滤波器在整个通带逼近线性相位特性,而其幅频特性的过渡带比其他四种滤波器宽得多。

复杂性:对前四种滤波器,在满足相同的滤波器幅频响应指标条件下,巴特沃斯滤波器阶数最高,椭圆滤波器的阶数最低,而且阶数差别较大。所以,就满足滤波器幅频响应指标而言,椭圆滤波器的性能价格比最高,应用较广泛。

由上述比较可见,五种滤波器各具特点。工程实际中选择哪种滤波器取决于对滤波器阶数(阶数影响处理速度和实现的复杂性)和相位特性的具体要求。例如,在满足幅频响应指标的条件下希望滤波器阶数最低时,就应当选择椭圆滤波器。

6.2.6 频率变换与模拟高通、带通、带阻滤波器的设计

高通、带通、带阻滤波器的幅频响应曲线及边界频率分别如图 6.2.12(a)、(b)和(c)所示。

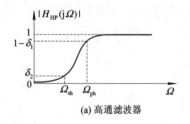
(a) 高通滤波器

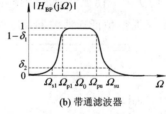
(b) 带通滤波器

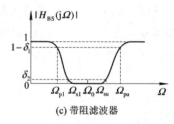
(c) 带阻滤波器

图 6.2.12 各种滤波器幅频特性曲线及边界频率示意图

$|H(\mathrm{j}\Omega)|$ 为偶函数,只画出正频率部分)

低通、高通、带通和带阻滤波器的通带最大衰减和阻带最小衰减仍用 α_p 和 α_s 表示。图 6.2.12 中,Ω_{ph} 表示高通滤波器的通带边界频率;Ω_{pl} 和 Ω_{pu} 分别表示带通和带阻滤波器的通

带下边界频率和通带上边界频率；$\Omega_{\rm sl}$ 和 $\Omega_{\rm su}$ 分别表示带通和带阻滤波器的阻带下边界频率和阻带上边界频率。

从原理上讲，通过频率变换公式，可以将模拟低通滤波器系统函数 $Q(p)$ 变换成希望设计的低通、高通、带通和带阻滤波器系统函数 $H_{\rm d}(s)$。在模拟滤波器设计手册中，各种经典滤波器的设计公式都是针对低通滤波器的，并提供从低通到其他各种滤波器的频率变换公式。所以，设计高通、带通和带阻滤波器的一般过程是：

（1）通过频率变换公式，先将希望设计的滤波器指标转换为相应的低通滤波器指标；

（2）设计相应的低通滤波器系统函数 $Q(p)$；

（3）对 $Q(p)$ 进行频率变换，得到希望设计的滤波器系统函数 $H_{\rm d}(s)$。

设计过程中涉及的频率变换公式和指标转换公式较复杂，其推导更为复杂。幸好一些学者已经开发出根据设计指标直接设计高通、带通和带阻滤波器的 CAD 程序函数，只要根据设计指标直接调用 CAD 程序，就可以得到高通、带通和带阻滤波器系统函数。前面所提到的 MATLAB 信号处理工具箱函数 butter，cheby1，cheby2 和 ellip 都具有这样的功能。

本节先简要介绍模拟滤波器的频率变换公式，再举例说明调用 MATLAB 信号处理工具箱函数直接设计高通、带通和带阻滤波器的方法。对那些繁杂的设计公式推导不做叙述，有兴趣的读者请参阅相关书籍[9]。

后面的设计举例将说明，如果低通滤波器 $Q(p)$ 是关于某边界频率的"归一化低通滤波器"，则设计计算将大大简化。这里，"归一化低通滤波器"是指关于某个边界频率归一化的低通滤波器，其系统函数就用 $Q(p)$ 表示。归一化频率根据设计需要而定，对巴特沃斯滤波器，关于 3 dB 截止频率归一化的系统函数称为巴特沃斯归一化低通原型（记为 $G(p)$），而切比雪夫和椭圆滤波器的归一化低通原型一般是关于通带边界频率 $\Omega_{\rm p}$ 归一化的低通系统函数（即 $Q(p)$ 的通带边界频率为 1）。

为了叙述方便，定义 $p = \eta + {\rm j}\lambda$ 为 $Q(p)$ 的归一化复变量，其通带边界频率记为 $\lambda_{\rm p}$，λ 称为归一化频率。用 $H_{\rm d}(s)$ 表示希望设计的模拟滤波器的系统函数，$s = \sigma + {\rm j}\Omega$ 表示 $H_{\rm d}(s)$ 的复变量。例如，一阶巴特沃斯低通原型系统函数为

$$G(p) = \frac{1}{p+1}$$

显然，其 3 dB 截止频率 $\lambda_{\rm p} = 1$，是关于 3 dB 截止频率归一化的。模拟滤波器设计手册中给出了各种模拟滤波器归一化低通系统函数的参数（零、极点位置，分子、分母多项式系数等）。

下面简单介绍各种频率变换公式。从 p 域到 s 域映射的可逆变换记为 $p = F(s)$。低通系统函数 $Q(p)$ 与 $H_{\rm d}(s)$ 之间的转换关系为

$$H_{\rm d}(s) = Q(p) \big|_{p=F(s)} \tag{6.2.48}$$

$$Q(p) = H_{\rm d}(s) \big|_{s=F^{-1}(p)} \tag{6.2.49}$$

1. 模拟高通滤波器设计

从低通到高通滤波器的映射关系为

$$p = \frac{\lambda_p \Omega_{ph}}{s} \qquad\qquad (6.2.50)$$

在虚轴(频率轴)上该映射关系简化为如下频率变换公式:

$$\lambda = -\frac{\lambda_p \Omega_{ph}}{\Omega} \qquad\qquad (6.2.51)$$

式中,Ω_{ph}为希望设计的高通滤波器 $H_{HP}(s)$ 的通带边界频率。频率变换公式(6.2.51)意味着将低通滤波器的通带$[0, \lambda_p]$映射为高通滤波器的通带$[-\infty, -\Omega_{ph}]$,而将低通滤波器的通带$[-\lambda_p, 0]$映射为高通滤波器的通带$[\Omega_{ph}, \infty]$。同样,将低通滤波器的阻带$[\lambda_s, \infty]$映射为高通滤波器的阻带$[-\Omega_{sh}, 0]$,而将低通滤波器的阻带$[-\infty, -\lambda_s]$映射为高通滤波器的阻带$[0, \Omega_{sh}]$。映射关系式(6.2.50)确保低通滤波器 $Q(p)$ 通带$[-\lambda_p, \lambda_p]$上的幅度值出现在高通滤波器 $H_{HP}(s)$ 的通带$\Omega_{ph} \leqslant |\Omega|$上。同样,低通滤波器 $Q(p)$ 阻带$\lambda_s \leqslant |\lambda|$上的幅度值出现在高通滤波器 $H_{HP}(s)$ 的阻带$[-\Omega_s, \Omega_s]$上。

所以只要将(6.2.50)式代入(6.2.48)式,就可将通带边界频率为 λ_p 的低通滤波器的系统函数 $Q(p)$ 转换成通带边界频率为 Ω_{ph} 的高通滤波器系统函数:

$$H_{HP}(s) = G(p) \mid_{p=\lambda_p \Omega_{ph}/s} \qquad\qquad (6.2.52)$$

【例 6.2.6】 设计巴特沃斯模拟高通滤波器,要求通带边界频率为 4 kHz,阻带边界频率为 1 kHz,通带最大衰减为 0.1 dB,阻带最小衰减为 40 dB。

解 (1)通过映射关系式(6.2.51),将希望设计的高通滤波器的指标转换成相应的低通滤波器 $Q(p)$ 的指标。为了计算简单,一般选择 $Q(p)$ 为归一化低通,即取 $Q(p)$ 的通带边界频率 $\lambda_p = 1$。则由(6.2.51)式可求得归一化阻带边界频率为

$$\lambda_p = 1, \lambda_s = \frac{\Omega_{ph}}{\Omega_s} = \frac{2\pi \times 4000}{2\pi \times 1000} = 4$$

转换得到低通滤波器的指标为:通带边界频率 $\lambda_p = 1$,阻带边界频率 $\lambda_s = 4$,通带最大衰减 $\alpha_p = 0.1$ dB,阻带最小衰减 $\alpha_s = 40$ dB。

(2)设计相应的归一化低通系统函数 $Q(p)$。本例调用 MATLAB 函数 buttord 和 butter来设计 $Q(p)$。也可以仿照例 6.2.1 的设计,留作读者练习。

(3)用(6.2.48)式和(6.2.50)式将 $Q(p)$ 转换成希望设计的高通滤波器的系统函数 $H_{HP}(s)$。本例调用 MATLAB 函数 lp2hp 实现低通到高通的变换。lp2hp 函数的功能可用help 命令查阅。[BH, AH]=lp2hp(B, A, wph)将系统函数分子和分母系数向量为 B 和 A 的低通滤波器变换成通带边界频率为 wph 的高通滤波器,返回结果 BH 和 AH 是高通滤波器系统函数分子和分母的系数向量。实现步骤(2)和(3)的程序 ep626.m 如下:

```
％例 6.2.6 设计巴特沃斯模拟高通滤波器程序:ep626.m

wp=1; ws=4; Rp=0.1; As=40;        ％设置低通滤波器指标参数

[N, wc]=buttord(wp, ws, Rp, As, 's');％计算低通滤波器 Q(p)的阶数 N 和 3 dB 截止频率 wc

[B, A]=butter(N, wc, 's');         ％计算低通滤波器系统函数 Q(p)的分子分母多项式系数

wph=2 * pi * 4000;                 ％模拟高通滤波器通带边界频率 wph

[BH, AH]=lp2hp(B, A, wph);         ％低通到高通转换
```

由系数向量 B 和 A 写出归一化低通系统函数为

$$Q(p) = \frac{10.2405}{p^5 + 5.1533p^4 + 13.278p^3 + 21.1445p^2 + 20.8101p + 10.2405}$$

由系数向量 BH 和 AH 写出希望设计的高通滤波器系统函数为

$$H_{\mathrm{HP}}(s) = \frac{s^5 + 1.94 \times 10^{-12} s^4 - 5.5146 \times 10^{-5} s^3 + 9.5939 s^2 + 4.5607 s + 1.9485 \times 10^{-3}}{s^5 + 5.1073 \times 10^4 s^4 + 1.3042 \times 10^9 s^3 + 2.0584 \times 10^{13} s^2 + 2.0078 \times 10^{17} s + 9.7921 \times 10^{20}}$$

$Q(p)$ 和 $H_{\mathrm{HP}}(s)$ 的损耗函数曲线如图 6.2.13 所示。

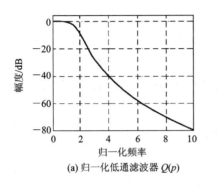
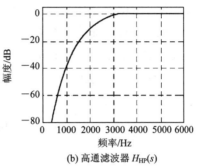

(a) 归一化低通滤波器 $Q(p)$ (b) 高通滤波器 $H_{\mathrm{HP}}(s)$

图 6.2.13　例 6.2.6 所得低通、高通滤波器损耗函数曲线

值得注意的是，实际上调用函数 buttord 和 butter 可以直接设计巴特沃斯高通滤波器。设计程序 ep626b.m 如下：

```
％例 6.2.6 直接设计巴特沃斯模拟高通滤波器程序：ep626b.m
wp＝2＊pi＊4000；ws＝2＊pi＊1000；Rp＝0.1；As＝40；          ％设置高通滤波器指标参数
[N，wc]＝buttord(wp，ws，Rp，As，′s′)；     ％计算高通滤波器阶数 N 和 3 dB 截止频率
[BH，AH]＝butter(N，wc，′high′，′s′)；      ％计算高通滤波器系统函数 H_HP(s)分子分母多项式
                                      ％系数
```

程序运行结果：

N＝5

BH＝[1　0　0　0　0　0]

AH＝[1　5.1073e＋004　1.3042e＋009　2.0584e＋013　2.0078e＋017　9.7921e＋020]

分母多项式系数向量 AH 与程序 ep626.m 的运行结果相同。但是，分子多项式系数向量 BH 与程序 ep626.m 的运行结果有较大差别，这是由运算误差引起的。由于 butter 函数采用了归一化处理，所以计算误差小。本程序所得分子多项式系数向量 BH 与理论设计结果相同。所以实际中应当用程序 p626b.m 设计高通滤波器。由 BH 和 AH 写出希望设计的高通滤波器系统函数：

$$H_{\mathrm{HP}}(s) = \frac{s^5}{s^5 + 5.1073 \times 10^4 s^4 + 1.3042 \times 10^9 s^3 + 2.0584 \times 10^{13} s^2 + 2.0078 \times 10^{17} s + 9.7921 \times 10^{20}}$$

2. 低通到带通的频率变换

低通到带通的频率变换公式如下：

$$p = \lambda_{\mathrm{p}} \frac{s^2 + \Omega_0^2}{B_{\mathrm{w}} s} \qquad (6.2.53)$$

在 p 平面与 s 平面虚轴上的频率关系为

$$\lambda = -\lambda_{\mathrm{p}} \frac{\Omega_0^2 - \Omega^2}{\Omega B_{\mathrm{w}}} \qquad (6.2.54)$$

式中，$B_{\mathrm{w}} = \Omega_{\mathrm{pu}} - \Omega_{\mathrm{pl}}$，表示带通滤波器的通带宽度，$\Omega_{\mathrm{pl}}$ 和 Ω_{pu} 分别为带通滤波器的通带下截止频率和通带上截止频率；Ω_0 称为带通滤波器的中心频率。根据式(6.2.54)的映射关系，频率 $\lambda = 0$ 映射为频率 $\Omega = \pm \Omega_0$，频率 $\lambda = \lambda_{\mathrm{p}}$ 映射为频率 Ω_{pu} 和 $-\Omega_{\mathrm{pl}}$，频率 $\lambda = -\lambda_{\mathrm{p}}$ 映射为频率 $-\Omega_{\mathrm{pu}}$ 和 Ω_{pl}。也就是说，将低通滤波器 $G(p)$ 的通带 $[-\lambda_{\mathrm{p}}, \lambda_{\mathrm{p}}]$ 映射为带通滤波器的通带 $[-\Omega_{\mathrm{pu}}, -\Omega_{\mathrm{pl}}]$ 和 $[\Omega_{\mathrm{pl}}, \Omega_{\mathrm{pu}}]$。同样道理，频率 $\lambda = \lambda_{\mathrm{s}}$ 映射为频率 Ω_{su} 和 $-\Omega_{\mathrm{sl}}$，频率 $\lambda = -\lambda_{\mathrm{s}}$ 映射为频率 $-\Omega_{\mathrm{su}}$ 和 Ω_{sl}。所以将式(6.2.53)带入式(6.2.48)，就将 $Q(p)$ 转换为带通滤波器的系统函数，即

$$H_{\mathrm{BP}}(s) = Q(p) \mid_{p = \lambda_{\mathrm{p}} \frac{s^2 + \Omega_0^2}{B_{\mathrm{w}} s}} \qquad (6.2.55)$$

可以证明

$$\Omega_{\mathrm{pl}} \Omega_{\mathrm{pu}} = \Omega_{\mathrm{sl}} \Omega_{\mathrm{su}} = \Omega_0^2 \qquad (6.2.56)$$

所以，带通滤波器的通带(阻带)边界频率关于中心频率 Ω_0 几何对称。如果原指标给定的边界频率不满足式(6.2.56)，就要改变其中一个边界频率，以便满足式(6.2.56)，但要保证改变后的指标高于原始指标。具体方法是，如果 $\Omega_{\mathrm{pl}} \Omega_{\mathrm{pu}} > \Omega_{\mathrm{sl}} \Omega_{\mathrm{su}}$，则减小 Ω_{pl}（或增大 Ω_{sl}）使式(6.2.56)得到满足。具体计算公式为

$$\Omega_{\mathrm{pl}} = \frac{\Omega_{\mathrm{sl}} \Omega_{\mathrm{su}}}{\Omega_{\mathrm{pu}}} \quad \text{或} \quad \Omega_{\mathrm{sl}} = \frac{\Omega_{\mathrm{pl}} \Omega_{\mathrm{pu}}}{\Omega_{\mathrm{su}}} \qquad (6.2.57)$$

减小 Ω_{pl} 使通带宽度大于原指标要求的通带宽度，增大 Ω_{sl} 或减小 Ω_{pl} 都使左边的过渡带宽度小于原指标要求的过渡带宽度；反之，如果 $\Omega_{\mathrm{pl}} \Omega_{\mathrm{pu}} < \Omega_{\mathrm{sl}} \Omega_{\mathrm{su}}$，则减小 Ω_{su}（或增大 Ω_{pu}）使式(6.2.56)得到满足。而且在关于中心频率 Ω_0 几何对称的两个正频率点上，带通滤波器的幅度值相等。综上所述，低通到带通的边界频率及幅频响应特性的映射关系如图 6.2.14 所

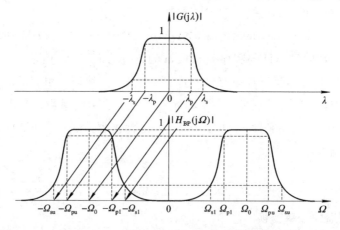

图 6.2.14 低通原型到带通的边界频率及幅频响应特性的映射关系

数字信号处理(第五版)

示，低通原型的每一个边界频率都映射为带通滤波器两个相应的边界频率。图中标出了设计时有用的频率对应关系。请读者画出正频率部分的带通滤波器各边界频率与低通原型各边界频率的对应关系。

【例 6.2.7】 设计巴特沃斯模拟带通滤波器，要求通带上、下边界频率分别为 4 kHz 和 7 kHz，阻带上、下边界频率分别为 2 kHz 和 9 kHz，通带最大衰减为 1 dB，阻带最小衰减为 20 dB。

解 所给带通滤波器指标为：

$$f_{pl} = 4 \text{ kHz}, f_{pu} = 7 \text{ kHz}, \alpha_p = 1 \text{ dB}$$

$$f_{sl} = 2 \text{ kHz}, f_{su} = 9 \text{ kHz}, \alpha_s = 20 \text{ dB}$$

$$f_{pl}f_{pu} = 4000 \times 7000 = 28 \times 10^6$$

$$f_{sl}f_{su} = 2000 \times 9000 = 18 \times 10^6$$

因为 $f_{pl}f_{pu} > f_{sl}f_{su}$，所以不满足(6.2.56)式。按照(6.2.57)式增大 f_{sl}，则

$$f_{sl} = \frac{f_{pl}f_{pu}}{f_{su}} = \frac{28 \times 10^6}{9 \times 10^3} = 3.1111 \text{ kHz}$$

采用修正后的 f_{sl}，按如下步骤设计巴特沃斯模拟带通滤波器。

① 通过映射关系式(6.2.54)，将希望设计的带通滤波器指标转换为相应的低通原型滤波器 $Q(p)$ 的指标。为了设计方便，一般选择 $Q(p)$ 为归一化低通，即取 $Q(p)$ 的通带边界频率 $\lambda_p = 1$。因为 $\lambda = \lambda_s$ 的映射为 $-\Omega_{sl}$，所以将 $\lambda_p = 1$、$\lambda = \lambda_s$ 和 $\Omega = -\Omega_{sl}$ 代入式(6.2.54)可求得归一化阻带边界频率为

$$\lambda_s = \frac{f_0^2 - f_{sl}^2}{f_{sl}B_w} = \frac{28 - 3.1111^2}{3.1111 \times 3} = 1.9630$$

转换得到的归一化低通滤波器指标为：通带边界频率 $\lambda_p = 1$，阻带边界频率 $\lambda_s = 1.963$，通带最大衰减 $\alpha_p = 1$ dB，阻带最小衰减 $\alpha_s = 20$ dB。

② 设计相应的归一化低通系统函数 $Q(p)$。设计过程与例 6.2.1 完全相同，留作读者练习。

③ 用式(6.2.55)将 $Q(p)$ 转换成所希望设计的带通滤波器系统函数 $H_{BP}(s)$。

本例调用 MATLAB 函数 buttord 和 butter 直接设计巴特沃斯模拟带通滤波器。设计程序 ep627.m 如下：

```
%例 6.2.7 设计巴特沃斯模拟带通滤波器程序：ep627.m
wp=2*pi*[4000,7000]; ws=2*pi*[2000,9000]; Rp=1; As=20; %设置带通滤波器指标参数
[N,wc]=buttord(wp,ws,Rp,As,'s');        %计算带通滤波器阶数 N 和 3dB 截止频率 wc
[BB,AB]=butter(N,wc,'s');               %计算带通滤波器系统函数分子分母多项式系数向
                                        %量 BB 和 AB
```

程序运行结果：

阶数：N=5

系统函数分子多项式系数向量：

BB＝1.0e＋021 ＊ [0 0 0 0 0 6.9703 0 0 0 0 0]

系统函数分母多项式系数向量：

AB＝[1   7.5625e＋004   8.3866e＋009   4.0121e＋014   2.2667e＋019   7.0915e＋023

2.5056e＋028   4.9024e＋032   1.1328e＋037   1.1291e＋041   1.6504e＋045]

由运行结果可知，带通滤波器是 $2N$ 阶的。10 阶巴特沃斯带通滤波器损耗函数曲线如图 6.2.15 所示。

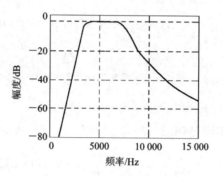

图 6.2.15   例 6.2.6 巴特沃斯模拟带通滤波器损耗函数

3. 低通到带阻的频率变换

低通到带阻的频率变换公式为

$$p = \lambda_s \frac{B_w s}{s^2 + \Omega_0^2} \tag{6.2.58}$$

在 p 平面与 s 平面虚轴上的频率变换关系为

$$\lambda = -\lambda_s \frac{\Omega B_w}{\Omega_0^2 - \Omega^2} \tag{6.2.59}$$

式中，$B_w = \Omega_{su} - \Omega_{sl}$，表示带阻滤波器的阻带宽度，$\Omega_{sl}$ 和 Ω_{su} 分别为带阻滤波器的阻带下截止频率和阻带上截止频率；Ω_0 称为带阻滤波器的阻带中心频率。由(6.2.59)式知道，λ 是 Ω 的二次函数，从低通滤波器频率 λ 到带阻滤波器频率 Ω 为双值映射。

当 λ 从 $-\infty \rightarrow -\lambda_s \rightarrow -\lambda_p \rightarrow 0_-$ 时，① Ω 从 $-\Omega_0 \rightarrow -\Omega_{su} \rightarrow -\Omega_{pu} \rightarrow -\infty$，形成如图 6.2.12(c) 所示的带阻滤波器 $H_{BS}(j\Omega)$ 在 $(-\infty, -\Omega_0]$ 上的频响；② Ω 从 $+\Omega_0 \rightarrow +\Omega_{sl} \rightarrow +\Omega_{pl} \rightarrow 0_+$，形成 $H_{BS}(j\Omega)$ 在 $[0_+, \Omega_0]$ 上的频响。

当 λ 从 $0_+ \rightarrow \lambda_p \rightarrow \lambda_s \rightarrow +\infty$ 时，① Ω 从 $0_- \rightarrow -\Omega_{pl} \rightarrow -\Omega_{sl} \rightarrow -\Omega_0$，形成 $H_{BS}(j\Omega)$ 在 $[-\Omega_0, 0_-]$ 上的频响；② Ω 从 $+\infty \rightarrow +\Omega_{pu} \rightarrow +\Omega_{su} \rightarrow +\Omega_0$，形成 $H_{BS}(j\Omega)$ 在 $[+\Omega_0, \infty)$ 上的频响。

所以将(6.2.58)式带入(6.2.48)式，就将阻带边界频率为 λ_s 的低通原型滤波器 $Q(p)$ 转换为所希望的带阻滤波器的系统函数：

$$H_{BS}(s) = G(p) \Big|_{p = \lambda_s \frac{B_w s}{s^2 + \Omega_0^2}} \tag{6.2.60}$$

与低通到带通变换情况相同，有

$$\Omega_{\mathrm{pl}}\Omega_{\mathrm{ph}} = \Omega_{\mathrm{sl}}\Omega_{\mathrm{sh}} = \Omega_0^2 \qquad (6.2.61)$$

由于带阻滤波器的设计与带通滤波器的设计过程相同，因此下面仅举例说明调用 MATLAB 函数直接设计模拟带阻滤波器的设计程序。

【例 6.2.8】 分别设计巴特沃斯、椭圆模拟带阻滤波器，要求阻带上、下边界频率分别为 4 kHz 和 7 kHz，通带上、下边界频率分别为 2 kHz 和 9 kHz，通带最大衰减为 1 dB，阻带最小衰减为 20 dB。

解 所给带阻滤波器指标为

$$f_{\mathrm{sl}} = 4\ \mathrm{kHz},\ f_{\mathrm{su}} = 7\ \mathrm{kHz},\ \alpha_{\mathrm{s}} = 20\ \mathrm{dB};\ f_{\mathrm{pl}} = 2\ \mathrm{kHz},\ f_{\mathrm{pu}} = 9\ \mathrm{kHz},\ \alpha_{\mathrm{p}} = 1\ \mathrm{dB}$$

调用 MATLAB 函数 buttord，butter，ellipord 和 ellip 直接设计巴特沃斯带阻、椭圆带阻模拟滤波器的设计程序 ep628.m 如下：

```
%例 6.2.8 设计模拟带阻滤波器程序：ep628.m
wp=2*pi*[2000,9000]; ws=2*pi*[4000,7000]; Rp=1; As=20; %设置带阻滤波器指标参数
%设计巴特沃斯模拟带阻滤波器
[Nb, wc]=buttord(wp, ws, Rp, As, 's'); %计算带阻滤波器阶数 N 和 3 dB 截止频率
[BSb, ASb]=butter(Nb, wc, 'stop', 's'); %计算带阻('stop')滤波器系统函数分子分母多项式系数
%设计椭圆模拟带阻滤波器
[Ne, wep]=ellipord(wp, ws, Rp, As, 's'); %计算带阻滤波器阶数 N 和 3 dB 截止频率
[BSe, ASe]=ellip(Ne, Rp, As, wep, 'stop', 's'); %计算带阻滤波器系统函数分子分母多项式系数
```

程序运行结果：

巴特沃斯模拟带阻滤波器阶数：Nb=5

巴特沃斯模拟带阻滤波器系统函数分子多项式系数向量：

BSb=1.0e+021 * [0　0　0　0　0　6.9703　0　0　0　0　0]

巴特沃斯模拟带阻滤波器系统函数分母多项式系数向量：

ASb=[1　7.5625e+004　8.3866e+009　4.0121e+014　2.2667e+019　7.0915e+023

2.5056e+028　4.9024e+032　1.1328e+037　1.1291e+041　1.6504e+045]

椭圆模拟带阻滤波器阶数：Ne=3

椭圆模拟带阻滤波器系统函数分子多项式系数向量：

BSe=[1　−1.9827e−011　3.9765e+009　−0.0918　4.3956e+018　−6.1168e+007

1.3507e+027]

椭圆模拟带阻滤波器系统函数分母多项式系数向量：

ASe=[1　6.9065e+004　5.3071e+009　2.2890e+014　5.8665e+018　8.4390e+022

1.3507e+027]

由运行结果可知，带阻滤波器也是 2N 阶的。10 阶巴特沃斯带阻滤波器和 6 阶椭圆带阻滤波器损耗函数分别如图 6.2.16(a)和(b)所示。

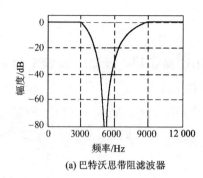

(a) 巴特沃思带阻滤波器

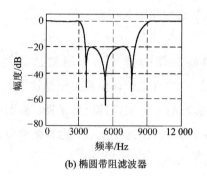

(b) 椭圆带阻滤波器

图 6.2.16　例 6.2.8 的巴特沃斯、椭圆模拟带阻滤波器损耗函数

6.3　用脉冲响应不变法设计 IIR 数字低通滤波器

利用模拟滤波器成熟的理论及其设计方法来设计 IIR 数字低通滤波器是常用的方法。设计过程是：按照数字滤波器技术指标要求设计一个过渡模拟低通滤波器 $H_a(s)$，再按照一定的转换关系将 $H_a(s)$ 转换成数字低通滤波器的系统函数 $H(z)$。由此可见，设计的关键问题就是找到这种转换关系，将 s 平面上的 $H_a(s)$ 转换成 z 平面上的 $H(z)$。为了保证转换后的 $H(z)$ 稳定且满足技术指标要求，对转换关系提出两点要求：

（1）因果稳定的模拟滤波器转换成数字滤波器，仍是因果稳定的。我们知道，模拟滤波器因果稳定的条件是其系统函数 $H_a(s)$ 的极点全部位于 s 平面的左半平面；数字滤波器因果稳定的条件是 $H(z)$ 的极点全部在单位圆内。因此，转换关系应使 s 平面的左半平面映射到 z 平面的单位圆内部。

（2）数字滤波器的频率响应模仿模拟滤波器的频响特性，s 平面的虚轴映射为 z 平面的单位圆，相应的频率之间呈线性关系。

将系统函数 $H_a(s)$ 从 s 平面转换到 z 平面的常用方法有脉冲响应不变法和双线性变换法。本节先研究脉冲响应不变法。

设模拟滤波器的系统函数为 $H_a(s)$，相应的单位冲激响应是 $h_a(t)$，$H_a(s)=\mathrm{LT}[h_a(t)]$。

$\mathrm{LT}[\cdot]$ 代表拉氏变换，对 $h_a(t)$ 进行等间隔采样，采样间隔为 T，得到 $h_a(nT)$，将 $h(n)=h_a(nT)$ 作为数字滤波器的单位脉冲响应，那么数字滤波器的系统函数 $H(z)$ 便是 $h(n)$ 的 Z 变换。因此脉冲响应不变法是一种时域逼近方法，它使 $h(n)$ 在采样点上等于 $h_a(t)$。但是，模拟滤波器的设计结果是 $H_a(s)$，所以下面基于脉冲响应不变法的思想，导出直接从 $H_a(s)$ 到 $H(z)$ 的转换公式。

设模拟滤波器 $H_a(s)$ 只有单阶极点，且分母多项式的阶次高于分子多项式的阶次，将 $H_a(s)$ 用部分分式表示：

$$H_a(s) = \sum_{i=1}^{N} \frac{A_i}{s - s_i} \qquad (6.3.1)$$

式中 s_i 为 $H_a(s)$ 的单阶极点。将 $H_a(s)$ 进行逆拉氏变换，得到：

$$h_a(t) = \sum_{i=1}^{N} A_i\, e^{s_i t} u(t) \qquad (6.3.2)$$

式中，$u(t)$ 是单位阶跃函数。对 $h_a(t)$ 进行等间隔采样，采样间隔为 T，得到：

$$h(n) = h_a(nT) = \sum_{i=1}^{N} A_i e^{s_i nT} u(nT) \qquad (6.3.3)$$

对上式进行 Z 变换，得到数字滤波器的系统函数 $H(z)$，即

$$H(z) = \sum_{i=1}^{N} \frac{A_i}{1 - e^{s_i T} z^{-1}} \qquad (6.3.4)$$

对比 (6.3.1) 和 (6.3.4) 式，$H_a(s)$ 的极点 s_i 映射到 z 平面的极点为 $e^{s_i T}$，系数 A_i 不变。下面我们分析从模拟滤波器转换到数字滤波器，s 平面和 z 平面之间的映射关系，从而找到这种转换方法的优缺点。这里以理想采样信号 $\hat{h}_a(t)$ 作为桥梁，推导其映射关系。

设 $h_a(t)$ 的理想采样信号用 $\hat{h}_a(t)$ 表示，即

$$\hat{h}_a(t) = \sum_{n=-\infty}^{\infty} h_a(t)\delta(t - nT)$$

对 $\hat{h}_a(t)$ 进行拉氏变换，得到：

$$\hat{H}_a(s) = \int_{-\infty}^{\infty} \hat{h}_a(t) e^{-st}\, \mathrm{d}t = \int_{-\infty}^{\infty} \left[\sum_n h_a(t)\delta(t - nT) \right] e^{-st}\, \mathrm{d}t$$

$$= \sum_n h_a(nT) e^{-snT}$$

式中，$h_a(nT)$ 是 $h_a(t)$ 在采样点 $t = nT$ 时的幅度值，它与序列 $h(n)$ 的幅度值相等，即 $h(n) = h_a(nT)$，因此得到：

$$\hat{H}_a(s) = \sum_n h(n) e^{-snT} = \sum_n h(n) z^{-n}\,|_{z = e^{sT}} = H(z)\,|_{z = e^{sT}} \qquad (6.3.5)$$

上式表明理想采样信号 $\hat{h}_a(t)$ 的拉氏变换与相应的采样序列 $h(n)$ 的 Z 变换之间的映射关系可用下式表示：

$$z = e^{sT} \qquad (6.3.6)$$

(6.3.6) 式就是脉冲响应不变法对应的 s 平面到 z 平面的映射关系。设 $s = \sigma + \mathrm{j}\Omega$，$z = re^{\mathrm{j}\omega}$，按照 (6.3.6) 式，得到 $re^{\mathrm{j}\omega} = e^{\sigma T} e^{\mathrm{j}\Omega T}$。由此得到：

$$\left.\begin{array}{l} r = e^{\sigma T} \\ \omega = \Omega T \end{array}\right\} \qquad (6.3.7)$$

由 (6.3.7) 式可见：

$$\begin{cases} \sigma = 0, \; r = 1 \\ \sigma < 0, \; r < 1 \\ \sigma > 0, \; r > 1 \end{cases}$$

上面关系式说明，s 平面的虚轴（$\sigma=0$）映射为 z 平面的单位圆（$r=1$），s 平面左半平面（$\sigma<0$）映射为 z 平面单位圆内（$r<1$），s 平面右半平面映射为 z 平面单位圆外（$r>1$）。这说明如果 $H_a(s)$ 因果稳定，转换后得到的 $H(z)$ 仍是因果稳定的。

另外，注意到 $z=\mathrm{e}^{sT}$ 是一个周期函数，可写成

$$\mathrm{e}^{sT}=\mathrm{e}^{\sigma T}\mathrm{e}^{\mathrm{j}\Omega T}=\mathrm{e}^{\sigma T}\mathrm{e}^{\mathrm{j}\left(\Omega+\frac{2\pi}{T}M\right)T},\qquad M\text{ 为任意整数}$$

当 σ 不变，模拟频率 Ω 变化 $2\pi/T$ 的整数倍时，映射值不变。或者说，将 s 平面沿着 $\mathrm{j}\Omega$ 轴分割成一条条宽为 $2\pi/T$ 的水平带，每条水平面都按照前面分析的映射关系对应着整个 z 平面。此时 $\hat{H}_a(s)$ 所在的 s 平面与 $H(z)$ 所在的 z 平面的映射关系如图 6.3.1 所示。当模拟频率 Ω 从 $-\pi/T$ 变化到 π/T 时，数字频率 ω 则从 $-\pi$ 变化到 π，且按照（6.3.7）式，$\omega=\Omega T$，即 ω 与 Ω 之间呈线性关系。

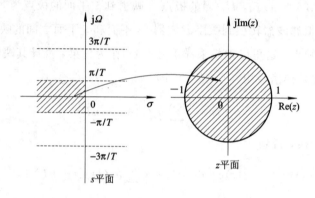

图 6.3.1　脉冲响应不变法 s 平面和 z 平面之间的映射关系

下面讨论数字滤波器的频响特性与模拟滤波器的频响特性之间的关系。因为 $h(n)=h_a(nT)$，由（2.4.2）和（2.4.3）式得到：

$$H(\mathrm{e}^{\mathrm{j}\Omega T})=\frac{1}{T}\sum_{k=-\infty}^{\infty}H_a\left(\mathrm{j}\Omega-\mathrm{j}\frac{2\pi}{T}k\right) \tag{6.3.8}$$

$$H(\mathrm{e}^{\mathrm{j}\omega})=\frac{1}{T}\sum_{k=-\infty}^{\infty}H_a\left(\mathrm{j}\frac{\omega-2\pi k}{T}\right) \tag{6.3.9}$$

上式说明，$H(\mathrm{e}^{\mathrm{j}\Omega T})$ 是 $H_a(\mathrm{j}\Omega)$ 以 $2\pi/T$ 为周期的周期延拓函数（对数字频率 ω，则是以 2π 为周期）。如果原 $h_a(t)$ 的频带不是限于 $\pm\pi/T$ 之间，则会在奇数 π/T 附近产生频谱混叠，对应数字频率在 $\omega=\pm\pi$ 附近产生频谱混叠。脉冲响应不变法的频谱混叠现象如图 6.3.2 所示。这种频谱混叠现象会使设计出的数字滤波器在 $\omega=\pm\pi$ 附近的频率响应特性程度不同的偏离模拟滤波器在 π/T 附近的频率特性，严重时使数字滤波器不满足给定的技术指标。为此，希望设计的模拟滤波器是带限滤波器，如果不是带限的，例如高通滤波器、带阻滤波器，需要在高通和带阻滤波器之前加保护滤波器，滤除高于折叠频率 π/T 以上的频带，以免产生频谱混叠现象。但这样会增加系统的成本和复杂性，因此，高通与带阻滤波器不适合用这种方法设计。

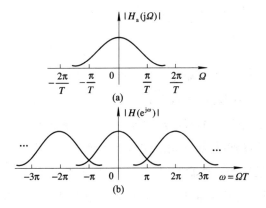

图 6.3.2 脉冲响应不变法的频谱混叠现象示意图

假设 $H(\mathrm{e}^{\mathrm{j}\Omega T})$ 没有频谱混叠现象，即满足

$$H_{\mathrm{a}}(\mathrm{j}\Omega) = 0 \qquad |\Omega| \geqslant \frac{\pi}{T}$$

由(6.3.9)式得到：

$$H(\mathrm{e}^{\mathrm{j}\omega}) = \frac{1}{T}H_{\mathrm{a}}\left(\mathrm{j}\frac{\omega}{T}\right) \qquad |\omega| < \pi \tag{6.3.10}$$

上式说明，如果不考虑频谱混叠现象，用脉冲响应不变法设计的数字滤波器可以很好地重现原模拟滤波器的频响特性。但是，$H(\mathrm{e}^{\mathrm{j}\omega})$ 的幅度与采样间隔成反比，当 T 很小时，$|H(\mathrm{e}^{\mathrm{j}\omega})|$ 就会有太高的增益。为避免这一现象，令

$$h(n) = Th_{\mathrm{a}}(nT)$$

那么

$$H(z) = \sum_{i=1}^{N} \frac{TA_i}{1 - \mathrm{e}^{s_i T}z^{-1}} \tag{6.3.11}$$

(6.3.11)式称为实用公式，此时

$$H(\mathrm{e}^{\mathrm{j}\omega}) = H_{\mathrm{a}}\left(\mathrm{j}\frac{\omega}{T}\right) \qquad |\omega| < \pi \tag{6.3.12}$$

$H_{\mathrm{a}}(s)$ 的极点 s_i 一般是一个复数，且以共轭成对的形式出现，将(6.3.1)式中一对对复数共轭极点 s_i 和 s_i^* 放在一起，形成一个二阶基本节。如果模拟滤波器的二阶基本节的形式为

$$\frac{s + \sigma_i}{(s + \sigma_i)^2 + \Omega_i^2}, \quad 极点为 -\sigma_i \pm \mathrm{j}\Omega_i \tag{6.3.13}$$

可以推导出相应的数字滤波器二阶基本节（只有实数乘法）的形式为

$$\frac{1 - z^{-1}\mathrm{e}^{-\sigma_i T}\cos\Omega_i T}{1 - 2z^{-1}\mathrm{e}^{-\sigma_i T}\cos\Omega_i T + z^{-2}\mathrm{e}^{-2\sigma_i T}} \tag{6.3.14}$$

如果模拟滤波器二阶基本节的形式为

$$\frac{\Omega_i}{(s + \sigma_i)^2 + \Omega_i^2}, \quad 极点为 -\sigma_i \pm \mathrm{j}\Omega_i \tag{6.3.15}$$

则对应的数字滤波器二阶基本节的形式为

$$\frac{z^{-1}e^{-\sigma_i T}\sin\Omega_i T}{1-2z^{-1}e^{-\sigma_i T}\cos\Omega_i T+z^{-2}e^{-2\sigma_i T}} \tag{6.3.16}$$

利用以上这些变换关系,可以简化设计,使实现结构中无复数乘法器。

综上所述,脉冲响应不变法的优点是频率变换关系是线性的,即 $\omega=\Omega T$,如果不存在频谱混叠现象,用这种方法设计的数字滤波器会很好地重现原模拟滤波器的频响特性。另外一个优点是数字滤波器的单位脉冲响应完全模仿模拟滤波器的单位冲激响应波形,时域特性逼近好。但是,有限阶的模拟滤波器不可能是理想带限的,所以,脉冲响应不变法的最大缺点是会产生不同程度的频谱混叠失真,其适合用于低通、带通滤波器的设计,不适合用于高通、带阻滤波器的设计。

【例 6.3.1】 已知模拟滤波器的系统函数 $H_a(s)$ 为

$$H_a(s)=\frac{0.5012}{s^2+0.6449s+0.7079}$$

用脉冲响应不变法将 $H_a(s)$ 转换成数字滤波器的系统函数 $H(z)$。

解 首先将 $H_a(s)$ 写成部分分式:

$$H_a(s)=\frac{-\text{j}0.3224}{s+0.3224+\text{j}0.7772}+\frac{\text{j}0.3224}{s+0.3224-\text{j}0.7772}$$

极点为

$$s_1=-(0.3224+\text{j}0.7772),\quad s_2=-(0.3224-\text{j}0.7772)$$

那么 $H(z)$ 的极点为

$$z_1=e^{s_1 T},\quad z_2=e^{s_2 T}$$

按照(6.3.4)式,并经过整理,得到:

$$H(z)=\frac{-2e^{-0.3224T}\cdot 0.3224\sin(0.7772T)z^{-1}}{1-2z^{-1}e^{-0.3224T}\cos(0.7772T)+e^{-0.6448T}z^{-2}}$$

式中,T 是采样间隔,若 T 选取过大,则会使 $\omega=\pi$ 附近频谱混叠现象严重。这里选取 $T=1\text{ s}$ 和 $T=0.1\text{ s}$ 两种情况,以便进行比较。设 $T=1\text{ s}$ 时用 $H_1(z)$ 表示,$T=0.1\text{ s}$ 时用 $H_2(z)$ 表示,则

$$H_1(z)=\frac{-0.3276z^{-1}}{1-1.0328z^{-1}+0.5247z^{-2}}$$

$$H_2(z)=\frac{-0.0485z^{-1}}{1-1.9307z^{-1}+0.9375z^{-2}}$$

转换时,也可以直接按照(6.3.14)、(6.3.16)式进行转换。首先将 $H_a(s)$ 写成(6.3.15)式的形式,令极点 $s_{1,2}=-\sigma_1\pm\text{j}\Omega_1$,则

$$H_a(s)=\frac{0.5012}{\Omega_1}\frac{\Omega_1}{(s+\sigma_1)^2+\Omega_1^2}=0.6449\frac{\Omega_1}{(s+\sigma_1)^2+\Omega_1^2}$$

再按照(6.3.16)式,$H(z)$ 为

$$H(z) = 0.6449 \frac{z^{-1} e^{-\sigma_1 T} \sin\Omega_1 T}{1 - 2z^{-1} e^{-\sigma_1 T} \cos\Omega_1 T + z^{-2} e^{-2\sigma_1 T}}$$

将 $T=1$ s、$T=0.1$ s 分别代入 $H(z)$ 中，得到 $H_1(z)$ 和 $H_2(z)$，其结果和前面得到的 $H_1(z)$、$H_2(z)$ 完全一样。将 $H_a(j\Omega)$、$H_1(e^{j\omega})$ 和 $H_2(e^{j\omega})$ 的幅频特性用它们的最大值归一化后，如图 6.3.3 所示。由图 6.3.3(a) 可见，模拟滤波器 $H_a(s)$ 通带很窄，但阻带衰减慢，拖了很长的"尾巴"，不是带限滤波器。图 6.3.3(b) 表示的是两种采样间隔（$T=0.1$ s，1 s），转换成数字滤波器的损耗函数，它的横坐标是对 π 归一化的数字频率。图 6.3.3(a)、(b) 两张图的横坐标服从线性关系，即 $\omega=\Omega T$ 关系。按照这种关系，$T=0.1$ s 时，图 6.3.3(a) 的 A、B、C、D、E 点对应图(b)的 a、b、c、d、e 点；而 $T=1$ s 时，图(a)的 H、I、J 点对应图(b)的 h、i、j 点。显然，$T=0.1$ s 时，它们的幅度特性很相似，只是在折叠频率 π（模拟频率是 $10\pi=31.42$ rad/s）附近有很轻的混叠现象。而对于 $T=1$ s 情况，频率混叠现象很严重，原模拟滤波器的 J 点幅度衰减近 26 dB，而对应的数字滤波器的 j 点幅度衰减却只有 18 dB，J 点的模拟频率只有 3.142 rad/s，J 点附近失真都很厉害。数字滤波器的幅度特性在 $\omega=\pi$ 以后又上升，是由于数字系统频响函数的周期性形成的。

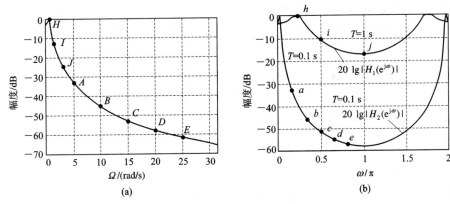

图 6.3.3　例 6.3.1 中不同采样频率转换结果对比

【例 6.3.2】　用脉冲响应不变法设计数字低通滤波器，要求通带和阻带具有单调下降特性，指标参数如下：$\omega_p=0.2\pi$ rad，$\alpha_p=1$ dB，$\omega_s=0.35\pi$ rad，$\alpha_s=10$ dB。

解　例 6.3.1 仅是将给定的模拟滤波器转换成数字滤波器，本例才是用脉冲响应不变法设计数字滤波器。根据间接设计法的基本步骤求解。

（1）将数字滤波器设计指标转换为相应的模拟滤波器指标。设采样周期为 T，由 (6.3.7) 式得到：

$$\Omega_p = \frac{\omega_p}{T} = \frac{0.2\pi}{T} \text{ rad/s}, \ \alpha_p = 1 \text{ dB}$$

$$\Omega_s = \frac{\omega_s}{T} = \frac{0.35\pi}{T} \text{ rad/s}, \ \alpha_s = 10 \text{ dB}$$

（2）设计相应的模拟滤波器，得到模拟系统函数 $H_a(s)$。根据单调下降要求，选择巴特沃斯滤波器。设计过程与例 6.2.1 完全相同，求出阶数 $N=4$。求解计算留做读者练习。

（3）按照(6.3.1)和(6.3.11)式，将模拟滤波器系统函数 $H_a(s)$ 转换成数字滤波器系统函数 $H(z)$：

$$H_a(s) = \sum_{k=1}^{4} \frac{A_k}{s - s_k}, \quad H(z) = \sum_{k=1}^{4} \frac{TA_k}{1 - e^{s_k T} z^{-1}}$$

如上求解计算相当复杂。本例调用 MATLAB 信号处理工具箱函数进行设计。设计程序 ep632.m 如下。读者可以改变程序中的 T 值，观察 T 的大小与频谱混叠失真的关系。

```
%例 6.3.2 用脉冲响应不变法设计数字滤波器程序：ep632.m
T=1;                              %T=1 s
wp=0.2*pi/T; ws=0.35*pi/T; rp=1; rs=10;%T=1 s 的模拟滤波器指标
[N, wc]=buttord(wp, ws, rp, rs, 's');%计算相应的模拟滤波器阶数 N 和 3 dB 截止频率 wc
[B, A]=butter(N, wc, 's');        %计算相应的模拟滤波器系统函数
[Bz, Az]=impinvar(B, A, 1/T);     %用脉冲响应不变法将模拟滤波器转换成数字滤波器
省略绘图部分。
```

程序中，impinvar 是脉冲响应不变法的转换函数，[Bz，Az]=impinvar(B, A, Fs)实现用脉冲响应不变法将分子和分母多项式系数向量为 B 和 A 的模拟滤波器系统函数 $H_a(s)$ 转换成数字滤波器的系统函数 $H(z)$，$H(z)$ 的分子和分母多项式系数向量为 Bz 和 Az。Fs 为采样频率，缺省时，其值为 1 Hz。

取 $T=1$ s 时的运行结果：

N=4

模拟滤波器系统函数 $H_a(s)$ 分子和分母多项式系数向量 B 和 A：

B=[0　0　0　0　0.4872]

A=[1.0000　2.1832　2.3832　1.5240　0.4872]

数字滤波器的系统函数 $H(z)$ 分子和分母多项式系数向量 Bz 和 Az：

Bz=[0 0.0456　0.1027　0.0154 0]

Az=[1.0000　−1.9184　1.6546　−0.6853　0.1127]

由 Bz 和 Az 写出数字滤波器系统函数：

$$H(z) = \frac{0.0456z^{-1} + 0.1027z^{-2} + 0.0154z^{-3}}{1 - 1.9184z^{-1} + 1.6546z^{-2} - 0.6853z^{-3} + 0.1127z^{-4}}$$

$T=1$ s 时模拟滤波器和数字滤波器的损耗函数分别如图 6.3.4(a)和(b)所示。

如果取 $T=0.1$ s，运行程序得到的 $H(z)$ 与 $T=1$s 的 $H(z)$ 基本相同（保留四位小数），模拟滤波器差别较大。这说明当给定数字滤波器指标时，采样间隔 T 的取值对频谱混叠程度的影响很小（见后面解释）。所以，一般取 $T=1$ s 使设计运算最简单。$T=1$ s 时，设计的模拟滤波器和数字滤波器损耗函数曲线如图 6.3.4(a)和(b)所示。$T=0.1$ s 时，设计的模拟滤波器和数字滤波器损耗函数曲线如图 6.3.4(c)和(d)所示。图中数字滤波器满足指标要求，但是，由于频谱混叠失真，使数字滤波器在 $\omega=\pi$（对应模拟频率 $F_s/2$ Hz）附近的衰减明显小于模拟滤波器在 $f=F_s/2$ 附近的衰减。

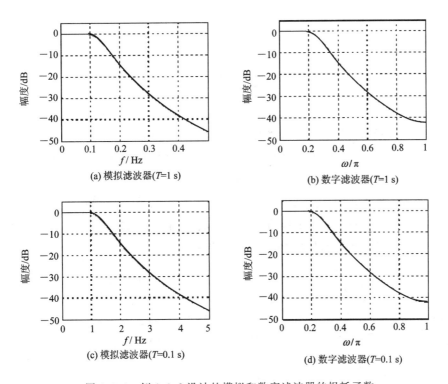

(a) 模拟滤波器(T=1 s)

(b) 数字滤波器(T=1 s)

(c) 模拟滤波器(T=0.1 s)

(d) 数字滤波器(T=0.1 s)

图 6.3.4　例 6.3.2 设计的模拟和数字滤波器的损耗函数

6.4　用双线性变换法设计 IIR 数字低通滤波器

脉冲响应不变法的主要缺点是会产生频谱混叠现象，使数字滤波器的频响偏离模拟滤波器的频响特性。产生的原因是模拟低通滤波器不是带限于折叠频率 π/T，在离散化（采样）后产生了频谱混叠，再通过映射关系 $z=\mathrm{e}^{sT}$，使数字滤波器在 $\omega=\pi$ 附近形成频谱混叠。为了克服这一缺点，可以采用非线性频率压缩方法，将整个模拟频率轴压缩到 $\pm\pi/T$ 之间，再用 $z=\mathrm{e}^{sT}$ 转换到 z 平面上。设 $H_a(s)$，$s=\mathrm{j}\Omega$，经过非线性频率压缩后用 $\hat{H}_a(s_1)$，$s_1=\mathrm{j}\Omega_1$ 表示，这里用正切变换实现频率压缩：

$$\Omega = \frac{2}{T}\tan\left(\frac{1}{2}\Omega_1 T\right) \tag{6.4.1}$$

式中，T 仍是采样间隔。当 Ω_1 从 $-\pi/T$ 经过 0 变化到 π/T 时，Ω 则由 $-\infty$ 经过 0 变化到 $+\infty$，实现了 s 平面上整个虚轴完全压缩到 s_1 平面上虚轴的 $\pm\pi/T$ 之间的转换。由 (6.4.1)式有

$$\mathrm{j}\Omega = \frac{2}{T}\frac{\mathrm{e}^{\mathrm{j}\Omega_1 T/2}-\mathrm{e}^{-\mathrm{j}\Omega_1 T/2}}{\mathrm{e}^{\mathrm{j}\Omega_1 T/2}+\mathrm{e}^{-\mathrm{j}\Omega_1 T/2}} = \frac{2}{T}\frac{1-\mathrm{e}^{-\mathrm{j}\Omega_1 T}}{1+\mathrm{e}^{-\mathrm{j}\Omega_1 T}}$$

代入 $s=\mathrm{j}\Omega$，$s_1=\mathrm{j}\Omega_1$，得到：

$$s = \frac{2}{T}\frac{1-\mathrm{e}^{-s_1 T}}{1+\mathrm{e}^{-s_1 T}} \tag{6.4.2}$$

再通过 $z=\mathrm{e}^{s_1 T}$ 从 s_1 平面转换到 z 平面上，得到：

$$s = \frac{2}{T} \frac{1-z^{-1}}{1+z^{-1}} \qquad (6.4.3)$$

$$z = \frac{\dfrac{2}{T}+s}{\dfrac{2}{T}-s} \qquad (6.4.4)$$

(6.4.3)式或(6.4.4)式称为双线性变换。从 s 平面映射到 s_1 平面，再从 s_1 平面映射到 z 平面，其映射关系如图 6.4.1 所示。由于从 s 平面到 s_1 平面的非线性频率压缩，使 $\hat{H}_a(s_1)$ 带限于 π/T rad/s，因此再用脉冲响应不变法从 s_1 平面转换到 z 平面不可能产生频谱混叠现象。这就是双线性变换法最大的优点。另外，从 s_1 平面转换到 z 平面仍然采用转换关系 $z=\mathrm{e}^{s_1 T}$，s_1 平面的 $\pm\pi/T$ 之间水平带的左半部分映射到 z 平面单位圆内部，虚轴映射为单位圆，这样 $H_a(s)$ 因果稳定，转换成的 $H(z)$ 也是因果稳定的。

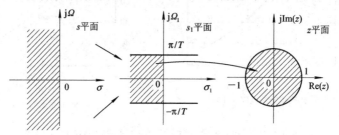

图 6.4.1 双线性变换映射关系示意图

下面分析双线性变换法的转换性能。先分析模拟频率 Ω 和数字频率 ω 之间的关系。令 $s=\mathrm{j}\Omega$，$z=\mathrm{e}^{\mathrm{j}\omega}$，并代入(6.4.3)式，得到：

$$\mathrm{j}\Omega = \frac{2}{T} \frac{1-\mathrm{e}^{-\mathrm{j}\omega}}{1+\mathrm{e}^{-\mathrm{j}\omega}}$$

$$\Omega = \frac{2}{T}\tan\frac{1}{2}\omega \qquad (6.4.5)$$

上式说明，s 平面上 Ω 与 z 平面的 ω 成非线性正切关系，如图 6.4.2 所示。在 $\omega=0$ 附近接近线性关系；当 ω 增加时，Ω 增加得愈来愈快；当 ω 趋近 π 时，Ω 趋近于 ∞。正是因为这种非线性关系，消除了频谱混叠现象。

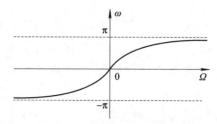

图 6.4.2 双线性变换法的频率关系

ω 与 Ω 之间的非线性关系是双线性变换法的缺点，使数字滤波器频响曲线不能保真地模仿模拟滤波器的频响曲线形状。幅度特性和相位特性失真的情况如图 6.4.3 所示。这种非线性影响的实质问题是：如果 Ω 的刻度是均匀的，则其映像 ω 的刻度不是均匀的，而是

数字信号处理（第五版）

随 ω 增加愈来愈密。因此，如果模拟滤波器的频响具有片段常数特性，则主要是数字滤波器频响特性曲线的转折点频率值与模拟滤波器特性转折点的频率值成非线性关系。当然，对于不是片段常数的相位特性仍有非线性失真。因此，双线性变换法适合片段常数特性的滤波器的设计。实际中，一般选频滤波器的通带和阻带均要求是片段常数特性，因此双线性变换法得到了广泛的应用。但在设计时，要注意边界频率（如通带截止频率、阻带截止频率等）的转换关系要用(6.4.5)式计算。如果设计指标中边界频率以数字频率给出，则必须按(6.4.5)式求出相应模拟滤波器的边界频率，将这种计算称为"**预畸变校正**"。只有这样，才能保证将设计的 $H_a(s)$ 转换成 $H(z)$ 后仍满足给定的数字滤波器技术指标。如果边界频率以模拟频率给出，则设计过程见下小节例 6.5.2 和例 6.5.3。

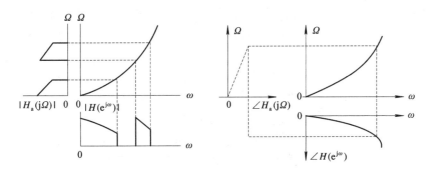

图 6.4.3　双线性变换法幅度和相位特性的非线性映射示意图

双线性变换法可由简单的代数公式(6.4.3)将 $H_a(s)$ 直接转换成 $H(z)$，这是该变换法的优点。但当阶数稍高时，将 $H(z)$ 整理成需要的形式，也不是一件简单的工作。MATLAB 信号处理工具箱提供的几种典型的滤波器设计函数，用于设计数字滤波器时，就是采用双线性变换法。所以，只要掌握了基本设计原理，工程实际中设计就非常容易。

【例 6.4.1】　试用脉冲响应不变法和双线性不变法将图 6.4.4 所示的 RC 低通滤波器转换成数字滤波器。

解　首先按照图 6.4.4 写出该滤波器的系统函数 $H_a(s)$ 为

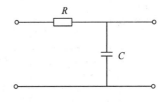

图 6.4.4　简单 RC 低通滤波器

$$H_a(s) = \frac{\alpha}{s + \alpha}, \ \alpha = \frac{1}{RC}$$

利用脉冲响应不变法转换，数字滤波器的系统函数 $H_1(z)$ 为

$$H_1(z) = \frac{\alpha}{1 - e^{-\alpha T} z^{-1}}$$

利用双线性变换法转换，数字滤波器的系统函数 $H_2(z)$ 为

$$H_2(z) = H_a(s) \mid_{s = \frac{2}{T} \frac{1 - z^{-1}}{1 + z^{-1}}} = \frac{\alpha_1 (1 + z^{-1})}{1 + \alpha_2 z^{-1}}$$

$$\alpha_1 = \frac{\alpha T}{\alpha T + 2}, \qquad \alpha_2 = \frac{\alpha T - 2}{\alpha T + 2}$$

设 $\alpha = 1000$，$T = 0.001$ s 和 0.002 s，$H_1(z)$ 和 $H_2(z)$ 的归一化幅频特性分别如图 6.4.5(b) 和 (c) 所示。图 6.4.5(a) 是模拟滤波器幅频特性，是一个低通滤波器，但由于阶数低，选择性差，拖了很长的尾巴。图 6.4.5(b) 是采用脉冲响应不变法转换成的数字滤波器幅频特性曲线，图中 $\omega = \pi$ 处对应的模拟频率与采样间隔 T 有关，当 $T = 0.001$ s 时，对应的模拟频率为 $1/(2T) = 500$ Hz；当 $T = 0.002$ s 时，对应的模拟频率为 250 Hz。对照图 6.4.5(a)，图 (b) 所示的数字滤波器与原模拟滤波器的幅度特性差别很大，且频率愈高，差别愈大。这是由频率混叠失真引起的。相对而言，$T = 0.001$ s 时混叠少一些。图 6.4.5(c) 是采用双线性变换法转换成的数字滤波器幅频特性曲线，由于该转换法的频率压缩作用，使 $\omega = \pi$ 处的幅度降为零，无频谱混叠。但曲线的形状与原模拟滤波器幅度特性曲线的形状差别较大，这是由于该转换法的非线性造成的，T 小一些，非线性的影响少一些。

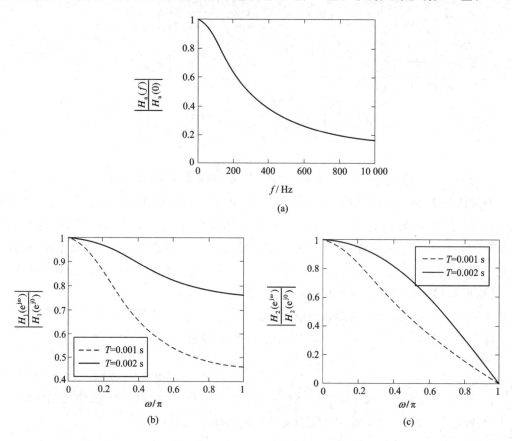

图 6.4.5 例 6.4.1 中 $H_a(s)$、$H_1(z)$ 和 $H_2(z)$ 的幅频特性

下面我们总结利用模拟滤波器设计 IIR 数字低通滤波器的步骤。

(1) 确定数字低通滤波器的技术指标：通带边界频率 ω_p、通带最大衰减 α_p、阻带截止频率 ω_s、阻带最小衰减 α_s。

(2) 将数字低通滤波器的技术指标转换成相应的模拟低通滤波器的技术指标。这里主要是边界频率 ω_p 和 ω_s 的转换，α_p 和 α_s 指标不变。如果采用脉冲响应不变法，边界频率的转换关系为

$$\left.\begin{aligned} \Omega_p &= \frac{\omega_p}{T} \\ \Omega_s &= \frac{\omega_s}{T} \end{aligned}\right\} \tag{6.4.6}$$

如果采用双线性变换法,边界频率的转换关系为

$$\left.\begin{aligned} \Omega_p &= \frac{2}{T}\tan\frac{\omega_p}{2} \\ \Omega_s &= \frac{2}{T}\tan\frac{\omega_s}{2} \end{aligned}\right\} \tag{6.4.7}$$

(3) 按照模拟低通滤波器的技术指标设计过渡模拟低通滤波器。设计方法及设计步骤参考本章 6.2 节。

(4) 用所选的转换方法,将模拟滤波器 $H_a(s)$ 转换成数字低通滤波器系统函数 $H(z)$。

在设计过程中,要用到采样间隔 T,下面介绍 T 的选择原则。如采用脉冲响应不变法,为避免产生频率混叠现象,要求所设计的模拟低通带限于 $-\pi/T \sim \pi/T$ 区间。由于实际滤波器都是有限阶的,因此有一定宽度的过渡带,且频响特性不是带限于 π/T。当给定模拟滤波器 $H_a(s)$,要求单向转换成数字滤波器 $H(z)$,且 α_s 足够大时,选择 T 满足 $|\Omega_s| < \pi/T$,可使频谱混叠足够小,满足数字滤波器指标要求。但如果先给定数字低通的技术指标时,情况则不一样。由于数字滤波器频响函数 $H(e^{j\omega})$ 以 2π 为周期,最高频率在 $\omega = \pi$ 处,因此,$\omega_s < \pi$,按照线性关系 $\Omega_s = \omega_s/T$,那么一定满足 $\Omega_s < \pi/T$,这样 T 可以任选。一般选 $T = 1$ s。这时,频谱混叠程度完全取决于 α_s,α_s 越大,混叠越小。对双线性变换法不存在频谱混叠现象,尤其对于设计片段常数滤波器,T 也可以任选。为了简化计算,一般取 $T = 2$ s。

【例 6.4.2】 设计低通数字滤波器,要求频率低于 0.2π rad 时,容许幅度误差在 1 dB 以内;在频率 0.3π 到 π 之间的阻带衰减大于 15 dB。指定模拟滤波器采用巴特沃斯低通滤波器。试用双线性变换法设计数字滤波器。

解 (1) 数字低通技术指标为

$$\omega_p = 0.2\pi \text{ rad}, \ \alpha_p = 1 \text{ dB}$$
$$\omega_s = 0.3\pi \text{ rad}, \ \alpha_s = 15 \text{ dB}$$

(2) 为了计算简单,取 $T = 1$ s,预畸变校正计算相应模拟低通的技术指标为

$$\Omega_p = \frac{2}{T}\tan\frac{\omega_p}{2} = 2\tan 0.1\pi = 0.6498 \text{ rad/s}, \ \alpha_p = 1 \text{ dB}$$

$$\Omega_s = \frac{2}{T}\tan\frac{\omega_s}{2} = 2\tan 0.15\pi = 1.0191 \text{ rad/s}, \ \alpha_s = 15 \text{ dB}$$

(3) 设计巴特沃斯低通模拟滤波器。根据(6.2.18)式阶数 N 计算如下:

$$\lambda_{sp} = \frac{\Omega_s}{\Omega_p} = \frac{1.0191}{0.6498} = 1.568$$

$$k_{sp} = \sqrt{\frac{10^{\alpha_s/10} - 1}{10^{\alpha_p/10} - 1}} = 10.8751$$

$$N = \frac{\lg k_{sp}}{\lg \lambda_{sp}} = \frac{\lg 10.8751}{\lg 1.568} = 5.3056$$

取 $N=6$。将 Ω_s 和 α_s 代入(6.2.20)式,求得 $\Omega_c = 0.7663$ rad/s。这样保证阻带技术指标满足要求,通带指标有富余。

根据 $N=6$,查表 6.2.1 得到的归一化低通原型系统函数 $G_a(p)$ 为

$$G_a(p) = \frac{1}{(p^2 + 0.5176p + 1)(p^2 + 1.4142p + 1)(p^2 + 1.9319p + 1)}$$

将 $p = s/\Omega_c$ 代入 $G_a(p)$,去归一化得到实际的 $H_a(s)$ 为

$$H_a(s) = \frac{0.2024}{(s^2 + 0.396s + 0.5871)(s^2 + 1.083s + 0.5871)(s^2 + 1.480s + 0.5871)}$$

(4) 用双线性变换法将 $H_a(s)$ 转换成数字滤波器 $H(z)$,即

$$H(z) = H_a(s) \Big|_{s = 2\frac{1-z^{-1}}{1+z^{-1}}}$$

$$= \frac{0.000\,737\,8(1 + z^{-1})^6}{(1 - 1.268z^{-1} + 0.7051z^{-2})(1 - 1.010z^{-1} + 0.358z^{-2})(1 - 0.9044z^{-1} + 0.2155z^{-2})}$$

本例设计的模拟和数字滤波器幅度特性分别如图 6.4.6(a) 和(b)所示。此图表明数字滤波器满足技术指标要求,且无频谱混叠。

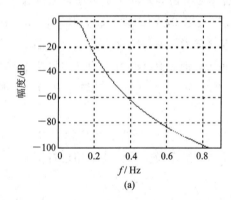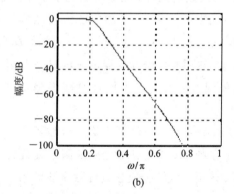

图 6.4.6　例 6.4.2 设计的模拟和数字滤波器幅度特性

本例的设计程序为 ep642. m。程序中分别采用本例中的双线性变换法的分步设计法和调用 MATLAB 工具箱函数 buttord 和 butter 直接设计数字滤波器,所得结果完全相同。这就说明该函数默认采用双线性变换法。

```
%例 6.4.2 设计程序:ep642.m

% 用双线性变换法设计 DF

T=1; Fs=1/T;

wpz=0.2; wsz=0.3;

wp=2 * tan(wpz * pi/2); ws=2 * tan(wsz * pi/2); rp=1; rs=15; %预畸变校正转换指标

[N, wc]=buttord(wp, ws, rp, rs, 's');        %设计过渡模拟滤波器

[B, A]=butter(N, wc, 's');

[Bz, Az]=bilinear(B, A, Fs);               %用双线性变换法转换成数字滤波器
```

[Nd, wdc]=buttord(wpz, wsz, rp, rs);   %调用 buttord 和 butter 直接设计数字滤波器
[Bdz, Adz]=butter(Nd, wdc);

%绘制滤波器的损耗函数曲线(省略)

6.5 数字高通、带通和带阻滤波器的设计

前面我们已经学习了模拟低通滤波器的设计方法,以及基于模拟滤波器的频率变换,模拟高通、带通和带阻滤波器的设计方法。对于数字高通、带通和带阻滤波器的设计,通用方法为双线性变换。可以借助于模拟滤波器的频率变换设计一个所需类型的过渡模拟滤波器,再通过双线性变换将其转换成所需类型的数字滤波器,例如高通数字滤波器等。具体设计步骤如下:

(1)确定所需类型数字滤波器的技术指标。

(2)将所需类型数字滤波器的边界频率转换成相应类型的过渡模拟滤波器的边界频率,转换公式为

$$\Omega = \frac{2}{T}\tan\frac{1}{2}\omega \tag{6.5.1}$$

(3)将相应类型模拟滤波器技术指标转换成模拟低通滤波器技术指标(具体转换公式参看本章 6.2 节)。

(4)设计模拟低通滤波器。

(5)通过频率变换将模拟低通转换成相应类型的过渡模拟滤波器。

(6)采用双线性变换法将相应类型的过渡模拟滤波器转换成所需类型的数字滤波器。

MATLAB 信号处理工具箱中的各种 IIR - DF 设计函数就是按照如上步骤编程设计的,工程实际中可以直接调用这些函数设计各种类型的 IIR 数字滤波器。下面先通过例题说明按照如上步骤设计高通数字滤波器的方法,再直接调用 MATLAB 函数设计带通、带阻数字滤波器。

【例 6.5.1】 设计一个数字高通滤波器,要求通带截止频率 $\omega_p = 0.8\pi$ rad,通带衰减不大于 3 dB,阻带截止频率 $\omega_s = 0.44\pi$ rad,阻带衰减不小于 15 dB。希望采用巴特沃斯滤波器。

解 (1)确定数字高通的技术指标:

$$\omega_p = 0.8\pi \text{ rad}, \ \alpha_p = 3 \text{ dB}$$

$$\omega_s = 0.44\pi \text{ rad}, \ \alpha_s = 15 \text{ dB}$$

(2)将高通数字滤波器的技术指标转换成高通模拟滤波器的设计指标:令 $T = 2$ s,预畸变校正得到模拟边界频率:

$$\Omega_{ph} = \tan\frac{1}{2}\omega_p - 3.0775 \text{ rad/s}, \ \alpha_p = 3 \text{ dB}$$

$$\Omega_{sh} = \tan\frac{1}{2}\omega_s = 0.8275 \text{ rad/s}, \ \alpha_s = 15 \text{ dB}$$

(3)模拟低通滤波器的技术指标计算如下:对通带边界频率(本例中就是 3 dB 截止频

率 Ω_c)归一化，即

$$\lambda_p = \lambda_c = 1,\ \alpha_p = 3\ dB$$

将 $\lambda_p = 1$ 和$-\Omega_{sh}$代入(6.2.51)式，求出归一化低通滤波器的阻带截止频率

$$\lambda_s = \frac{\Omega_{ph}}{\Omega_{sh}} = 3.7190,\ \alpha_s = 15\ dB$$

（4）设计归一化模拟滤波器 $G(p)$。

$$k_{sp} = \sqrt{\frac{10^{0.1\alpha_s}-1}{10^{0.1\alpha_p}-1}} = 5.5463,\ \lambda_{sp} = \frac{\lambda_s}{\lambda_p} = 3.719$$

$$N = \frac{\lg k_{sp}}{\lg \lambda_{sp}} = 1.3043,\ 取\ N = 2$$

查表 6.2.1，得到归一化模拟低通原型系统函数 $G(p)$ 为

$$G(p) = \frac{1}{p^2 + \sqrt{2}p + 1}$$

（5）利用频率变换公式(6.2.50)式将 $G(p)$ 转换成模拟高通 $H_{HP}(s)$：

$$H_a(s) = G(p)\,\big|_{p=\frac{\lambda_p \Omega_{ph}}{s}} = \frac{s^2}{s^2 + \sqrt{2}\Omega_{ph}s + \Omega_{ph}^2} = \frac{s^2}{s^2 + 4.3522s + 9.4710}$$

（6）用双线性变换法将模拟高通 $H_a(s)$ 转换成数字高通 $H(z)$：

$$H(z) = H_a(s)\,\big|_{s=\frac{1-z^{-1}}{1+z^{-1}}} = \frac{0.0675 - 0.1349z^{-1} + 0.0675z^{-2}}{1 + 1.1429z^{-1} + 0.4128z^{-2}}$$

实际上，上述复杂的设计过程的实现程序 ep651.m 只有下面 3 行：

```
wpz=0.8; wsz=0.44; rp=3; rs=15;
[N,wc]=buttord(wpz,wsz,rp,rs);  %调用 buttord 和 butter 直接设计数字滤波器
[Bz,Az]=butter(N,wc,'high');
```

程序运行结果：

N=2；Bz=[0.1326 −0.2653 0.1326]；Az=[1.0000 0.7394 0.2699]

$H(z)$ 的系数虽然不相同，但手算结果和程序运行结果均满足指标要求。数字滤波器损耗函数如图 6.5.1 所示。

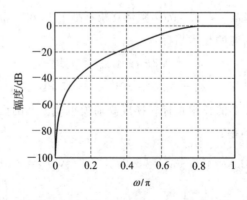

图 6.5.1　高通数字滤波器损耗函数

【例 6.5.2】 希望对输入模拟信号采样并进行数字带通滤波处理，系统采样频率 $F_s = 8$ kHz，要求保留 2025～2225 Hz 频段的频率成分，幅度失真小于 1 dB；滤除 0～1500 Hz 和 2700 Hz 以上频段的频率成分，衰减大于 40 dB。试设计数字带通滤波器实现上述要求。

解 这是一个用数字滤波器对模拟信号进行带通滤波处理的应用实例（先对模拟信号进行 A/D 变换，再进行数字带通滤波处理）。首先确定数字滤波器技术指标：

$$\omega_{pl} = \frac{2\pi f_{pl}}{F_s} = \frac{2\pi \times 2025}{8000} = 0.5062\pi, \quad \omega_{pu} = \frac{2\pi f_{pu}}{F_s} = \frac{2\pi \times 2225}{8000} = 0.5563\pi$$

$$\omega_{sl} = \frac{2\pi f_{sl}}{F_s} = \frac{2\pi \times 1500}{8000} = 0.3750\pi, \quad \omega_{su} = \frac{2\pi f_{su}}{F_s} = \frac{2\pi \times 2700}{8000} = 0.6750\pi$$

$$\alpha_p = 1 \text{ dB}, \quad \alpha_s = 40 \text{ dB}$$

为了使滤波器阶数最低，选用椭圆滤波器。调用 MATLAB 信号处理工具箱函数（ellipord 和 ellip）直接设计数字带通滤波器的程序为 ep652.m。

```
%例 6.5.2 调用函数 ellipord 和 ellip 直接设计数字椭圆带通滤波器程序：ep652.m
fpl=2025; fpu=2225; fsl=1500; fsu=2700; Fs=8000;
wp=[2*fpl/Fs, 2*fpu/Fs]; ws=[2*fsl/Fs, 2*fsu/Fs]; %滤波器边界频率（关于 π 归一化）
rp=1; rs=40;
[N, wpo]=ellipord(wp, ws, rp, rs); %调用 ellipord 计算滤波器阶数 N 和通带截止频率 wpo
[B, A]=ellip(N, rp, rs, wpo); %调用 ellip 计算带通滤波器系数函数系数向量 B 和 A
```

程序运行结果：

```
N=3
wpo =[0.5062   0.5563]; ws=[0.3750   0.6750]
B=[0.0053   0.0020   0.0045   0.0000   -0.0045   -0.0020   -0.0053]
A=[1.0000   0.5730   2.9379   1.0917   2.7919   0.5172   0.8576]
```

由系数向量 B 和 A 可知，系统函数分子分母是 2N 阶多项式：

$$H(z) = \frac{b_0 + b_1 z^{-1} + b_2 z^{-2} + b_3 z^{-3} + b_4 z^{-4} + b_5 z^{-5} + b_6 z^{-6}}{a_0 + a_1 z^{-1} + a_2 z^{-2} + a_3 z^{-3} + a_4 z^{-4} + a_5 z^{-5} + a_6 z^{-6}}$$

式中

$$b_k = B(k+1), \quad a_k = A(k+1) \quad k = 0, 1, 2, 3, 4, 5, 6$$

6 阶椭圆数字带通滤波器损耗函数曲线如图 6.5.2 所示。

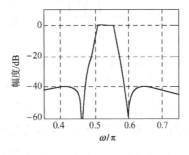

图 6.5.2 六阶椭圆数字带通滤波器损耗函数曲线

【例 6.5.3】 希望对输入模拟信号采样并进行数字带阻滤波处理，系统采样频率 $F_s = 8\ kHz$，要求滤除 2025～2225 Hz 频段的频率成分，衰减大于 40 dB；保留 0～1500 Hz 和 2700 Hz 以上频段的频率成分，幅度失真小于 1 dB。试设计数字带阻滤波器实现上述要求。

解 首先确定数字滤波器技术指标：

$$\omega_{sl} = \frac{2\pi f_{sl}}{F_s} = \frac{2\pi \times 2025}{8000} = 0.5062\pi, \quad \omega_{su} = \frac{2\pi f_{su}}{F_s} = \frac{2\pi \times 2225}{8000} = 0.5563\pi$$

$$\omega_{pl} = \frac{2\pi f_{pl}}{F_s} = \frac{2\pi \times 1500}{8000} = 0.3750\pi, \quad \omega_{pu} = \frac{2\pi f_{pu}}{F_s} = \frac{2\pi \times 2700}{8000} = 0.6750\pi$$

$$\alpha_p = 1\ dB, \quad \alpha_s = 40\ dB$$

选用椭圆滤波器，调用 MATLAB 信号处理工具箱函数（ellipord 和 ellip）直接设计数字带阻滤波器的程序为 ep653. m。除了 ellip 中加入滤波器类型参数′stop′外，该程序与程序 ep652. m 完全相同。

%例 6.5.3 调用函数 ellipord 和 ellip 直接设计数字椭圆带阻滤波器程序：ep653. m
fsl=2025；fsu=2225；fpl=1500；fpu=2700；Fs=8000；
ws=[2 * fsl/Fs, 2 * fsu/Fs]；wp=[2 * fpl/Fs, 2 * fpu/Fs]；%计算滤波器边界频率(关于 π 归一化)
rp=1；rs=40；
[N, wpo]=ellipord(wp, ws, rp, rs) %调用 ellipord 计算滤波器阶数 N 和通带截止频率 wpo
[B, A]=ellip(N, rp, rs, wpo, ′stop′)；%调用 ellip 计算带阻滤波器系统函数系数向量 B 和 A

程序运行结果：

N=3, wpo =[0.3811 0.6750]

B=[0.3600 0.2078 1.0749 0.4094 1.0749 0.2078 0.3600]

A=[1.0000 0.3982 1.1068 0.3508 0.7452 0.0761 0.0178]

根据系统函数系数向量 B 和 A 画出 6 阶数字椭圆带阻滤波器损耗函数曲线如图 6.5.3 所示。

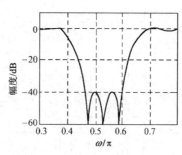

图 6.5.3 六阶椭圆数字带阻滤波器损耗函数曲线

以上仅介绍了用双线性变换法设计数字高通、数字带通和数字带阻滤波器的基本步骤，并举例说明了高通数字滤波器的设计过程。这种方法基于模拟滤波器的频率变换，即先设计模拟低通滤波器，再利用频率变换将模拟低通滤波器转换成所需类型的模拟滤波器（例如模拟高通滤波器），最后采用双线性变换法将所需类型的模拟滤波器转换成所需类型的数字滤波器。这里要说明的是，如果设计的是数字低通或者数字带通滤波器，则也可以采用脉冲响应不变法。但对于数字高通或者数字带阻滤波器，则只能采用双线性变换法进行转换。

按照以上步骤设计数字滤波器的计算繁杂，MATLAB 提供的滤波器设计工具箱函数就是按照这种理论来实现各种类型滤波器的设计的。工程实际中，调用对应函数就可以直接设计所需要的各种滤波器。

请注意，对于滤波器的频率变换，除了本节介绍的模拟域的频率变换以外，在数字域也可以进行频率变换。利用数字域频率变换的设计过程是：先将模拟低通滤波器采用脉冲响应不变法或者双线性变换法转换成数字低通滤波器，再在数字域利用频率变换将低通滤波器转换成所需类型的数字滤波器（例如数字高通滤波器）。限于篇幅，本书未编入这部分内容，读者若感兴趣，可阅读参考文献[12, 19]。

最后要说明的是，前面所介绍的 IIR 数字滤波器的间接设计法是通过先设计模拟滤波器，再进行 s-z 平面转换，来达到设计数字滤波器的目的的。这种设计方法使数字滤波器幅度特性受到所选模拟滤波器特性的限制。例如，巴特沃斯低通幅度特性是单调下降，而切比雪夫低通特性带内或带外有上、下波动等。所以，对于要求任意幅度特性的滤波器，则不适合采用这种方法。数字域直接设计 IIR 滤波器的方法和 FIR 数字滤波器的设计方法可以解决这种问题。

IIR 滤波器的数字域直接设计方法有零极点累试法、频域幅度平方误差最小法和时域直接设计法[1, 3, 12]。后两种方法都属于优化设计方法。在下章 7.7 节将介绍的 MATLAB 滤波器设计分析工具(fadtool)中，也有任意形状频响特性数字滤波器的直接设计方法。

零极点累试法的基本思想是根据期望的幅频特性先确定零极点位置，再按照确定的零极点写出其系统函数，画出其幅度特性，并与希望的幅频特性进行比较，如不满足要求，可通过移动零极点位置或增加（减少）零极点进行修正。这种修正是多次的，因此称为零极点累试法。这种设计方法主要适用于实现简单、选择性要求很低的简单的滤波器设计。

限于篇幅和高等学校本科教学要求，本书未编入直接设计法的具体内容。

习题与上机题

1. 设计一个巴特沃斯低通滤波器，要求通带截止频率 $f_p = 6$ kHz，通带最大衰减 $\alpha_p = 3$ dB，阻带截止频率 $f_s = 12$ kHz，阻带最小衰减 $\alpha_s = 25$ dB。求出滤波器归一化系统函数 $G(p)$ 以及实际的 $H_a(s)$。

2. 设计一个切比雪夫低通滤波器，要求通带截止频率 $f_p = 3$ kHz，通带最大衰减 $\alpha_p = 0.2$ dB，阻带截止频率 $f_s = 12$ kHz，阻带最小衰减 $\alpha_s = 50$ dB。求出滤波器归一化系统函数 $G(p)$ 和实际的 $H_a(s)$。

3. 设计一个巴特沃斯高通滤波器，要求其通带截止频率 $f_p = 20$ kHz，阻带截止频率 $f_s = 10$ kHz，f_p 处最大衰减为 3 dB，阻带最小衰减 $\alpha_s = 15$ dB。求出该高通滤波器的系统函

数 $H_a(s)$。

4. 已知模拟滤波器的系统函数 $H_a(s)$ 如下：

(1)　　$H_a(s) = \dfrac{s+a}{(s+a)^2+b^2}$

(2)　　$H_a(s) = \dfrac{b}{(s+a)^2+b^2}$

式中 a、b 为常数，设 $H_a(s)$ 因果稳定，试采用脉冲响应不变法将其转换成数字滤波器 $H(z)$。

5. 已知模拟滤波器的系统函数如下：

(1)　　$H_a(s) = \dfrac{1}{s^2+s+1}$

(2)　　$H_a(s) = \dfrac{b}{2s^2+3s+1}$

试采用脉冲响应不变法和双线性变换法将其转换为数字滤波器。设 $T = 2$ s。

6. 设 $h_a(t)$ 表示一模拟滤波器的单位冲激响应，即

$$h_a(t) = \begin{cases} \mathrm{e}^{-0.9t} & t \geqslant 0 \\ 0 & t < 0 \end{cases}$$

用脉冲响应不变法，将此模拟滤波器转换成数字滤波器（用 $h(n)$ 表示单位脉冲响应，即 $h(n) = h_a(nT)$）。确定系统函数 $H(z)$，并把 T 作为参数，证明：T 为任何值时，数字滤波器是稳定的，并说明数字滤波器近似为低通滤波器还是高通滤波器。

7. 假设某模拟滤波器 $H_a(s)$ 是一个低通滤波器，又知 $H(z) = H_a(s)\big|_{s=\frac{z+1}{z-1}}$，数字滤波器 $H(z)$ 的通带中心位于下面哪种情况？并说明原因。

(1) $\omega = 0$（低通）。

(2) $\omega = \pi$（高通）。

(3) 除 0 或 π 以外的某一频率（带通）。

8. 题 8 图是由 RC 组成的模拟滤波器，写出其系统函数 $H_a(s)$，并选用一种合适的转换方法，将 $H_a(s)$ 转换成数字滤波器 $H(z)$，最后画出网络结构图。

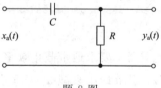

题 8 图

9. 设计低通数字滤波器，要求通带内频率低于 0.2π rad 时，容许幅度误差在 1 dB 之内；频率在 0.3π 到 π 之间的阻带衰减大于 10 dB。试采用巴特沃斯型模拟滤波器进行设计，用脉冲响应不变法进行转换，采样间隔 $T = 1$ ms。

10. 要求同题 9，试采用双线性变换法设计数字低通滤波器。

11. 设计一个数字高通滤波器，要求通带截止频率 $\omega_p = 0.8\pi$ rad，通带衰减不大于

3 dB，阻带截止频率 $\omega_s = 0.5\pi$ rad，阻带衰减不小于 18 dB，希望采用巴特沃斯型滤波器。

12．设计一个数字带通滤波器，通带范围为 0.25π rad 到 0.45π rad，通带内最大衰减为 3 dB，0.15π rad 以下和 0.55π rad 以上为阻带，阻带内最小衰减为 15 dB。试采用巴特沃斯型模拟低通滤波器。

13*．设计巴特沃斯数字带通滤波器，要求通带范围为 0.25π rad$\leqslant\omega\leqslant 0.45\pi$ rad，通带最大衰减为 3 dB，阻带范围为 $0\leqslant\omega\leqslant 0.15\pi$ rad 和 0.55π rad$\leqslant\omega\leqslant\pi$ rad，阻带最小衰减为 40 dB。调用 MATLAB 工具箱函数 buttord 和 butter 设计，并显示数字滤波器系统函数 $H(z)$ 的系数，绘制数字滤波器的损耗函数和相频特性曲线。这种设计对应于脉冲响应不变法还是双线性变换法？

14*．设计一个工作于采样频率 80 kHz 的巴特沃斯低通数字滤波器，要求通带边界频率为 4 kHz，通带最大衰减为 0.5 dB，阻带边界频率为 20 kHz，阻带最小衰减为 45 dB。调用 MATLAB 工具箱函数 buttord 和 butter 设计，并显示数字滤波器系统函数 $H(z)$ 的系数，绘制损耗函数和相频特性曲线。

15*．设计一个工作于采样频率 80 kHz 的切比雪夫 I 型低通数字滤波器，滤波器指标要求与题 14* 的相同。调用 MATLAB 工具箱函数 cheb1ord 和 cheby1 设计，并显示数字滤波器系统函数 $H(z)$ 的系数，绘制损耗函数和相频特性曲线。与题 14* 的设计结果比较，简述巴特沃斯滤波器和切比雪夫 I 型滤波器的特点。

16*．设计一个工作于采样频率 2500 kHz 的椭圆高通数字滤波器，要求通带边界频率为 325 kHz，通带最大衰减为 1 dB，阻带边界频率为 225 kHz，阻带最小衰减为 40 dB。调用 MATLAB 工具箱函数 elliford 和 ellip 设计，并显示数字滤波器系统函数 $H(z)$ 的系数，绘制损耗函数和相频特性曲线。

17*．设计一个工作于采样频率 5 MHz 的椭圆带通数字滤波器，要求通带边界频率为 560 kHz 和 780 kHz，通带最大衰减为 0.5 dB，阻带边界频率为 375 kHz 和 1 MHz，阻带最小衰减为 50 dB。调用 MATLAB 工具箱函数 elliford 和 ellip 设计，并显示数字滤波器系统函数 $H(z)$ 的系数，绘制损耗函数和相频特性曲线。

18*．设计一个工作于采样频率 5 kHz 的椭圆带阻数字滤波器，要求通带边界频率为 500 Hz 和 2125 Hz，通带最大衰减为 1 dB，阻带边界频率为 1050 kHz 和 1400 Hz，阻带最小衰减为 40 dB。调用 MATLAB 工具箱函数 elliford 和 ellip 设计，并显示数字滤波器系统函数 $H(z)$ 的系数，绘制损耗函数和相频特性曲线。

19*．用脉冲响应不变法设计一个巴特沃斯低通数字滤波器，指标要求与题 14* 的相同。编写程序先调用 MATLAB 工具箱函数 buttord 和 butter 设计过渡模拟低通滤波器，再调用脉冲响应不变法数字化转换函数 impinvar，将过渡模拟低通滤波器转换成低通数字滤波器 $H(z)$，并显示过渡模拟低通滤波器和数字滤波器系统函数的系数，绘制损耗函数和相频特性曲线。请归纳本题的设计步骤和所用的计算公式，并比较本题与题 14* 的设计结果，观察双线性变换法的频率非线性失真和脉冲响应不变法的频谱混叠失真。

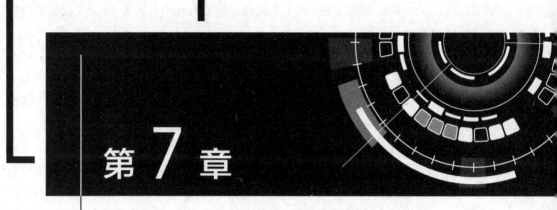

第7章

有限脉冲响应数字滤波器的设计

IIR 数字滤波器的设计方法是利用模拟滤波器成熟的理论及设计图表进行设计的,因而保留了一些典型模拟滤波器优良的幅度特性。但设计中只考虑了幅度特性,没考虑相位特性,所设计的滤波器一般是某种确定的非线性相位特性。为了得到线性相位特性,对 IIR 滤波器必须另外增加相位校正网络,使滤波器设计变得复杂,成本也高,又难以得到严格的线性相位特性。有限脉冲响应(FIR)滤波器在保证幅度特性满足技术要求的同时,很容易做到有严格的线性相位特性。本章中用 N 表示 FIR 滤波器单位脉冲响应 $h(n)$ 的长度,其系统函数 $H(z)$ 为

$$H(z) = \sum_{n=0}^{N-1} h(n) z^{-n}$$

$H(z)$ 是 z^{-1} 的 $N-1$ 次多项式,它在 z 平面上有 $N-1$ 个零点,在原点 $z=0$ 处有一个 $N-1$ 重极点。因此,$H(z)$ 绝对稳定。稳定和线性相位特性是 FIR 滤波器最突出的优点。

FIR 滤波器的设计方法和 IIR 滤波器的设计方法截然不同。FIR 滤波器设计任务是选择有限长度的 $h(n)$,使频率响应函数 $H(\mathrm{e}^{\mathrm{j}\omega})$ 满足技术指标要求。本章主要介绍三种设计方法:窗函数法、频率采样法和切比雪夫等波纹逼近法。

7.1 线性相位 FIR 数字滤波器的条件和特点

本节主要介绍 FIR 滤波器具有线性相位的条件及幅度特性以及零点的分布特点。

1. 线性相位 FIR 数字滤波器

对于长度为 N 的 $h(n)$,频率响应函数为

$$H(\mathrm{e}^{\mathrm{j}\omega}) = \sum_{n=0}^{N-1} h(n) \mathrm{e}^{-\mathrm{j}\omega n} \tag{7.1.1}$$

$$H(e^{j\omega}) = H_g(\omega)e^{j\theta(\omega)} \tag{7.1.2}$$

式中，$H_g(\omega)$ 称为幅度特性；$\theta(\omega)$ 称为相位特性。注意，这里 $H_g(\omega)$ 不同于 $|H(e^{j\omega})|$，$H_g(\omega)$ 为 ω 的实函数，可能取负值，而 $|H(e^{j\omega})|$ 总是正值。线性相位 FIR 滤波器是指 $\theta(\omega)$ 是 ω 的线性函数，即

$$\theta(\omega) = -\tau\omega \qquad \tau \text{ 为常数} \tag{7.1.3}$$

如果 $\theta(\omega)$ 满足下式：

$$\theta(\omega) = \theta_0 - \tau\omega \qquad \theta_0 \text{ 是起始相位} \tag{7.1.4}$$

严格地说，此时 $\theta(\omega)$ 不具有线性相位特性，但以上两种情况都满足群时延是一个常数，即

$$-\frac{d\theta(\omega)}{d\omega} = \tau$$

也称这种情况为线性相位。一般称满足 (7.1.3) 式是第一类线性相位（严格线性相位特性）；满足 (7.1.4) 式为第二类线性相位。$\theta_0 = -\pi/2$ 是第二类线性相位特性常用的情况，所以本章仅介绍这种情况。

2. 线性相位 FIR 滤波器的时域约束条件

线性相位 FIR 滤波器的时域约束条件是指满足线性相位时，对 $h(n)$ 的约束条件。为了使滤波器对实信号的处理结果仍是实信号，一般要求 $h(n)$ 为实序列。

1) 第一类线性相位对 $h(n)$ 的约束条件

第一类线性相位 FIR 数字滤波器的相位函数 $\theta(\omega) = -\omega\tau$，由式 (7.1.1) 和 (7.1.2) 得到：

$$H(e^{j\omega}) = \sum_{n=0}^{N-1} h(n)e^{-j\omega n} = H_g(\omega)e^{-j\omega\tau}$$

$$\sum_{n=0}^{N-1} h(n)(\cos\omega n - j\sin\omega n) = H_g(\omega)(\cos\omega\tau - j\sin\omega\tau) \tag{7.1.5}$$

由式 (7.1.5) 得到：

$$\left. \begin{aligned} H_g(\omega)\cos\omega\tau = \sum_{n=0}^{N-1} h(n)\cos\omega n \\ H_g(\omega)\sin\omega\tau = \sum_{n=0}^{N-1} h(n)\sin\omega n \end{aligned} \right\} \tag{7.1.6}$$

将 (7.1.6) 式中两式相除得到：

$$\frac{\cos\omega\tau}{\sin\omega\tau} = \frac{\displaystyle\sum_{n=0}^{N-1} h(n)\cos\omega n}{\displaystyle\sum_{n=0}^{N-1} h(n)\sin\omega n}$$

即

$$\sum_{n=0}^{N-1} h(n)\cos\omega n \ \sin\omega\tau = \sum_{n=0}^{N-1} h(n)\sin\omega n \ \cos\omega\tau$$

移项并用三角公式化简得到：

$$\sum_{n=0}^{N-1} h(n)\sin[\omega(n-\tau)] = 0 \tag{7.1.7}$$

函数 $h(n)\sin\omega(n-\tau)$ 关于求和区间的中心 $(N-1)/2$ 奇对称,是满足(7.1.7)式的一组解。因为 $\sin\omega(n-\tau)$ 关于 $n=\tau$ 奇对称,如果取 $\tau=(N-1)/2$,则要求 $h(n)$ 关于 $(N-1)/2$ 偶对称,所以要求 τ 和 $h(n)$ 满足如下条件:

$$\begin{cases} \theta(\omega) = -\omega\tau & \tau = \dfrac{N-1}{2} \\ h(n) = h(N-1-n) & 0 \leqslant n \leqslant N-1 \end{cases} \tag{7.1.8}$$

由以上推导结论可知,如果要求单位脉冲响应为 $h(n)$、长度为 N 的 FIR 数字滤波器具有第一类线性相位特性(严格线性相位特性),则 $h(n)$ 应当关于 $n=(N-1)/2$ 点偶对称。当 N 确定时,FIR 数字滤波器的相位特性是一个确知的线性函数,即 $\theta(\omega) = -\omega(N-1)/2$。$N$ 为奇数和偶数时,$h(n)$ 的对称情况分别如表 7.1.1 中的情况 1 和情况 2 所示。

2)第二类线性相位对 $h(n)$ 的约束条件

第二类线性相位 FIR 数字滤波器的相位函数 $\theta(\omega) = -\pi/2 - \omega\tau$,由式(7.1.1)和式(7.1.2)有

$$H(e^{j\omega}) = \sum_{n=0}^{N-1} h(n)e^{-j\omega n} = H_g(\omega)e^{-j(\pi/2+\omega\tau)}$$

经过同样的推导过程可得到:

$$\sum_{n=0}^{N-1} h(n)\cos[\omega(n-\tau)] = 0 \tag{7.1.9}$$

函数 $h(n)\cos[\omega(n-\tau)]$ 关于求和区间的中心 $(N-1)/2$ 奇对称,是满足式(7.1.9)的一组解,因为 $\cos[\omega(n-\tau)]$ 关于 $n=\tau$ 偶对称,所以要求 τ 和 $h(n)$ 满足如下条件:

$$\begin{cases} \theta(\omega) = -\dfrac{\pi}{2} - \omega\tau & \tau = \dfrac{N-1}{2} \\ h(n) = -h(N-1-n) & 0 \leqslant n \leqslant N-1 \end{cases} \tag{7.1.10}$$

由以上推导结论可知,如果要求单位脉冲响应为 $h(n)$、长度为 N 的 FIR 数字滤波器具有第二类线性相位特性,则 $h(n)$ 应当关于 $n=(N-1)/2$ 点奇对称。N 为奇数和偶数时 $h(n)$ 的对称情况分别如表 7.1.1 中情况 3 和情况 4 所示。

3. 线性相位 FIR 滤波器幅度特性 $H_g(\omega)$ 的特点

实质上,幅度特性的特点就是线性相位 FIR 滤波器的频域约束条件。将时域约束条件 $h(n)=\pm h(N-n-1)$ 代入式(7.1.1),设 $h(n)$ 为实序列,即可推导出线性相位条件对 FIR 数字滤波器的幅度特性 $H_g(\omega)$ 的约束条件。当 N 取奇数和偶数时对 $H_g(\omega)$ 的约束不同,因此,对于两类线性相位特性,下面分四种情况讨论其幅度特性的特点。这些特点对正确设计线性相位 FIR 数字滤波器具有重要的指导作用。为了推导方便,引入两个参数符号:

$$\tau = \frac{N-1}{2}, \quad M = \left\lfloor \frac{N-1}{2} \right\rfloor$$

式中,$\left\lfloor (N-1)/2 \right\rfloor$ 表示取不大于 $(N-1)/2$ 的最大整数。显然,仅当 N 为奇数时,$M=\tau=(N-1)/2$。

表 7.1.1 线性相位 FIR 数字滤波器的时域和频域特性一览表

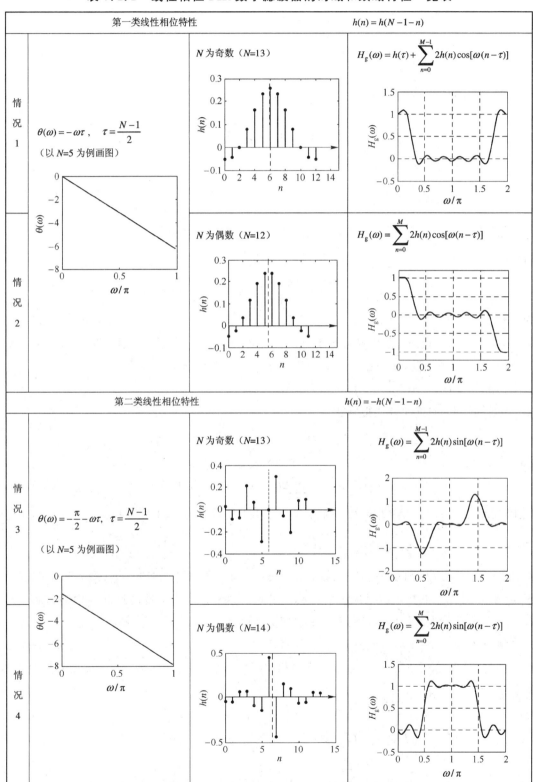

情况 1: $h(n)=h(N-n-1)$，N 为奇数。

将时域约束条件 $h(n)=h(N-n-1)$ 和 $\theta(\omega)=-\omega\tau$ 代入式(7.1.1)和(7.1.2)，得到：

$$H(e^{j\omega}) = H_g(\omega)e^{-j\omega\tau} = \sum_{n=0}^{N-1} h(n)e^{-j\omega n}$$

$$= h\left(\frac{N-1}{2}\right)e^{-j\omega\frac{N-1}{2}} + \sum_{n=0}^{M-1}\left[h(n)e^{-j\omega n} + h(N-n-1)e^{-j\omega(N-n-1)}\right]$$

$$= h\left(\frac{N-1}{2}\right)e^{-j\omega\frac{N-1}{2}} + \sum_{n=0}^{M-1}\left[h(n)e^{-j\omega n} + h(n)e^{-j\omega(N-n-1)}\right]$$

$$= e^{-j\omega\frac{N-1}{2}}\left\{h\left(\frac{N-1}{2}\right) + \sum_{n=0}^{M-1}h(n)\left[e^{-j\omega\left(n-\frac{N-1}{2}\right)} + e^{j\omega\left(n-\frac{N-1}{2}\right)}\right]\right\}$$

$$= e^{-j\omega\tau}\left\{h(\tau) + \sum_{n=0}^{M-1}2h(n)\cos[\omega(n-\tau)]\right\}$$

所以

$$H_g(\omega) = h(\tau) + \sum_{n=0}^{M-1}2h(n)\cos[\omega(n-\tau)] \tag{7.1.11}$$

因为 $\cos[\omega(n-\tau)]$ 关于 $\omega=0,\pi,2\pi$ 三点偶对称，所以由式(7.1.11)可以看出，$H_g(\omega)$ 关于 $\omega=0,\pi,2\pi$ 三点偶对称。因此情况 1 可以实现各种(低通、高通、带通、带阻)滤波器。对于 $N=13$ 的低通情况，$H_g(\omega)$ 的一种例图如表 7.1.1 中情况 1 所示。

情况 2: $h(n)=h(N-n-1)$，N 为偶数。

仿照情况 1 的推导方法得到：

$$H(e^{j\omega}) = H_g(\omega)e^{-j\omega\tau} = \sum_{n=0}^{N-1} h(n)e^{-j\omega n} = e^{-j\omega\tau}\sum_{n=0}^{M}2h(n)\cos(\omega(n-\tau))$$

$$H_g(\omega) = \sum_{n=0}^{M}2h(n)\cos[\omega(n-\tau)] \tag{7.1.12}$$

式中，$\tau=(N-1)/2=N/2-1/2$。因为 N 是偶数，所以当 $\omega=\pi$ 时

$$\cos[\omega(n-\tau)] = \cos\left[\pi\left(n-\frac{N}{2}\right)+\frac{\pi}{2}\right] = -\sin\left[\pi\left(n-\frac{N}{2}\right)\right] = 0$$

而且 $\cos[\omega(n-\tau)]$ 关于过零点奇对称，关于 $\omega=0$ 和 2π 偶对称。所以 $H_g(\pi)=0$，$H_g(\omega)$ 关于 $\omega=\pi$ 奇对称，关于 $\omega=0$ 和 2π 偶对称。因此，情况 2 不能实现高通和带阻滤波器。对 $N=12$ 的低通情况，$H_g(\omega)$ 如表 7.1.1 中情况 2 所示。

情况 3: $h(n)=-h(N-n-1)$，N 为奇数。

将时域约束条件 $h(n)=-h(N-n-1)$ 和 $\theta(\omega)=-\pi/2-\omega\tau$ 代入式(7.1.1)和(7.1.2)，并考虑 $h\left(\frac{N-1}{2}\right)=0$，得到：

$$H(e^{j\omega}) = H_g(\omega)e^{-j\theta(\omega)} = \sum_{n=0}^{N-1}h(n)e^{-j\omega n}$$

$$= \sum_{n=0}^{M-1}\left[h(n)e^{-j\omega n} + h(N-n-1)e^{-j\omega(N-n-1)}\right]$$

$$= \sum_{n=0}^{M-1} \left[h(n)e^{-j\omega n} - h(n)e^{-j\omega(N-n-1)} \right]$$

$$= e^{-j\omega\frac{N-1}{2}} \sum_{n=0}^{M-1} h(n) \left[e^{-j\omega\left(n-\frac{N-1}{2}\right)} - e^{j\omega\left(n-\frac{N-1}{2}\right)} \right]$$

$$= -je^{-j\omega\tau} \sum_{n=0}^{M-1} 2h(n) \sin[\omega(n-\tau)]$$

$$= e^{-j(\pi/2+\omega\tau)} \sum_{n=0}^{M-1} 2h(n) \sin[\omega(n-\tau)]$$

$$H_g(\omega) = \sum_{n=0}^{M-1} 2h(n)\sin[\omega(n-\tau)]$$

式中，N 是奇数，$\tau = (N-1)/2$ 是整数。所以，当 $\omega = 0$，π，2π 时，$\sin[\omega(n-\tau)] = 0$，而且 $\sin[\omega(n-\tau)]$ 关于过零点奇对称。因此 $H_g(\omega)$ 关于 $\omega = 0$，π，2π 三点奇对称。由此可见，情况 3 只能实现带通滤波器。对 $N=13$ 的带通滤波器举例，$H_g(\omega)$ 如表 7.1.1 中情况 3 所示。

情况 4： $h(n) = -h(N-n-1)$，N 为偶数。

用情况 3 的推导过程可以得到：

$$H_g(\omega) = \sum_{n=0}^{M} 2h(n)\sin[\omega(n-\tau)] \tag{7.1.13}$$

式中，N 是偶数，$\tau = (N-1)/2 = N/2 - 1/2$。所以，当 $\omega = 0$，2π 时，$\sin[\omega(n-\tau)] = 0$；当 $\omega = \pi$ 时，$\sin[\omega(n-\tau)] = (-1)^{n-N/2}$，为峰值点。而且 $\sin[\omega(n-\tau)]$ 关于过零点 $\omega = 0$ 和 2π 两点奇对称，关于峰值点 $\omega = \pi$ 偶对称。因此 $H_g(\omega)$ 关于 $\omega = 0$ 和 2π 两点奇对称，关于 $\omega = \pi$ 偶对称。由此可见，情况 4 不能实现低通和带阻滤波器。对 $N=12$ 的高通滤波器举例，$H_g(\omega)$ 如表 7.1.1 中情况 4 所示。

为了便于比较，将上面四种情况的 $h(n)$ 及其幅度特性需要满足的条件列于表 7.1.1 中。应当注意，对每一种情况仅画出满足幅度特性要求的一种例图。例如，情况 1 仅以低通的幅度特性曲线为例。当然也可以画出满足情况 1 的幅度约束条件（$H_g(\omega)$ 关于 $\omega = 0$，π，2π 三点偶对称）的高通、带通和带阻滤波器的幅度特性曲线。所以，仅从表 7.1.1 就认为情况 1 只能设计低通滤波器是错误的。

3. 线性相位 FIR 数字滤波器的零点分布特点

$$H(z) = \sum_{n=0}^{N-1} h(n)z^{-n}$$

将 $h(n) = \pm h(N-1-n)$ 代入上式，得到：

$$H(z) = \sum_{n=0}^{N-1} h(n)z^{-n} = \pm \sum_{n=0}^{N-1} h(N-1-n)z^{-n}$$

$$= \pm \sum_{m=0}^{N-1} h(m)z^{-(N-1-m)} = \pm z^{-(N-1)} H(z^{-1}) \tag{7.1.14}$$

由 (7.1.14) 式可以看出，如 $z = z_i$ 是 $H(z)$ 的零点，其倒数 z_i^{-1} 也必然是其零点；又因为

$h(n)$是实序列，$H(z)$的零点必定共轭成对，因此z_i^*和$(z_i^{-1})^*$也是其零点。这样，线性相位 FIR 滤波器零点必定是互为倒数的共轭对，确定其中一个，另外三个零点也就确定了，如图 7.1.1 中z_3、z_3^{-1}、z_3^*和$(z_3^*)^{-1}$。当然，也有一些特殊情况，如图 7.1.1 中z_1、z_2和z_4情况。

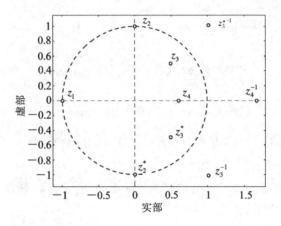

图 7.1.1　线性相位 FIR 数字滤波器的零点分布

7.2　利用窗函数法设计 FIR 滤波器

7.2.1　窗函数法设计原理

设希望逼近的滤波器频率响应函数为$H_d(e^{j\omega})$，其单位脉冲响应是$h_d(n)$。

$$H_d(e^{j\omega}) = \sum_{n=-\infty}^{\infty} h_d(n) e^{-j\omega n}$$

$$h_d(n) = \frac{1}{2\pi} \int_{-\omega_c}^{\omega_c} H_d(e^{j\omega}) e^{j\omega n} \, d\omega$$

如果能够由已知的$H_d(e^{j\omega})$求出$h_d(n)$，经过 Z 变换可得到滤波器的系统函数。但通常以理想滤波器作为$H_d(e^{j\omega})$，其幅度特性逐段恒定，在边界频率处有不连续点，因而$h_d(n)$是无限时宽的，且是非因果序列。例如，线性相位理想低通滤波器的频率响应函数$H_d(e^{j\omega})$为

$$H_d(e^{j\omega}) = \begin{cases} e^{-j\omega\alpha} & |\omega| \leqslant \omega_c \\ 0 & \omega_c < |\omega| \leqslant \pi \end{cases} \tag{7.2.1}$$

其单位脉冲响应$h_d(n)$为

$$h_d(n) = \frac{1}{2\pi} \int_{-\omega_c}^{\omega_c} e^{-j\omega\alpha} e^{j\omega n} \, d\omega = \frac{\sin[\omega_c(n-\alpha)]}{\pi(n-\alpha)} \tag{7.2.2}$$

由上式看到，理想低通滤波器的单位脉冲响应$h_d(n)$是无限长，且是非因果序列。$h_d(n)$的波形如图 7.2.1(a)所示。为了构造一个长度为 N 的第一类线性相位 FIR 滤波器，只有将$h_d(n)$截取一段，并保证截取的一段关于$n=(N-1)/2$偶对称。设截取的一段用$h(n)$表

示，即

$$h(n) = h_d(n) R_N(n) \tag{7.2.3}$$

式中，$R_N(n)$ 是一个矩形序列，长度为 N，波形如图 7.2.1(b) 所示。由该图可知，当 α 取值为 $(N-1)/2$ 时，截取的一段 $h(n)$ 关于 $n=(N-1)/2$ 偶对称，保证所设计的滤波器具有线性相位。

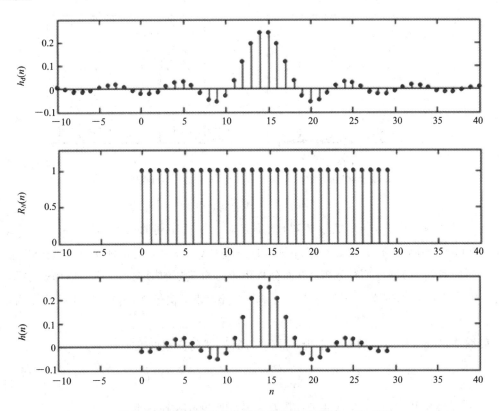

图 7.2.1　窗函数设计法的时域波形(矩形窗，$N=30$)

我们实际设计的滤波器的单位脉冲响应为 $h(n)$，长度为 N，其系统函数为 $H(z)$，

$$H(z) = \sum_{n=0}^{N-1} h(n) z^{-n}$$

这样用一个有限长的序列 $h(n)$ 去代替 $h_d(n)$，肯定会引起误差，表现在频域就是通常所说的吉布斯(Gibbs)效应。该效应引起过渡带加宽以及通带和阻带内的波动，尤其使阻带的衰减小，从而满足不了技术上的要求，如图 7.2.2 所示。这种吉布斯效应是由于将 $h_d(n)$ 直接截断引起的，因此，也称为截断效应。下面讨论这种截断效应的产生，以及如何构造窗函数 $w(n)$，用来减少截断效应，设计一个能满足技术要求的 FIR 线性相位滤波器。

以上就是用窗函数法设计 FIR 滤波器的思想。另外，我们知道 $H_d(e^{j\omega})$ 是一个以 2π 为周期的函数，可以展为傅里叶级数，即

$$H_d(e^{j\omega}) = \sum_{n=-\infty}^{\infty} h_d(n) e^{-j\omega n}$$

傅里叶级数的系数为 $h_d(n)$，当然就是 $H_d(e^{j\omega})$ 对应的单位脉冲响应。设计 FIR 滤波器就是

根据要求找到 N 个傅里叶级数系数 $h(n)$, $n=0, 1, 2, \cdots, N-1$, 以 N 项傅氏级数去近似代替无限项傅氏级数, 这样在一些频率不连续点附近会引起较大误差, 这种误差就是前面说的截断效应, 如图 7.2.2 所示。因此, 从这一角度来说, 窗函数法也称为傅氏级数法。显然, 选取傅氏级数的项数愈多, 引起的误差就愈小, 但项数增多即 $h(n)$ 长度增加, 也使成本和滤波计算量加大, 应在满足技术要求的条件下, 尽量减小 $h(n)$ 的长度。

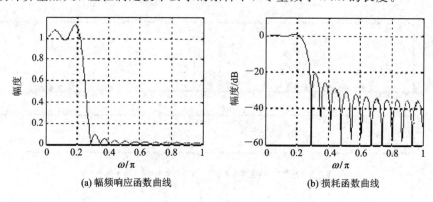

(a) 幅频响应函数曲线   (b) 损耗函数曲线

图 7.2.2   吉普斯效应

在 (7.2.3) 式中, $R_N(n)$ (矩形序列) 就是起对无限长序列的截断作用, 可以形象地把 $R_N(n)$ 看做一个窗口, $h(n)$ 则是从窗口看到的一段 $h_d(n)$ 序列, 所以称 $h(n)=h_d(n)R_N(n)$ 为用矩形窗对 $h_d(n)$ 进行加窗处理。下面分析用矩形窗截断的影响和改进的措施。为了叙述方便, 用 $w(n)$ 表示窗函数, 用下标表示窗函数类型, 矩形窗记为 $w_R(n)$。用 N 表示窗函数长度。

根据傅里叶变换的时域卷积定理, 得到 (7.2.3) 式的傅里叶变换:

$$H(e^{j\omega}) = \frac{1}{2\pi}\int_{-\pi}^{\pi} H_d(e^{j\theta})W_R(e^{j(\omega-\theta)}) \, d\theta \tag{7.2.4}$$

式中, $H_d(e^{j\omega})$ 和 $W_R(e^{j\omega})$ 分别是 $h_d(n)$ 和 $R_N(n)$ 的傅里叶变换, 即

$$
\begin{aligned}
W_R(e^{j\omega}) &= \sum_{n=0}^{N-1} w_R(n)e^{-j\omega n} = \sum_{n=0}^{N-1} e^{-j\omega n} \\
&= e^{-j\frac{1}{2}(N-1)\omega}\frac{\sin(\omega N/2)}{\sin(\omega/2)} \\
&= W_{Rg}(\omega)e^{-j\alpha\omega}
\end{aligned}
\tag{7.2.5}
$$

式中

$$W_{Rg}(\omega) = \frac{\sin(\omega N/2)}{\sin(\omega/2)} \qquad \alpha = \frac{N-1}{2}$$

$W_{Rg}(\omega)$ 称为矩形窗的幅度函数, 如图 7.2.3(b) 所示, 将图中 $[-2\pi/N, 2\pi/N]$ 区间上的一段波形称为 $W_{Rg}(\omega)$ 的主瓣, 其余较小的波动称为旁瓣。将 $H_d(e^{j\omega})$ 写成 $H_d(e^{j\omega})=H_{dg}(\omega)e^{-j\alpha\omega}$, 则按照 (7.2.1) 式, 理想低通滤波器的幅度特性函数 (如图 7.2.3(a) 所示) 为

$$H_{dg}(\omega) = \begin{cases} 1 & |\omega| \leqslant \omega_c \\ 0 & \omega_c < |\omega| \leqslant \pi \end{cases}$$

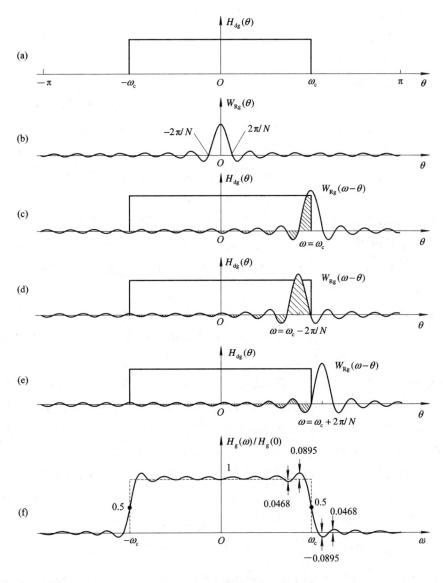

图 7.2.3 矩形窗加窗效应

将 $H_{\mathrm{d}}(e^{j\omega})$ 和 $W_{\mathrm{R}}(e^{j\omega})$ 代入(7.2.4)式,得到:

$$H(e^{j\omega}) = \frac{1}{2\pi} \int_{-\pi}^{\pi} H_{\mathrm{dg}}(\theta) e^{-j\theta\alpha} W_{\mathrm{Rg}}(\omega-\theta) e^{-j(\omega-\theta)\alpha} \, \mathrm{d}\theta$$

$$= e^{-j\omega\alpha} \frac{1}{2\pi} \int_{-\pi}^{\pi} H_{\mathrm{dg}}(\theta) W_{\mathrm{Rg}}(\omega-\theta) \, \mathrm{d}\theta$$

将 $H(e^{j\omega})$ 写成 $H(e^{j\omega}) = H_{\mathrm{g}}(\omega) e^{-j\omega\alpha}$,则

$$H_{\mathrm{g}}(\omega) = \frac{1}{2\pi} \int_{-\pi}^{\pi} H_{\mathrm{dg}}(\theta) W_{\mathrm{Rg}}(\omega-\theta) \, \mathrm{d}\theta \qquad (7.2.6)$$

式中 $H_{\mathrm{g}}(\omega)$ 是 $H(e^{j\omega})$ 的幅度特性。该式说明加窗后的滤波器的幅度特性等于理想低通滤波器的幅度特性 $H_{\mathrm{dg}}(\omega)$ 与矩形窗幅度特性 $W_{\mathrm{Rg}}(\omega)$ 的卷积。

图 7.2.3(f)表示 $H_{dg}(\omega)$ 与 $W_{Rg}(\omega)$ 卷积形成的 $H_g(\omega)$ 波形。当 $\omega=0$ 时，$H_g(0)$ 等于图 7.2.3(a)与(b)两波形乘积的积分，相当于对 $W_{Rg}(\omega)$ 在 $\pm\omega_c$ 之间一段波形的积分，当 $\omega_c \gg 2\pi/N$ 时，近似为 $\pm\pi$ 之间波形的积分。将 $H(0)$ 值归一化到 1。当 $\omega=\omega_c$ 时，情况如图 7.2.3(c)所示，当 $\omega_c \gg 2\pi/N$ 时，积分近似为 $W_{Rg}(\theta)$ 一半波形的积分，对 $H_g(0)$ 归一化后的值近似为 1/2。当 $\omega=\omega_c-2\pi/N$ 时，情况如图 7.2.3(d)所示，$W_R(\omega)$ 主瓣完全在区间 $[-\omega_c,\omega_c]$ 之内，而最大的一个负旁瓣移到区间 $[-\omega_c,\omega_c]$ 之外，因此 $H_g(\omega_c-2\pi/N)$ 有一个最大的正峰。当 $\omega=\omega_c+2\pi/N$ 时，情况如图 7.2.3(e)所示，$W_{Rg}(\omega)$ 主瓣完全移到积分区间外边，由于最大的一个负旁瓣完全在区间 $[-\omega_c,\omega_c]$ 内，因此 $H_g(\omega_c+2\pi/N)$ 形成最大的负峰。图 7.2.3 表明，$H_g(\omega)$ 最大的正峰与最大的负峰对应的频率相距 $4\pi/N$。通过以上分析可知，对 $h_d(n)$ 加矩形窗处理后，$H_g(\omega)$ 与原理想低通 $H_{dg}(\omega)$ 的差别有以下两点：

(1) 在理想特性不连续点 $\omega=\omega_c$ 附近形成过渡带。过渡带的宽度近似等于 $W_{Rg}(\omega)$ 主瓣宽度 $4\pi/N$。这里将 $H_g(\omega)$ 最大正、负峰值对应的频率间距称为近似过渡带宽度，其精确值为 $1.8\pi/N$，见表 7.2.2。

(2) 通带内产生了波纹，最大的峰值在 $\omega_c-2\pi/N$ 处。阻带内产生了余振，最大的负峰在 $\omega_c+2\pi/N$ 处。通带与阻带中波纹的情况与窗函数的幅度谱有关，$W_{Rg}(\omega)$ 旁瓣幅度的大小直接影响 $H_g(\omega)$ 波纹幅度的大小。

以上两点就是对 $h_d(n)$ 用矩形窗截断后，在频域的反映，称为吉布斯效应。这种效应直接影响滤波器的性能。通带内的波纹影响滤波器通带的平稳性，阻带内的波纹影响阻带内的衰减，可能使最小衰减不满足技术指标要求。当然，一般滤波器都要求过渡带愈窄愈好。下面研究如何减少吉布斯效应的影响，设计一个满足要求的 FIR 滤波器。

直观上，好像增加矩形窗的长度，即加大 N，就可以减少吉布斯效应的影响。只要分析一下 N 加大时 $W_{Rg}(\omega)$ 的变化，就可以看到这一结论不是完全正确。我们讨论在主瓣附近的情况。在主瓣附近，按照式(7.2.5)，$W_{Rg}(\omega)$ 可近似为

$$W_{Rg}(\omega) = \frac{\sin(\omega N/2)}{\omega/2} \approx N\frac{\sin x}{x}$$

该函数的性质是随 x 加大(N 加大)，主瓣幅度加高，同时旁瓣也加高，保持主瓣和旁瓣幅度相对值不变；另一方面，N 加大时，$W_{Rg}(\omega)$ 的主瓣和旁瓣宽度变窄，波动的频率加快。三种不同长度的矩形窗函数的幅度特性 $W_{Rg}(\omega)$ 曲线如图 7.2.4(a)、(b)、(c)所示。用这三种窗函数设计的 FIR 滤波器的幅度特性 $H_g(\omega)$ 曲线如图 7.2.4(d)、(e)、(f)所示。因此，当 N 加大时，$H_g(\omega)$ 的波动幅度没有多大改善，带内最大肩峰比 $H(0)$ 高 8.95%，阻带最大负峰值为 $H(0)$ 的 8.95%，使阻带最小衰减只有 21 dB。加大 N 只能使 $H_g(\omega)$ 过渡带变窄(过渡带近似为主瓣宽度 $4\pi/N$)。因此加大 N，并不是减小吉布斯效应的有效方法。

以上分析说明，调整窗口长度 N 只能有效地控制过渡带的宽度，而要减少带内波动以及增大阻带衰减，只能从窗函数的形状上找解决问题的方法。构造新的窗函数形状，使其谱函数的主瓣包含更多的能量，相应旁瓣幅度更小。旁瓣的减小可使通带、阻带波动减小，从而加大阻带衰减。但这样总是以加宽过渡带为代价的。下面介绍几种常用的窗函数。

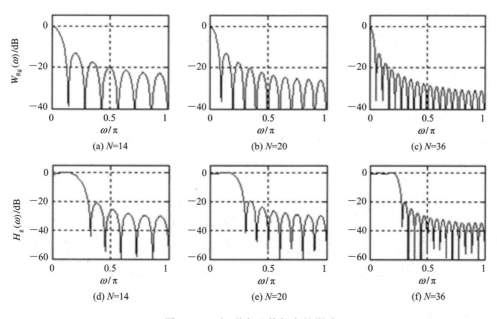

図 7.2.4   矩形窗函数长度的影响

7.2.2   典型窗函数介绍

本节主要介绍几种常用窗函数的时域表达式、时域波形、幅度特性函数（衰减用 dB 计量）曲线，以及用各种窗函数设计的 FIR 数字滤波器的单位脉冲响应和损耗函数曲线。为了叙述简单，我们把这组波形图简称为"四种波形"。下面均以低通为例，$H_d(e^{j\omega})$ 取理想低通，$\omega_c = \pi/2$，窗函数长度 $N=31$。

1. 矩形窗（Rectangle Window）

$$w_R(n) = R_N(n)$$

前面已分析过，按照（7.2.5）式，其幅度函数为

$$W_{Rg}(\omega) = \frac{\sin(\omega N/2)}{\sin(\omega/2)} \tag{7.2.7}$$

为了描述方便，定义窗函数的几个参数：

旁瓣峰值 α_n——窗函数的幅频函数 $|W_g(\omega)|$ 的最大旁瓣的最大值相对主瓣最大值的衰减值（dB）；

过渡带宽度 B_g——用该窗函数设计的 FIR 数字滤波器（FIRDF）的过渡带宽度；

阻带最小衰减 α_s——用该窗函数设计的 FIRDF 的阻带最小衰减。

图 7.2.4 所示的矩形窗的参数为：$\alpha_n = -13$ dB；$B_g = 4\pi/N$；$\alpha_s = -21$ dB。

2. 三角形窗（Bartlett Window）

$$w_B(n) = \begin{cases} \dfrac{2n}{N-1} & 0 \leqslant n \leqslant \dfrac{1}{2}(N-1) \\[2mm] 2 - \dfrac{2n}{N-1} & \dfrac{1}{2}(N-1) < n \leqslant N-1 \end{cases} \tag{7.2.8}$$

其频谱函数为

$$W_B(e^{j\omega}) = \frac{2}{N}\left[\frac{\sin(\omega N/4)}{\sin(\omega/2)}\right]^2 e^{-j\frac{N-1}{2}\omega} \qquad (7.2.9)$$

其幅度函数为

$$W_{Bg}(\omega) = \frac{2}{N}\left[\frac{\sin(\omega N/4)}{\sin(\omega/2)}\right]^2 \qquad (7.2.10)$$

三角窗的四种波形如图 7.2.5 所示，参数为：$\alpha_n = -25$ dB；$B_g = 8\pi/N$；$\alpha_s = -25$ dB。

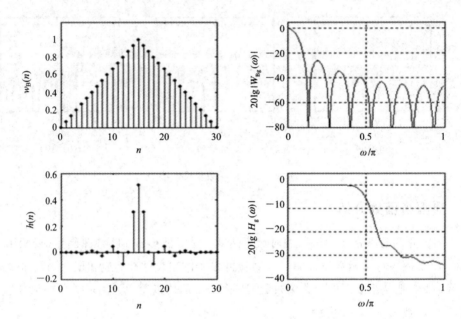

图 7.2.5　三角窗的四种波形

3. 汉宁(Hanning)窗——升余弦窗

$$w_{Hn}(n) = 0.5\left[1 - \cos\left(\frac{2\pi n}{N-1}\right)\right]R_N(n) \qquad (7.2.11)$$

$$W_{Hn}(e^{j\omega}) = FT[w_{Hn}(n)] = W_{Hng}(\omega)e^{-j\frac{N-1}{2}\omega}$$

$$\begin{aligned}
W_{Hn}(e^{j\omega}) &= FT[W_{Hn}(n)] \\
&= \left\{0.5W_{Rg}(\omega) + 0.25\left[W_{Rg}\left(\omega + \frac{2\pi}{N-1}\right) + W_{Rg}\left(\omega - \frac{2\pi}{N-1}\right)\right]\right\}e^{-j\frac{N-1}{2}\omega} \\
&= W_{Hng}(\omega)e^{-j\frac{N-1}{2}\omega}
\end{aligned}$$

当 $N \gg 1$ 时，$N-1 \approx N$

$$W_{Hng}(\omega) = 0.5W_{Rg}(\omega) + 0.25\left[W_{Rg}\left(\omega + \frac{2\pi}{N}\right) + W_{Rg}\left(\omega - \frac{2\pi}{N}\right)\right]$$

汉宁窗的幅度函数 $W_{Hng}(\omega)$ 由三部分相加，旁瓣互相对消，使能量更集中在主瓣中。汉宁窗的四种波形如图 7.2.6 所示，参数为：$\alpha_n = -31$ dB；$B_g = 8\pi/N$；$\alpha_s = -44$ dB。

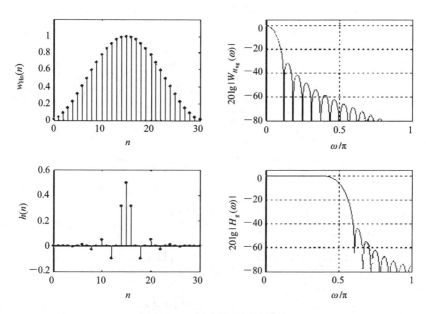

图 7.2.6　汉宁窗的四种波形

4. 哈明(Hamming)窗——改进的升余弦窗

$$w_{\text{Hm}}(n) = \left[0.54 - 0.46\cos\left(\frac{2\pi n}{N-1}\right)\right]R_N(n) \qquad (7.2.12)$$

其频谱函数 $W_{\text{Hm}}(\text{e}^{\text{j}\omega})$ 为

$$W_{\text{Hm}}(\text{e}^{\text{j}\omega}) = 0.54W_R(\text{e}^{\text{j}\omega}) - 0.23W_R(\text{e}^{\text{j}\left(\omega-\frac{2\pi}{N-1}\right)}) - 0.23W_R(\text{e}^{\text{j}\left(\omega+\frac{2\pi}{N-1}\right)})$$

其幅度函数 $W_{\text{Hmg}}(\omega)$ 为

$$W_{\text{Hmg}}(\omega) = 0.54W_{\text{Rg}}(\omega) + 0.23W_{\text{Rg}}\left(\omega-\frac{2\pi}{N-1}\right) + 0.23W_{\text{Rg}}\left(\omega+\frac{2\pi}{N-1}\right)$$

当 $N \gg 1$ 时，其可近似表示为

$$W_{\text{Hmg}}(\omega) \approx 0.54W_{\text{Rg}}(\omega) + 0.23W_{\text{Rg}}\left(\omega-\frac{2\pi}{N}\right) + 0.23W_{\text{Rg}}\left(\omega+\frac{2\pi}{N}\right)$$

这种改进的升余弦窗，能量更加集中在主瓣中，主瓣的能量约占 99.96%，旁瓣峰值幅度为 40 dB，但其主瓣宽度和汉宁窗的相同，仍为 $8\pi/N$。可见哈明窗是一种高效窗函数，所以 MATLAB 窗函数设计函数的默认窗函数就是哈明窗。哈明窗的四种波形如图 7.2.7 所示，参数为：$\alpha_n = -41$ dB；$B_g = 8\pi/N$；$\alpha_s = -53$ dB。

5. 布莱克曼(Blackman)窗

$$w_{\text{Bl}}(n) = \left(0.42 - 0.5\cos\frac{2\pi n}{N-1} + 0.08\cos\frac{4\pi n}{N-1}\right)R_N(n) \qquad (7.2.13)$$

其频谱函数为

$$W_{\text{Bl}}(\text{e}^{\text{j}\omega}) = 0.42W_R(\text{e}^{\text{j}\omega}) - 0.25\left[W_R(\text{e}^{\text{j}\left(\omega-\frac{2\pi}{N-1}\right)}) + W_R(\text{e}^{\text{j}\left(\omega+\frac{2\pi}{N-1}\right)})\right]$$

$$+ 0.04\left[W_R(\text{e}^{\text{j}\left(\omega-\frac{4\pi}{N-1}\right)}) + W_R(\text{e}^{\text{j}\left(\omega+\frac{4\pi}{N-1}\right)})\right]$$

其幅度函数为

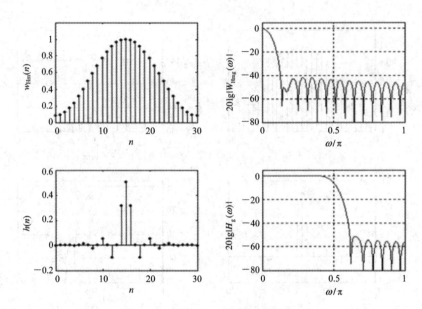

图 7.2.7 哈明窗的四种波形

$$W_{Blg}(\omega) = 0.42W_{Rg}(\omega) + 0.25\left[W_{Rg}\left(\omega - \frac{2\pi}{N-1}\right) + W_{Rg}\left(\omega + \frac{2\pi}{N-1}\right)\right]$$

$$+ 0.04\left[W_{Rg}\left(\omega - \frac{4\pi}{N-1}\right) + W_{Rg}\left(\omega + \frac{4\pi}{N-1}\right)\right] \tag{7.2.14}$$

这样其幅度函数由五部分组成,它们都是移位不同,且幅度也不同的 $W_{Rg}(\omega)$ 函数,使旁瓣再进一步抵消。旁瓣峰值幅度进一步增加,其幅度谱主瓣宽度是矩形窗的 3 倍。布莱克曼窗的四种波形如图 7.2.8 所示,参数为:$\alpha_n = -57$ dB;$\Delta B = 12\pi/N$;$\alpha_s = -74$ dB。

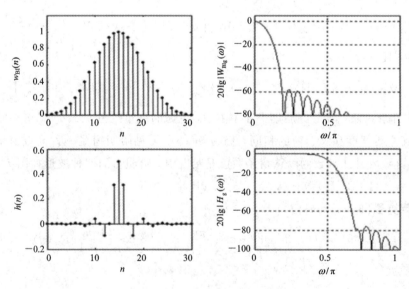

图 7.2.8 布莱克曼窗的四种波形

6. 凯塞—贝塞尔窗(Kaiser - Basel Window)

以上五种窗函数都称为参数固定窗函数,每种窗函数的旁瓣幅度都是固定的。凯塞—

贝塞尔窗是一种参数可调的窗函数，是一种最优窗函数。

$$w_k(n) = \frac{I_0(\beta)}{I_0(\alpha)} \qquad 0 \leqslant n \leqslant N-1 \qquad (7.2.15)$$

式中

$$\beta = \alpha \sqrt{1 - \left(\frac{2n}{N-1} - 1\right)^2}$$

$I_0(\beta)$ 是零阶第一类修正贝塞尔函数，可用下面级数计算：

$$I_0(\beta) = 1 + \sum_{k=1}^{\infty} \left[\frac{1}{k!}\left(\frac{\beta}{2}\right)^k\right]^2$$

一般 $I_0(\beta)$ 取 15～25 项，便可以满足精度要求。α 参数可以控制窗的形状。一般 α 加大，主瓣加宽，旁瓣幅度减小，典型数据为 $4 < \alpha < 9$。当 $\alpha = 5.44$ 时，窗函数接近哈明窗。$\alpha = 7.865$ 时，窗函数接近布莱克曼窗。在设计指标给定时，可以调整 α 值，使滤波器阶数最低，所以其性能最优。凯塞(Kaiser)给出的估算 β 和滤波器阶数 $M(h(n))$ 的长度 $N = M+1$ 的公式如下：

$$\alpha = \begin{cases} 0.112(\alpha_s - 8.7) & \alpha_s > 50 \text{ dB} \\ 0.5842(\alpha_s - 21)^{0.4} + 0.07886(\alpha_s - 21) & 21 \text{ dB} < \alpha_s < 50 \text{ dB} \\ 0 & \alpha_s < 21 \end{cases} \qquad (7.2.16)$$

$$M = \frac{\alpha_s - 8}{2.285 B_t} \qquad (7.2.17)$$

式中，$B_t = |\omega_s - \omega_p|$，是数字滤波器过渡带宽度。应当注意，因为式(7.2.17)为阶数估算，所以必须对设计结果进行检验。另外，凯塞窗函数没有独立控制通带波纹幅度，实际中通带波纹幅度近似等于阻带波纹幅度。凯塞窗的幅度函数为

$$W_{kg}(\omega) = w_k(0) + 2 \sum_{n=1}^{(N-1)/2} w_k(n)\cos(\omega n) \qquad (7.2.18)$$

对 α 的 8 种典型值，将凯塞窗函数的性能列于表 7.2.1 中，供设计者参考。由表可见，当 $\alpha = 5.568$ 时，各项指标都好于哈明窗。6 种典型窗函数基本参数归纳在表 7.2.2 中，可供设计时参考。

表 7.2.1　凯塞窗参数对滤波器的性能影响

α	过渡带宽	通带波纹/dB	阻带最小衰减/dB
2.120	$3.00\pi/N$	± 0.27	-30
3.384	$4.46\pi/N$	± 0.0864	-40
4.538	$5.86\pi/N$	± 0.0274	-50
5.568	$7.24\pi/N$	$\pm 0.008\ 68$	-60
6.764	$8.64\pi/N$	$\pm 0.002\ 75$	-70
7.865	$10.0\pi/N$	$\pm 0.000\ 868$	-80
8.960	$11.4\pi/N$	$\pm 0.000\ 275$	-90
10.056	$10.8\pi/N$	$\pm 0.000\ 087$	-100

表 7.2.2 　6 种窗函数的基本参数

窗函数类型	旁瓣峰值 α_n/dB	过渡带宽度 B_t		阻带最小衰减 α_s/dB
		近似值	精确值	
矩形窗	-13	$4\pi/N$	$1.8\pi/N$	-21
三角窗	-25	$8\pi/N$	$6.1\pi/N$	-25
汉宁窗	-31	$8\pi/N$	$6.2\pi/N$	-44
哈明窗	-41	$8\pi/N$	$6.6\pi/N$	-53
布莱克曼窗	-57	$12\pi/N$	$11\pi/N$	-74
凯塞窗($\beta=7.865$)	-57		$10\pi/N$	-80

表中过渡带宽和阻带最小衰减是用对应的窗函数设计的 FIR 数字滤波器的频率响应指标。随着数字信号处理的不断发展，学者们提出的窗函数已多达几十种，除了上述 6 种窗函数外，比较有名的还有 Chebyshev 窗、Gaussian 窗[5,6]。MATLAB 信号处理工具箱提供了 14 种窗函数的产生函数，下面列出上述 6 种窗函数的产生函数及其调用格式：

wn＝boxcar(N)　　　　　％列向量 wn 中返回长度为 N 的矩形窗函数 w(n)

wn＝bartlett(N)　　　　％列向量 wn 中返回长度为 N 的三角窗函数 w(n)

wn＝hanning(N)　　　　％列向量 wn 中返回长度为 N 的汉宁窗函数 w(n)

wn＝hamming(N)　　　　％列向量 wn 中返回长度为 N 的哈明窗函数 w(n)

wn＝blackman(N)　　　　％列向量 wn 中返回长度为 N 的布莱克曼窗函数 w(n)

wn＝kaiser(N, beta)　　％列向量 wn 中返回长度为 N 的凯塞—贝塞尔窗函数 w(n)

7.2.3　用窗函数法设计 FIR 滤波器的步骤

用窗函数法设计 FIR 滤波器的步骤如下：

（1）根据对阻带衰减及过渡带的指标要求，选择窗函数的类型，并估计窗口长度 N。先按照阻带衰减选择窗函数类型。原则是在保证阻带衰减满足要求的情况下，尽量选择主瓣窄的窗函数。然后根据过渡带宽度估计窗口长度 N。待求滤波器的过渡带宽度 B_t 近似等于窗函数主瓣宽度，且近似与窗口长度 N 成反比，$N \approx A/B_t$，A 取决于窗口类型，例如，矩形窗的 $A=4\pi$，哈明窗的 $A=8\pi$ 等，参数 A 的近似和精确取值参考表 7.2.2。

（2）构造希望逼近的频率响应函数 $H_d(e^{j\omega})$，即

$$H_d(e^{j\omega}) = H_{dg}(\omega)e^{-j\omega(N-1)/2}$$

所谓的"标准窗函数法"，就是选择 $H_d(e^{j\omega})$ 为线性相位理想滤波器(理想低通、理想高通、理想带通、理想带阻)。以低通滤波器为例，$H_{dg}(\omega)$ 应满足：

$$H_{dg}(\omega) = \begin{cases} 1 & |\omega| \leqslant \omega_c \\ 0 & \omega_c < |\omega| \leqslant \pi \end{cases} \tag{7.2.19}$$

由图 7.2.3 知道，理想滤波器的截止频率 ω_c 近似位于最终设计的 FIRDF 的过渡带的中心频率点，幅度函数衰减一半(约-6 dB)。所以如果设计指标给定通带边界频率和阻带

242

边界频率 ω_p 和 ω_s，一般取

$$\omega_c = \frac{\omega_p + \omega_s}{2} \qquad\qquad (7.2.20)$$

（3）计算 $h_d(n)$。如果给出待求滤波器的频响函数为 $H_d(e^{j\omega})$，那么单位脉冲响应用下式求出：

$$h_d(n) = \frac{1}{2\pi} \int_{-\pi}^{\pi} H_d(e^{j\omega}) e^{j\omega n}\, d\omega \qquad\qquad (7.2.21)$$

如果 $H_d(e^{j\omega})$ 较复杂，或者不能用封闭公式表示，则不能用上式求出 $h_d(n)$。我们可以对 $H_d(e^{j\omega})$ 从 $\omega = 0$ 到 $\omega = 2\pi$ 采样 M 点，采样值为 $H_{dM}(k) = H_d(e^{j\frac{2\pi}{M}k})$，$k = 0,1,2,\cdots,M-1$，进行 M 点 IDFT(IFFT)，得到：

$$h_{dM}(n) = \text{IDFT}[H_{dM}(k)]_M \qquad\qquad (7.2.22)$$

根据频域采样理论，$h_{dM}(n)$ 与 $h_d(n)$ 应满足如下关系：

$$h_{dM}(n) = \sum_{r=-\infty}^{\infty} h_d(n + rM) R_M(n)$$

因此，如果 M 选得较大，可以保证在窗口内 $h_{dM}(n)$ 有效逼近 $h_d(n)$。

对(7.2.19)式给出的线性相位理想低通滤波器作为 $H_d(e^{j\omega})$，由(7.2.2)式求出单位脉冲响应 $h_d(n)$：

$$h_d(n) = \frac{\sin[\omega_c(n - \alpha)]}{\pi(n - \alpha)}$$

为保证线性相位特性，$\alpha = (N-1)/2$。

（4）加窗得到设计结果：$h(n) = h_d(n)w(n)$。

【例 7.2.1】 用窗函数法设计线性相位高通 FIRDF，要求通带截止频率 $\omega_p = \pi/2$ rad，阻带截止频率 $\omega_s = \pi/4$ rad，通带最大衰减 $\alpha_p = 1$ dB，阻带最小衰减 $\alpha_s = 40$ dB。

解 （1）选择窗函数 $w(n)$，计算窗函数长度 N。已知阻带最小衰减 $\alpha_s = 40$ dB，由表 (7.2.2)可知汉宁窗和哈明窗均满足要求，我们选择汉宁窗。本例中过渡带宽度 $B_t \leqslant \omega_p - \omega_s = \pi/4$，汉宁窗的精确过渡带宽度 $B_t = 6.2\pi/N$，所以要求 $B_t = 6.2\pi/N \leqslant \pi/4$，解之得 $N \geqslant 24.8$。对高通滤波器 N 必须取奇数，取 $N = 25$。由式(7.2.11)，有

$$w(n) = 0.5\left[1 - \cos\left(\frac{\pi n}{12}\right)\right] R_{25}(n)$$

（2）构造 $H_d(e^{j\omega})$：

$$H_d(e^{j\omega}) = \begin{cases} e^{-j\omega\tau} & \omega_c \leqslant |\omega| \leqslant \pi \\ 0 & 0 \leqslant |\omega| < \omega_c \end{cases}$$

式中

$$\tau = \frac{N-1}{2} = 12, \quad \omega_c = \frac{\omega_s + \omega_p}{2} = \frac{3\pi}{8}$$

（3）求出 $h_d(n)$：

$$h_d(n) = \frac{1}{2\pi} \int_{-\pi}^{\pi} H_d(e^{j\omega}) e^{j\omega n}\, d\omega$$

$$= \frac{1}{2\pi} \left(\int_{-\pi}^{-\omega_c} e^{-j\omega\tau} \, e^{j\omega n} \, d\omega + \int_{\omega_c}^{\pi} e^{-j\omega\tau} \, e^{j\omega n} \, d\omega \right)$$

$$= \frac{\sin \pi(n-\tau)}{\pi(n-\tau)} - \frac{\sin\omega_c(n-\tau)}{\pi(n-\tau)}$$

将 $\tau = 12$ 代入得

$$h_d(n) = \delta(n-12) - \frac{\sin[3\pi(n-12)/8]}{\pi(n-12)}$$

$\delta(n-12)$ 对应全通滤波器，$\dfrac{\sin[3\pi(n-12)/8]}{\pi(n-12)}$ 是截止频率为 $3\pi/8$ 的理想低通滤波器的单位脉冲响应，二者之差就是理想高通滤波器的单位脉冲响应。这就是求理想高通滤波器的单位脉冲响应的另一个公式。

（4）加窗：

$$h(n) = h_d(n)w(n)$$

$$= \left\{ \delta(n-12) - \frac{\sin[3\pi(n-12)/8]}{\pi(n-12)} \right\} \left[0.5 - 0.5\cos\left(\frac{\pi n}{12}\right) \right] R_{25}(n)$$

7.2.4　窗函数法的 MATLAB 设计函数简介

实际设计时一般用 MATLAB 工具箱函数。可调用工具箱函数 fir1 实现窗函数法设计步骤（2）～（4）的解题过程。

（1）fir1 是用窗函数法设计线性相位 FIR 数字滤波器的工具箱函数，实现线性相位 FIR 数字滤波器的标准窗函数法设计。这里的所谓"标准"，是指在设计低通、高通、带通和带阻 FIR 滤波器时，$H_d(e^{j\omega})$ 分别表示相应的线性相位理想低通、高通、带通和带阻滤波器的频率响应函数。因而将所设计的滤波器的频率响应称为标准频率响应。

fir1 的调用格式及功能：

· hn＝fir1(M, wc)，返回 6dB 截止频率为 wc 的 M 阶（单位脉冲响应 $h(n)$ 长度 $N = M + 1$）FIR 低通（wc 为标量）滤波器系数向量 hn，默认选用哈明窗。滤波器单位脉冲响应 $h(n)$ 与向量 hn 的关系为

$$h(n) = hn(n+1) \qquad n = 0, 1, 2, \cdots, M$$

而且满足线性相位条件：$h(n) = h(N-1-n)$。其中 wc 为对 π 归一化的数字频率，$0 \leqslant wc \leqslant 1$。

当 wc＝[wcl, wcu]时，得到的是带通滤波器，其 -6 dB 通带为 wcl$\leqslant \omega \leqslant$wcu。

· hn＝fir1(M, wc, 'ftype')，可设计高通和带阻 FIR 滤波器。当 ftype＝high 时，设计高通 FIR 滤波器；当 ftype＝stop，且 wc＝[wcl, wcu]时，设计带阻 FIR 滤波器。

应当注意，在设计高通和带阻 FIR 滤波器时，阶数 M 只能取偶数（$h(n)$ 长度 $N = M + 1$ 为奇数）。不过，当用户将 M 设置为奇数时，fir1 会自动对 M 加 1。

· hn＝fir1(M, wc, window)，可以指定窗函数向量 window。如果缺省 window 参数，则 fir1 默认为哈明窗。例如：

hn＝fir1(M，wc，bartlett(M＋1))，使用 Bartlett 窗设计；

hn ＝fir1(M，wc，blackman(M＋1))，使用 blackman 窗设计；

hn＝fir1(M，wc，′ftype′，window)，通过选择 wc、ftype 和 window 参数(含义同上)，可以设计各种加窗滤波器。

(2) fir2 为任意形状幅度特性的窗函数法设计函数，用 fir2 设计时，可以指定任意形状的 $H_d(e^{j\omega})$，它实质是一种频率采样法与窗函数法的综合设计函数。主要用于设计幅度特性形状特殊的滤波器(如数字微分器和多带滤波器等)。用 help 命令查阅其调用格式及调用参数的含义。

例 7.2.1 的设计程序 ep721.m 如下：

```
%ep721.m：例 7.2.1 用窗函数法设计线性相位高通 FIR 数字滤波器
wp=pi/2；ws=pi/4；
Bt=wp−ws；              %计算过渡带宽度
N0=ceil(6.2 * pi/Bt)；  %根据表 7.2.2 汉宁窗计算所需 h(n)长度 N0,ceil(x)取大于等于
                       %x 的最小整数
N=N0+mod(N0+1，2)；     %确保 h(n)长度 N 是奇数
wc=(wp+ws)/2/pi；       %计算理想高通滤波器通带截止频率(关于 π 归一化)
hn=fir1(N−1，wc，′high′，hanning(N))；  %调用 fir1 计算高通 FIR 数字滤波器的 h(n)
%略去绘图部分
```

运行程序得到 $h(n)$ 的 25 个值：

$$h(n)=[\ -0.0004\ \ -0.0006\ \ 0.0028\ \ 0.0071\ \ -0.0000\ \ -0.0185\ \ -0.0210$$
$$0.0165\ \ 0.0624\ \ 0.0355\ \ 0.1061\ \ -0.2898\ \ 0.6249\ \ -0.2898$$
$$-0.1061\ \ 0.0355\ \ 0.0624\ \ 0.0165\ \ -0.0210\ \ 0.0185\ \ -0.0000$$
$$0.0071\ \ 0.0028\ \ -0.0006\ \ -0.0004]$$

高通 FIR 数字滤波器的 $h(n)$ 及损耗函数如图 7.2.9 所示。

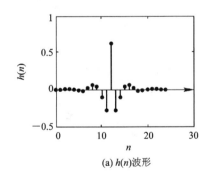
(a) $h(n)$ 波形

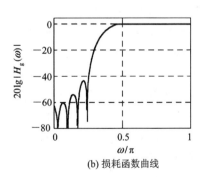
(b) 损耗函数曲线

图 7.2.9 高通 FIR 数字滤波器的 $h(n)$ 波形及损耗函数曲线

【例 7.2.2】 对模拟信号进行低通滤波处理，要求通带 $0 \leqslant f \leqslant 1.5$ kHz 内衰减小于 1 dB，阻带 2.5 kHz$\leqslant f \leqslant \infty$ 上衰减大于 40 dB。希望对模拟信号采样后用线性相位 FIR 数字滤波器实现上述滤波，采样频率 $F_s=10$ kHz。用窗函数法设计满足要求的 FIR 数字低通

滤波器，求出 $h(n)$，并画出损耗函数曲线。为了降低运算量，希望滤波器阶数尽量低。

解 (1) 确定相应的数字滤波器指标：

通带截止频率为

$$\omega_p = \frac{2\pi f_p}{F_s} = 2\pi \times \frac{1500}{10000} = 0.3\pi$$

阻带截止频率为

$$\omega_s = \frac{2\pi f_s}{F_s} = 2\pi \times \frac{2500}{10000} = 0.5\pi$$

阻带最小衰减为

$$\alpha_s = 40 \text{ dB}$$

(2) 用窗函数法设计 FIR 数字低通滤波器，为了降低阶数选择凯塞窗。根据式 (7.2.16)计算凯塞窗的控制参数为

$$\alpha = 0.5842(\alpha_s - 21)^{0.4} + 0.07886(\alpha_s - 21) = 3.3953$$

指标要求过渡带宽度 $B_t = \omega_s - \omega_p = 0.2\pi$，根据式(7.2.17)计算滤波器阶数为

$$M = \frac{\alpha_s - 8}{2.285 B_t} = \frac{40 - 8}{2.285 \times 0.2\pi} = 22.2887$$

取满足要求的最小整数 $M = 23$。所以 $h(n)$ 长度为 $N = M + 1 = 24$。但是，如果用汉宁窗，$h(n)$ 长度为 $N = 40$。理想低通滤波器的通带截止频率 $\omega_c = (\omega_s + \omega_p)/2 = 0.4\pi$，所以由式 (7.2.2)和式(7.2.3)，得到：

$$h(n) = h_d(n)w(n) = \frac{\sin[0.4\pi(n - \tau)]}{\pi(n - \tau)}w(n) \qquad \tau = \frac{N-1}{2} = 11.5$$

式中，$w(n)$ 是长度为 24($\alpha = 3.395$)的凯塞窗函数。

实现本例设计的 MATLAB 程序为 ep722.m。

```
%ep722.m：例 7.2.2 用凯塞窗函数设计线性相位低通 FIR 数字滤波器
fp=1500;fs=2500;rs=40;
wp=2*pi*fp/Fs;ws=2*pi*fs/Fs;
Bt=ws-wp;                      %计算过渡带宽度
alph=0.5842*(rs-21)^0.4+0.07886*(rs-21);  %根据(7.2.16)式计算 kaiser 窗的控制参数 α
M=ceil((rs-8)/2.285/Bt);       %根据(7.2.17)式计算 kaiser 窗所需阶数 M
wc=(wp+ws)/2/pi;               %计算理想高通滤波器通带截止频率(关于 π 归一化)
hn=fir1(M,wc,kaiser(M+1,alph));  %调用 fir1 计算低通 FIRDF 的 h(n)
%以下绘图部分省去
```

运行程序得到 h(n)的 24 个值：

h(n)=[0.0039 0.0041 −0.0062 −0.0147 0.0000 0.0286 0.0242
      −0.0332 −0.0755 0.0000 0.1966 0.3724 0.3724 0.1966
       0.0000 −0.0755 −0.0332 0.0242 0.0286 0.0000 −0.0147
      −0.0062 0.0041 0.0039]

低通 FIR 数字滤波器的 $h(n)$ 波形和损耗函数曲线如图 7.2.10 所示。

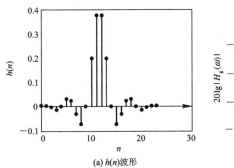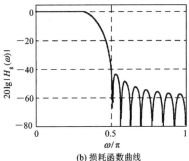

(a) $h(n)$波形 　　　　　　　 (b) 损耗函数曲线

图 7.2.10　低通 FIR 数字滤波器的 $h(n)$ 波形及损耗函数曲线

【例 7.2.3】　用窗函数法设计一个线性相位 FIR 带阻滤波器。要求通带下截止频率 $\omega_{lp}=0.2\pi$，阻带下截止频率 $\omega_{ls}=0.35\pi$，阻带上截止频率 $\omega_{us}=0.65\pi$，通带上截止频率 $\omega_{up}=0.8\pi$，通带最大衰减 $\alpha_p=1$ dB，阻带最小衰减 $\alpha_s=60$ dB。

　　解　本例直接调用 fir1 函数设计。因为阻带最小衰减 $\alpha_s=60$ dB，所以选择布莱克曼窗，再根据过渡带宽度选择滤波器长度 N，布莱克曼窗的过渡带宽度 $B_t=12\pi/N$，所以

$$\frac{12\pi}{N}\leqslant\omega_{lp}-\omega_{ls}=0.35\pi-0.2\pi=0.15\pi$$

解之得 $N=80$。调用参数 $\omega_c=\left[\dfrac{\omega_{lp}+\omega_{ls}}{2\pi},\dfrac{\omega_{us}+\omega_{up}}{2\pi}\right]$。

　　设计程序为 ep723.m，参数计算也由程序完成。

```
%ep723.m：例 7.2.3 用窗函数法设计线性相位带阻 FIR 数字滤波器
wlp=0.2*pi;wls=0.35*pi;wus=0.65*pi;wup=0.8*pi;  %设计指标参数赋值
B=wls-wlp;                        %过渡带宽度
M=ceil(12*pi/B)-1;                %计算阶数 M，ceil(x)为大于等于 x 的最小整数
wp=[(wls+wlp)/2/pi,(wus+wup)/2/pi];  %设置理想带阻截止频率
hn=fir1(M,wp,'stop',blackman(M+1));  %带阻滤波器要求 h(n)长度为奇数，fir1 会自动处理
%省略绘图部分
```

程序运行结果：

$N=80$

由于 $h(n)$ 数据量太大，因而仅给出 $h(n)$ 的波形及损耗函数曲线，如图 7.2.11 所示。

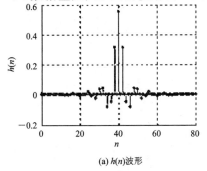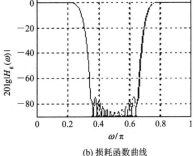

(a) $h(n)$波形 　　　　　　　 (b) 损耗函数曲线

图 7.2.11　带阻 FIR 数字滤波器的 $h(n)$ 波形及损耗函数曲线

由图可见，阻带衰减有较大的富余。如果选用凯塞窗设计，滤波器长度 $N=50$ 就可以满足设计指标。由此可以看出凯塞窗函数的显著优点。

7.3　利用频率采样法设计 FIR 滤波器

1. 用频率采样法设计 FIR 滤波器的基本思想

设希望逼近的滤波器的频响函数用 $H_{\rm d}({\rm e}^{{\rm j}\omega})$ 表示，对 $H_{\rm d}({\rm e}^{{\rm j}\omega})$ 在 $\omega=0$ 到 2π 之间等间隔采样 N 点，得到 $H_{\rm d}(k)$：

$$H_{\rm d}(k) = H_{\rm d}({\rm e}^{{\rm j}\omega}) \mid_{\omega=\frac{2\pi}{N}k} \qquad k=0,1,2,\cdots,N-1 \tag{7.3.1}$$

再对 $H_{\rm d}(k)$ 进行 N 点 IDFT，得到 $h(n)$：

$$h(n) = \frac{1}{N} \sum_{k=0}^{N-1} H_{\rm d}(k) W_N^{-kn} \qquad n=0,1,2,\cdots,N-1 \tag{7.3.2}$$

将 $h(n)$ 作为所设计的 FIR 滤波器的单位脉冲响应，其系统函数 $H(z)$ 为

$$H(z) = \sum_{n=0}^{N-1} h(n) z^{-n} \tag{7.3.3}$$

另外根据频率域采样理论，利用频率域采样值恢复原信号 Z 变换的 (3.3.5) 和 (3.3.6) 式，得到 $H(z)$ 的内插表示形式：

$$H(z) = \frac{1-z^{-N}}{N} \sum_{k=0}^{N-1} \frac{H_{\rm d}(k)}{1-W_N^{-k} z^{-1}} \tag{7.3.4}$$

此式就是直接利用频率采样值 $H_{\rm d}(k)$ 形成滤波器的系统函数，(7.3.3) 式适合 FIR 直接型网络结构，(7.3.4) 式适合频率采样结构。下面讨论两个问题：一个是为了设计线性相位 FIR 滤波器，频域采样序列 $H_{\rm d}(k)$ 应满足的条件；另一个是逼近误差问题及其改进措施。

2. 设计线性相位滤波器时对 $H_{\rm d}(k)$ 的约束条件

FIR 滤波器具有线性相位的条件是 $h(n)$ 为实序列，且满足 $h(n)=h(N-n-1)$，在此基础上我们已推导出其频响函数应满足的条件是：

$$H_{\rm d}({\rm e}^{{\rm j}\omega}) = H_{\rm dg}(\omega) {\rm e}^{{\rm j}\theta(\omega)} \tag{7.3.5}$$

$$\theta(\omega) = -\frac{N-1}{2}\omega \tag{7.3.6}$$

$$H_{\rm dg}(\omega) = H_{\rm dg}(2\pi-\omega) \qquad N=奇数 \tag{7.3.7}$$

$$H_{\rm dg}(\omega) = -H_{\rm dg}(2\pi-\omega) \qquad N=偶数 \tag{7.3.8}$$

在 $\omega=0\sim2\pi$ 区间上 N 个等间隔的采样频点为

$$\omega_k = \frac{2\pi}{N}k \qquad k=0,1,2,\cdots,N-1$$

将 $\omega=\omega_k$ 代入 (7.3.5)～(7.3.8) 式中，并写成 k 的函数：

$$H_{\rm d}(k) = H_{\rm g}(k) {\rm e}^{{\rm j}\theta(k)} \tag{7.3.9}$$

$$\theta(k) = -\frac{N-1}{2} \frac{2\pi}{N}k = -\frac{N-1}{N}\pi k \tag{7.3.10}$$

$$H_g(k) = H_g(N-k) \qquad N = 奇数 \qquad\qquad (7.3.11)$$

$$H_g(k) = -H_g(N-k) \qquad N = 偶数 \qquad\qquad (7.3.12)$$

(7.3.9)~(7.3.12)式就是对频率采样值的约束条件。(7.3.11)式说明，N 等于奇数时 $H_g(k)$ 关于 $N/2$ 点偶对称。(7.3.12)式说明，N 等于偶数时，$H_g(k)$ 关于 $N/2$ 点奇对称，且 $H_g(N/2)=0$。

设用理想低通作为希望逼近的滤波器 $H_d(e^{j\omega})$，截止频率为 ω_c，采样点数为 N，$H_g(k)$ 和 $\theta(k)$ 用下列公式计算：

$N=$奇数时，

$$\begin{cases} H_g(k) = H_g(N-k) = 1 & k = 0, 1, 2, \cdots, k_c \\ H_g(k) = 0 & k = k_c+1, k_c+2, \cdots, N-k_c-1 \\ \theta(k) = -\dfrac{N-1}{N}\pi k & k = 0, 1, 2, \cdots, N-1 \end{cases} \qquad (7.3.13)$$

$N=$偶数时，

$$\begin{cases} H_g(k) = 1 & k = 0, 1, 2, \cdots, k_c \\ H_g(k) = 0 & k = k_c+1, k_c+2, \cdots, N-k_c-1 \\ H_g(N-k) = -1 & k = 1, 2, \cdots, k_c \\ \theta(k) = -\dfrac{N-1}{N}\pi k & k = 0, 1, 2, \cdots, N-1 \end{cases} \qquad (7.3.14)$$

上面公式中的 k_c 是通带内最后一个采样点的序号，所以 k_c 的值取不大于 $[\omega_c N/(2\pi)]$ 的最大整数。另外，本节设计的是第一类线性相位 FIR 滤波器，所以，对于高通和带阻滤波器，N 只能取奇数。

3. 逼近误差及其改进措施

如果待逼近的滤波器为 $H_d(e^{j\omega})$，对应的单位脉冲响应为 $h_d(n)$，则由频率域采样定理知道，在频域 $0\sim2\pi$ 范围等间隔采样 N 点，利用 IDFT 得到的 $h(n)$ 应是 $h_d(n)$ 以 N 为周期的周期延拓的主值区序列，即

$$h(n) = \sum_{m=-\infty}^{\infty} h_d(n+mN)R_N(n)$$

如果 $H_d(e^{j\omega})$ 有间断点，那么相应的单位脉冲响应 $h_d(n)$ 应是无限长的。这样，由于时域混叠及截断，使 $h(n)$ 与 $h_d(n)$ 有偏差。所以，频域的采样点数 N 愈大，时域混叠愈小，设计出的滤波器频响特性愈逼近 $H_d(e^{j\omega})$。

上面是从时域分析其设计误差的来源，下面从频域分析。频域采样定理表明，频率域等间隔采样 $H(k)$，经过 IDFT 得到 $h(n)$，由(3.3.7)和(3.3.8)式，得到 $H(e^{j\omega})=$ FT$[h(n)]$ 的内插表示形式：

$$H(e^{j\omega}) = \sum_{k=0}^{N-1} H(k)\Phi\left(\omega - \frac{2\pi}{N}k\right)$$

式中

$$\Phi(\omega) = \frac{1}{N} \frac{\sin(\omega N/2)}{\sin(\omega/2)} e^{-j\omega\frac{N-1}{2}}$$

上式表明，在采样频点，$\omega_k = 2\pi k/N$，$k=0, 1, 2, \cdots, N-1$，$\Phi(\omega-2\pi k/N)=1$，因此采样点处 $H(e^{j\omega_k})$ 与 $H(k)$ 相等，逼近误差为 0。在采样点之间，$H(e^{j\omega})$ 由 N 项 $H(k)\Phi(\omega-2\pi k/N)$ 之和形成。频域幅度采样序列 $H_g(k)$ 及其内插波形 $H_g(\omega)$ 如图 7.3.1 所示。图 7.3.1(a) 中，实线表示希望逼近的理想幅度函数 $H_{dg}(\omega)$，黑点表示幅度采样序列 $H_g(k)$；图 7.3.1(b) 中，实线 $H_g(\omega)$ 与虚线 $H_{dg}(\omega)$ 的误差与 $H_{dg}(\omega)$ 特性的平滑程度有关，$H_{dg}(\omega)$ 特性愈平滑的区域，误差愈小；特性曲线间断点处，误差最大。表现形式为间断点变成倾斜下降的过渡带曲线，过渡带宽度近似为 $2\pi/N$。通带和阻带内产生震荡波纹，且间断点附近振荡幅度最大，使阻带衰减减小，往往不能满足技术要求。当然，增加 N 可以使过渡带变窄，但是通带最大衰减和阻带最小衰减随 N 的增大并无明显改善。且 N 太大，会增加滤波器的阶数，即增加了运算量和成本。$N=15$ 和 $N=75$ 两种情况下的幅度内插波形 $H_g(\omega)$ 如图 7.3.2 所示，图中的空心圆和实心圆点分别表示 $N=15$ 和 $N=75$ 时的频域幅度采样。运行本书程序库程序 fig731-2.m，即可绘制出图 7.3.1 和图 7.3.2，并分别输出两种采样点数($N=15$ 和 $N=75$)的通带最大衰减 α_p 和阻带最小衰减 α_s。$N=15$ 时，通带最大衰减 $\alpha_p=0.8340$ dB，阻带最小衰减 $\alpha_s=-15.0788$ dB；$N=75$ 时，通带最大衰减 $\alpha_p=1.0880$ dB，阻带最小衰减 $\alpha_s=-16.5815$ dB。所以，直接对理想滤波器的频率响应采样的"基本频率采样设计法"不能满足一般工程对阻带衰减的要求。

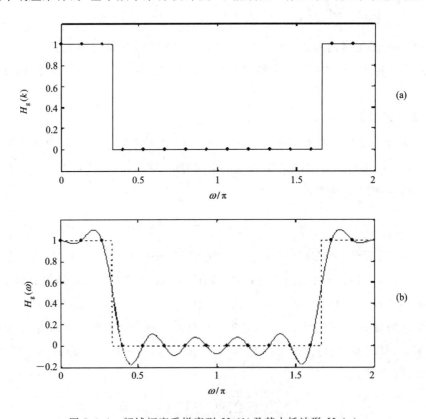

图 7.3.1　频域幅度采样序列 $H_g(k)$ 及其内插波形 $H_g(\omega)$

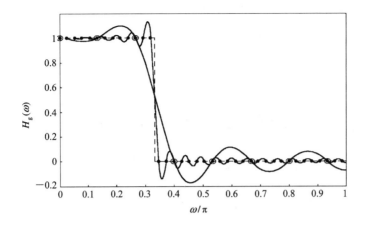

图 7.3.2　$N=15$ 和 $N=75$ 的幅度内插波形 $H_g(\omega)$

在窗函数设计法中，通过加大过渡带宽度换取阻带衰减的增加。频率采样法同样满足这一规律。提高阻带衰减的具体方法是在频响间断点附近区间内插一个或几个过渡采样点，使不连续点变成缓慢过渡带，这样，虽然加大了过渡带，但阻带中相邻内插函数的旁瓣正负对消，明显增大了阻带衰减。

过渡带采样点的个数与阻带最小衰减 α_s 的关系以及使阻带最小衰减 α_s 最大化的每个过渡带采样值求解都要用优化算法解决。其基本思想是将过渡带采样值设为自由量，用一种优化算法（如线性规划算法）改变它们，最终使阻带最小衰减 α_s 最大。该内容已超出本书要求。为了说明这种优化的有效性和上述改进措施的正确性，例 7.3.1 中，运行程序时，采用累试法得到满足指标要求的过渡带采样值。

将过渡带采样点的个数 m 与滤波器阻带最小衰减 α_s 的经验数据列于表 7.3.1 中，我们可以根据给定的阻带最小衰减 α_s 选择过渡带采样点的个数 m。

表 7.3.1　过渡带采样点的个数 m 与滤波器阻带最小衰减 α_s 的经验数据

m	1	2	3
α_s	44～54 dB	65～75 dB	85～95 dB

4. 频率采样法设计步骤

综上所述，可归纳出频率采样法的设计步骤：

（1）根据阻带最小衰减 α_s 选择过渡带采样点的个数 m。

（2）确定过渡带宽度 B_t，估算频域采样点数（即滤波器长度）N。如果增加 m 个过渡带采样点，则过渡带宽度近似变成 $(m+1)2\pi/N$。当 N 确定时，m 越大，过渡带越宽。如果给定过渡带宽度 B_t，则要求 $(m+1)2\pi/N \leqslant B_t$，滤波器长度 N 必须满足如下估算公式：

$$N \geqslant (m+1)\frac{2\pi}{B_t} \qquad (7.3.15)$$

（3）构造一个希望逼近的频率响应函数：

$$H_d(e^{j\omega}) = H_{dg}(\omega)e^{-j\omega(N-1)/2}$$

设计标准型片段常数特性的 FIR 数字滤波器时，一般构造幅度特性函数 $H_{dg}(\omega)$ 为相应的理想频响特性，且满足表 7.1.1 要求的对称性。

（4）按照(7.3.1)式进行频域采样：

$$H(k) = H_d(e^{j\omega})\Big|_{\omega=\frac{2\pi}{N}k} = H_g(k)e^{-j\frac{N-1}{N}\pi k} \qquad k = 0, 1, 2, \cdots, N-1 \qquad (7.3.16)$$

$$H_g(k) = H_{dg}\left(\frac{2\pi}{N}k\right) \qquad k = 0, 1, 2, \cdots, N-1 \qquad\qquad (7.3.17)$$

并加入过渡带采样。过渡带采样值可以设置为经验值，或用累试法确定，也可以采用优化算法估算。

（5）对 $H(k)$ 进行 N 点 IDFT，得到第一类线性相位 FIR 数字滤波器的单位脉冲响应：

$$h(n) = \text{IDFT}[H(k)] = \frac{1}{N}\sum_{k=0}^{N-1} H(k)W_N^{-kn} \qquad n = 0, 1, 2, \cdots, N-1 \qquad (7.3.18)$$

（6）检验设计结果。如果阻带最小衰减未达到指标要求，则要改变过渡带采样值，直到满足指标要求为止。如果滤波器边界频率未达到指标要求，则要微调 $H_{dg}(\omega)$ 的边界频率。

上述设计过程中的计算相当烦琐，所以通常借助计算机设计。MATLAB 就是一种很有效的语言。

【例 7.3.1】 用频率采样法设计第一类线性相位低通 FIR 数字滤波器，要求通带截止频率 $\omega_p = \pi/3$，阻带最小衰减大于 40 dB，过渡带宽度 $B_t \leqslant \pi/16$。

解 查表 7.3.1，$\alpha_s = 40$ dB 时，过渡带采样点数 $m=1$。将 $m=1$ 和 $B_t \leqslant \pi/16$ 代入 (7.3.15)式估算滤波器长度：$N \geqslant (m+1)2\pi/B_t = 64$，留一点富余量，取 $N=65$。构造 $H_d(e^{j\omega}) = H_{dg}(\omega)e^{-j\omega(N-1)/2}$ 为理想低通特性，其幅度响应函数 $H_{dg}(\omega)$ 如图 7.3.3(a)中实线所示。

设计由以下程序 ep731.m 完成：

```
%ep731.m:用频率采样法设计 FIR 低通滤波器
T=input('T=')                          %输入过渡带采样值 T
Bt=pi/16;wp=pi/3;                      %过渡带宽度为 pi/16,通带截止频率为 pi/3
m=1;N=ceil((m+1)*2*pi/Bt);             %按式(7.3.15)估算采样点数 N
N=N+mod(N+1,2);                        %使 N 为奇数
Np=fix(wp/(2*pi/N));                   %Np+1 为通带[0,wp]上采样点数
Ns=N-2*Np-1;                           %Ns 为阻带[wp,2*pi-wp]上采样点数
Hk=[ones(1,Np+1),zeros(1,Ns),ones(1,Np)];
                                       %N 为奇数,幅度采样向量偶对称 A(k)=A(N-k)
Hk(Np+2)=T;Hk(N-Np)=T;                 %加一个过渡采样
thetak=-pi*(N-1)*(0:N-1)/N;            %相位采样向量 θ(k)=(N-1)πk/N,0≤k≤N-1
Hdk=Hk.*exp(j*thetak);                 %构造频域采样向量 Hd(k)
hn=real(ifft(Hdk));                    %h(n)=IDFT[H(k)],real 只取实部,忽略计算误差引起的虚部
Hw=fft(hn,1024);                       %计算频率响应函数:DFT[h(n)]
wk=2*pi*[0:1023]/1024;
Hgw=Hw.*exp(j*wk*(N-1)/2);             %计算幅度响应函数 Hg(ω)=H(e^jω)·e^{-jθ(ω)}
%计算通带最大衰减 Rp 和阻带最小衰减 Rs
Rp=max(20*log10(abs(Hgw)))
```

hgmin＝min(real(Hgw));Rs＝20＊log10(abs(hgmin))

％以下绘图部分略去

运行程序，输入 $T＝0.38$，得到设计结果如图 7.3.3 所示，并输出通带最大衰减 $\alpha_p＝$ 0.4767 dB，阻带最小衰减 $\alpha_s＝-43.4411$ dB。但是，如果过渡带采样值 $T＝0.5$ 和 0.6，则得到阻带最小衰减 $\alpha_s＝-29.6896$ dB 和 -25.0690 dB。由此可见，当过渡带采样点数给定时，过渡带采样值不同，则逼近误差不同。所以，对过渡带采样值进行优化设计才是有效的方法。

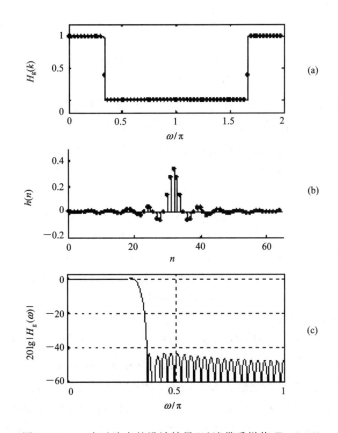

图 7.3.3 一个过渡点的设计结果(过渡带采样值 $T＝0.38$)

MATLAB 信号处理工具箱函数 fir2 是一种频率采样法与窗函数法相结合的 FIR 数字滤波器设计函数。

hn＝ fir2(M,F,A,window(M+1))设计一个 M 阶线性相位 FIR 数字滤波器，返回长度为 $N＝M+1$ 的单位脉冲响应序列向量 hn。window 表示窗函数名，缺省该项时默认选用 Hamming 窗。可供选择的窗函数有 Boxcar、Bartlett、Hann、Hamm、Blackman、Kaiser 和 Chebwin。当 window＝boxcar 时，fir2 就是纯粹的频率采样设计法。希望逼近的幅度特性由边界频率向量 F 和相应的幅度向量 A 确定，plot(F，A)画出的就是希望逼近的幅度特性曲线。F 为对 π 归一化的数字频率向量，$0 \leqslant F \leqslant 1$。而且 F 的元素必须是单调递增的，以 0 开始，以 1 结束，1 对应于模拟频率 Fs/2。对例 7.3.1，F＝[0,wp/pi，wp/pi+2/N,wp/pi+4/N,1]；A＝[1，1，T，0，0]。其中，wc/pi+2/N 为过渡带采样点频率，T 为过渡带采样值。

plot(F,A)画出的就是希望逼近的幅度特性曲线，如图 7.3.4 所示。调用 fir2 求解例 7.3.1 的程序为 ep731b.m。与程序 ep731.m 比较，ep731b.m 更加简单。

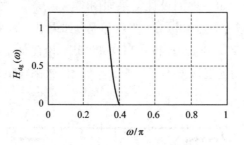

图 7.3.4　例 7.3.1 希望逼近的幅度特性（$T=0.38$）

应当注意，用 Fir2 设计 FIR 数字滤波器时，应当灵活利用其频率采样法与窗函数法相结合的特性，既可以采用优化过渡带采样，设计希望逼近的幅度特性，来控制阻带最小衰减（程序 ep731b.m 中采用这种方法），又可以不加过渡带采样，通过选用合适的窗函数来控制阻带最小衰减。但优化过渡带采样可以使滤波器阶数更低。

```
％调用 fir2 求解例 7.3.1 的程序 ep731b.m
T=input('T=')                    ％键入过渡采样值 T
Bt=pi/16;wp=pi/3;                ％过渡带宽度 pi/16,通带截止频率为 pi/3;
m=1;                             ％过渡点个数 m=1
N=ceil((m+1)*2*pi/Bt)+1          ％按(7.3.15)式估算采样点数 N
F=[0,wp/pi,wp/pi+2/N,wp/pi+4/N,1];A=[1,1,T,0,0];％设置调用参数向量 F 和 A
hn=fir2(N-1,F,A,boxcar(N));      ％选用矩形窗函数
以下与 ep731.m 相同(省略)。
```

窗函数设计法和频率采样法简单方便，易于实现。但它们存在以下缺点：① 滤波器边界频率不易精确控制。② 窗函数设计法总使通带和阻带波纹幅度相等，频率采样法只能依靠优化过渡带采样点的取值控制阻带波纹幅度，所以两种方法都不能分别控制通带和阻带波纹幅度。但是工程上对二者的要求是不同的，希望能分别控制。③ 所设计的滤波器在阻带边界频率附近的衰减最小，距阻带边界频率越远，衰减越大。所以，如果在阻带边界频率附近的衰减刚好达到设计指标要求，则阻带中其他频段的衰减就有很大富余量。这就说明这两种设计法存在较大的资源浪费，或者说所设计滤波器的性能价格比低。下一节介绍一种能克服上述缺点的最优逼近设计方法。

7.4　利用等波纹最佳逼近法设计 FIR 数字滤波器

等波纹最佳逼近法是一种优化设计法，它克服了窗函数设计法和频率采样法的缺点，使最大误差（即波纹的峰值）最小化，并在整个逼近频段上均匀分布。用等波纹最佳逼近法设计的 FIR 数字滤波器的幅频响应在通带和阻带都是等波纹的，而且可以分别控制通带和阻带波纹幅度。这就是等波纹的含义。最佳逼近是指在滤波器长度给定的条件下，使加权

误差波纹幅度最小化。与窗函数设计法和频率采样法比较，由于这种设计法使最大误差均匀分布，所以设计的滤波器性能价格比最高。阶数相同时，这种设计法使滤波器的最大逼近误差最小，即通带最大衰减最小，阻带最小衰减最大；指标相同时，这种设计法使滤波器阶数最低。

等波纹最佳逼近设计法的数学证明复杂，已超出本科生的数学基础。所以本节略去等波纹最佳逼近法复杂的数学推导，只介绍其基本思想和实现线性相位 FIR 数字滤波器的等波纹最佳逼近设计的 MATLAB 信号处理工具箱函数 remez 和 remezord。remez 函数采用数值分析中的 remez 多重交换迭代算法求解等波纹最佳逼近问题，求得满足等波纹最佳逼近准则的 FIR 数字滤波器的单位脉冲响应 $h(n)$。由于切比雪夫(Chebyshev)和雷米兹(Remez)对解决该问题做出了贡献，所以又称之为切比雪夫逼近法，或雷米兹逼近法。

7.4.1 等波纹最佳逼近法的基本思想

用 $H_d(\omega)$ 表示希望逼近的幅度特性函数，要求设计线性相位 FIR 数字滤波器时，$H_d(\omega)$ 必须满足线性相位约束条件。用 $H_g(\omega)$ 表示实际设计的滤波器幅度特性函数。定义加权误差函数 $E(\omega)$ 为

$$E(\omega) = W(\omega)\big[H_d(\omega) - H_g(\omega)\big] \tag{7.4.1}$$

式中，$W(\omega)$ 称为误差加权函数，用来控制不同频段(一般指通带和阻带)的逼近精度。等波纹最佳逼近基于切比雪夫逼近，在通带和阻带以 $|E(\omega)|$ 的最大值最小化为准则，采用 Remez 多重交换迭代算法求解滤波器系数 $h(n)$[3]。所以 $W(\omega)$ 取值越大的频段，逼近精度越高，开始设计时应根据逼近精度要求确定 $W(\omega)$，在 Remez 多重交换迭代过程中 $W(\omega)$ 是确知函数。

等波纹最佳逼近设计中，把数字频段分为"逼近(或研究)区域"和"无关区域"。逼近区域一般指通带和阻带，而无关区域一般指过渡带。设计过程中只考虑对逼近区域的最佳逼近。应当注意，无关区宽度不能为零，即 $H_d(\omega)$ 不能是理想滤波特性。

利用等波纹最佳逼近准则设计线性相位 FIR 数字滤波器数学模型的建立及其求解算法的推导复杂，求解计算必须借助计算机，幸好滤波器设计专家已经开发出 MATLAB 信号处理工具箱函数 remezord 和 remez，只要简单地调用这两个函数就可以完成线性相位 FIR 数字滤波器的等波纹最佳逼近设计。

在介绍 MATLAB 工具箱函数 remezord 和 remez 之前，先介绍等波纹滤波器的技术指标及其描述参数。

图 7.4.1 给出了等波纹滤波器技术指标的两种描述参数。图 7.4.1 (a)用损耗函数描述，即 $\omega_p = \pi/2$，$\alpha_p = 2$ dB，$\omega_s = 11\pi/20$，$\alpha_s = 20$ dB。这是工程实际中常用的指标描述方法。但是，用等波纹最佳逼近设计法求滤波器阶数 N 和误差加权函数 $W(\omega)$ 时，要求给出滤波器通带和阻带的振荡波纹幅度 δ_1 和 δ_2。图 7.4.1 (b)给出了用通带和阻带的振荡波纹幅度 δ_1 和 δ_2 描述的技术指标。显然，两种描述参数之间可以换算。如果设计指标以 α_p 和 α_s 给出，为了调用 MATLAB 工具箱函数 remezord 和 remez 进行设计，就必须由 α_p 和 α_s 换算

出通带和阻带的振荡波纹幅度 δ_1 和 δ_2。对比图 7.4.1(a) 和 (b) 得出关系式:

$$\alpha_p = -20 \lg\left(\frac{1-\delta_1}{1+\delta_1}\right) = 20 \lg\left(\frac{1+\delta_1}{1-\delta_1}\right) \tag{7.4.2}$$

$$\alpha_s = -20 \lg\left(\frac{\delta_2}{1+\delta_1}\right) \approx -20 \lg\delta_2 \tag{7.4.3}$$

由式 (7.4.2) 和 (7.4.3) 得到

$$\delta_1 = \frac{10^{\alpha_p/20} - 1}{10^{\alpha_p/20} + 1} \tag{7.4.4}$$

$$\delta_2 = 10^{-\alpha_s/20} \tag{7.4.5}$$

按照式 (7.4.4) 和 (7.4.5) 计算得到图 7.4.1(b) 中的参数: $\delta_1 = 0.1146$,$\delta_2 = 0.1$。实际中,δ_1 和 δ_2 一般很小,这里为了观察等波纹特性及参数 δ_1 和 δ_2 的含义,特意取较大值。

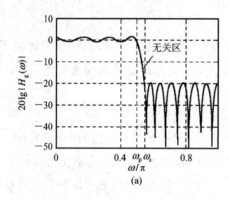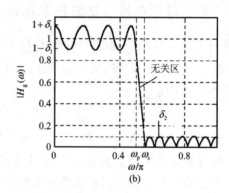

图 7.4.1   等波纹滤波器的幅频特性函数曲线及指标参数

下面举例说明误差加权函数 $W(\omega)$ 的作用,以及滤波器 $h(n)$ 长度 N 和波纹幅度 δ_1 和 δ_2 的制约关系。设期望逼近的通带和阻带分别为 $[0,\pi/4]$ 和 $[5\pi/16,\pi]$,对下面四种不同的控制参数,等波纹最佳逼近的损耗函数曲线分别如图 7.4.2(a)、(b)、(c) 和 (d) 所示。图中,$W = [w_1, w_2]$ 表示第一个逼近区 $[0,\pi/4]$ 上的误差加权函数 $W(\omega) = w_1$,第二个逼近区 $[5\pi/16,\pi]$ 上的误差加权函数 $W(\omega) = w_2$。图 7.4.2(a) 中,通带频段 $[0,\pi/4]$ 上的 $W(\omega) = 1$,阻带频段 $[5\pi/16,\pi]$ 上的 $W(\omega) = 10$。

比较图 7.4.2(a)、(b)、(c) 和 (d) 可以得出结论:当 N 一定时,误差加权函数 $W(\omega)$ 较大的频带逼近精度较高,$W(\omega)$ 较小的频带逼近精度较低,如果改变 $W(\omega)$ 使通(阻)带逼近精度提高,则必然使阻(通)带逼近精度降低。滤波器阶数 N 增大才能使通带和阻带逼近精度同时提高。所以,$W(\omega)$ 和 N 由滤波器设计指标(即 α_p 和 α_s 以及过渡带宽度)确定。所以用等波纹最佳逼近法设计 FIR 数字滤波器的过程是:

(1) 根据给定的逼近指标估算滤波器阶数 N 和误差加权函数 $W(\omega)$;

(2) 采用 remez 算法得到滤波器单位脉冲响应 $h(n)$。

MATLAB 工具箱函数 remezord 和 remez 就是完成以上 2 个设计步骤的有效函数。

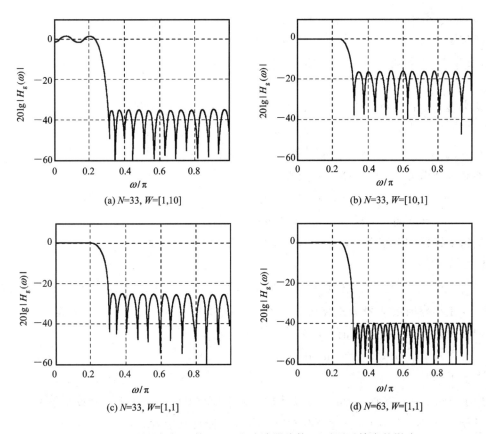

图 7.4.2　误差加权函数 $W(\omega)$ 和滤波器阶数 N 对逼近精度的影响

7.4.2　remez 和 remezord 函数及滤波器设计指标

1. remez 和 remezord 函数

1) remez

remez 函数实现线性相位 FIR 数字滤波器的等波纹最佳逼近设计。其调用格式为

　　　　hn＝remez(M, f, m, w)

调用结果返回单位脉冲响应向量 hn。remez 函数的调用参数(M, f, m, w)一般通过调用 remezord 函数来计算。调用参数含义如下：

M 为 FIR 数字滤波器阶数，hn 长度 N＝M+1。

f 和 m 给出希望逼近的幅度特性。f 为边界频率向量，$0 \leqslant f \leqslant 1$，要求 f 为单调增向量（即 f(k)＜f(k+1)，k=1，2，…），而且从 0 开始，以 1 结束，1 对应数字频率 $\omega = \pi$(模拟频率 $F_s/2$，F_s 表示时域采样频率)。m 是与 f 对应的幅度向量，m 与 f 长度相等，m(k)表示频点 f(k)的幅度响应值。如果用命令 Plot(f, m)画出幅频响应曲线，则 k 为奇数时，频段 $[f(k), f(k+1)]$ 上的幅频响应就是期望逼近的幅频响应值，频段 $[f(k+1), f(k+2)]$ 为无关区。简言之，Plot(f, m)命令画出的幅频响应曲线中，起始频段为第一段，奇数频段为逼近区，偶数频段为无关区。

例如，对图 7.4.2，f＝[0，1/4，5/16，1]；m＝[1，1，0，0]；plot(f，m)画出的幅度特性曲线如图 7.4.3 所示，图中奇数段(第一、三段)的水平幅度为希望逼近的幅度特性，偶数段(第二段)的下降斜线为无关部分，逼近时形成过渡带，并不考虑该频段的幅频响应形状。

w 为误差加权向量，其长度为 f 的一半。w(i)表示对 m 中第 i 个逼近频段的误差加权值。图 7.4.2(a)中，w＝[1，10]。缺省 w 时，默认 w 为全 1(即每个逼近频段的误差加权值相同)。除了设计选频 FIR 数字滤波器，remez 函数还可以设计两种特殊滤波器：希尔伯特变换器和数字微分器，调用格式分别为

$$hn＝remez(M，f，m，w，'hilbert')$$
$$hn＝remez(M，f，m，w，'defferentiator')$$

希尔伯特变换器和数字微分器设计和应用的详细内容请参考文献[10，19]。

2) remezord

采用 remezord 函数，可根据逼近指标估算等波纹最佳逼近 FIR 数字滤波器的最低阶数 M、误差加权向量 w 和归一化边界频率向量 f，使滤波器在满足指标的前提下造价最低。其返回参数作为 remez 函数的调用参数。其调用格式为

$$[M，fo，mo，w]＝remezord(f，m，rip，Fs)$$

参数说明：

f 与 remez 中的类似，这里 f 可以是模拟频率(单位为 Hz)或归一化数字频率，但必须从 0 开始，到 Fs/2(用归一化频率时对应 1)结束，而且其中省略了 0 和 Fs/2 两个频点。Fs 为采样频率，缺省时默认 Fs＝2Hz。但是这里 f 的长度(包括省略的 0 和 Fs/2 两个频点)是 m 的两倍，即 m 中的每个元素表示 f 给定的一个逼近频段上希望逼近的幅度值。例如，对图 7.4.3，f＝[1/4，5/16]，m＝[1，0]。

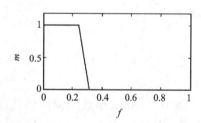

图 7.4.3　希望逼近的幅度特性曲线

注意：① 省略 Fs 时，f 中必须为归一化频率。② 有时估算的阶数 M 略小，使设计结果达不到指标要求，这时要取 M+1 或 M+2(必须注意对滤波器长度 N＝M+1 的奇偶性要求)。所以必须检验设计结果。③ 如果无关区(过渡带)太窄，或截止频率太接近零频率和 Fs/2 时，设计结果可能不正确。

rip 表示 f 和 m 描述的各逼近频段允许的波纹幅度(幅频响应最大偏差)，f 的长度是 rip 的两倍。

一般以[N，fo，mo，w]＝remezord(f，m，rip，Fs)返回的参数作为 remez 的调用参数，

计算单位脉冲响应：hn＝remez(N，fo，mo，w)。对比前面介绍的 remez 调用参数，可清楚地看出 remezord 返回参数 N、fo、mo 和 w 的含义。

综上所述，调用 remez 和 remezord 函数设计线性相位 FIR 数字滤波器，关键是根据设计指标求出 remezord 函数的调用参数 f、m、rip 和 Fs，其中 Fs 一般是题目给定的，或根据实际信号处理要求（按照采样定理）确定。下面给出由给定的各种滤波器设计指标确定 remezord 调用参数 f、m 和 rip 的公式，编程时直接套用即可。

2. 滤波器设计指标

1）低通滤波器设计指标

逼近通带：$[0, \omega_p]$，通带最大衰减：α_p dB；逼近阻带：$[\omega_s, \pi]$，阻带最小衰减：α_s dB。

remezord 调用参数：

$$f = \left(\frac{\omega_p}{\pi}, \frac{\omega_s}{\pi}\right), \ m = [1, 0], \ \text{rip} = [\delta_1, \delta_2] \tag{7.4.6}$$

其中，f 向量省去了起点频率 0 和终点频率 1，δ_1 和 δ_2 分别为通带和阻带波纹幅度，由式（7.4.4）和（7.4.5）计算得到，下面相同。

2）高通滤波器设计指标

逼近通带：$[\omega_p, \pi]$，通带最大衰减：α_p dB；逼近阻带：$[0, \omega_s]$，阻带最小衰减：α_s dB。

remezord 调用参数：

$$f = \left(\frac{\omega_s}{\pi}, \frac{\omega_p}{\pi}\right), \ m = [0, 1], \ \text{rip} = [\delta_2, \delta_1] \tag{7.4.7}$$

3）带通滤波器设计指标

逼近通带：$[\omega_{pl}, \omega_{pu}]$，通带最大衰减：$\alpha_p$ dB；逼近阻带：$[0, \omega_{sl}]$，$[\omega_{su}, \pi]$，阻带最小衰减：α_s dB。

remezord 调用参数：

$$f = \left(\frac{\omega_{sl}}{\pi}, \frac{\omega_{pl}}{\pi}, \frac{\omega_{pu}}{\pi}, \frac{\omega_{su}}{\pi}\right), \ m = [0, 1, 0], \ \text{rip} = [\delta_2, \delta_1, \delta_2] \tag{7.4.8}$$

4）带阻滤波器设计指标

逼近阻带：$[\omega_{sl}, \omega_{su}]$，阻带最小衰减：$\alpha_s$ dB；逼近通带：$[0, \omega_{pl}]$，$[\omega_{pu}, \pi]$，通带最大衰减：α_p dB。

remezord 调用参数：

$$f = \left(\frac{\omega_{pl}}{\pi}, \frac{\omega_{sl}}{\pi}, \frac{\omega_{su}}{\pi}, \frac{\omega_{pu}}{\pi}\right), \ m = [1, 0, 1], \ \text{rip} = [\delta_1, \delta_2, \delta_1] \tag{7.4.9}$$

工程实际中常常给出对模拟信号的滤波指标要求，设计数字滤波器，对输入模拟信号采样后进行数字滤波。这时，调用参数 f 可以用模拟频率表示。但是，调用 remezord 时一定要加入采样频率参数 Fs。这种情况的调用参数及调用格式见例 7.4.3。

【例 7.4.1】 利用等波纹最佳逼近法重新设计 FIR 带阻滤波器。指标与例 7.2.3 相同，即

逼近通带：$[0, 0.2\pi]$，$[0.8\pi, \pi]$，通带最大衰减：$\alpha_p = 1$ dB

逼近阻带：$[0.35\pi, 0.65\pi]$，阻带最小衰减：$\alpha_s = 60$ dB

解 调用 remezord 和 remez 函数求解。由调用格式知道，首先要根据设计指标确定 remezord 函数的调用参数，再直接编写程序调用 remezord 和 remez 函数设计得到 $h(n)$。将设计指标带入式(7.4.9)即可得到 remezord 函数的调用参数 f、m 和 rip。

本例设计程序为 ep741.m，即

```
%ep741.m：例 7.4.1 用 remez 函数设计带阻滤波器
f=[0.2, 0.35, 0.65, 0.8];%省略了 0 和 1
m=[1, 0, 1];
rp=1;rs=60;
%由式(7.4.4)和式(7.4.5)求通带和阻带波纹幅度 dat1、dat2 和 rip：
dat1=(10^(rp/20)-1)/(10^(rp/20)+1);dat2=10^(-rs/20);rip=[dat1, dat2, dat1];
[M, fo, mo, w]=remezord(f, m, rip);
hn=remez(M, fo, mo, w);
%以下绘图检验部分略去
```

程序运行结果：$M=28$。即 $h(n)$ 的长度 $N=29$。$h(n)$ 及其损耗函数曲线如图 7.4.4 所示。例 7.2.3 中 $N=80$。由此例可见，等波纹最佳逼近设计方法可以使滤波器阶数大大降低。

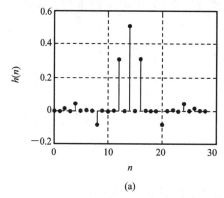
(a)

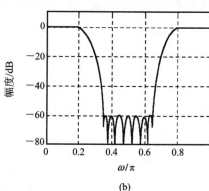
(b)

图 7.4.4 调用 remez 函数设计的带阻 FIR 数字滤波器的 $h(n)$ 及损耗函数曲线

注意：设计结果应当是单位脉冲响应 $h(n)$ 的数据序列，但是一般 N 较大，列出 $h(n)$ 的全部数据序列所占篇幅太大，而且从一大堆数据中看不出 $h(n)$ 的变化规律，所以每道例题只给出其波形。读者运行程序就可以得到 $h(n)$ 的数据。

【例 7.4.2】 利用等波纹最佳逼近法设计 FIR 数字低通滤波器，实现对模拟信号的数字滤波处理。要求与例 7.2.2 相同。求出 $h(n)$，并画出损耗函数曲线。

解 将例 7.2.2 中所给指标重写如下：

通带截止频率：$f_p = 1500$ Hz，通带最大衰减：$\alpha_p = 1$ dB

阻带截止频率：$f_s = 2500$ Hz，阻带最小衰减：$\alpha_s = 40$ dB

对模拟信号的采样频率：$F_s = 10$ kHz

调用 remezord 和 remez 函数设计的程序为 ep742.m，即

%ep742.m：例 7.4.2 用 remez 函数设计低通滤波器

```
Fs＝10000;                    ％对模拟信号采样的频率为 10 kHz
f＝[1500, 2500];             ％边界频率为模拟频率(Hz)
m＝[1, 0];
rp＝1;rs＝40;
dat1＝(10^(rp/20)−1)/(10^(rp/20)＋1);dat2＝10^(−rs/20);
rip＝[dat1, dat2];
[M, fo, mo, w]＝remezord(f, m, rip, Fs);％边界频率为模拟频率(Hz)时必须加入采样频率 Fs
M＝M+1;％估算的 M 值达不到要求,加 1 后满足要求
hn＝remez(M, fo, mo, w);
％以下绘图检验部分省略
```

运行结果:滤波器阶数 $M=15$。$h(n)$ 及损耗函数曲线如图 7.4.5 所示。请读者注意,例 7.2.2 中用窗函数设计的滤波器阶数为 23。

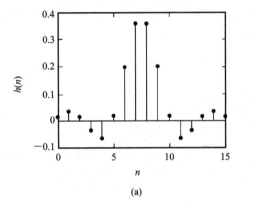
(a)

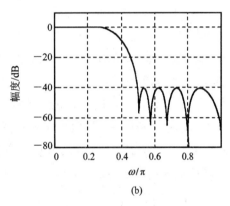
(b)

图 7.4.5   调用 remez 函数设计的低通 FIR 数字滤波器的 $h(n)$ 及损耗函数曲线

7.5 IIR 和 FIR 数字滤波器的比较

前面我们讨论了 IIR 和 FIR 两种滤波器的设计方法。这两种滤波器究竟各自有什么特点?在实际运用时应该怎样去选择它们呢?为了回答这个问题,下面对这两种滤波器作一简单的比较。

首先,从性能上来说,IIR 滤波器系统函数的极点可位于单位圆内的任何地方,因此零点和极点相结合,可用较低的阶数获得较高的选择性,所用的存储单元少,计算量小,所以经济高效。但是这个高效率是以相位的非线性为代价的。相反,FIR 滤波器却可以得到严格的线性相位,然而由于 FIR 滤波器系统函数的极点固定在原点,因而只能用较高的阶数(即较多的零点)达到高的选择性;对于同样的滤波器幅频特性指标,FIR 滤波器所要求的阶数一般比 IIR 滤波器高 5～10 倍,使成本较高,信号延时也较大;如果按相同的选择性和相同的线性相位要求来说,则 IIR 滤波器就必须加全通网络进行相位校正,同样要大大增加滤波器的阶数和复杂性。

从结构上看,IIR 滤波器必须采用递归结构,极点位置必须在单位圆内,否则系统将不

稳定。另外，在这种结构中，由于运算过程中对序列的舍入处理，这种有限字长效应有时会引起寄生振荡。相反，FIR 滤波器主要采用非递归结构，不论在理论上还是在实际的有限精度运算中都不存在稳定性问题，运算误差引起的输出信号噪声功率也较小。此外，FIR 滤波器可以采用 FFT 算法实现，在相同阶数的条件下，运算速度可以大大提高。

从设计工具看，IIR 滤波器可以借助成熟模拟滤波器设计成果，因此一般都有封闭形式的设计公式可供准确计算，计算工作量比较小，对计算工具的要求不高。FIR 滤波器计算通带和阻带衰减等仍无显式表达式，其边界频率也不易精确控制。一般，FIR 滤波器的设计只有计算程序可循，因此对计算工具要求较高。但在计算机普及的今天，很容易实现其设计计算。

另外，也应看到，IIR 滤波器虽然设计简单，但主要是用于设计具有片段常数特性的选频型滤波器，如低通、高通、带通及带阻等，往往脱离不了几种典型模拟滤波器的频响特性的约束。而 FIR 滤波器则要灵活得多，易于适应某些特殊的应用，如构成微分器或积分器，或用于巴特沃斯、切比雪夫等逼近不可能达到预定指标的情况，例如由于某些原因要求三角形幅频响应或一些更复杂的幅频响应形状，因而 FIR 滤波器有更大的适应性和更广阔的应用场合。

从上面的简单比较可以看到，IIR 与 FIR 滤波器各有所长，所以在实际应用时应该全面考虑加以选择。例如，从使用要求上看，在对相位要求不敏感的场合，如语音通信等，选用 IIR 滤波器较为合适，这样可以充分发挥其经济高效的特点；而对于图像信号处理，数据传输等以波形携带信号的系统，则对线性相位要求较高，采用 FIR 滤波器较好。

7.6 几种特殊类型滤波器简介

前面详细介绍了通用 IIR 和 FIR 数字滤波器的分析与设计方法，可以根据选频型滤波器技术指标要求，用通用的设计方法设计出满足要求的滤波器。但是通用的设计方法不能满足工程实际中的一些特殊需求。例如[4, 10, 19]：① 梳状滤波器；② 希尔伯特变换器；③ 数字微分器；④ 全通滤波器；⑤ 最小相位滤波器；⑥ 数字谐振器；⑦ 正弦波发生器；⑧ 数字陷波器；⑨ 简单整系数滤波器，等等。这些滤波器各有特点，其设计分别涉及一些特殊的方法或理论，不能简单地用前面介绍的通用方法设计。如果用通用的滤波器设计方法设计特殊滤波器，其结果可能复杂很多。例如，梳状滤波器的系统函数为 $H(z) = 1 - Z^{-N}$，非常简单，但是，如果用频域最小均方误差优化设计法设计，其系统函数就可能非常复杂。

不过，这些都属于实际应用技术，掌握了滤波的概念和滤波器分析与设计理论，这些技术都很容易掌握。而且，随着集成电路技术和计算机技术的发展，有些特殊滤波器没有过去那么重要了。例如，简单整系数滤波器是指滤波网络中的乘法增益均为简单整数的滤波器。其优点是避免乘法运算，缺点是只能实现选择性要求不高的简单滤波。适用于要求处理速度快，对滤波器性能要求较低，设计与实现简单的场合。现在实现数字硬件乘法器非常容易，速度也很快，所以很多实时处理场合可以采用滤波性能更好的滤波器代替简单整系数滤波器。所以，这些内容不再详细叙述，感兴趣的读者请参考有关书籍(文献[4])。

7.7 滤波器分析设计工具 FDATool

FDATool(Filter Design and Analysis Tool)是一个功能强大的数字滤波器设计与分析工具，它涵盖了信号处理工具箱中所有的滤波器设计方法。利用它可以方便地设计出满足各种性能指标的滤波器，并可查看该滤波器的各种分析图形。待滤波器设计满意后，还可以把其系数直接导出为 MATLAB 变量、文本文件或 C 语言头文件等。

在命令窗中运行 FDATool，启动滤波器分析设计工具，界面如图 7.7.1 所示。

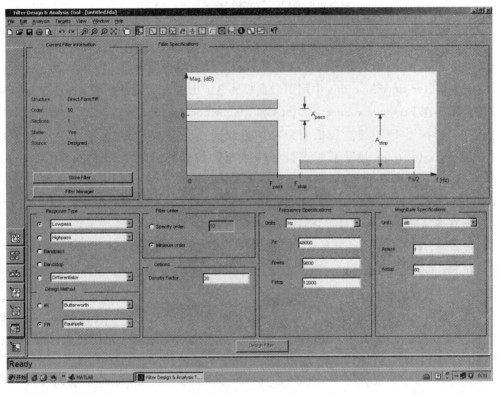

图 7.7.1 FDATool 启动界面

FDATool 的界面分上、下两个部分：上面部分显示有关滤波器的信息，下面部分用来指定设计指标参数。下面按照滤波器的一般设计步骤对 FDATool 加以介绍。

(1) 在 Filter type 下选择滤波器类型：低通，高通，带通，带阻，微分器，Hilbert 变换器，多带，任意频率响应，升余弦等(如果安装了滤波器设计工具箱，则会有更多选项)，然后在 Design Method 下从众多的 IIR 或 FIR 滤波器设计方法中选择一个合适的设计方法(例如，IIR 滤波器的巴特沃斯、切比雪夫、椭圆滤波器等设计方法)。

(2) 在 Filter Order 下选择滤波器阶数，可以使用满足要求的最小滤波器阶数或直接指定滤波器的阶数。

(3) 根据前面两步中选择的设计方法，Options 下会显示与该方法对应的可调节参数。

例如选择 FIR 窗函数设计法时，Options 如图 7.7.2 所示。在该面板的 Window 中可选择不同的窗函数（包括自定义窗函数，或窗函数需要的参数），单击 View 按钮可在 wvtool 中查看选中的窗函数。

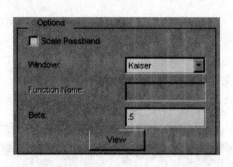

图 7.7.2　FIR 窗函数法对应的 Options 选项

（4）指定设计指标：选择滤波器的类型、设计方法和滤波器阶数时，相应的设计指标及其含义会在 Filter Specifications 中用图形直观地显示出来以供设计参考。这些设计指标的具体参数需要在 Frequency Specifications 和 Magnitude Specifications 下明确指定。

例如，选择了 FIR 等波纹低通最小阶数设计后的 FADTool 如图 7.7.1 所示，其中，Filter Specifications 显示了所选设计需指定的设计指标参数。即必须在 Frequency Specifications 下设置频率单位（归一化频率单位或 Hz 等）、采样频率 Fs、通带截止频率 Fpass 和阻带截止频率 Fstop，在 Magnitude Specifications 下设置幅度单位（dB 或线性）、通带最大衰减 Apass 和阻带最小衰减 Astop。

一般来说，对不同的滤波器类型和设计方法需要不同的设计参数。这些参数设置栏会自动显示在 Frequency Specifications 和 Magnitude Specifications 中，参照 Filter Specifications 中的图示，可以直观地看出这些参数的含义。

（5）指定所有的设计指标后，单击 FDATool 最下面的 Design Filter 按钮即可完成滤波器设计。（设计完成后 Design Filter 按钮变为不可用，除非再次修改了设计指标。）

（6）通过 FDATool 的工具条（如图 7.7.3 所示）查看设计的滤波器性能。

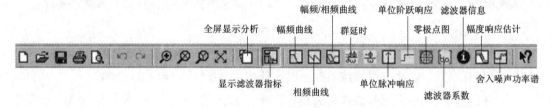

图 7.7.3　FDATool 的工具条

（7）使用菜单【Edit/Convert】可转换当前滤波器的实现结构。所有滤波器都能在直接Ⅰ型、直接Ⅱ型、转置直接Ⅰ型、转置直接Ⅱ型、状态空间模型和格形结构之间直接转换。此外，系统安装滤波器设计工具箱后将有更多的结构形式可供转换。

使用菜单【Edit/Convert to Second—order Sections】或【Edit/Convert to Single Section】实现滤波器级联结构与直接型结构之间的转换。

（8）使用菜单【File/Export】可导出或保存设计结果。可以选择导出的是滤波器的系数向量还是整个滤波器对象（把设计结果导出为滤波器对象 qfilt 时，系统应安装有滤波器设计工具箱），可以选择把导出结果保存为 MATLAB 工作空间中的变量、文本文件或 .MAT 文件。

（9）使用菜单【File/Export to C Header File】可以把滤波器系数保存为 C 语言格式的头文件，其中系数变量的数据类型可以选择。

（10）使用菜单【file/Export to SPtool】可以把滤波器导出到信号处理工具 SPtool 中。有关 SPtool 的使用可参阅 MATLAB 帮助文件或参考文献[25]。

（11）使用菜单【File】中与 Session 有关的子菜单，可以把整个设计保存为一个 .fda 文件，或调入一个已有的设计文件，继续进行设计。

（12）如果安装了其他相关组件，FDATool 的菜单条上会出现【targets】项。例如安装了 MATLAB 与 TI CCS 的连接后，该菜单下会出现【Export to Code Composer－Studio（tm）IDE】子项，利用它可以把滤波器系数直接传递到 TI CCS Studio 或 DSP 的内存中。

以上介绍了 FDATool 启动时默认显示的滤波器设计分析界面。此外，FDATool 启动界面左下侧竖向工具栏内还有 7 个按钮（如图 7.7.1 所示），自上而下依次为：①【Simulink 模型实现】（需安装 DSP 模块库）；②【设计多采样率滤波器】；③【频率变换】；④【量化并分析滤波器】；⑤【零极点编辑器】；⑥【导入并分析滤波器】；⑦【设计并分析滤波器（默认）】。如果安装了滤波器设计工具箱和信号处理工具箱，单击这些按钮还可以显示其他相应的设计分析界面。有关这方面的内容可参考文献[25]。下面仅对【量化并分析滤波器】按钮进行简单介绍，以便读者观察滤波器系数量化效应。

（13）进行滤波器量化。在 MATLAB 环境下，运行在 PC 机上的滤波器都是双精度格式（即滤波器系数的数据类型为 64 位双精度浮点制），可认为没有量化误差。但在空间和能量都十分有限的设备（如手机）上，系统字长较短，常常要对滤波器进行定点或浮点量化处理。FDATool 启动界面左下侧竖向工具栏内按钮④【Set Quantization Parameters】提供滤波器量化分析的功能。下面仅对滤波器系数量化分析方法作简要介绍。按照前面的步骤设计的滤波器（系数未量化）称为参考滤波器（Reference Filter），系数量化后的滤波器称为量化滤波器（Quantized Filter）。下面主要针对定点量化介绍。

① 单击该按钮，显示滤波器量化分析界面如图 7.7.4 所示。滤波器算法（Filter Arithmetic）默认双精度浮点格式（Double-Precision Floating point）。这时不需要设置量化参数。

② 选择 Filter arithmetic 为定点制，并选择滤波器系数（coefficient），进行 16 位量化，分子、分母小数部分字长选 14 位。对设计的 8 阶椭圆滤波器，采用 4 级级联结构时，系数量化前后零极点位置和频响特性曲线均无明显变化。

③ 使用菜单【Edit/Convert to Single Section】将滤波器结构转换成直接型结构。量化字长不变，点击按钮【Apply】，显示量化参数设置与量化结果界面，如图 7.7.5 所示。由图可见，实线所示的量化滤波器频响曲线与参考滤波器（虚线）偏差很大，且当前滤波器信息显示滤波器为不稳定状态。由此直观地看出，系数量化误差对直接型结构滤波器性能的影响

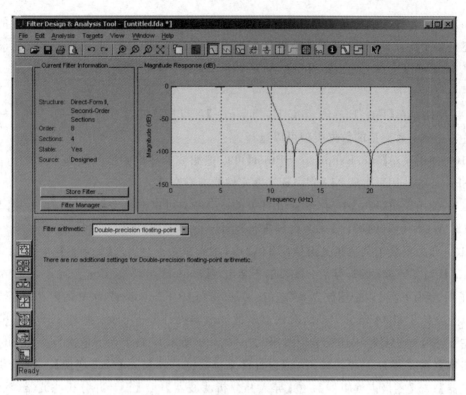

图 7.7.4　滤波器量化分析界面

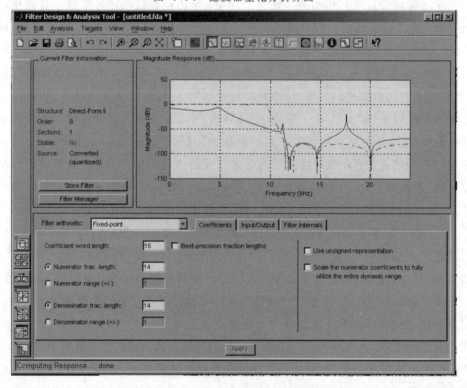

图 7.7.5　量化参数设置与直接型结构系数量化结果界面

比级联型结构大得多。

第 9 章关于系数量化误差敏感度理论将解释这一现象。通过 FDATool 的工具条查看量化前后的零极点位置如图 7.7.6 所示。由图可见，系数量化误差使极点位置偏移很大，更严重的是有 3 个极点移到单位圆外，所以滤波器不稳定。

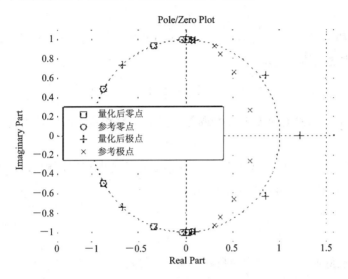

图 7.7.6　直接型结构系数量化前后的零极点位置

如前所述，FDATool 是一个功能强大的数字滤波器设计与分析工具。SPTool(Signal Processing Tool)提供了一个便于完成信号处理任务的 GUI 集成环境。利用它，可以从 MATLAB 工作空间或从数据文件直接导入已经设计好的信号、滤波器或频谱；可以分析、比较、聆听和输出时域信号；可以设计、分析和输出滤波器；可以完成对信号的滤波；可以对输入、输出信号进行各种谱分析并输出分析结果，等等。所以 SPTool 的功能更全，可以用于数字信号处理课程所有内容的实验。限于篇幅，本书对此不作详细介绍，请读者参阅参考书[25]。

习题与上机题

1. 已知 FIR 滤波器的单位脉冲响应为：

(1) $h(n)$长度 $N=6$

$h(0)=h(5)=1.5$

$h(1)=h(4)=2$

$h(2)=h(3)=3$

(2) $h(n)$长度 $N=7$

$h(0)=-h(6)=3$

$h(1)=-h(5)=-2$

$h(2)=-h(4)=1$

$$h(3) = 0$$

试分别说明它们的幅度特性和相位特性各有什么特点。

2. 已知第一类线性相位 FIR 滤波器的单位脉冲响应长度为 16，其 16 个频域幅度采样值中的前 9 个为：

$$H_g(0) = 12, \quad H_g(1) = 8.34, \quad H_g(2) = 3.79, \quad H_g(3) \sim H_g(8) = 0$$

根据第一类线性相位 FIR 滤波器幅度特性 $H_g(\omega)$ 的特点，求其余 7 个频域幅度采样值。

3. 设 FIR 滤波器的系统函数为

$$H(z) = \frac{1}{10}(1 + 0.9z^{-1} + 2.1z^{-2} + 0.9z^{-3} + z^{-4})$$

求出该滤波器的单位脉冲响应 $h(n)$，判断是否具有线性相位，求出其幅度特性函数和相位特性函数。

4. 用矩形窗设计线性相位低通 FIR 滤波，要求过渡带宽度不超过 $\pi/8$ rad。希望逼近的理想低通滤波器频率响应函数 $H_d(e^{j\omega})$ 为

$$H_d(e^{j\omega}) = \begin{cases} e^{-j\alpha\omega} & 0 \leqslant |\omega| \leqslant \omega_c \\ 0 & \omega_c < |\omega| \leqslant \pi \end{cases}$$

(1) 求出理想低通滤波器的单位脉冲响应 $h_d(n)$；

(2) 求出加矩形窗设计的低通 FIR 滤波器的单位脉冲响应 $h(n)$ 表达式，确定 α 与 N 之间的关系；

(3) 简述 N 取奇数或偶数对滤波特性的影响。

5. 用矩形窗设计一线性相位高通滤波器，要求过渡带宽度不超过 $\pi/10$ rad。希望逼近的理想高通滤波器频率响应函数 $H_d(e^{j\omega})$ 为

$$H_d(e^{j\omega}) = \begin{cases} e^{-j\alpha\omega} & \omega_c \leqslant \omega \leqslant \pi \\ 0 & \text{其他} \end{cases}$$

(1) 求出该理想高通的单位脉冲响应 $h_d(n)$；

(2) 求出加矩形窗设计的高通 FIR 滤波器的单位脉冲响应 $h(n)$ 表达式，确定 α 与 N 的关系；

(3) N 的取值有什么限制？为什么？

6. 理想带通特性为

$$H_d(e^{j\omega}) = \begin{cases} e^{-j\alpha\omega} & \omega_c \leqslant |\omega| \leqslant \omega_c + B \\ 0 & |\omega| < \omega_c, \ \omega_c + B < |\omega| \leqslant \pi \end{cases}$$

(1) 求出该理想带通的单位脉冲响应 $h_a(n)$；

(2) 写出用升余弦窗设计的滤波器的 $h(n)$ 表达式，确定 α 与 N 之间的关系；

(3) 要求过渡带宽度不超过 $\pi/16$ rad。N 的取值是否有限制？为什么？

7. 试完成下面两题：

(1) 设低通滤波器的单位脉冲响应与频率响应函数分别为 $h(n)$ 和 $H(e^{j\omega})$，另一个滤波器的单位脉冲响应为 $h_1(n)$，它与 $h(n)$ 的关系是 $h_1(n) = (-1)^n h(n)$。试证明滤波器 $h_1(n)$

是一个高通滤波器。

（2）设低通滤波器的单位脉冲响应与频率响应函数分别为 $h(n)$ 和 $H(e^{j\omega})$，截止频率为 ω_c，另一个滤波器的单位脉冲响应为 $h_2(n)$，它与 $h(n)$ 的关系是 $h_2(n)=2h(n)\cos\omega_0 n$，且 $\omega_c<\omega_0<(\pi-\omega_c)$。试证明滤波器 $h_2(n)$ 是一个带通滤波器。

8. 题 8 图中 $h_1(n)$ 是偶对称序列，$N=8$，设

$$H_1(k)=\text{DFT}[h_1(n)] \qquad k=0,1,\cdots,N-1$$
$$H_2(k)=\text{DFT}[h_2(n)] \qquad k=0,1,\cdots,N-1$$

（1）试确定 $H_1(k)$ 与 $H_2(k)$ 的关系式。$|H_1(k)|=|H_2(k)|$ 是否成立？为什么？

（2）用 $h_1(n)$ 和 $h_2(n)$ 分别构成的低通滤波器是否具有线性相位？群延时为多少？

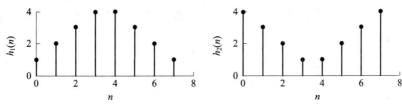

题 8 图

9. 对下面的每一种滤波器指标，选择满足 FIRDF 设计要求的窗函数类型和长度。

（1）阻带衰减为 20 dB，过渡带宽度为 1 kHz，采样频率为 12 kHz；

（2）阻带衰减为 50 dB，过渡带宽度为 2 kHz，采样频率为 20 kHz；

（3）阻带衰减为 50 dB，过渡带宽度为 500 Hz，采样频率为 5 kHz。

10. 利用矩形窗、升余弦窗、改进升余弦窗和布莱克曼窗设计线性相位 FIR 低通滤波器。要求希望逼近的理想低通滤波器通带截止频率 $\omega_c=\pi/4$ rad，$N=21$。求出分别对应的单位脉冲响应。

（1）求出分别对应的单位脉冲响应 $h(n)$ 的表达式。

（2*）用 MATLAB 画出损耗函数曲线。

11. 将技术要求改为设计线性相位高通滤波器，重复题 10。

12. 利用窗函数（哈明窗）法设计一数字微分器，逼近题 12 图所示的理想微分器特性，并绘出其幅频特性。

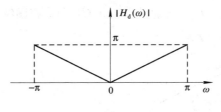

题 12 图

13. 用窗函数法设计一个线性相位低通 FIRDF，要求通带截止频率为 $\pi/4$ rad，过渡带宽度为 $8\pi/51$ rad，阻带最小衰减为 45 dB。

（1）选择合适的窗函数及其长度，求出 $h(n)$ 的表达式。

（2*）用 MATLAB 画出损耗函数曲线和相频特性曲线。

14. 要求用数字低通滤波器对模拟信号进行滤波，要求：通带截止频率为 10 kHz，阻带截止频率为 22 kHz，阻带最小衰减为 75 dB，采样频率为 $F_s = 50$ kHz。用窗函数法设计数字低通滤波器。

(1) 选择合适的窗函数及其长度，求出 $h(n)$ 的表达式。

(2*) 用 MATLAB 画出损耗函数曲线和相频特性曲线。

15. 利用频率采样法设计线性相位 FIR 低通滤波器，给定 $N = 21$，通带截止频率 $\omega_c = 0.15\pi$ rad。求出 $h(n)$。为了改善其频率响应（过渡带宽度、阻带最小衰减），应采取什么措施？

16. 重复题 15，但改为用矩形窗函数法设计。将设计结果与题 15 进行比较。

17. 利用频率采样法设计线性相位 FIR 低通滤波器，设 $N = 16$，给定希望逼近的滤波器的幅度采样值为

$$H_{dg}(k) = \begin{cases} 1 & k = 0,1,2,3 \\ 0.389 & k = 4 \\ 0 & k = 5,6,7 \end{cases}$$

18. 利用频率采样法设计线性相位 FIR 带通滤波器，设 $N = 33$，理想幅度特性 $H_d(\omega)$ 如题 18 图所示。

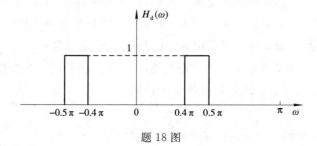

题 18 图

19*. 设信号 $x(t) = s(t) + v(t)$，其中 $v(t)$ 是干扰，$s(t)$ 与 $v(t)$ 的频谱不混叠，其幅度谱如题 19* 图所示。要求设计数字滤波器，将干扰滤除，指标是允许 $|S(f)|$ 在 $0 \leqslant f \leqslant 15$ kHz 频率范围中幅度失真不超过 $\pm 2\%$（$\delta_1 = 0.02$）；$f > 20$ kHz，衰减大于 40 dB（$\delta_2 = 0.01$）；希望分别设计性价比最高的 FIR 和 IIR 两种滤波器进行滤除干扰。请选择合适的滤波器类型和设计方法进行设计，最后比较两种滤波器的幅频特性、相频特性和阶数。

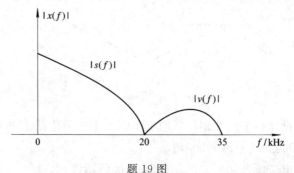

题 19 图

20*. 调用 MATLAB 工具箱函数 fir1 设计线性相位低通 FIR 滤波器，要求希望逼近的

理想低通滤波器通带截止频率 $\omega_c = \pi/4$ rad，滤波器长度 $N = 21$。分别选用矩形窗、Hanning 窗、Hamming 窗和 Blackman 窗进行设计，绘制用每种窗函数设计的单位脉冲响应 $h(n)$ 及其损耗函数曲线，并进行比较，观察各种窗函数的设计性能。

21*. 将要求改成设计线性相位高通 FIR 滤波器，重作题 20。

22*. 调用 MATLAB 工具箱函数 remezord 和 remez 设计线性相位低通 FIR 滤波器，实现对模拟信号的采样序列 $x(n)$ 的数字低通滤波处理。指标要求：采样频率为16 kHz；通带截止频率为 4.5 kHz，通带最小衰减为 1 dB；阻带截止频率为 6 kHz，阻带最小衰减为 75 dB。列出 $h(n)$ 的序列数据，并画出损耗函数曲线。

23*. 调用 MATLAB 工具箱函数 remezord 和 remez 设计线性相位高通 FIR 滤波器，实现对模拟信号的采样序列 $x(n)$ 的数字高通滤波处理。指标要求：采样频率为16 kHz；通带截止频率为 5.5 kHz，通带最小衰减为 1 dB；过渡带宽度小于等于 3.5 kHz，阻带最小衰减为 75 dB。列出 $h(n)$ 的序列数据，并画出损耗函数曲线。

24*. 用窗函数法设计一个线性相位低通 FIR 滤波器，要求通带截止频率为 0.3π rad，阻带截止频率为 0.5π rad，阻带最小衰减为 40 dB。选择合适的窗函数及其长度，求出并显示所设计的单位脉冲响应 $h(n)$ 的数据，并画出损耗函数曲线和相频特性曲线，请检验设计结果。试不用 fir1 函数，直接按照窗函数设计法编程设计。

25*. 调用 MATLAB 工具箱函数 fir1 设计线性相位高通 FIR 滤波器。要求通带截止频率为 0.6π rad，阻带截止频率为 0.45π rad，通带最大衰减为 0.2 dB，阻带最小衰减为 45 dB。显示所设计的单位脉冲响应 $h(n)$ 的数据，并画出损耗函数曲线。

26*. 调用 MATLAB 工具箱函数 fir1 设计线性相位带通 FIR 滤波器。要求通带截止频率为 0.55π rad 和 0.7π rad，阻带截止频率为 0.45π rad 和 0.8π rad，通带最大衰减为 0.15 dB，阻带最小衰减为 40 dB。显示所设计的单位脉冲响应 $h(n)$ 的数据，并画出损耗函数曲线。

27*. 调用 remezord 和 remez 函数完成题 25* 和 26* 所给技术指标的滤波器的设计，并比较设计结果（主要比较滤波器阶数的高低和幅频特性）。

第8章

多采样率数字信号处理

8.1 引　　言

前面所讨论的信号处理的各种方法都是把采样率 F_s 视为固定值,即在一个数字系统中只有一个采样频率。但在实际系统中,经常会遇到采样率的转换问题,即要求一个数字系统能工作在"多采样率"状态。例如:

(1) 在数字电视系统中,图像采集系统一般按 4:4:4 标准或 4:2:2 标准采集数字电视信号,再根据不同的电视质量要求,将其转换成其他标准的数字信号(如 4:2:2,4:1:1,2:1:1 等标准)进行处理、传输。这就要求数字电视演播室系统工作在多采样率状态。(4:2:2 标准的含义是"亮度信号 Y 的采样率:红色差信号 R-Y 的采样率:蓝色差信号 B-Y 的采样率=4:2:2",其他标准以此类推。)

(2) 在数字电话系统中,传输的信号既有语音信号,又有传真信号,甚至有视频信号,这些信号的带宽相差甚远。所以,该系统应具有多采样率功能,并根据所传输的信号自动完成采样率转换。

(3) 对一个非平稳随机信号(如语音信号)作谱分析或编码时,对不同的信号段,可根据其频率成分的不同而采用不同的采样率,以达到既满足采样定理,又最大限度地减少数据量的目的。

(4) 如果以高采样率采集的数据存在冗余,这时就希望在该数字信号的基础上降低采样速率,剔除冗余,减少数据量,以便存储、处理与传输。

以上所列举的几个方面都是希望能对采样率进行转换,或要求数字系统工作在多采样率状态。近年来,建立在采样率转换基础上的"多采样率数字信号处理"已成为数字信号处理学科的主要内容之一。

一般认为，在满足采样定理的前提下，首先将以采样率 F_1 采集的数字信号进行 D/A 转换，变成模拟信号，再按采样率 F_2 进行 A/D 变换，从而实现从 F_1 到 F_2 的采样率转换。但这样较麻烦，且易使信号受到损伤，所以实际上改变采样率是在数字域实现的。根据采样率转换理论，对采样后的数字信号 $x(n)$ 直接进行采样率转换，以得到最新采样率下的采样数据。

采样率转换通常分为"抽取(Decimation)"和"插值(Interpolation)"。抽取是降低采样率以去掉多余数据的过程，而插值则是提高采样率以增加数据的过程。本章先讨论抽取和插值的一般概念，然后讨论其几种基本的实现方法。本章所涉及的内容也是语音及图像数据压缩新技术——子带编码的重要理论基础。

8.2　信号的整数倍抽取

设 $x(n_1T_1)$ 是连续信号 $x_a(t)$ 的采样序列，采样率 $F_1 = 1/T_1 (\mathrm{Hz})$，$T_1$ 称为采样间隔，单位为秒，即

$$x(n_1T_1) = X_a(n_1T_1) \tag{8.2.1}$$

如果希望将采样率降低到原来的 $1/D$，D 为大于 1 的整数，称为抽取因子。最简单的方法是对 $x(n_1T_1)$ 每 D 点抽取 1 点，抽取的样点依次组成新序列 $y(n_2T_2)$。$y(n_2T_2)$ 的采样间隔为 T_2，采样率为 $F_2 = 1/T_2 (\mathrm{Hz})$，$T_2$ 与 T_1 的关系为

$$T_2 = DT_1 \tag{8.2.2}$$

为了后面叙述方便，我们将上述的抽取系统用图 8.2.1(a)表示，图中符号 $\boxed{\downarrow D}$ 表示采样率降低为原来的 $1/D$（D 为 Decimation 的第一个字母，表示抽取）。$x(n_1T_1)$ 和 $y(n_2T_2)$ 分别如图 8.2.1(b)和(c)所示。图中 n_1 和 n_2 分别表示 $x(n_1T_1)$ 和 $x(n_2T_2)$ 序列的序号，于是有

$$y(n_2T_2) = x(n_2DT_1) \tag{8.2.3}$$

当 $n_1 = n_2D$ 时，$y(n_2T_2) = x(n_1T_1)$。

上面在时域讨论了整数倍抽取的概念。抽取看起来好像很简单，只要每隔 $D-1$ 个抽取一个就可以了，但抽取降低了采样频率，可能引起频谱混叠现象。下面讨论抽取过程中可能出现的频谱混叠及改进措施。

如果 $x(n_1T_1)$ 是连续信号 $x_a(t)$ 的采样信号，则 $x_a(t)$ 和 $x(n_1T_1)$ 的傅里叶变换 $X_a(\mathrm{j}\Omega)$ 和 $X(\mathrm{e}^{\mathrm{j}\omega_1})$ 分别是

$$X_a(\mathrm{j}\Omega) = \int_{-\infty}^{\infty} x_a(t)\mathrm{e}^{-\mathrm{j}\Omega t}\,\mathrm{d}t \tag{8.2.4}$$

$$X(\mathrm{e}^{\mathrm{j}\omega_1}) = \sum_{n=-\infty}^{\infty} x(n_1T_1)\mathrm{e}^{-\mathrm{j}\omega_1 n_1} \tag{8.2.5}$$

其中，$\Omega = 2\pi f$ rad/s，f 为模拟频率变量；ω_1 为数字频率，

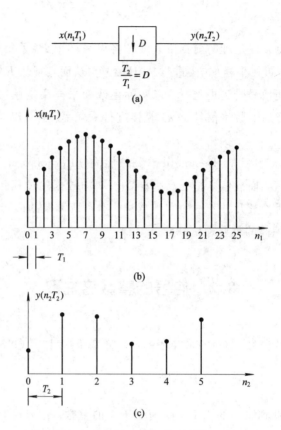

图 8.2.1　数字信号的时域抽取示意图

$$\omega_1 = \Omega T_1 = 2\pi \frac{f}{F_1} \tag{8.2.6}$$

由(2.4.3)式有

$$X(\mathrm{e}^{\mathrm{j}\omega_1}) = \frac{1}{T_1} \sum_{k=-\infty}^{\infty} x_{\mathrm{a}}\left(\mathrm{j}\frac{\omega_1}{T} - \mathrm{j}k\Omega_{\mathrm{sa1}}\right) \tag{8.2.7}$$

式中，$\Omega_{\mathrm{sa1}} = 2\pi/T_1 \ \mathrm{rad/s}$，亦称为采样频率。

为了对抽样前后的频谱进行比较，作图时均以模拟角频率 Ω 为自变量(横坐标)，为此按(8.2.6)式将 $X(\mathrm{e}^{\mathrm{j}\omega_1})$ 写成 Ω 的函数为

$$X(\mathrm{e}^{\mathrm{j}\Omega T_1}) = X(\mathrm{e}^{\mathrm{j}\omega_1})\big|_{\omega_1=\Omega T_1} = \frac{1}{T_1} \sum_{k=-\infty}^{\infty} x_{\mathrm{a}}(\mathrm{j}\Omega - \mathrm{j}k\Omega_{\mathrm{sa1}}) \tag{8.2.8}$$

因为这里 $x_{\mathrm{a}}(t)$ 是一般的非周期连续函数，所以 $X_{\mathrm{a}}(\mathrm{j}\Omega)$ 也是模拟频率 Ω 的非周期函数，如图 8.2.2(a)所示。而 $x(n_1 T_1)$ 的傅里叶变换 $X(\mathrm{e}^{\mathrm{j}\omega_1})$ 为连续频率 ω_1 的周期函数。在满足采样定理时，$X(\mathrm{e}^{\mathrm{j}\omega_1})$ 的频谱在 $[-\Omega_{\mathrm{sa1}}/2, \ \Omega_{\mathrm{sa1}}/2]$ 上与 $X_{\mathrm{a}}(\mathrm{j}\Omega)$ 相似(差一个比例常数 $1/T_1$)，且无混叠现象，如图 8.2.2(b)所示。但如果将采样率降低到原来的 $1/D$，即 $T_2 = DT_1$，当 $D=4$ 时，得到 $y(n_2 T_2)$ 及其频谱 $Y(\mathrm{e}^{\mathrm{j}\omega_2})$ 如图 8.2.3 所示(实际上，$Y(\mathrm{e}^{\mathrm{j}\omega_2})$ 应为图中各重复谱的叠加曲线)。图中，$y(n_2 T_2)$ 为对 $x(n_1 T_1)$ 抽取的结果，$Y(\mathrm{e}^{\mathrm{j}\omega_2})$ 为 $y(n_2 T_2)$ 的傅里叶变换。$Y(\mathrm{e}^{\mathrm{j}\omega_2})$ 的周期 $\Omega_{\mathrm{sa2}} = 2\pi/T_2 = 2\pi/DT_1 = \Omega_{\mathrm{sa1}}/D$。这就是说，$Y(\mathrm{e}^{\mathrm{j}\omega_2})$ 的周期是 $X(\mathrm{e}^{\mathrm{j}\omega_1})$ 周期的 $1/D$。

数字信号处理(第五版)

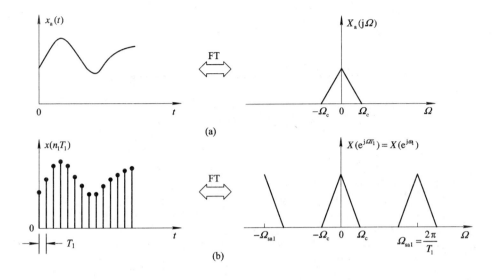

(a)

(b)

图 8.2.2　$x_a(t)$ 与 $x(n_1 T_1)$ 及其频谱图

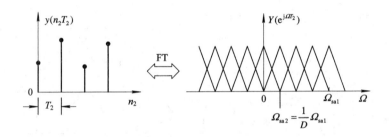

图 8.2.3　抽取引起的频谱混叠现象

由图 8.2.3 可见，$Y(e^{j\omega_2})$ 是有混叠的，无法从 $y(n_2 T_2)$ 中恢复出 $x(n_1 T_1)$ 来。所以随意对 $x(n_1 T_1)$ 进行抽取是不行的。只有在抽取后仍能满足采样定理时才能恢复出原来的信号 $x_a(t)$，否则就必须另外采取措施。通常采取的措施是抗混叠滤波。所谓抗混叠滤波，就是在抽取之前先对信号进行低通滤波，把信号的频带限制在 $\Omega_{sa2}/2$ 以下。这种抽取系统框图如图 8.2.4 所示。图中 $h(n_1 T_1)$ 为抗混叠滤波器，它的输出 $v(n_1 T_1)$ 的最高频率已被 $h(n_1 T_1)$ 限制在 $\Omega_{sa2}/2 = \Omega_{sa1}/(2D)$ 以下。即抗混叠滤波器的阻带截止频率为 $\Omega_{sa1}/(2D)$，对应的数字阻带截止频率为

$$\frac{\Omega_{sa1}}{2D}T_1 = \frac{\pi}{T_1 D}T_1 = \frac{\pi}{D}$$

所以，在理想情况下，抗混叠低通滤波器 $h(n_1 T_1)$ 的频率响应 $H(e^{j\omega})$ 由下式给出：

$$H(e^{j\omega}) = \begin{cases} 1 & |\omega| < \dfrac{\pi}{D} \\[2mm] 0 & \dfrac{\pi}{D} \leqslant |\omega| \leqslant \pi \end{cases} \qquad (8.2.9)$$

图 8.2.4 中各点的信号在时域和频域中的示意图如图 8.2.5 所示。这种办法虽然把 $x(n_1T_1)$ 中的高频部分损失掉了，但由于抽取后避免了混叠，所以在 $Y(e^{j\omega_2})$ 中完好无损地保留了 $X(e^{j\omega_1})$ 中的低频部分，可以从 $Y(e^{j\omega_2})$ 中恢复出 $X(e^{j\omega_1})$ 的低频部分。

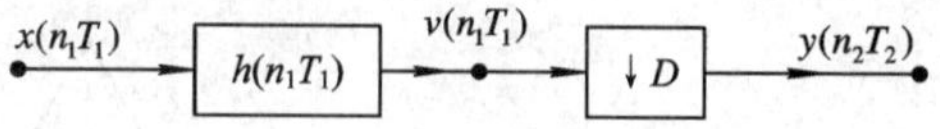

$$x(n_1T_1) \quad\boxed{h(n_1T_1)}\quad v(n_1T_1) \quad\boxed{\downarrow D}\quad y(n_2T_2)$$

图 8.2.4 带有抗混叠滤波器的抽取系统框图

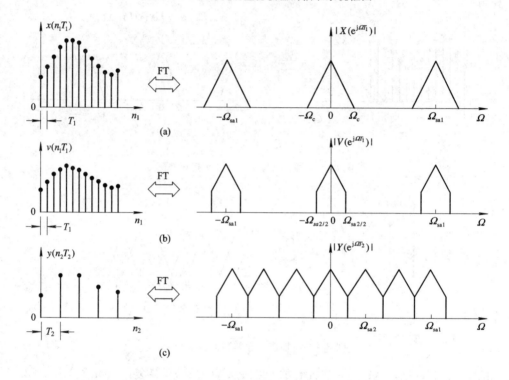

(a)

(b)

(c)

图 8.2.5 抽取前后信号的时域和频域示意图

为了进一步搞清 $x(n_1T_1)$ 经 $\boxed{\downarrow D}$ 前后的频谱关系，对信号的抽取过程进行等效的数学描述，如图 8.2.6 所示，以便于进行频谱分析，找出 $Y(e^{j\omega_2})$ 与 $X(e^{j\omega_1})$ 之间的关系。在抽取前先令 $x(n_1T_1)$ 乘以周期序列 $\tilde{\lambda}(n_1T_1)$，即

$$\hat{x}(n_1T_1) = x(n_1T_1) \cdot \tilde{\lambda}(n_1T_1) \tag{8.2.10}$$

其中，$\tilde{\lambda}(n_1T_1)$ 定义如下：

$$\tilde{\lambda}(n_1T_1) \stackrel{\text{def}}{=} \begin{cases} 1 & n_1 = 0, \pm D, \pm 2D, \cdots \\ 0 & \text{其他} \end{cases}$$

然后对 $\hat{x}(n_1T_1)$ 进行 $\boxed{\downarrow D}$，得到 $y(n_2T_2)$。$\tilde{\lambda}(n_1T_1)$ 的离散傅里叶级数（DFS）系数 $\tilde{\Lambda}(k)$ 为

$$\tilde{\Lambda}(k) = \sum_{n_1=0}^{D-1} \tilde{\lambda}(n_1T_1) e^{j\frac{2\pi}{D}kn_1} = 1 \tag{8.2.11}$$

于是 $\tilde{\lambda}(n_1T_1)$ 的 DFS 展开式为

$$\tilde{\lambda}(n_1 T_1) = \frac{1}{D}\sum_{k=0}^{D-1}\tilde{\Lambda}(k)\,\mathrm{e}^{\mathrm{j}\frac{2\pi}{D}kn_1} = \frac{1}{D}\sum_{k=0}^{D-1}\mathrm{e}^{\mathrm{j}\frac{2\pi}{D}kn_1} \tag{8.2.12}$$

将(8.2.12)式代入(8.2.10)式，得

$$\hat{x}(n_1 T_1) = \frac{1}{D}\sum_{k=0}^{D-1}x(n_1 T_1)\,\mathrm{e}^{\mathrm{j}\frac{2\pi}{D}kn_1} \tag{8.2.13}$$

对 $\hat{x}(n_1 T_1)$ 进行抽取，每隔 $D-1$ 个点抽取一个样值，所取得抽样点均在 $\tilde{\lambda}(n_1 T_1)=1$ 的点上。把这样抽取的结果作为 $y(n_2 T_2)$，如图 8.2.6 所示 $(D=4)$。

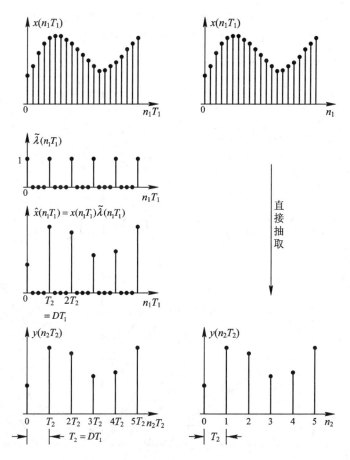

图 8.2.6 抽取过程的等效数学描述与直接抽取波形

下面推导 $Y(\mathrm{e}^{\mathrm{j}\omega_2})$ 与 $X(\mathrm{e}^{\mathrm{j}\omega_1})$ 的关系：

$$Y(\mathrm{e}^{\mathrm{j}\omega_2}) = \sum_{n_2=-\infty}^{\infty}y(n_2 T_2)\,\mathrm{e}^{-\mathrm{j}\omega_2 n_2} = \sum_{n_2=-\infty}^{\infty}y(n_2 DT_1)\,\mathrm{e}^{-\mathrm{j}\Omega T_1 Dn_2} = \sum_{n_2=-\infty}^{\infty}y(n_2 DT_1)\,\mathrm{e}^{-\mathrm{j}\omega_1 Dn_2}$$

当 $n_2 D=n_1$ 时，$y(n_2 DT_1)=\hat{x}(n_1 T_1)$，而当 $n_2 D\neq n_1$ 时，$\hat{x}(n_1 T_1)=0$，所以

$$Y(\mathrm{e}^{\mathrm{j}\omega_2}) = \sum_{n_1=-\infty}^{\infty}\hat{x}(n_1 T_1)\,\mathrm{e}^{-\mathrm{j}\omega_1 n_1} = \sum_{n_1=-\infty}^{\infty}\left[\frac{1}{D}\sum_{k=0}^{D-1}x(n_1 T_1)\,\mathrm{e}^{\mathrm{j}\frac{2\pi}{D}kn_1}\right]\mathrm{e}^{-\mathrm{j}\omega_1 n_1}$$

$$= \frac{1}{D}\sum_{k=0}^{D-1}X(\mathrm{e}^{\mathrm{j}(\omega_1-\frac{2\pi}{D}k)}) \tag{8.2.14}$$

令 $z_2 = \mathrm{e}^{\mathrm{j}\omega_2}$，$z_1 = \mathrm{e}^{\mathrm{j}\omega_1}$，$W = \mathrm{e}^{-\mathrm{j}\frac{2\pi}{D}}$，则

$$Y(z_2) = \frac{1}{D}\sum_{k=0}^{D-1} X(z_1 W^k) \tag{8.2.15}$$

式中，$z_1 = \mathrm{e}^{\mathrm{j}\omega_1} = \mathrm{e}^{\mathrm{j}\Omega T_1} = \mathrm{e}^{\mathrm{j}\Omega T_2/D} = z_2^{1/D}$。所以有（省去 z 的下标）

$$Y(z) = \frac{1}{D}\sum_{k=0}^{D-1} X(z^{1/D} W^k) \tag{8.2.16}$$

(8.2.14)式就是 $Y(\mathrm{e}^{\mathrm{j}\omega_2})$ 与 $X(\mathrm{e}^{\mathrm{j}\omega_1})$ 的关系，即 $Y(\mathrm{e}^{\mathrm{j}\omega_2})$ 是 $X(\mathrm{e}^{\mathrm{j}\omega_1})$ 的 D 个平移样本之和，相邻的平移样本在频率轴 ω_1 上相差 $2\pi/D$，在模拟频率轴 Ω 上相差 $2\pi/(DT_1) = \Omega_{sa1}/D = \Omega_{sa2}$，如图 8.2.7 和图 8.2.8 所示。

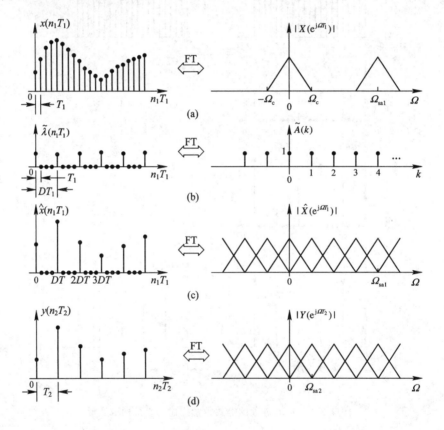

图 8.2.7 $\Omega_c > \Omega_{sa2}/2$ 时，抽取前后的频谱关系示意图

为了更清楚地说明上述关系，将由 $\hat{x}(n_1 T_1)$ 求得 $y(n_2 T_2)$ 频谱的过程用图 8.2.7 和图 8.2.8 表示出来。图 8.2.7 给出了抽取后产生混叠的情况，即 $X(\mathrm{e}^{\mathrm{j}\Omega T_1})$ 中的最高频率 $\Omega_c > \Omega_{sa1}/(2D) = \Omega_{sa2}/2$。这里 Ω_{sa1} 为 $X(\mathrm{e}^{\mathrm{j}\Omega T_1})$ 的周期，Ω_{sa2} 为 $Y(\mathrm{e}^{\mathrm{j}\Omega T_2})$ 的周期。图 8.2.8 给出了抽取后不产生混叠的情况，即 $X(\mathrm{e}^{\mathrm{j}\Omega T_1})$ 中的最高频率 $\Omega_c < \Omega_{sa1}/(2D) = \Omega_{sa2}/2$ 的情况。

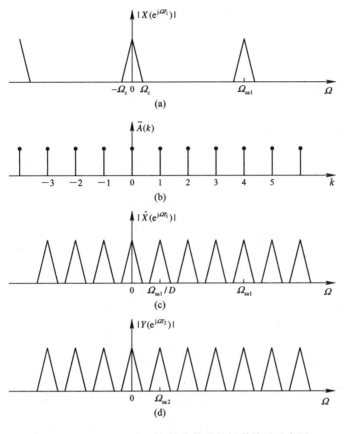

图 8.2.8 $\Omega_c < \Omega_{sa2}/2$ 时，抽取前后的频谱关系示意图

8.3 信号的整数倍内插

1. 整数倍内插的概念与内插方法

整数 I 倍内插是在已知的相邻两个原采样点之间等间隔插入 $I-1$ 个新的采样值。由于这 $I-1$ 个采样值并非已知的值，所以关键问题是如何求出这 $I-1$ 个采样值。从理论上讲，可以对已知的采样序列 $x(n_1T_1)$ 进行 D/A 转换，得到原来的模拟信号 $x_a(t)$，然后再对 $x_a(t)$ 进行较高采样率的采样得到 $y(n_2T_2)$，这里

$$T_1 = IT_2 \tag{8.3.1}$$

式中，I 为大于 1 的整数，称为内插因子。上述过程可用图 8.3.1 表示。但这样的插入方法是不经济的，且附加 D/A 和 A/D 变换易对信号产生损伤。实际工作中采用下述内插方法。

整数内插是先在已知采样序列 $x(n_1T_1)$ 的相邻两个样点之间等间隔插入 $I-1$ 个 0 值点，然后进行低通滤波，即可求得 I 倍内插的结果。这种内插方案如图 8.3.2 所示。图中 $\boxed{\uparrow I}$ 表示在 $x(n_1T_1)$ 相邻样点之间插入 $I-1$ 个 0 值采样，称为零值内插器。I 为英文单词 Interpolation 的第一个字母。零值内插后，得到 $v(n_2T_2)$。$v(n_2T_2)$ 经过 $h(n_2T_2)$ 低通滤波后变成 $y(n_2T_2)$。$x(n_1T_1)$、$v(n_2T_2)$ 及 $y(n_2T_2)$ 如图 8.3.3 所示。

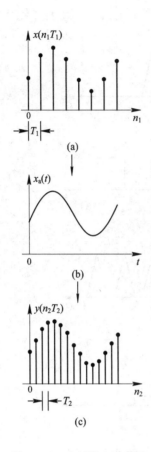

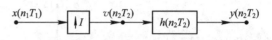

图 8.3.2　零值内插方案原理框图

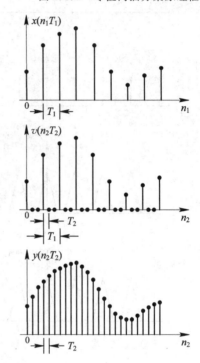

图 8.3.1　内插概念示意图

图 8.3.3　内插过程时域波形

2. 整数倍内插的频域解释

上述的零值内插方案中，$x(n_1T_1)$、$v(n_2T_2)$ 及 $y(n_2T_2)$ 的频谱关系是怎样的？回答这一问题的过程，就是解释为什么 $v(n_2T_2)$ 经低通滤波就能得出采样率升高 I 倍的 $y(n_2T_2)$ 的原理。这样才能提出对低通滤波器的技术要求。

为了回答上面的问题，设 $x(n_1T_1)$ 为模拟信号 $x_a(t)$ 的采样序列，并假定 $x_a(t)$ 及其傅里叶变换 $X_a(j\Omega)$ 如图 8.3.4 所示。

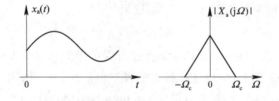

图 8.3.4　模拟信号及其频谱示意图

按照内插的概念，$y(n_2T_2)$ 应为以采样间隔 T_2 对 $x_a(t)$ 的采样序列，且满足 $T_2=T_1/I$。于是 $x(n_1T_1)$、$y(n_2T_2)$ 及其傅里叶变换 $X(e^{j\omega_1})$、$Y(e^{j\omega_2})$ 应该如图 8.3.5 所示。$X(e^{j\omega_1})$ 和 $Y(e^{j\omega_2})$ 均为周期函数，若二者都用模拟频率 Ω 表示，则 $X(e^{j\omega_1})=X(e^{j\Omega T_1})$，周期为 $\Omega_{sa1}=$

$2\pi/T_1$；$Y(\mathrm{e}^{\mathrm{j}\omega_2})=Y(\mathrm{e}^{\mathrm{j}\varOmega T_2})$，周期为 $\varOmega_{\mathrm{sa2}}=2\pi/T_2=2\pi/(T_1/I)=I\varOmega_{\mathrm{sa1}}$。

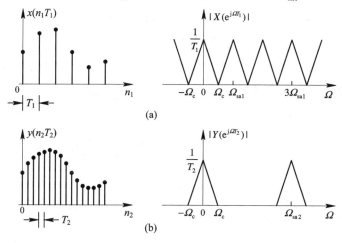

图 8.3.5 $x(n_1 T_1)$、$y(n_2 T_2)$、$X(\mathrm{e}^{\mathrm{j}\omega_1})$、$Y(\mathrm{e}^{\mathrm{j}\omega_2})$ 的波形（$I=3$）

下面分析图 8.3.2 中 $v(n_2 T_2)$ 的频谱，最后讨论为了得到满足插值要求的 $y(n_2 T_2)$（如图 8.3.5 所示），对 $h(n_2 T_2)$ 的技术要求。

$$v(n_2 T_2)=\begin{cases} x\left(n_2\dfrac{T_1}{I}\right) & \text{当 } n_2=0,\pm I,\pm 2I,\cdots \\[2mm] 0 & \text{其他} \end{cases} \tag{8.3.2}$$

$v(n_2 T_2)$ 的傅里叶变换 $V(\mathrm{e}^{\mathrm{j}\omega_2})$ 为

$$V(\mathrm{e}^{\mathrm{j}\omega_2})=\sum_{n_2=-\infty}^{\infty} v(n_2 T_2)\mathrm{e}^{-\mathrm{j}\omega_2 n_2}=\sum_{n_2=-\infty}^{\infty} v(n_2 T_2)\mathrm{e}^{-\mathrm{j}\varOmega T_2 n_2}=\sum_{n_2/I=n_1} x\left(\frac{n_2}{I}T_1\right)\mathrm{e}^{-\mathrm{j}\varOmega T_1 n_2/I}$$

$$=\sum_{n_1=-\infty}^{\infty} x(n_1 T_1)\mathrm{e}^{-\mathrm{j}\varOmega T_1 n_1}=X(\mathrm{e}^{\mathrm{j}\varOmega T_1})=X(\mathrm{e}^{\mathrm{j}\omega_1}) \tag{8.3.3}$$

上式表明 $V(\mathrm{e}^{\mathrm{j}\omega_2})$ 和 $X(\mathrm{e}^{\mathrm{j}\omega_1})$ 的频谱相同，如图 8.3.6 所示。实质上，$v(n_2 T_2)$ 的信息与 $x(n_1 T_1)$ 完全相同，所以二者应具有相同的频谱。图 8.3.6 中，$\varOmega_{\mathrm{sa1}}=2\pi/T_1$，$\varOmega_{\mathrm{sa2}}=2\pi/T_2=$

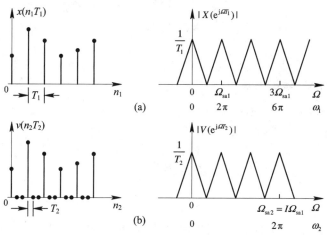

图 8.3.6 零值内插前后的时域信号及其频谱

$2\pi/(T_1/I)=I\Omega_{sa1}$。与图 8.3.5 中的 $Y(e^{j\omega_2})$ 相比较，图 8.3.6 中的 $V(e^{j\omega_2})$ 多出了从 $\Omega_{sa1}/2$ 到 $\Omega_{sa2}-\Omega_{sa1}/2$ 的部分，通常将这部分频谱称为镜像频谱。由此可见，要想从 $V(e^{j\omega_2})$ 得到如图 8.3.5(b)所示的 $Y(e^{j\omega_2})$，就必须滤除这些镜像频谱。所以，要求滤波器 $h(n_2T_2)$ 的理想低通幅频特性如图 8.3.7 所示。实际工作中 $\Omega_{sa1}>2\Omega_c$，所以允许 $H(e^{j\omega_2})$ 有一定的过渡带，可用线性相位 FIR 滤波器实现。根据其功能，将 $h(n_2T_2)$ 称为镜像滤波器。

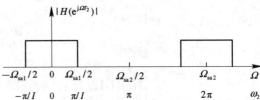

图 8.3.7　镜像滤波器的理想幅频特性

将理想镜像滤波器的阻带截止频率换算成数字频率为

$$\frac{\Omega_{sa1}}{2}T_2=\frac{\pi}{T_1}\frac{T_1}{I}=\frac{\pi}{I}$$

所以，理想情况下，镜像滤波器 $h(n_2T_2)$ 的频率响应特性为

$$H(e^{j\omega_2})=\begin{cases} C & 0\leqslant|\omega_2|<\dfrac{\pi}{I}\\[2mm] 0 & \dfrac{\pi}{I}\leqslant|\omega_2|\leqslant\pi \end{cases} \qquad (8.3.4)$$

式中，C 为定标系数。因此输出频谱为

$$Y(e^{j\omega_2})=\begin{cases} CX(e^{jI\omega_2}) & 0\leqslant|\omega_2|<\dfrac{\pi}{I}\\[2mm] 0 & \dfrac{\pi}{I}\leqslant|\omega_2|\leqslant\pi \end{cases} \qquad (8.3.5)$$

定标系数 C 的作用是，在 $m=0,\pm I,\pm 2I,\pm 3I,\cdots$ 时，确保输出序列 $y(m)=x(m/I)$。为了计算简单，取 $m=0$ 来求解 C 的值。

$$y(0)=\frac{1}{2\pi}\int_{-\pi}^{\pi}Y(e^{j\omega_2})d\omega_2=\frac{C}{2\pi}\int_{-\pi/I}^{\pi/I}X(e^{jI\omega_2})d\omega_2$$

因为 $\omega_2=\omega_1/I$，所以

$$y(0)=\frac{C}{I}\frac{1}{2\pi}\int_{-\pi}^{\pi}X(e^{j\omega_1})d\omega_1=\frac{C}{I}x(0)=x(0)$$

由此得出，定标系数 $C=I$。

3. 内插器的输入、输出关系

1) 时域输入、输出关系

由图 8.3.2 有

$$y(n_2T_2)=\sum_{m=-\infty}^{\infty}v(mT_2)h(n_2T_2-mT_2) \qquad (8.3.6)$$

因为

$$v(mT_2)=\begin{cases} x\left(\dfrac{m}{I}T_1\right)=x(n_1T_1) & m=n_1I \text{ 及 } T_1=IT_2\\[2mm] 0 & \text{其他} \end{cases}$$

所以

$$y(n_2 T_2) = \sum_{n_1 = -\infty}^{\infty} x(n_1 T_1) h(n_2 T_2 - n_1 T_1) = \sum_{n_1 = -\infty}^{\infty} x(n_1 T_1) h[(n_2 - n_1 I) T_2] \qquad (8.3.7)$$

上式就是内插器时域输入、输出关系。

2）频域输入、输出关系

$$Y(e^{j\omega_2}) = V(e^{j\omega_2}) H(e^{j\omega_2}) \qquad (8.3.8)$$

由(8.3.3)式知道 $V(e^{j\omega_2}) = X(e^{j\omega_1})$，所以

$$Y(e^{j\omega_2}) = X(e^{j\omega_1}) H(e^{j\omega_2}) = X(e^{j\omega_2 I}) H(e^{j\omega_2}) \qquad (8.3.9)$$

在复频域分析图 8.3.2 时，其输入 $x(n_1 T_1)$ 的 Z 变换 $X(z_1)$ 与输出 $y(n_2 T_2)$ 的 Z 变换 $Y(z_2)$ 的关系推导如下：

$$Y(z_2) = V(z_2) \cdot H(z_2) \qquad (8.3.10)$$

其中

$$V(z_2) = \sum_{n_2 = -\infty}^{\infty} V(n_2 T_2) z^{-n_2}$$

$$= \sum_{n_2 = -\infty}^{\infty} x\left(\frac{n_2}{I} T_1\right) z_2^{-n_2} \qquad n_2 \text{ 为 } I \text{ 的整数倍即} \frac{n_2}{I} = n_1 \text{ 时}$$

$$= \sum_{n_1 = -\infty}^{\infty} x(n_1 T_1) z_2^{-I n_1} = X(z_2^I) \qquad (8.3.11)$$

$$Y(z_2) = X(z_2^I) H(z_2) \qquad (8.3.12)$$

(8.3.12)式中所有变量都为 z_2，所以可去掉下标，得到：

$$Y(z) = X(z^I) H(z) \qquad (8.3.13)$$

8.4　按有理数因子 I/D 的采样率转换

在按整数因子 I 内插和整数因子 D 抽取的基础上，本节介绍按有理数因子 I/D 采样率转换的一般原理。显然，可以用图 8.4.1 所示方案实现有理数因子 I/D 采样率转换。

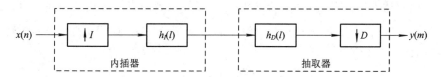

图 8.4.1　按有理数因子 I/D 的采样率转换方法

首先对输入序列 $x(n)$ 按整数因子 I 内插，然后再对内插器的输出序列按整数因子 D 抽取，达到按有理数因子 I/D 的采样率转换。应当注意，先内插后抽取，才能最大限度地保留输入序列的频谱成分。

用 $F_x = 1/T_x$ 和 $F_y = 1/T_y$ 分别表示输入序列 $x(n)$ 和输出序列 $y(m)$ 的采样频率，则 $F_y = (I/D) F_x$。另外，图中镜像滤波器 $h_I(l)$ 和抗混叠滤波器 $h_D(l)$ 级联，而且工作在相同的采样频率 $I F_x$，因此完全可以将它们合成为一个等效滤波器 $h(l)$，得到按有理数因子

I/D 采样率转换的实用原理方框图，如图 8.4.2 所示。

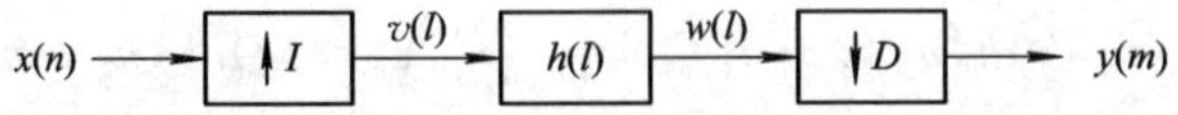

$$x(n) \longrightarrow \boxed{\uparrow I} \xrightarrow{v(l)} \boxed{h(l)} \xrightarrow{w(l)} \boxed{\downarrow D} \longrightarrow y(m)$$

图 8.4.2　按有理数因子 I/D 采样率转换的实用原理方框图

如前所述，理想情况下，$h_I(l)$ 和 $h_D(l)$ 均为理想低通滤波器，所以二者级联的等效滤波器 $h(l)$ 仍是理想低通滤波器，其等效带宽应当是 $h_I(l)$ 和 $h_D(l)$ 中最小的带宽。$h(l)$ 的频率响应为

$$H(e^{j\omega_y}) = \begin{cases} \dfrac{I}{D} & 0 \leqslant | \omega_y | < \min\left(\dfrac{\pi}{I}, \dfrac{\pi}{D}\right) \\ 0 & \min\left(\dfrac{\pi}{I}, \dfrac{\pi}{D}\right) \leqslant | \omega_y | \leqslant \pi \end{cases} \tag{8.4.1}$$

现在推导图 8.4.2 中输出序列 $y(m)$ 的时域表达式。零值内插器的输出序列为

$$v(l) = \begin{cases} x\left(\dfrac{l}{I}\right) & l = 0, \pm I, \pm 2I, \pm 3I, \cdots \\ 0 & \text{其他} \end{cases} \tag{8.4.2}$$

线性滤波器输出序列为

$$w(l) = \sum_{k=-\infty}^{\infty} h(l-k)v(k) = \sum_{k=-\infty}^{\infty} h(l-kI)x(k) \tag{8.4.3}$$

整数因子 D 抽取器最后输出序列为 $y(m)$，其时域表达式为

$$y(m) = w(Dm) = \sum_{k=-\infty}^{\infty} h(Dm-kI)x(k) \tag{8.4.4}$$

如果线性滤波器用 FIR 滤波器实现，则可以根据式(8.4.4)计算输出序列 $y(m)$。

除了前面介绍的采样率变换技术，在实际工作中还会遇到任意因子采样率转换（F_y/F_x 为任意有限数或可能随机变化）。有兴趣的读者请参考文献[24]。

8.5　整数倍抽取和内插在数字语音系统中的应用

为了下面叙述方便，首先说明本节对信号时域和频域的表示方法和描述符号。设 $x_a(t)$ 为模拟信号，$x_a(nT_1)$ 表示对 $x_a(t)$ 的采样序列，$y(mT_2)$ 是对 $x(nT_1)$ 进行采样率转换（内插或抽取）后的序列。并定义

$$X_a(j\Omega) = \mathrm{FT}[x_a(t)]$$
$$X(e^{j\omega_1}) = X(e^{j\Omega T_1}) = \mathrm{FT}[x(nT_1)]$$
$$Y(e^{j\omega_2}) = Y(e^{j\Omega T_2}) = \mathrm{FT}[y(mT_2)]$$

其中，数字频率与模拟频率的关系为 $\omega_1 = \Omega T_1$，$\omega_2 = \Omega T_2$。$x(nT_1)$ 的采样频率记为 $F_{sa1} = 1/T_1$ Hz，$y(nT_2)$ 的采样频率记为 $F_{sa2} = 1/T_2$ Hz，相应的采样角频率记为 $\Omega_{sa1} = 2\pi F_{sa1} = 2\pi/T_1$ rad/s，$\Omega_{sa2} = 2\pi F_{sa2} = 2\pi/T_2$ rad/s。

为了通过观察比较 $x_a(t)$、$x(nT_1)$ 和 $y(mT_2)$ 的频谱关系，理解采样率转换在数字语音

系统中的应用原理，本节全部以模拟角频率 Ω 为自变量(横坐标)，并采用上面定义的符号，来绘制应用系统中各信号的频谱曲线。

8.5.1　数字语音系统中的信号采样过程及其存在的问题

在数字语音系统中，语音信号的采样过程如图 8.5.1 所示。图中，$x_a(t)$ 为模拟信号，其有用频谱分布范围为 $[-f_h, f_h]$，f_h 表示 $x(t)$ 中有用频率成分的最高频率。信号中一般含有干扰噪声，其频带宽度远大于 f_h。$x_a(t)$ 及其幅频特性 $|X_a(j\Omega)|$ 如图 8.5.1(b)所示。下面以电话系统中的数字语音系统为例，讨论图 8.5.1(a)所示的基本采集系统中存在的技术问题。

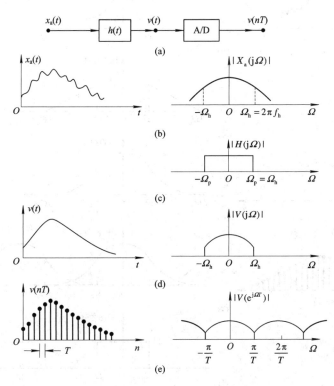

图 8.5.1　语音信号的一般采样过程示意图

在电话系统中，一般要保证 4 kHz 的音频带宽，即取 $f_h = 4$ kHz。但送话器发出的信号 $x_a(t)$ 的带宽比 f_h 大很多。因此，在 A/D 变换之前要对其进行模拟预滤波，以防止采样后发生频谱混叠失真。为了使信号采集数据量尽量小，取采样频率 $F_s = 2f_h = 8$ kHz。这时要求低通模拟滤波器 $h(t)$ 的幅频响应特性 $|H(j\Omega)|$ 如图 8.5.1(c)所示。预滤波后的信号 $v(t)$ 及其采样序列 $v(nT)$ 和相应的频谱分别如图 8.5.1(d)、(e)所示。

上述基本采集系统对 $x_a(t)$ 进行 A/D 变换的困难在于对预滤波器 $h(t)$ 的技术要求太高(要求过渡带宽度为 0，用理想低通滤波器)，因而是难以设计与实现的。显然，在接收端 D/A 变换过程中同样会遇到此问题。如果简单地将采样率提高，如取 $F_s = 16$ kHz，则预滤波器就容易实现(允许有 4 kHz 的过渡带)，但使采集信号的数据量加大 1 倍，传输带宽也加

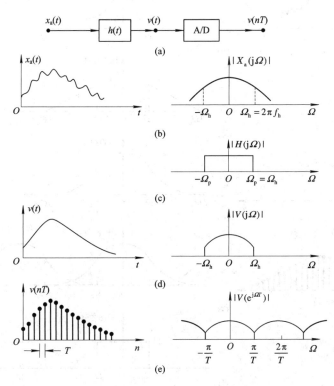

大 1 倍。下面讨论如何采用整数因子抽取与整数因子内插来解决该问题,而不增加数据量。

8.5.2 数字语音系统中改进的 A/D 转换方案

为了降低对模拟预滤波器的技术要求,采用如图 8.5.2(a)所示的改进方案。先用较高的采样率进行采样,如采样率 $F_{sa1}=1/T_1=16$ kHz,经过 A/D 后,再按因子 $D=2$ 抽取,把

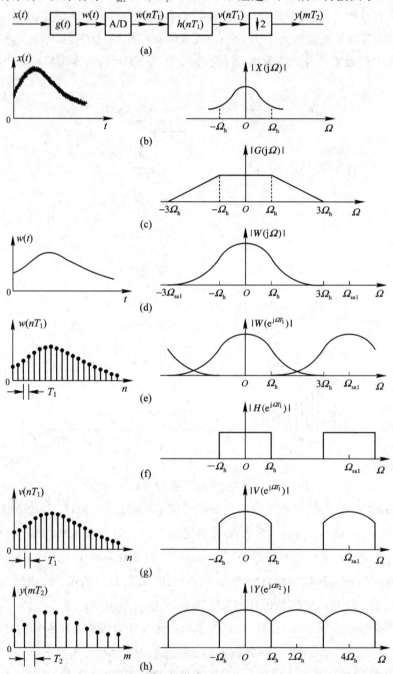

图 8.5.2　数字语音系统中改进的 A/D 转换方案及各点信号波形与频谱示意图

采样率降至 8 kHz。这时，模拟预滤波器 $g(t)$ 的过渡带为 $4\leqslant f\leqslant12$ kHz，如图 8.5.2(c)所示。这样的预滤波器会导致采样信号 $w(nT_1)$ 的频谱 $W(\mathrm{e}^{\mathrm{j}\Omega T_1})$ 在 $4\sim12$ kHz 的频带中发生混叠，如图 8.5.2(e)所示。但这部分混叠在抽取前用数字滤波器 $h(nT_1)$ 滤掉了。数字滤波器 $h(nT_1)$ 的幅频特性 $|H(\mathrm{e}^{\mathrm{j}\Omega T_1})|$ 如图 8.5.2(f)所示。这样，模拟预滤波器就容易设计和实现了。现在把问题转移到设计和实现技术要求很高的数字滤波器 $h(nT_1)$ 上了，这就是解决问题的关键技术。数字滤波器可用 FIR 结构，容易设计成线性相位和陡峭的通带边缘特性。这种方案最终并未增加信号数据量。

8.5.3　接收端 D/A 转换的改进方案

设数字信号序列 $y(mT_2)$ 传送到接收端后变成 $\hat{y}(mT_2)$，若不考虑信道噪声，则其频谱与图 8.5.2(h)相同。要将 $\hat{y}(mT_2)$ 恢复为模拟信号 $\hat{x}(t)$，若采用基本方案，先将 $\hat{y}(mT_2)$ 经 D/A 转换器，再进行模拟低通滤波，得到 $\hat{x}(t)$。这种方案同样会对模拟恢复低通滤波器 $\hat{g}(t)$ 提出难以实现的技术要求。为了解决这一难题，可采用如图 8.5.3 所示 D/A 转换器的改进方案。该方案的思路是，采用整数因子内插，将模拟恢复低通滤波器 $\hat{g}(t)$ 的设计与实现的困难转移到设计滤除镜像频谱的高性能数字滤波器 $\hat{h}(nT_1)$ 来解决。具体实现原理如下。

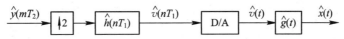

图 8.5.3　D/A 转换器的改进方案

设输入数字信号 $\hat{y}(mT_2)$ 如图 8.5.4(a)所示(与图 8.5.2(h)相同)。经内插后将采样率提高 2 倍，滤波器 $\hat{h}(nT_1)$ 的输出为 $\hat{v}(nT_1)$，假定 $\hat{h}(nT_1)$ 可设计成陡峭通带边缘特性，则 $\hat{v}(nT_1)$ 的时域和频域波形如图 8.5.4(b)所示。对 $\hat{v}(nT_1)$ 进行 D/A 变换，得到：

$$\hat{v}(t) = \begin{cases} \hat{v}(nT_1) & t = nT_1 \\ 0 & t \neq nT_1 \end{cases} \tag{8.5.1}$$

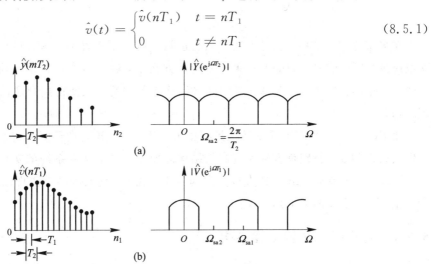

图 8.5.4　$\hat{y}(mT_2)$ 和 $\hat{v}(nT_1)$ 时域和频域示意图

$\hat{v}(t)$ 及其幅频特性 $|\hat{V}(\mathrm{j}\Omega)|$ 如图 8.5.5 所示。应当说明，这种 D/A 转换器难以实现，实

际中常用零阶保持型 D/A 转换器代替，但其频响特性不理想，会引入幅频失真。这种失真可在数字域进行预处理补偿。

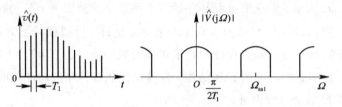

图 8.5.5　$\hat{v}(t)$ 时域和频域示意图

对 $\hat{v}(t)$ 进行模拟低通滤波，这时要求模拟低通滤波器 $\hat{g}(t)$ 的通带边缘频率为 $\Omega_p = \pi/(2T_1)$，过渡带为 $\pi/(2T_1) \leqslant |\Omega| \leqslant 3\pi/(2T_1)$，阻带为 $3\pi/(2T_1) \leqslant |\Omega|$。$\hat{g}(t)$ 的幅频特性曲线如图 8.5.6 所示，当然，过渡带上的频响曲线可以不是直线。$\hat{g}(t)$ 的输出则为模拟信号 $\hat{x}(t)$。由于过渡带较宽，所以模拟低通滤波器 $\hat{g}(t)$ 的设计与实现较容易。我们希望恢复的信号就是 $\hat{x}(t)$，其时域和频域示意图如图 8.5.7 所示。

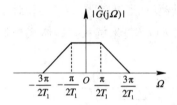
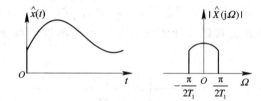

图 8.5.6　$\hat{g}(t)$ 的幅频特性曲线　　　　图 8.5.7　恢复的模拟信号 $\hat{x}(t)$ 及其频谱示意图

8.6　采样率转换滤波器的高效实现方法

在多采样率系统中，总是设法把乘法运算安排在低采样率一侧，以使每秒钟内的乘法次数最少。但在前面介绍的两种采样率转换方案中，滤波器的卷积运算均在采样率较高的一侧。因此，必须对多采样率系统的网络结构进行研究，以便得到乘法次数最少的高效实现结构。

用 FIR 结构实现多采样率系统具有很大的优越性。这是由于 FIR 结构绝对稳定且很容易做成线性相位，特别是容易实现高效结构。所以在多采样率系统的实现中绝大多数采用 FIR 滤波器。本节只介绍 FIR 直接实现和多相结构，其他两种高效实现结构（多级实现和时变网络）请参阅文献[12, 19, 24]。

8.6.1　直接型 FIR 滤波器结构

1. 整数倍抽取器的 FIR 直接实现

整数（D）倍抽取器框图如图 8.2.4 所示。抗混叠低通滤波器用 FIR 结构时，抽取器的时域输入、输出关系为（设 $h(n_1 T_1)$ 长度为 N）

$$v(n_1 T_1) = \sum_{r=0}^{N-1} h(rT_1)x\big[(n_1-r)T_1\big] \tag{8.6.1}$$

$$y(n_2 T_2) = v(n_2 DT_1) \tag{8.6.2}$$

如果滤波器用 FIR 直接型结构，则该抽取器的实现网络结构如图 8.6.1(a)所示。经滤波卷积运算得出 $v(n_1 T_1)$，最后将 $v(n_1 T_1)$ 每隔 $D-1$ 个取一个作为输出 $y(n_2 T_2)$，即 $v(n_1 T_1)$ 中有 $(D-1)/D$ 的样值都被舍弃了。所以这种结构是一种低效实现结构，而且要求计算每一个 $v(n_1 T_1)$ 的 N 次乘法和 $N-1$ 次加法在一个 T_1 时间内完成。

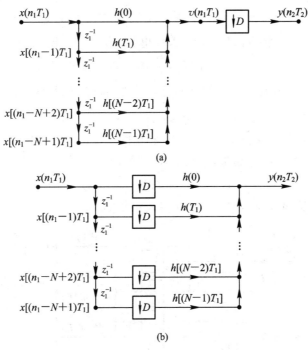

图 8.6.1 按整数因子 D 抽取系统的直接型 FIR 滤波器结构

为了得到相应的高效 FIR 直接实现，对图 8.6.1(a)进行等效变换。显然，将图 8.6.1(a)中的 $\boxed{\downarrow D}$ 移在 N 条乘法器支路中的乘法器之前，如图 8.6.1(b)所示，所得 $y(n_2 T_2)$ 与原结构输出相同，即图 8.6.1(a)与图 8.6.1(b)是等效的。

图 8.6.1(b)中各条支路里的 $\boxed{\downarrow D}$ 同时在 $n_1 = n_2 D$ 时开通，例如 $D=4$，$N=11$，$n_2=5$ 时，$n_1=20$，第 0 条支路通过的是 $x(20T_1)$，第 1 条支路通过的是 $x(19T_1)$，……，最下面的第 $N-1$ 条支路通过的是 $x(10T_1)$。此刻开始计算 N 个支路的 N 次乘法和最后的 $N-1$ 次加法，得到一个输出样值：$y(n_2 T_2)=y(5T_2)=y(5DT_1)=y(20T_1)$。由于在 $x(21T_1)$ 到来之前所有的 $\boxed{\downarrow D}$ 同时关闭，直到 $n_2=6$ 时，即 $n_1=n_2 D=24$ 时，N 个 $\boxed{\downarrow D}$ 才又同时开通，分别让 $x(24T_1)$，$x(23T_1)$，…，$x(11T_1)$ 通过，开始计算下一个输出序列样值 $y(6T_2)$。所以，改进后的实现结构将乘法运算移到低采样率一侧，使乘法运算速度要求降低到原来的 $1/D$，即原来要在一个 T_1 时间内完成的运算，现在只要在 DT_1 时间之内完成就可以了。当然，也使计算量减少到原来的 $1/D$。故称之为高效结构。

应当说明，图 8.6.1(b)中将 $\boxed{\downarrow D}$ 放在 $h(0)$，$h(T_1)$，$\cdots$，$h[(N-1)T_1]$ 之前，减少了运算量，但这并不是把抗混叠滤波放到了抽取之后，而是与原来的滤波作用等效。对此作如下解释：

滤波和抽取的作用次序在 FIR 实现结构中体现在滤波器输入端及延迟链上所加的信号序列，如果所加信号是抽取以前的信号，则是先滤波后抽取，反之是先抽取后滤波。图 8.6.1(b)中，所有 $\boxed{\downarrow D}$ 均安排在延迟链之后，即滤波器延迟链上各点的信号仍然是原序列 $x(n_1 T_1)$，$x[(n_1-1)T_1]$，$\cdots$，$x[(n_1-N+1)T_1]$，而不是抽取后的信号。每当 $\boxed{\downarrow D}$ 开通时，进入左侧的信号是未抽取的原信号，即输出的 $y(n_2 T_2)$ 与图 8.6.1(a)中抽选的 $y(n_2 T_2)$ 相同，而两次开通之间所阻挡的信号恰好就是图 8.6.1(a)中将来要舍弃的部分，所以计算结果是正确的。但绝对不能将 $\boxed{\downarrow D}$ 提前到延迟链之前，那样才是真正的先抽取后滤波，会产生严重的混叠现象。

由于常常希望把 FIR 滤波器设计成线性相位的，因而可用 FIR 线性相位结构，这样又可以使乘法计算量减少一半。根据线性相位时域特性

$$h(nT_1) = h[(N-1-n)T_1]$$

可画出抽取器 FIR 结构的线性相位形式如图 8.6.2 所示。

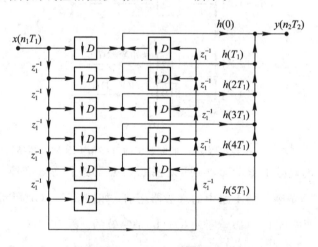

图 8.6.2 抽取器 FIR 结构的线性相位形式（$N=11$）

2. 整数倍内插器的 FIR 直接实现

整数倍内插方案原理框图如图 8.3.2 所示。镜像滤波器 $h(n_2 T_2)$ 采用 FIR 结构时，I 倍内插器的 FIR 直接实现结构如图 8.6.3 所示。

图 8.6.3 中乘法是在高采样率一侧进行的，不是高效结构，应设法将乘法运算移到低采样率一侧以减少计算量。可采用以下方法进行网络等效变换，得出相应的高效结构。

先将 FIR 滤波网络部分进行转置，得到图 8.6.4 所示的 FIR 转置型结构，再用其代替图 8.6.3 中的 FIR 滤波网络，得到图 8.6.5 所示的内插系统直接实现结构。

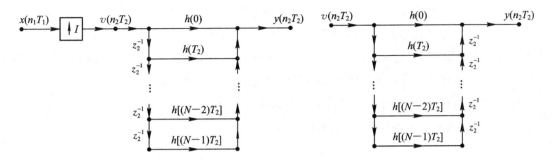

图 8.6.3　按整数因子 I 内插系统的直接型 FIR　　　　图 8.6.4　FIR 转置型结构
　　　　　　滤波器结构

由整数倍抽取系统的 FIR 直接实现的等效变换概念可知,图 8.6.5 中先零值内插后分支相乘与先分支相乘后零值内插等效。因此,可将图 8.6.5 中的 $\boxed{\uparrow I}$ 分别移到 FIR 网络的各支路的乘法器之后,可得到图 8.6.6 所示的内插系统直接实现高效结构。由于延时链上所加的仍然是内插后的信号,因而等效变换后的高效结构仍是先内插后滤波。

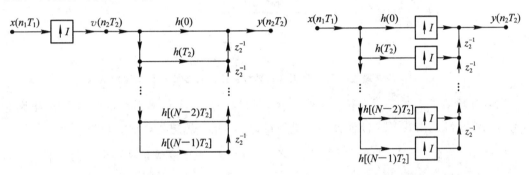

图 8.6.5　滤波网络转置后的内插器的　　　　图 8.6.6　内插器 FIR 直接实现的
　　　　　　FIR 直接实现　　　　　　　　　　　　　　高效结构

当满足线性相位条件 $[h(n_2 T_2) = h((N-1-n_2)T_2)]$ 时,可用线性相位结构实现,将乘法次数再减少一半。取 $N=9$,画出内插器的线性相位 FIR 直接高效实现结构,如图 8.6.7 所示。

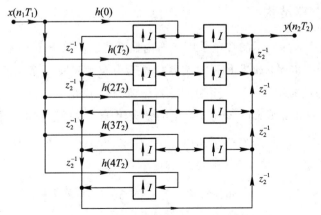

图 8.6.7　内插器的线性相位 FIR 直接实现结构

观察图 8.6.6 和图 8.6.1(b)可发现一个有趣的规律：图 8.6.6 所示的按整数因子 I 内插系统的高效 FIR 滤波器结构与图 8.6.1(b)所示的按整数因子 D 抽取系统的高效 FIR 滤波器结构互为转置关系。这种关系有助于简化整数因子抽取系统和整数因子内插系统的高效 FIR 滤波器结构的研究，在多相实现结构的讨论中将用到该关系。

3. 按有理数因子 I/D 的采样率转换系统的高效 FIR 滤波器结构

为了叙述方便，先由图 8.4.2 画出按有理数因子 I/D 采样率转换系统的直接型 FIR 结构，如图 8.6.8 所示。

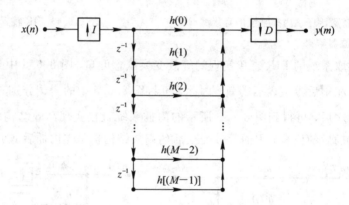

图 8.6.8 按有理数因子 I/D 采样率转换系统的直接型 FIR 滤波器结构

按有理数因子 I/D 采样率转换系统的高效结构一般基于内插系统的高效 FIR 滤波器结构与抽取系统的高效 FIR 滤波器结构进行设计。其指导思想是，使 FIR 滤波器运行于最低采样速率。为此，当 $I>D$ 时，$F_y>F_x$，将图 8.6.8 中的直接型 FIR 结构与前面的 $\boxed{\uparrow I}$ 用图 8.6.6 所示的整数因子 I 内插器的高效 FIR 滤波器结构代替即可。当 $I<D$ 时，$F_y<F_x$，将图 8.6.8 中的直接型 FIR 结构与后面的 $\boxed{\downarrow D}$ 用图 8.6.1(b)所示的整数因子 D 抽取器的高效 FIR 滤波器结构代替即可。如果采用线性相位 FIR 滤波器，则应当用相应的线性相位 FIR 滤波器的高效内插结构或高效抽取结构来实现。

8.6.2 多相滤波器结构

可以证明，图 8.6.6 所示的按整数因子 I 内插系统的高效 FIR 滤波器结构可以用一组较短的多相滤波器组实现。如果 FIR 滤波器总长度为 $M=NI$，则多相滤波器组由 I 个长度为 $N=M/I$ 的短滤波器构成，且 I 个短滤波器轮流分时工作。

为了证明上述结论，观察图 8.6.3 给出的整数因子 I 内插系统的直接型 FIR 滤波器结构。为了下面描述简单，用 $x(n)$ 表示 $x(n_1 T_1)$，用 $v(m)$ 表示 $v(n_2 T_2)$，$y(m)$ 表示 $y(n_2 T_2)$。输出序列 $y(m)$ 为

$$y(m) = \sum_{n=0}^{M-1} h(n) v(m-n) \tag{8.6.3}$$

零值内插器的输出序列 $v(m)$ 是在输入序列 $x(n)$ 的两个相邻样值之间插入 $I-1$ 个零样值得

到的，因此 $v(m)$ 进入 FIR 滤波器的 M 个样值中只有 $N=M/I$ 个非零值。所以在任意 m 时刻，计算 $y(m)=h(m)*v(m)$ 时只有 N 个非零值与 $h(m)$ 中的 N 个系数相乘。由(8.3.2)式知道

$$v(m) = \begin{cases} x\left(\dfrac{m}{I}\right) & m=0,\pm I,\pm 2I,\pm 3I,\cdots \\ 0 & \text{其他} \end{cases}$$

所以，$m=jI$ 时刻，

$$y(m) = \sum_{n=0}^{M-1} h(n)v(m-n) = \sum_{n=0}^{N-1} h(nI)x(j-n)$$
$$= h(0)x(j) + h(I)x(j-1) + h(2I)x(j-2) + \cdots$$
$$+ h(N-I)x(j-(N-1)) \tag{8.6.4}$$

$m=jI+1$ 时刻，(8.6.4)中 $v(jI-n)$ 右移 1 位，N 个 $x(n)$ 的非零值与 $h(n)$ 的对应关系又右移 1 位，所以

$$y(m) = \sum_{n=0}^{M-1} h(n)v(m-n) = \sum_{n=0}^{N-1} h(1+nI)x(j-n)$$
$$= h(1)x(j) + h(1+I)x(j-1) + h(1+2I)x(j-2) + \cdots$$
$$+ h(1+N-I)x(j-(N-1)) \tag{8.6.5}$$

……

当 $m=jI+I$ 时刻，N 个 $x(n)$ 的值与 $h(n)$ 的对应关系又重复(8.6.4)式，只是 $x(n)$ 又移进 1 位，所以

$$y(m) = \sum_{n=0}^{M-1} h(n)v(m-n)$$
$$= \sum_{n=0}^{N-1} h(nI)x(j+1-n)$$
$$= h(0)x(j+1) + h(I)x(j) + h(2I)x(j-1) + \cdots$$
$$+ h(N-I)x(j+1-(N-1)) \tag{8.6.6}$$

综上所述，当 $m=jI+k$，$k=0,1,2,\cdots,I-1$，$j=0,1,2,\cdots$ 时，有

$$y(m) = \sum_{n=0}^{M-1} h(n)v(m-n) = \sum_{n=0}^{N-1} h(k+nI)x(j-n) \tag{8.6.7}$$

把式(8.6.7)中的 $h(k+nI)$ 看做长度 $N=M/I$ 的子滤波器的单位脉冲响应，并用 $p_k(n)$ 表示：

$$p_k(n) = h(k+nI) \qquad k=0,1,2,\cdots,I-1;\ n=0,1,2,\cdots,N-1 \tag{8.6.8}$$

这样，从 $m=0$ 开始，整数因子 I 内插系统的输出序列 $y(m)$ 计算如下：

$$y(m) = \sum_{n=0}^{N-1} p_k(n)x(j-n) = p_k(n)*x(n) \tag{8.6.9}$$

式中，$m=jI+k$；$k=0,1,2,\cdots,I-1$；$j=0,1,2,\cdots$。显然，当 $m=jI+k$ 从 0 开始增大时，k 从 0 开始以 I 为周期循环取值；j 表示循环周期数。所以，实现(8.6.9)式的多相滤波器结构如图 8.6.9 所示。I 个子滤波器均运行于低采样率 F_x 下，且系数少，计算量小，所以多相滤波器结构是一种高效结构。输入端的 $x(n)$ 每移入一个样值，I 个子滤波器分别计算出 $y(m)$ 的 I 个样值，选择电子开关以高采样率 $F_y=IF_x$，依次逆时针循环选取 I 个子滤波器的输出，形成输出序列 $y(m)$。实现了整数因子 I 内插功能。

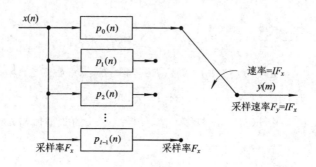

图 8.6.9　整数因子 I 内插系统的多相滤波器结构

从 I 个子滤波器的频响特性可以解释"多相滤波器"的含义。对低通滤波器 $h(n)$ 按整数因子 I 抽取得到子滤波器 $p_k(n)$。$h(n)$ 是截止频率为 π/I 的理想低通滤波器，则 $p_k(n)$ 的截止频率必然是 π，即 I 个子滤波器都是全通滤波器，幅度特性相同，它们的唯一区别是相位特性不同，故称为"多相滤波器"结构。正是由 $h(n)$ 的 I 个不同的起始点抽取得到 I 个子滤波器，形成了这种多相特性。

根据整数因子 I 内插器的实现结构与整数因子 D 抽取器的实现结构互为转置关系的规律，将图 8.6.9 给出的整数因子 I 内插系统的多相滤波器结构进行转置，则得到图 8.6.10 所示的整数因子 D 抽取系统的多相滤波器结构。

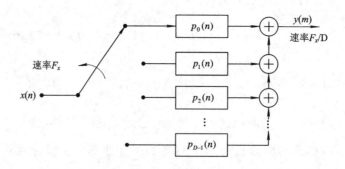

图 8.6.10　整数因子 D 抽取系统的多相滤波器结构

定义多相滤波器的单位脉冲响应为

$$p_k(n) = h(k+nD) \qquad k=0,1,2,\cdots,D-1; n=0,1,2,\cdots,N-1$$

$$(8.6.10)$$

式中，N 为 $p_k(n)$ 的长度。一般选择原抗混叠 FIR 滤波器总长度 $M=DN$，$N=M/D$。电子开关以速率 F_x 逆时针旋转，从子滤波器 $p_0(n)$ 在 $m=0$ 时刻开始，并输出 $y(0)$；然后电子开关以速率 F_x 逆时针每旋转一周，即每次转到子滤波器 $p_0(n)$ 时，输出端就以速率 $F_y=F_x/D$ 送出一个 $y(m)$ 样值。

下面以 $N=D=2$，$M=DN=4$ 为例，验证图 8.6.10 所示的抽取系统多相结构的正确性。首先根据图 8.6.1(a) 计算出抽取器的正确输出 $y(m)$：

$$v(n) = h(n) * x(n) = \sum_{l=0}^{3} h(l)x(n-l)$$

$$y(m) = v(Dm) = v(2m)$$

假设 $x(n)$ 为因果信号，则

$$\left.\begin{array}{l} y(0) = v(0) = h(0)x(0) \\ y(1) = v(2) = h(0)x(2) + h(1)x(1) + h(2)x(0) \\ y(2) = v(4) = h(0)x(4) + h(1)x(3) + h(2)x(2) + h(3)x(1) \end{array}\right\} \quad (8.6.11)$$

现在根据图 8.6.10 计算多相实现结构的输出 $y(m)$。图 8.6.10 中，多相子滤波器 $p_0(n)=\{h(0), h(2)\}$，$p_1(n)=\{h(1), h(3)\}$，开始时 $k=0$，$n=0$，只有 $x(0)$ 进入 $p_0(n)$，$p_1(n)$ 中无信号，所以总输出 $y(0)=p_0(0)x(0)=h(0)x(0)$。逆时针旋转开始下一周期：$k=D-1=1$ 时，电子开关转到 $p_1(n)$，$x(1)$ 进入 $p_1(n)$，$p_1(n)$ 的输出为 $p_1(0)x(1)=h(1)x(1)$；$k=0$ 时，电子开关又转到 $p_0(n)$，此时，$x(2)$ 进入 $p_0(n)$ 第一节，上一周期中进入 $p_0(n)$ 的 $x(0)$ 移位到 $p_0(n)$ 的第二节，所以 $p_0(n)$ 的输出为

$$p_0(0)x(2) + p_0(1)x(0) = h(0)x(2) + h(2)x(0)$$

总的输出 $y(1)$ 为 $p_0(n)$ 与 $p_1(n)$ 输出之和，即

$$y(1) = h(0)x(2) + h(2)x(0) + h(1)x(1)$$

同样道理，可求出下一旋转周期得到的输出为

$$y(2) = p_1(0)x(3) + p_1(1)x(1) + p_0(0)x(4) + p_0(1)x(2)$$
$$= h(1)x(3) + h(3)x(1) + h(0)x(4) + h(2)x(2)$$

所求 $y(0)$、$y(1)$ 和 $y(2)$ 与 (8.6.11) 式相同，所以，图 8.6.10 所给结构是正确的。

需要说明，在实际采样率转换系统中，常常会遇到抽取因子和内插因子很大的情况。例如，按有理数因子 $I/D=150/61$ 的采样率转换系统，从理论上讲，可以采用多相滤波器结构准确地实现这种采样率转换，但是实现结构中将需要 150 个多相滤波器，而且其工作效率很低。"多级实现结构"可以很好地解决该问题。而且，多级实现结构可以使滤波器总长度大大降低。多级实现内容请参考文献[12, 19]。按有理数因子 I/D 采样率转换系统还可以采用线性时变滤波器结构实现[12]。

【例 8.6.1】 设计一个按因子 $I=5$ 的内插器，要求镜像滤波器通带最大衰减为 0.1 dB，阻带最小衰减为 30 dB，过渡带宽度不大于 $\pi/20$。设计 FIR 滤波器系数 $h(n)$，并

求出多相滤波器实现结构中的 5 个多相滤波器系数。

解 由(8.3.4)式知道 FIR 滤波器 $h(n)$ 的阻带截止频率为 $\pi/5$，根据题意可知滤波器其他指标参数：通带截止频率为 $\pi/5 - \pi/20 = 3\pi/20$，通带最大衰减为 0.1 dB，阻带最小衰减为 30 dB。调用 remezord 函数求得 $h(n)$ 长度 $M = 47$，为了满足 5 的整数倍，取 $M = 50$。调用 remez 函数求得 $h(n)$ 如下：

$$h(0) = 6.684246e{-}002 = h(49) \qquad h(1) = -3.073256e{-}002 = h(48)$$
$$h(2) = -4.303671e{-}002 = h(47) \qquad h(3) = -5.803096e{-}002 = h(46)$$
$$h(4) = -6.759203e{-}002 = h(45) \qquad h(5) = -6.493009e{-}002 = h(44)$$
$$h(6) = -4.657608e{-}002 = h(43) \qquad h(7) = -1.386252e{-}002 = h(42)$$
$$h(8) = 2.674276e{-}002 = h(41) \qquad h(9) = 6.463158e{-}002 = h(40)$$
$$h(10) = 8.776083e{-}002 = h(39) \qquad h(11) = 8.607506e{-}002 = h(38)$$
$$h(12) = 5.500303e{-}002 = h(37) \qquad h(13) = -1.800562e{-}003 = h(36)$$
$$h(14) = -7.220485e{-}002 = h(35) \qquad h(15) = -1.370181e{-}001 = h(34)$$
$$h(16) = -1.740193e{-}001 = h(33) \qquad h(17) = -1.631924e{-}001 = h(32)$$
$$h(18) = -9.215300e{-}002 = h(31) \qquad h(19) = 4.004513e{-}002 = h(30)$$
$$h(20) = 2.202029e{-}001 = h(29) \qquad h(21) = 4.239994e{-}001 = h(28)$$
$$h(22) = 6.191918e{-}001 = h(27) \qquad h(23) = 7.725483e{-}001 = h(26)$$
$$h(24) = 8.568808e{-}001 = h(25)$$

根据(8.6.8)式确定多相滤波器实现结构中的 5 个多相滤波器系数如下：

$$p_0(n) = h(nI) = \{h(0), h(5), h(10), h(15), h(20), h(25), h(30), h(35), h(40), h(45)\}$$
$$p_1(n) = h(1+nI) = \{h(1), h(6), h(11), h(16), h(21), h(26), h(31), h(36), h(41), h(46)\}$$
$$p_2(n) = h(2+nI) = \{h(2), h(7), h(12), h(17), h(22), h(27), h(32), h(37), h(42), h(47)\}$$
$$p_3(n) = h(3+nI) = \{h(3), h(8), h(13), h(18), h(23), h(28), h(33), h(38), h(43), h(48)\}$$
$$p_4(n) = h(4+nI) = \{h(4), h(9), h(14), h(19), h(24), h(29), h(34), h(39), h(44), h(49)\}$$

8.7 采样率转换器的 MATLAB 实现

MATLAB 信号处理工具箱提供的采样率转换函数有 upfirdn, interp, decimate, resample，其功能简述如下。

Y = upfirdn(X, H, I, D)：先对输入信号向量 X 进行 I 倍零值内插，再用 H 提供的 FIR 数字滤波器(FIRDF)对内插结果滤波，其中 H 为 FIRDF 的单位脉冲响应向量，FIRDF 采用高效的多相实现结构。最后按因子 D 抽取得到输出信号向量 Y。

Y = interp(X, I)：采用低通滤波插值法实现对序列向量 X 的 I 倍插值，其中的插值滤波器让原序列无失真通过，并在 X 的两个相邻样值之间按照最小均方误差准则插入 I−1 个序列值。得到的输出信号向量 Y 的长度为 X 长度的 I 倍。

Y＝decimate(X，D，N)：先对序列 X 抗混叠滤波，再按整数因子 D 对滤波输出序列抽取。输出序列 Y 的长度是 X 长度的 1/D。抗混叠滤波用 N 阶切比雪夫 Ⅰ 型低通滤波器，阻带截止频率为 $0.8F_s/(2D)$，如果省略 N，则默认用 8 阶切比雪夫 Ⅰ 型低通滤波器；Y＝decimate(X，D，N，'FIR')用长度为 N 的 FIR 滤波器，FIR 滤波器是抽取函数 decimate 自动调用 fir1(N，1/D)设计的。省略 N，则默认用 30 点 FIR 数字滤波器。

Y＝resample(X，I，D)：采用多相滤波器结构实现按有理数因子 I/D 的采样率转换。如果原序列向量 X 的采样频率为 F_x，长度为 L_x，则序列 Y 的采样频率为 $F_y＝(I/D)F_x$，长度为 $(I/D)L_x$（当 $(I/D)L_x$ 不是整数时，Y 的长度取不小于 $(I/D)L_x$ 的最小整数）。该函数具有默认的抗混叠滤波器设计功能，按照最小均方误差准则调用函数 firls 设计。

[Y，B]＝resample(X，I，D)：返回输出信号向量 Y 和抗混叠滤波器的单位脉冲响应序列向量 B。

Y＝resample(X，I，D，B)：允许用户提供抗混叠滤波器的单位脉冲响应序列向量 B。这些函数的其他调用格式请用 help 命令查阅。

【例 8.7.1】 编写程序产生长度为 41 的序列 $x(n)＝\sin(0.1\pi n)＋0.5\sin(0.5\pi n)$，再调用 resample 函数对 $x(n)$ 按因子 3/8 进行采样率变换，并绘制采样率变换器的输入序列 $x(n)$、输出序列 $y(n)$ 和采样率变换器中的 FIR 数字滤波器的单位脉冲响应 $h(n)$ 及其频率响应特性曲线。

解 本例题的实现程序 ep871.m 如下：

```
%例 8.7.1 实现程序 ep871.m：调用 resample 函数实现按因子 3/8 进行采样率变换
n=0:40;xn=sin(0.1*pi*n)+0.5*sin(0.5*pi*n);%产生长度为 41 的序列向量 xn
[yn,hn]=resample(xn,3,8);%对 xn 按因子 3/8 进行采样率变换,yn 为转换器输出序列,hn 是
                         %FIRDF 的单位脉冲响应
%以下是绘图部分
subplot(3,2,1);stem(hn,'.');axis([0,160,-0.1,0.5]);title('(a)');xlabel('i');
ylabel('h(i)')
w=(0:1023)*2/1024;
subplot(3,2,2);plot(w,20*log10(abs(fft(hn,1024))));axis([0,1/4,-80,20]);grid on
title('(b)');xlabel('\omega/\pi');ylabel('20lg(|Hg(\omega)|)')
subplot(3,1,2);stem(n,xn,'.');title('(c)');xlabel('n');ylabel('x(n)')
ny=0:length(yn)-1;
subplot(3,1,3);stem(ny,yn,'.');title('(d)');xlabel('m');ylabel('y(m)')
```

运行程序得到采样率转换器的输入信号 $x(n)$、输出信号 $y(m)$、FIR 数字滤波器的单位脉冲响应 $h(n)$ 及其频率响应的波形分别如图 8.7.1(c)、(d)、(a) 和 (b) 所示。由图 (b) 可以看出，resample 函数默认设计的抗混叠滤波器的阻带最小衰减大于 40 dB，满足理论要求。$x(n)$ 的长度为 40，$y(m)$ 的长度为 $40×3/8＝15$，$h(n)$ 的长度为 161。由图 8.7.1 可见，低通滤波器滤除输入信号中较高的频率成分 $0.5\sin(0.5\pi n)$，采样率变换器输出单频正弦波采样，采样频率为 $F_y＝3F_x/8$，所以输出序列

$$y(m) = \sin\left(0.1\pi \times \frac{8}{3}m\right) = \sin\left(\frac{4}{15}\pi m\right)$$

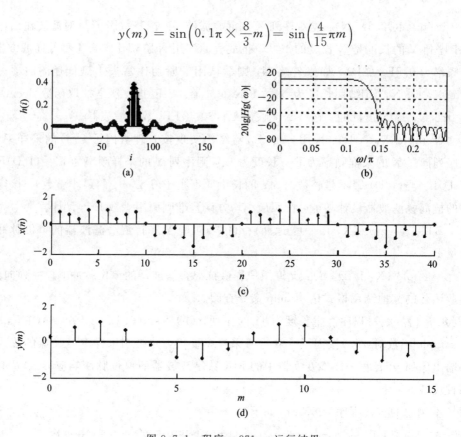

(a)

(b)

(c)

(d)

图 8.7.1　程序 ep871.m 运行结果

习题与上机题

1. 已知信号 $x(n) = a^n u(n)$，$|a| < 1$。

（1）求信号 $x(n)$ 的频谱函数 $X(\mathrm{e}^{\mathrm{j}\omega}) = \mathrm{FT}[x(n)]$；

（2）按因子 $D = 2$ 对 $x(n)$ 抽取得到 $y(m)$，试求 $y(m)$ 的频谱函数。

（3）证明：$y(m)$ 的频谱函数就是 $x(2n)$ 的频谱函数。

2. 假设信号 $x(n)$ 及其频谱 $X(\mathrm{e}^{\mathrm{j}\omega})$ 如题 2 图所示。按因子 $D = 2$ 直接对 $x(n)$ 抽取，得到信号 $y(m) = x(2m)$。画出 $y(m)$ 的频谱函数曲线，说明抽取过程中是否丢失了信息。

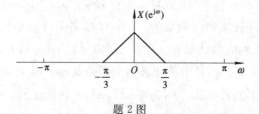

题 2 图

3. 按整数因子 $D = 4$ 抽取器原理方框图如题 3 图（a）所示。其中，$F_x = 1$ kHz，$F_y =$

250 Hz，输入序列 $x(n)$ 的频谱如题 3 图(b)所示。请画出题 3 图(a)中理想低通滤波器 $h_D(n)$ 的频率响应特性曲线和序列 $v(n)$、$y(m)$ 的频谱特性曲线。

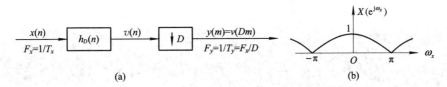

题 3 图

4. 按整数因子 I 内插器原理方框图如题 4 图所示。图中，$F_x = 200$ Hz，$F_y = 1$ kHz，输入序列 $x(n)$ 的频谱如题 3 图(b)所示。确定内插因子 I，并画出题 4 图中理想低通滤波器 $h_I(n)$ 的频率响应特性曲线和序列 $v(m)$、$y(m)$ 的频谱特性曲线。

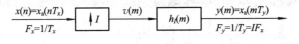

题 4 图

5*. 设计一个抽取器，要求抽取因子 $D = 5$。用 remez 函数设计抗混叠 FIR 滤波器，图示滤波器的单位脉冲响应和损耗函数。要求通带最大衰减为 0.1 dB，阻带最小衰减为 30 dB，过渡带宽度为 0.02 π rad。画出实现抽取器的多相结构，并求出多相实现时各子滤波器的单位脉冲响应。

6*. 设计一个内插器，要求内插因子 $I = 2$。用 remez 函数设计镜像 FIR 滤波器，图示滤波器的单位脉冲响应和损耗函数。要求通带最大衰减为 0.1 dB，阻带最小衰减为 30 dB，过渡带宽度为 0.05 π rad。画出实现内插器的多相结构，并求出多相实现时各子滤波器的单位脉冲响应。

7*. 设计一个按因子 2/5 降低采样率的采样率转换器，画出系统原理方框图。要求其中的 FIR 低通滤波器的过渡带宽为 0.04π rad，通带最大衰减为 1 dB，阻带最小衰减为 30 dB。设计 FIR 低通滤波器的单位脉冲响应，并画出一种高效实现结构。

8*. 假设信号 $x(n)$ 是以奈奎斯特采样频率对模拟信号 $x_a(t)$ 的采样序列，采样频率 $F_x = 10$ kHz。现在为了减少数据量，只保留 $0 \leqslant f \leqslant 3$ kHz 的低频信息，希望尽可能降低采样频率，请设计采样率转换器。要求经过采样率转换器后，在频带 $0 \leqslant f \leqslant 2.8$ kHz 中频谱失真不大于 1 dB，频谱混叠不超过 1%。

(1) 确定满足要求的最低采样频率 F_y 和相应的采样率转换因子；

(2) 画出采样率转换器原理方框图；

(3) 确定采样率转换器中 FIR 低通滤波器的技术指标，用等波纹最佳逼近法设计 FIR 低通滤波器，画出滤波器的单位脉冲响应及其损耗函数曲线，并标出指标参数(通带截止频率、阻带截止频率、通带最大衰减和阻带最小衰减)；

(4) 求出多相实现结构中子滤波器的单位脉冲响应，并列表显示或打印。

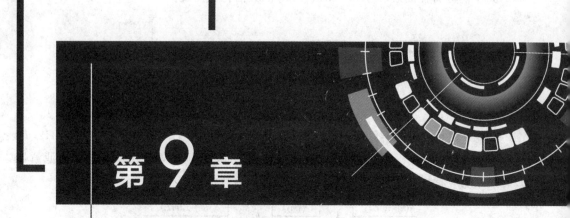

第9章

数字信号处理的实现

数字系统的实现方法有软件实现和硬件实现。软件实现就是按照系统运算结构设计软件并在通用计算机上运行实现。硬件实现方法则是按照设计的运算结构，利用加法器、乘法器和延时器等组成专用的设备，完成特定的信号处理算法。利用数字信号处理专用单片处理器(DSP)实现，无疑是一种好的实现方法，此方法属于软硬结合实现。一般理论设计后，只得到系统的系统函数或者差分方程，还必须再具体设计一种算法，进行实现。第5章学习了各种各样的网络结构，它们均代表了一种具体算法，根据这些具体算法才能设计软件或硬件进行实现。

不同网络结构的计算误差、计算中要求的存储量、计算的复杂性及计算速度，设备成本等均不相同。这里计算的复杂性指的是乘法次数、加法次数、取数存数次数以及两数之间的比较次数等。存储量指的是为存储系统参数、中间计算结果以及输入输出信号值等要求的存储量。运算速度除了和硬件本身的速度有关以外，主要和计算的复杂性有关。

运算误差主要来自有限字长效应，它是数字信号处理实现中特有的重要问题。因为数字计算机用二进制编码信号进行运算，二进制编码的位数(或字长)有限，带来了各种量化误差，形成有限精度的运算。因此需要研究各种网络结构对有限字长效应的敏感程度，以及为给定的运算误差所需要的字长等。

本章主要学习各种量化误差，包括系数量化误差、运算量化误差以及 A/D 变换器中的量化误差，最后介绍数字信号处理的软件实现及硬件实现方法。

数字信号处理(第五版)

9.1 数字信号处理中的量化效应

9.1.1 量化及量化误差

数字信号处理技术实现时，信号序列值、运算结果及参加运算的各个参数都必须用二进制的编码形式存储在有限长的寄存器中，如果该编码长度长于寄存器的长度，需要进行尾数处理；运算中，二进制乘法会使位数增多，也需要进行尾数处理。尾数处理必然带来误差，例如，序列值 0.8012 用二进制表示为 $(0.1100110101\cdots)_2$，如用 7 位二进制表示，序列值则为 $(0.110011)_2$，其十进制为 0.796875，与原序列值的差值为 $0.8012-0.796875=0.004325$，该差值是因为用有限位二进制数表示序列值形成的误差，称为量化误差。量化误差产生的原因是用有限长的寄存器存储数字引起的，因此也将这种误差引起的各种效应称为有限寄存器长度效应。这些量化效应在数字信号处理技术实现中，表现在以下几方面：A/DC 中量化效应，数字网络中参数量化效应，数字网络中运算量化效应，FFT 中量化效应等。这些量化效应在数字信号处理技术实现时，都是很重要的问题，一直受到科技工作者的重视，并在理论上进行了很多研究。随着科学技术的飞速发展，主要是数字计算机的发展，计算机字长由 8 位、16 位提高到 32 位；一些结合数字信号处理特点发展起来的数字信号处理专用芯片近几年来发展尤其迅速，不仅处理快速，字长达到 32 bit；另外，高精度的 A/D 变换器也已商品化。这样，随着计算字长的大大增加，量化误差大大减少了，因此，对于处理精度要求不高、计算字长较长的一般数字信号处理技术的实现，可以不考虑这些量化效应。但是对于要求成本低，用硬件实现时，或者要求高精度的硬件实现时，这些量化效应问题亦然是重要问题。

如果信号值用 $b+1$ 位二进制数表示（量化），其中一位表示符号，b 位表示小数部分，能表示的最小单位称为量化阶（或量化步长），用 q 表示，$q=2^{-b}$。对于超过 b 位的部分进行尾数处理。尾数处理有两种方法：一种是舍入法，即将尾数第 $b+1$ 位按逢 1 进位，逢 0 不进位，$b+1$ 位以后的数略去的原则处理；另一种是截尾法，即将尾数第 $b+1$ 位以及以后的数码略去。显然这两种处理方法的误差会不一样。

如果信号 $x(n)$ 值量化后用 $Q[x(n)]$ 表示，量化误差用 $e(n)$ 表示，

$$e(n) = Q[x(n)] - x(n)$$

一般 $x(n)$ 是随机信号，那么 $e(n)$ 也是随机的，经常将 $e(n)$ 称为量化噪声。为便于分析，一般假设 $e(n)$ 是与 $x(n)$ 不相关的平稳随机序列，且是具有均匀分布特性的白噪声。设采用定点补码制，截尾法和舍入法的量化噪声概率密度曲线分别如图 9.1.1(a) 和 (b) 所示。这样截尾法量化误差的统计平均值为 $-q/2$，方差为 $q^2/12$；舍入法的统计平均值为 0，方差也为 $q^2/12$，这里 $q=2^{-b}$。很明显，字长 $b+1$ 愈长，量化噪声方差愈小。后面我们将分别介绍各种量化效应。

根据上述量化原理，四舍五入量化的数学模型为

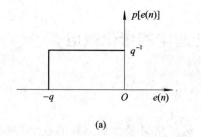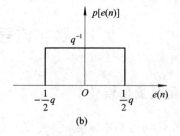

图 9.1.1 量化噪声 $e(n)$ 的概率密度曲线

$$Q[x] = q \cdot \text{round}[x/q] \tag{9.1.1}$$

式中，$\text{round}[x]$ 表示对 x 四舍五入后取整，$\text{round}[x/q]$ 表示 x 包含量化阶 q 的个数，所以 $Q[x] = q \cdot \text{round}[x/q]$ 就是量化后的数值。x 可以是标量、向量和矩阵。将数取整的方法有四舍五入取整、向上取整、向下取整、向零取整，对应的 MATLAB 取整函数分别为 round(x)、ceil(x)、floor(x)、fix(x)。round 最常用，对应的 MATLAB 量化语句为 xq=q * round(x/q)。

例如，x=0.8012，b=6，量化程序如下：

```
x=0.8012；b=6；
q=2^-b；                    %计算量化阶 q
xq=q * round(x/q)          %对 x 舍入量化
e=x-xq                     %计算量化误差 e
```

运行结果：

xq=0.796875，e=0.004325

9.1.2 A/D 变换器中的量化效应

A/D 变换器的功能原理图如图 9.1.2(a) 所示，图中 $\hat{x}(n)$ 是量化编码后的输出，如果未量化的二进制编码用 $x(n)$ 表示，那么量化噪声为 $e(n) = \hat{x}(n) - x(n)$，因此 A/D 变换器的输出 $\hat{x}(n)$ 为

$$\hat{x}(n) = x(n) + e(n) \tag{9.1.2}$$

考虑 A/D 变换器的量化效应，其统计模型如图 9.1.2(b) 所示。这样，由于 $e(n)$ 的存在而降低了输出端的信噪比。

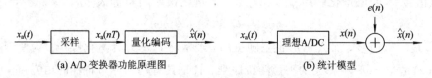

图 9.1.2 A/DC 功能原理图及统计模型

假设 A/D 变换器输入信号 $x_a(t)$ 不含噪声，输出 $\hat{x}(n)$ 中仅考虑量化噪声 $e(n)$，信号 $x_a(t)$ 平均功率用 σ_x^2 表示，$e(n)$ 的平均功率用 σ_e^2 表示，输出信噪比用 S/N 表示，

$$\frac{S}{N} = \frac{\sigma_x^2}{\sigma_e^2}$$

信噪比通常用 dB 数表示：

$$\frac{S}{N} = 10 \lg \frac{\sigma_x^2}{\sigma_e^2} \quad \text{dB} \tag{9.1.3a}$$

A/D 变换器采用定点舍入法，$e(n)$ 的统计平均值 $m_e = 0$，方差

$$\sigma_e^2 = \frac{1}{12}q^2 = \frac{1}{12}2^{-2b} \tag{9.1.3b}$$

将 σ_e^2 代入式(9.1.3a)，得到：

$$\frac{S}{N} = 6.02b + 10.79 + 10 \lg \sigma_x^2 \tag{9.1.3c}$$

此式表明，A/D 变换器的位数 b 愈多，信噪比愈高；每增加一位，输出信噪比增加约 6 dB。当然，输出信噪比也和输入信号功率有关，为增加输出信噪比，应在 A/D 变换器动态范围中，尽量提高信号幅度。如果对输出端信噪比提出要求，根据式(9.1.3c)可以估计对 A/D 变换器的位数要求。设 $x_a(t)$ 服从标准正态分布 $N(0, \sigma_x^2)$，A/D 变换器的动态范围为 ± 1 V。我们知道，对于正态分布，$x_a(t)$ 的幅度落入 $\pm 3\sigma_x$ 以外的概率很小，可以忽略。为充分利用其动态范围，取 $\sigma_x = \frac{1}{3}$ V，代入式(9.1.3c)，得

$$\frac{S}{N} = 6.02b + 1.29$$

如果要求 $S/N \geqslant 60$ dB，由上式计算出 $b \geqslant 10$；如果 $S/N \geqslant 80$ dB，则 $b \geqslant 13$。增加 A/D 变换器的位数，会增加输出端信噪比，但 A/D 变换器的成本也会随位数 b 增加而迅速增加；另外，输入信号本身有一定的信噪比，过分追求减少量化噪声提高输出信噪比是没有意义的。因此，应根据实际需要，合理选择 A/D 变换器位数。

输入最大幅度为 ± 1 V 的 b 位 A/D 变换器，根据舍入量化模型式(9.1.1)，可以写出 b 位 A/D 变换器的 MATLAB 量化函数 quant：

```
function y＝quant(x, b, V)
if nargin＜3 V＝max(abs(x)); end    %缺省 V，则默认 V 等于 x 的最大值
ax＝abs(x);                          %去掉负号
q＝V/(2^(b-1));                      %计算量化阶 q
xq＝q * round(ax/q);                 %对 |x| 舍入值量化
y＝sign(x). * xq;                    %加入负号，恢复带负号的量化值 y
```

该函数可以对带负号的数据 x 进行 A/D 变换，x 可以是标量、向量和矩阵。

应当注意，上述 A/D 为线性量化，其缺点是不利于小信号。为了改善小信号量化信噪比，工程上常常采用非线性量化。

9.1.3 数字系统中的系数量化效应

系统对输入信号进行处理时需要若干参数或者称为系数，这些系数都要存储在有限位数的寄存器中，因此存在系数的量化效应。系数的量化误差直接影响系统函数的零、极点位置，如果发生了偏移，会使系统的频率响应偏离理论设计的频率响应，不满足实际需要。

量化误差严重时，极点移到单位圆上或者单位圆外，造成系统不稳定。

系数量化效应直接和寄存器的长度有关，但也和系统的结构有关，有的结构对系数的量化误差不敏感，有的却很敏感。各种结构对系数量化误差的敏感度也是本节要研究的内容之一。

MATLAB 按二进制双精度格式表示数，表示一个数用 8 字节（64 位二进制数）。键入命令 eps、realmin 和 realmax，可以显示出 MATLAB 浮点制表示的量化阶 $q=2^{-52}=2.2204\times10^{-16}$、可以表示的最小数和最大数分别为 2.2251×10^{-308} 和 0.7977×10^{308}。所以 MATLAB 的量化误差可以忽略不计，用 MATLAB 设计的滤波器系数可以看成精确的理论值。工程实际中要把用 MATLAB 设计的滤波器付诸实现，必须采用嵌入式的 DSP 芯片（或专用数字硬件电路），DSP 芯片（或专用数字硬件电路）的字长一般为 8、16、32 bit，采用定点或浮点二进制表示数，并进行数值运算。因此，用 MATLAB 设计完成后，必须考虑实际系统的有效字长，对设计结果进行量化仿真检验。当然，实际系统的有效字长越长，实际实现的性能越逼近 MATLAB 设计结果。好在 MATLAB 提供了定点运算方真模块库（Fix-Point Blockset），有兴趣的读者请找相关书籍学习。

1. 系数量化对系统频响特性的影响

数字网络或者数字滤波器的系统函数用下式表示：

$$H(z)=\frac{\sum_{r=0}^{M}b_{r}z^{-r}}{1-\sum_{r=1}^{N}a_{r}z^{-r}} \tag{9.1.4}$$

式中的系数 b_r 和 a_r 必须用有限位二进制数进行量化，存储在有限长的寄存器中，经过量化后的系数用 $\hat{b}_r$ 和 $\hat{a}_r$ 表示，量化误差用 Δb_r 和 Δa_r 表示，那么

$$\hat{a}_{r}=a_{r}+\Delta a_{r} \tag{9.1.5}$$

$$\hat{b}_{r}=b_{r}+\Delta b_{r} \tag{9.1.6}$$

实际的系统函数用 $\hat{H}(z)$ 表示，公式为

$$\hat{H}(z)=\frac{\sum_{r=0}^{M}\hat{b}_{r}z^{-r}}{1-\sum_{r=1}^{N}\hat{a}_{r}z^{-r}} \tag{9.1.7}$$

显然，系数量化后的频率响应不同于原来设计的频率响应。

【例 9.1.1】 假设带通滤波器的系统函数如下式：

$$H(z)=\frac{1}{1-0.17z^{-1}+0.965z^{-2}}$$

如果用 $b+1$ 位二进制表示上式中的系数，$b=4$，采用舍入法处理尾数，试分析系数量化误差对极点位置和频响特性的影响。

解 求解本例的系数量化与绘图程序为 ep911.m。

%ep911.m：例题 9.1.1 系数量化与图 9.1.3 绘图程序

```
B=1；A=[1，−0.17，0.965]；      %量化前系统函数系数向量
b=4；                          %量化二进制位数
Aq=quant(A，b)；               %对系统函数分母系数向量 A 进行 b 位量化
p=roots(A)                     %计算量化前的极点
pq=roots(Aq)                   %计算量化后的极点
ap=abs(p)                      %计算量化前极点的模
apq=abs(pq)                    %计算量化后极点的模
```
%以下为绘图部分(省略)

运行程序，得到量化后的系统函数 $\hat{H}(z)$ 为

$$\hat{H}(z) = \frac{1}{1 - 0.2000z^{-1} + 0.9333z^{-2}}$$

并求出 $H(z)$ 和 $\hat{H}(z)$ 的极点分别为

$$p_{1,2} = 0.0850 \pm j0.9787$$
$$\hat{p}_{1,2} = 0.1000 \pm j0.9609$$

显然，因为系数的量化，使极点位置发生变化，算出极点的模为：$|p_{1,2}| = 0.9823$，$|\hat{p}_{1,2}| = 0.9661$，说明量化后的极点离单位圆稍远一些，会使带通滤波器的幅度特性的峰值减小，中心频率有所移动。程序自动画出 $H(z)$ 和 $\hat{H}(z)$ 的幅频特性曲线分别如图 9.1.3 中的实线和虚线所示。该例题说明由于系数量化效应，使极点位置发生了变化，从而改变了原来设计的频率响应特性。

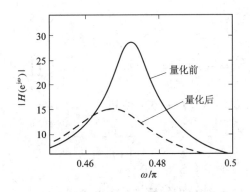

图 9.1.3　量化前后系统幅频响应曲线

应当注意，数字滤波器的系数的大小有时差别很大，如果用 b 位定点数表示时，以最大的系数确定量化阶 q，对所有系数统一量化，必然使较小的系数相对量化误差很大，使滤波器性能远离设计指标要求。所以工程实际中常常采用浮点制表示系数。

2. 极点位置敏感度

下面分析系数量化误差对极零点位置的影响。如果极零点位置改变了，严重时不仅 IIR 系统的频率响应会发生变化，还会影响系统的稳定性。因此研究极点位置的改变更加重要。为了表示系数量化对极点位置的影响，引入极点位置灵敏度的概念，所谓极点灵敏度，是指每个极点对系数偏差的敏感程度。相应的还有零点位置灵敏度，分析方法相同。下面讨论系数量化对极点位置的影响。

第 9 章 数字信号处理的实现

（9.1.4）式中，分母多项式 $A(z)$ 有 N 个极点，用 $p_k (k=1, 2, \cdots, N)$ 表示，系数量化后的极点用 $\hat{p}_k (k=1, 2, 3, \cdots, N)$ 表示，那么

$$\hat{p}_k = p_k + \Delta p_k$$

上式中极点偏差 Δp_k 表示第 k 个极点的偏差，它应该和各个系数偏差都有关，它和各系数偏差的关系用下式表示：

$$\Delta p_k = \sum_{i=1}^{N} \frac{\partial p_k}{\partial a_i} \Delta a_i \qquad (9.1.8)$$

上式中，$\frac{\partial p_k}{\partial a_i}$ 的大小直接影响第 i 个系数偏差 Δa_i 对第 k 个极点偏差 Δp_k 的影响大小，$\frac{\partial p_k}{\partial a_i}$

愈大，Δp_k 愈大，$\frac{\partial p_k}{\partial a_i}$ 愈小，Δp_k 愈小。称 $\frac{\partial p_k}{\partial a_i}$ 为极点 p_k 对系数 a_i 变化的灵敏度。下面推导该灵敏度和极点的关系。

$$\left. \frac{\partial A(z)}{\partial p_k} \right|_{z=p_k} \cdot \frac{\partial p_k}{\partial a_i} = \left. \frac{\partial A(z)}{\partial a_i} \right|_{z=p_k}$$

$$\frac{\partial p_k}{\partial a_i} = \left. \frac{\partial A(z)/\partial a_i}{\partial A(z)/\partial p_k} \right|_{z=p_k} \qquad (9.1.9)$$

式中

$$A(z) = 1 - \sum_{i=1}^{N} a_i z^{-i} = \prod_{k=1}^{N} (1 - p_k z^{-1}) \qquad (9.1.10)$$

$$\frac{\partial A(z)}{\partial a_i} = -z^{-i} \qquad (9.1.11)$$

$$\frac{\partial A(z)}{\partial p_k} = -z^{-1} \prod_{\substack{l=1 \\ l \neq k}}^{N} (1 - p_l z^{-1}) = -z^{-N} \prod_{\substack{l=1 \\ l \neq k}}^{N} (z - p_l) \qquad (9.1.12)$$

将（9.1.11）和（9.1.12）式代入（9.1.9）式，得到

$$\frac{\partial p_k}{\partial a_i} = \frac{p_k^{N-i}}{\prod_{\substack{l=1 \\ l \neq k}}^{N} (p_k - p_l)} \qquad (9.1.13)$$

上式即是第 k 个极点对系数 a_i 变化的敏感度。将上式代入（9.1.8）式，得到

$$\Delta p_k = \sum_{i=1}^{N} \frac{p_k^{N-i}}{\prod_{\substack{l=1 \\ l \neq k}}^{N} (p_k - p_l)} \Delta a_i \qquad (9.1.14)$$

上式表示系数量化误差引起的第 k 个极点的偏差，由该式可以得到以下结论：

（1）极点偏移和系数量化误差大小有关。如果系统采用定点补码制，尾数采用 b 位舍入法处理，那么 Δa_i 的变化范围为 $[-q/2, q/2]$，$q=2^{-b}$，均方误差为 $q^2/12$，因此为减小极点偏移，应加长寄存器长度。

（2）分母多项式中，$p_k - p_l$ 是极点 p_l 指向极点 p_k 的矢量，整个分母是所有极点（不包括 p_k 极点）指向极点 p_k 的矢量之积。如果极点密集在一起，极点间距短，（9.1.13）式分母

就很小，那么极点对系数量化误差的敏感度高，相应的极点偏差就大。

（3）极点偏差与系统函数的阶数 N 有关，阶数愈高，极点灵敏度愈高，极点偏差也愈大。这样对于一些窄带滤波器，因为要求选择性高，势必要求阶数高，且极点密集，所以极点的偏差会很大。严重时使极点移到单位圆上或者单位圆外，引起系统不稳定。

考虑以上因素，系统的结构最好不用高阶的直接型结构，而将其分解成一阶或者二阶系统，再将它们进行并联或者级联，以便减小极点偏移量。

【例 9.1.2】 按照例 6.5.2 数字带通滤波的设计指标：系统采样频率 $F_s = 8\,kHz$，要求保留 2025～2225 Hz 频段的频率成分，幅度失真小于 1 dB；滤除 0～1500 Hz 和 2700 Hz 以上频段的频率成分，衰减大于 40 dB。调用 MATLAB 滤波器设计分析工具 FDATool，设计该滤波器，并对其系数用 16 位字长量化，其中尾数 15 位。

直接型结构系数量化前后的零极点分布图和频响特性曲线分别如图 9.1.4(a) 和 (b) 所示。级联型结构系数量化前后的零极点分布图和频响特性曲线分别如图 9.1.4(c) 和 (d) 所示。由图可见，六阶椭圆带通滤波器的直接型结构的极点对系数量化误差的敏感度高，相应的极点偏差大，量化误差使频响曲线偏差很大。量化后的滤波器无法使用。但级联型结构的零极点对系数量化误差的敏感度很低，相应的极点几乎看不出偏差，量化前后频响曲线基本重合。所以，工程上高阶滤波器一般都用级联型结构和并联型结构。

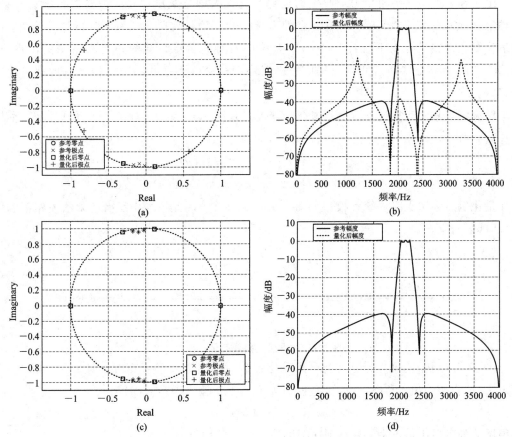

图 9.1.4　窄带滤波器系数量化前后的零极点分布图和频响特性曲线比较

观察图 9.1.4(a)和(c)发现，直接型结构和级联型结构系数量化前后的零点偏移都很小。这是因为该滤波器的各零点之间距离较大（不密集）。而窄带带通滤波器的极点分布密集，所以直接型结构的极点对系数量化误差的敏感度高，相应的极点偏差大。本例的实验结果与理论结论一致。

9.1.4 数字系统中的运算量化效应

在数字网络的运算中，其中间结果和最后结果的位数，如果超出了规定的有限位二进制数长度，则需要进行尾数处理，这样便引起了运算量化误差；运算中还可能出现溢出，造成更大的误差；运算误差的大小除了和规定的二进制数的长度有关以外，还和网络结构有关。下面就以上三个问题进行介绍。

1. 运算量化效应

在定点制运算中，二进制乘法的结果尾数可能变长，需要对尾数进行截尾或舍入处理；在浮点制运算中无论乘法还是加法都可能使二进制的位数加长，也需要对尾数进行截尾或舍入处理。这样不管是采用定点制还是浮点制，都会因运算产生量化误差，这种误差称为运算量化误差。下面我们仅介绍定点制的乘法量化误差。

由于输入信号是随机信号，产生的运算量化误差同样是随机的，需要进行统计分析。运算量化误差在系统中起噪声作用，会使系统的输出信噪比降低。为了分析计算简单，假定运算量化误差具有以下统计特性：① 系统中所有的运算量化噪声都是平稳的白噪声；② 所有的运算量化噪声之间以及和信号之间均不相关；③ 这些噪声的概率密度都是均匀分布的。

假设定点乘法运算按 b 位进行量化，量化误差用 $e(n)$ 表示。对于一个乘法支路，如图 9.1.5(a)所示，图中节点变量 $v_2(n)=av_1(n)$，经过量化后用 $\hat{v}_2(n)=Q[av_1(n)]$ 表示，那么

$$e(n) = Q[av_1(n)] - v_2(n)$$
$$\hat{v}_2(n) = Q[av_1(n)] = v_2(n) + e(n)$$

这样量化以后乘法支路的统计模型如图 9.1.5(b)所示。因此系统中所有的乘法支路都和图 9.1.5(b)一样引入一个噪声源。

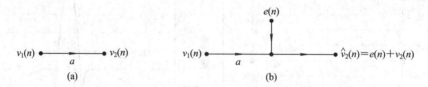

图 9.1.5 乘法支路及其量化模型

图 9.1.6 中，有两个乘法支路，采用定点制时共引入两个噪声源，即 $e_1(n)$ 和 $e_2(n)$，噪声 $e_2(n)$ 直接输出，噪声 $e_1(n)$ 经过网络 $h(n)$ 输出，输出噪声 $e_f(n)$ 为

$$e_f(n) = e_1(n) * h(n) + e_2(n)$$

如果尾数处理采用定点舍入法，则输出端噪声统计平均值为

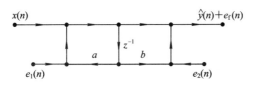

图 9.1.6　考虑运算量化误差的一阶网络结构

$$m_f = E[e_1(n) * h(n)] + E[e_2(n)]$$

$$= E\left[\sum_{E=-\infty}^{\infty} h(m)e_1(n-m)\right] + E[e_2(n)]$$

$$= m_1 \sum_{m=-\infty}^{\infty} h(m) + m_2$$

上式中 $E[\ ]$ 表示求统计平均值，m_1 和 m_2 分别表示两个噪声源的统计平均值，这里 $m_1 = m_2 = 0$，因此，

$$m_f = 0$$

由于 $e_1(n)$ 和 $e_2(n)$ 互不相关，求输出端噪声方差时，可分别求其在输出端的方差，再相加。这里，每个噪声源的方差均为

$$\sigma_e^2 = \frac{1}{12}q^2$$

式中 $q = 2^{-b}$。输出端的噪声 $e_f(n)$ 的方差为

$$\sigma_f^2 = E[(e_f(n) - m_f)^2] = E[e_f^2(n)] = E[e_{f1}^2(n)] + E[e_{f2}^2(n)]$$

式中，$e_{f1}(n)$ 和 $e_{f2}(n)$ 分别表示 $e_1(n)$ 和 $e_2(n)$ 在输出端的输出；

$$E[e_{f2}^2(n)] = \sigma_e^2$$

$$E[e_{f1}^2(n)] = E\left[\sum_{m=0}^{\infty} h(m)e_1(n-m) \sum_{l=0}^{\infty} h(l)e_1(n-l)\right]$$

$$= \sum_{m=0}^{\infty} \sum_{l=0}^{\infty} h(m)h(l)E[e_1(n-m)e_1(n-l)]$$

$$= \sum_{m=0}^{\infty} \sum_{l=0}^{\infty} h(m)h(l)\sigma_e^2\delta(m-l)$$

$$= \sigma_e^2 \sum_{m=0}^{\infty} h^2(m)$$

$$\sigma_f^2 = \sigma_e^2 \sum_{m=0}^{\infty} h^2(m) + \sigma_e^2$$

根据帕斯维尔定理（（2.5.29）式），σ_f^2 也可以用下式计算：

$$\sigma_f^2 = \sigma_e^2 \frac{1}{2\pi j} \oint_c H(z)H(z^{-1}) \frac{dz}{z} + \sigma_e^2$$

式中

$$H(z) = \frac{1 + bz^{-1}}{1 - az^{-1}}$$

2. 网络结构对输出噪声的影响

下面我们通过一个二阶网络的例子说明不同网络结构对输出噪声的影响。

【例 9.1.3】 已知网络系统函数为

$$H(z) = \frac{0.4 + 0.2z^{-1}}{1 - 1.7z^{-1} + 0.72z^{-2}} \qquad |z| > 0.9$$

网络采用定点补码制，尾数处理采用舍入法。试分别计算直接型、级联型和并联型结构输出噪声功率。

解
$$H(z) = \frac{0.4 + 0.2z^{-1}}{1 - 1.7z^{-1} + 0.72z^{-2}} = \frac{0.4 + 0.2z^{-1}}{1 - 0.9z^{-1}} \cdot \frac{1}{1 - 0.8z^{-1}}$$

$$= \frac{5.6}{1 - 0.9z^{-1}} + \frac{-5.2}{1 - 0.8z^{-1}}$$

按照以上 $H(z)$ 的三种表示公式，画出考虑乘法量化误差的直接型、级联型和并联型网络结构图如图 9.1.7 所示。下面分别计算这三种网络结构的输出信噪比。

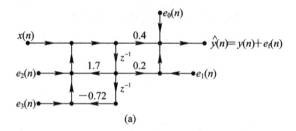

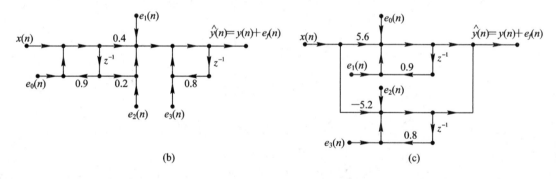

图 9.1.7　例 9.1.3 的网络结构图

（1）直接型。

$$e_{\mathrm{f}}(n) = e_0(n) + e_1(n) + [e_2(n) + e_3(n)] * h(n)$$

$$\sigma_{\mathrm{f}}^2 = \frac{1}{12}q^2 \times 2 + \frac{1}{12}q^2 \times 2 \times \frac{1}{2\pi \mathrm{j}} \oint_c H(z)H(z^{-1})\frac{\mathrm{d}z}{z}$$

式中

$$\frac{1}{2\pi \mathrm{j}} \oint_c H(z)H(z^{-1})\frac{\mathrm{d}z}{z} = \frac{1}{2\pi \mathrm{j}} \oint_c \frac{0.4 + 0.2z^{-1}}{(1 - 0.9z^{-1})(1 - 0.8z^{-1})} \times \frac{0.4 + 0.2z}{(1 - 0.9z)(1 - 0.8z)} \frac{\mathrm{d}z}{z}$$

$$= \mathrm{Res}[H(z)H(z^{-1}), 0.9] + \mathrm{Res}[H(z)H(z^{-1}), 0.8]$$

$$= 61.053 - 28.899 = 32.164$$

数字信号处理（第五版）

$$\sigma_f^2 = \frac{1}{6}q^2 + \frac{1}{6}q^2 \times 32.164 = 5.527q^2$$

（2）级联型。

$$e_f(n) = e_0(n) * h(n) + [e_1(n) + e_2(n) + e_3(n)] * h_2(n)$$

$$H_2(z) = \frac{1}{1 - 0.8z^{-1}}, \quad h_2(n) = ZT^{-1}[H_2(z)]$$

$$\sigma_f^2 = \frac{1}{12}q^2 \times \frac{1}{2\pi j}\oint_c H(z)H(z^{-1})\frac{dz}{z} + \frac{3}{12}q^2 \times \frac{1}{2\pi j}\oint_c H_2(z)H_2(z^{-1})\frac{dz}{z}$$

$$\frac{1}{2\pi j}\oint_c H_2(z)H_2(z^{-1})\frac{dz}{z} = \frac{1}{2\pi j}\oint_c \frac{1}{(1 - 0.8z^{-1})(1 - 0.8z)}\frac{dz}{z}$$

$$= \text{Res}[H_2(z)H_2(z^{-1})z^{-1}, 0.8]$$

$$= 2.778$$

$$\sigma_f^2 = \frac{1}{12}q^2 \times 32.164 + \frac{1}{4}q^2 \times 2.778 = 3.375q^2$$

（3）并联型。

$$e_f(n) = [e_0(n) + e_1(n)] * h_1(n) + [e_2(n) + e_3(n)] * h_2(n)$$

$$H_1(z) = \frac{1}{1 - 0.8z^{-1}} = ZT[h_1(n)], \quad h_1(n) = 0.9^n u(n)$$

$$H_2(z) = \frac{1}{1 - 0.8z^{-1}} = ZT[h_2(n)], \quad h_2(n) = 0.8^n u(n)$$

$$\sigma_f^2 = \frac{1}{12}q^2 \times 2 \times \sum_{n=0}^{\infty} h_1^2(n) + \frac{1}{12}q^2 \times 2 \times \sum_{n=0}^{\infty} h_2^2(n)$$

$$= \frac{1}{6}q^2 \times \frac{1}{1 - 0.9^2} + \frac{1}{6}q^2 \frac{1}{1 - 0.8^2}$$

$$= 1.34q^2$$

以上式中 $\qquad\qquad q^2 = 2^{-2b}$

此例表明，对同一个系统函数 $H(z)$，因乘法量化误差在输出端引起的量化噪声功率除了与量化位数 b 有关外，还与网络结构形式有关。量化位数 b 愈长，输出量化噪声愈小；网络结构中，输出端量化噪声以直接型最大，级联型次之，并联型最小。原因是直接型量化噪声通过全部网络，经过反馈支路有积累作用，级联型仅一部分噪声通过全部网络，并联型每个一阶网络的乘法运算量化噪声通过相应的一阶网络后直接送到输出端。而对于三种不同网络结构输出端的信号功率都是一样的。设输入信号 $x(n)$ 方差为 σ_x^2，均值 $m_x = 0$，输出端信号功率用 σ_y^2 表示

$$\sigma_y^2 = \sigma_x^2 \sum_{n=0}^{\infty} h^2(n) = \sigma_x^2 \frac{1}{2\pi j}\oint_c H(z)H(z^{-1})\frac{dz}{z}$$

输出信噪比 S/N 用信号和噪声的功率比计算

$$\frac{S}{N} = \frac{\sigma_y^2}{\sigma_f^2}$$

因此，输出信噪比也同样随量化位数 b 增加而增加；网络结构中以并联型输出信噪比最大，直接型最差。对于定点制，输出信噪比还与输入信号功率有关，应在保证运算中不发生溢出的前提下，尽量增大输入信号幅度。

实际时域离散线性时不变系统可以用线性常系数差分方程表示：

$$y(n) = \sum_{i=0}^{M} b_i x(n-i) + \sum_{i=1}^{N} a_i y(n-i)$$

所以，不论采用哪种结构，其中与量化有关的基本运算单元如下：

$$y = k_1 x_1 + k_2 x_2$$

只要调用定点量化函数 quant 分别对每个基本运算单元量化，求解差分方程，即可得到量化后的实际系统输出响应 $\hat{y}(n)$，也可以计算 $e(n) = \hat{y}(n) - y(n)$ 分析各种结构的有限字长效应。基本运算 $y = k_1 x_1 + k_2 x_2$ 的 MATLAB 函数 qbcu.m 为

```
function yq=qbcu(k1, x1, k2, x2, b, V)
%基本运算 y=kx*x1+k2*x2 的定点量化运算函数
%b 为量化尾数位数，V 为量化动态范围
k1q=quant(k1, b, V); k2q=quant(k2, b, V);
x1q=quant(x1, b, V); x2q=quant(x2, b, V);
v1=k1q*x1q; v1q=quant(v1, b, V);
v2=k2q*x2q; v2q=quant(v2, b, V);
yq=v1q+v2q;
```

3. 防止溢出的措施

我们知道，在数字网络中有两种运算，即乘法和加法，由于存在有限寄存器长度效应，乘法会产生乘法量化效应，加法不会产生量化误差，但却会产生溢出。例如，在定点制网络系统中，补码二进制 0.110 加 0.011，结果为 1.001，其真值为 $-7/8$，实际真值应是 $9/8$。这样，由于加法进位，产生了溢出，形成了很大的误差。在浮点制系统中，由于动态范围大，一般不产生溢出。下面介绍一般防止溢出的方法。

可以采用限制输入信号动态范围的方法来防止溢出。设网络节点用 v_i 表示，从输入节点 $x(n)$ 到 v_i 节点的单位脉冲响应为 $h_i(n)$，

$$v_i = \sum_{m=0}^{\infty} h_i(m) x(n-m)$$

$$|v_i| \leqslant |x|_{\max} \sum_{m=0}^{\infty} |h_i(m)| \tag{9.1.15}$$

式中，$|x|_{\max}$ 为 $|x(n)|$ 的最大值。为保证节点 v_i 不溢出，要求 $|v_i| < 1$，那么要求：

$$|x|_{\max} < \frac{1}{\sum_{m=0}^{\infty} |h_i(m)|} \tag{9.1.16}$$

上式即是对输入信号动态范围的限制。例如，一阶 IIR 网络，单位取样响应 $h(n) = a^n u(n)$，$|a| < 1$

$$|x|_{\max} < \frac{1}{\sum\limits_{n=0}^{\infty} |a^n u(n)|} = 1 - |a|$$

要求输入信号的动态范围为 $1-|a|$，显然该动态范围与一阶网络的极点 a 有关。极点愈靠近单位圆，限制输入信号的动态范围就愈小。另外，如果输入信号幅度固定在一定范围中，可以在输入支路上加衰减因子来防止溢出。例如，在图 9.1.8 中，为防止溢出，输入支路上加衰减因子 A，$0<A<1$。

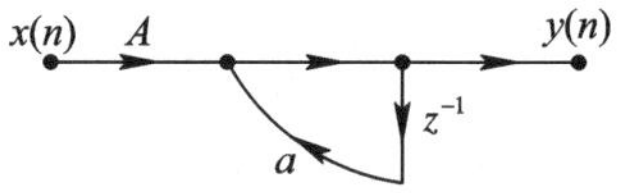

$$y(n) = A\sum_{m=0}^{\infty} h(m)x(n-m)$$

设 $|x(n)|_{\max} = x_{\max}$，则有

图 9.1.8 一阶滤波网络

$$|y(n)| \leqslant A x_{\max} \sum_{m=0}^{\infty} |h(m)| \qquad 0 < A < 1$$

为防止溢出，要求 $|y(n)|<1$，即

$$A < \frac{1}{x_{\max} \sum\limits_{m=0}^{\infty} |h(m)|} \tag{9.1.17}$$

对于该例，有

$$A < \frac{1-|a|}{x_{\max}} \tag{9.1.18}$$

对于级联型或并联型结构，可在每个基本节的输入支路加衰减因子，如图 9.1.9 中 A_1 和 A_2。如果 $x_{\max}=1$，图中 A_1 和 A_2 均按下式计算：

$$A < \frac{1}{\sum\limits_{m=0}^{\infty} |h(m)|} \tag{9.1.19}$$

式中，$h(m)$ 是每个相应基本节的单位脉冲响应。这样可保证每个基本节的输出节点不溢出。对于基本节内部的加法可能有溢出，但理论可以证明对补码加法，只要输出节点不溢出，网络内部的溢出不影响结果的正确性。

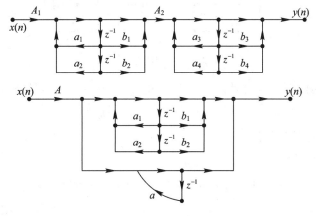

图 9.1.9 级联型与并联型的衰减因子

最后要指出的是按照 (9.1.17) 式或 (9.1.19) 式选择衰减因子是比较保守或者说是比较

苛刻的。经常用下式计算：

$$A < \frac{1}{\delta \left[\sum\limits_{m=0}^{\infty} \mid h^2(m) \mid \right]^{1/2}}$$

(9.1.20)

式中，δ 是大于 1 的数，如果输入信号是方差为 1 的白噪声，可选 $\delta \geqslant 5$。

9.2　数字信号处理技术的软件实现

　　数字信号的处理可以用软件实现，也可以用硬件实现。软件实现指的是在通用计算机上执行数字信号处理程序。这种方法灵活，但一般不能实现实时处理。硬件实现是利用数字信号处理专用集成电路或单片数字信号处理器 DSP(Digital Signal Processor)来实现的。目前，这些器件一般都照顾到数字信号处理的特点，内部带有乘法器、累加器，采用流水线工作方法以及并行结构，多总线，速度快，并配有适合数字信号处理的指令等。一些特殊的专用器件有：FFT 专用芯片，FIR 滤波器、卷积和相关等专用芯片，它的软件算法已在芯片内部用硬件实现，随着超大规模集成电路的发展，DSP 芯片成本在不断下降，从而使这种实现方法成为数字信号处理的主导方法。本节主要介绍软件实现方法。

　　在第 1 章已学习过描写系统的线性常系数差分方程，具有递推求解的特点，可以求解系统的暂态解、稳态解以及系统的单位脉冲响应。求暂态解时，对于 N 阶差分方程要给定 N 个初始条件；求系统的单位脉冲响应时，要令系统初始状态为零和输入信号为单位脉冲序列。

　　下面通过例题说明按照差分方程求解系统输出的软件流程图。

　　【例 9.2.1】　假设两个二阶网络的级联结构如图 9.2.1 所示。

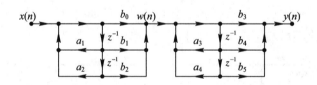

图 9.2.1　例题 9.2.1 图

　　从 $n=0$ 开始加入 $x(n)$ 信号，$x(-1)=0$，$x(-2)=0$，初始条件为：$w(-1)=0$，$w(-2)=0$，$y(-1)=0$，$y(-2)=0$，a_1、a_2、a_3、a_4、b_0、b_1、b_2、b_3、b_4、b_5 均为已知参数。要求设计求输出响应的软件流程图。

　　解　其差分方程为

$$w(n) = a_1 w(n-1) + a_2 w(n-2) + b_0 x(n) + b_1 x(n-1) + b_2 x(n-2)$$

$$y(n) = a_3 y(n-1) + a_4 y(n-2) + b_3 w(n) + b_4 w(n-1) + b_5 w(n-2)$$

其软件流程图如图 9.2.2 所示。

　　上面介绍了求解差分方程的软件流程图，仿真实验时用 MATLAB 语言求解最方便。

MATLAB 语言的 filter 函数和 filtic 函数可以求解差分方程。我们知道，系统函数与差分方程是等价的，系统函数的系数就是差分方程的系数。所以，根据系统函数的系数和初始条件，调用 filter 函数和 filtic 函数可以方便地求系统输出响应。下面是求系统输出响应的 MATLAB 通用程序。

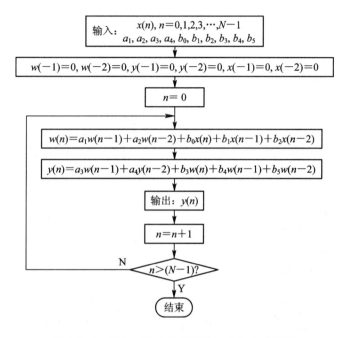

图 9.2.2 两个二阶网络的级联结构软件流程图

％调用 filter 和 filtic 函数求系统输出响应的通用程序

B＝[b0, b1, …, bM]; A＝[a0, a1, …, aN]; ％设置 H(z) 的分子和分母多项式系数向量 B 和 A

xn＝input('x(n)＝');   ％输入信号 x(n)，也可以直接赋值，或读取数据文件

ys＝[y(−1), y(−2), …, y(−N)];   ％设置初始条件

xi＝filtic(B, A, ys); ％由初始条件计算等效初始条件的输入序列 xi，设 x(n) 为因果序列

yn＝filter(B, A, xn, xi);   ％调用 filter 求系统输出信号 y(n)，n≥0

【例 9.2.2】 设系统函数 $H(z)＝1/(1−bz^{−1})$，$x(n)＝a^{n}u(n)$，求系统输出响应。

解 对于给定的 $H(z)$，分子、分母多项式系数 B＝1、A＝[1, −b]。

求系统输出的程序 ep922.m 如下：

％ep922m：例 9.2.2 调用 filter 函数和 filtic 函数求系统输出响应

b＝input('b＝');   ％输入差分方程系数 b

a＝input('a＝');   ％输入信号 x(n) 的参数 a

B＝1; A＝[1, −b];   ％H(z) 的分子、分母多项式系数 B、A

n＝0:31; xn＝a.^n;   ％计算产生输入信号 x(n) 的 32 个样值

ys＝input('ys＝');   ％输出初始条件 y(−1)

xi0＝filtic(B, A, ys)   ％由初始条件计算等效初始条件的输入序列 xi

yn＝filter(B, A, xn, xi0);   ％调用 filter 解差分方程，求系统输出信号 y(n)

subplot(3, 2, 1); stem(n, yn, '.'); title('(a) b＝0.8, a＝0.8, y(−1)＝2') xlabel($'n'$); ylabel($'y(n)'$); axis($[0, 32, \min(yn), \max(yn)+0.5]$)

运行程序，并输入不同的参数 b 和 a 以及初始条件，得到系统不同的输出 $y(n)$ 波形。如果 b＝0.8，a＝0.8，y(−1)＝2，输出响应如图 9.2.3(a)所示。如果令初始状态为 y(−1)＝0，b＝0.8，a＝1，得到的是系统的零状态响应，如图 9.2.3(c)所示。如果令 x(n)＝u(n)，b＝0.8，y(−1)＝2，得到的系统响应如图 9.2.3(b)所示。如果 x(n)＝u(n)，b＝−0.8，y(−1)＝0，得到的系统响应如图 9.2.3(d)所示。

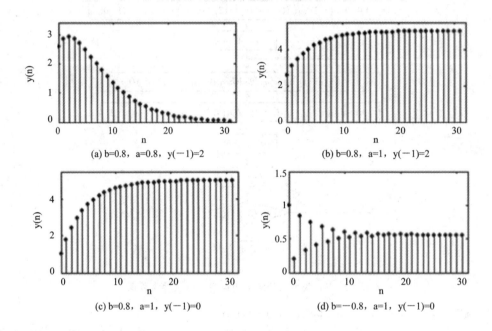

图 9.2.3　例题 9.2.2 系统输出响应

以上求系统输出响应的方法，并没有涉及网络结构的问题，下面我们介绍按照网络结构编写程序的方法。

首先将信号流图的节点进行排序，延时支路输出节点变量是其输入节点变量前一时刻已存储的数据，起始时，作为已知值(初始条件)，网络输入是已知数值，这样延时支路输出节点以及网络输入节点排序 $k=0$，网络中可以由 $k=0$ 节点变量计算出的节点排序 $k=1$，然后由 $k=0,1$，可以计算出的节点排序 $k=2，\cdots$，依照这样的规律进行节点排序，直到将全部节点排完。最后按照 k 从小到大写出运算次序。

图 9.2.4(a)的二阶网络排序如图 9.2.4(b)所示，图中圆圈中的数字表示排序。其运算次序如下：

起始数据：$v_1=0$，$v_2=0$

(1) $\begin{cases} v_3=a_1 v_1+a_2 v_2 \\ v_4=b_1 v_1+b_2 v_2 \end{cases}$

(2) $v_5=x(n)+v_3$

(3) $v_6=v_5$

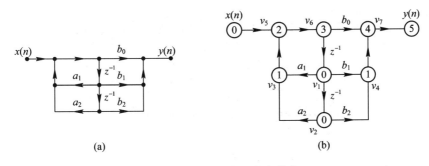

(a)　　　　　　　(b)

图 9.2.4　二阶网络的节点排序

（4）$v_7 = b_0 v_6 + v_4$

（5）$y(n) = v_7$

（6）数据更新：$v_2 = v_1$，$v_1 = v_6$

循环执行以上步骤，可完成网络运算。也可以进行简化：（2）、（3）合成一步，（4）、（5）合成一步。软件流程图如图 9.2.5 所示。这种编写程序的方法的特点是充分考虑了不同结构的特点；只要知道网络结构，不需要写出差分方程，就可编写程序；运算操作的基本公式为 $v = cx + dy$。对于图 9.2.1 两个二阶网络级联结构，节点排序如图 9.2.6 所示，其软件流程图如图 9.2.7 所示。上述软件实现思想适合各种不同的编程语言，如 C 语言、汇编语言等。

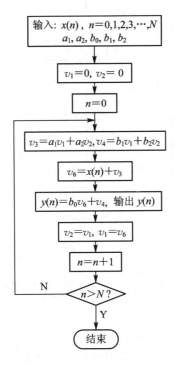

图 9.2.5　图 9.2.4 软件流程

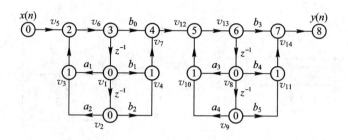

图 9.2.6 图 9.2.1 的节点排序

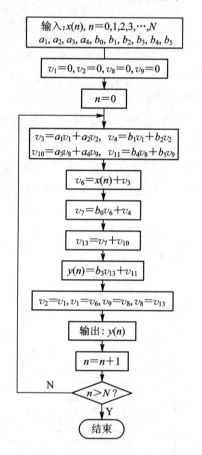

图 9.2.7 图 9.2.6 的软件流程图

9.3 数字信号处理的硬件实现简介

如前所述，数字信号处理可分为软件实现与硬件实现。但实质上这两种实现方法是不能截然分开的。因为所谓的软件实现，需要硬件支持才能运行，而硬件实现一般也离不开软件。最流行的通用数字信号处理单片机，通常又称为通用数字信号处理器（DSP）就是这种软、硬结合的实现方式，但习惯上将其划为硬件实现。

数字信号处理的硬件实现又可分为专用硬件实现和数字信号处理器实现。前者属于硬件实现，后者称为软硬结合实现。

所谓硬件实现，就是根据数字滤波器的数学模型和算法，设计专用数字信号处理电路（集成电路），使计算程序全部硬件化。专用处理器中的硬件电路包括加法器、乘法器、存储器、控制器和输入/输出接口等。例如按照第 5 章介绍的直接型、级联型、并联型或 FFT 实现方案，用 FPGA 设计实现电路。硬件实现的优点是处理速度高，但灵活性差，开发周期长。因为硬件电路一旦做好就不易改变（如滤波器阶数和结构类型等）。

所谓软硬结合实现，就是用通用数字信号处理器（DSP）实现信号处理系统。DSP 实质上是一种适用于数字信号处理的单片微处理器，其主要特点是灵活性大，适应性强，具有可编程功能，且处理速度高（DSP 的指令周期已达到 ns 级）。例如 TI 公司的 TMS320 系列 DSP 就是应用广泛的通用数字信号处理器的典型产品。例如，数字滤波器的 DSP 实现，就是设计 DSP 硬件电路，充分利用 DSP 的软硬件资源，开发并优化程序，实现数据采集、滤波器单位脉冲响应 $h(n)$ 与所采集的数字信号 $x(n)$ 的快速卷积运算、输出滤波结果。

实际中选用何种实现方法，要视具体要求而定。例如，数字通信中的信道均衡器和雷达信号处理中，对信号处理要求有限且具体，但要求实时性好，因而可采用专用硬件。在信号处理算法复杂，处理种类繁多，并要求有智能化控制功能的系统中最好选用 DSP 实现方法，以便简化开发过程，缩短开发周期。例如软件无线电和认知无线电系统。

自从 1980 年以来，DSP 技术引发了现代电子系统设计的革命。在当今数字化时代，DSP 已经成为信号处理、通信、雷达、计算机和消费类电子产品等领域的基础器件。DSP 芯片不同于通用单片微计算机，DSP 是一种对数字信号进行高速实时处理的专用单片处理器，其处理速度比最快的 CPU 还快 10～50 倍。这主要是因为 DSP 芯片内包含硬件并行乘法器和并行 ALU，并采用流水线高速操作。随着集成电路技术的发展，以及精简指令系统计算机（RISC）结构的出现，DSP 的处理速度不断提高。DSP 的字长和处理精度也在不断提高，从最初的 8 位已经发展到 32 位。以美国德州仪器（TI）公司为例，其产品有定点 DSP 和浮点 DSP，字长有 8 位、16 位、32 位和 64 位，DSP 时钟速率高达 1 GHz 以上。例如，TMS320C64x 具有 64 位数据并行读写端口，内核有 6 个并行 32 位 ALU 和 2 个并行 32 位硬件乘法器。所以，DSP 技术成为数字信号处理的核心技术。

很多信号处理功能过去在普通微处理器中是用微码实现的，而现在大多是基于高速 DSP 硬件实现。DSP 技术最主要的贡献是其可编程装置的可塑性，它兼顾了软硬件实现的优点，可以实现复杂的线性和非线性算法，同时可以跳转到程序的不同部分。所以，相对于基于数字逻辑电路的专用硬件实现，基于高速 DSP 的硬件实现开发容易，且开发周期短，更加经济高效。随着各种新的 DSP 设计开发平台的出现，DSP 实现系统的开发将更加容易。

随着多媒体通信、图像传输与处理、宽带无线接入等领域的高速发展，对信号处理速度的要求不断提高，DSP 实现的速度也不能满足要求。另外，随着超大规模集成电路和可编程器件的发展，专用硬件实现方法应用越来越广泛。如卫星图像数据实时压缩编码器一般采用硬件实现。

另外，MATLAB 的 Simulink 系统仿真组件用来仿真线性系统、非线性系统、连续系统、离散系统、连续与离散混合系统、多采样率系统等。还利用 MATLAB DSP 模块库提供的关键 DSP 算法模块能快速高效地进行复杂 DSP 系统原理设计与仿真，与 RTW (Real-Time Workshop)配合使用可以为实时 DSP 硬件生成优化的 ANSIC(美国国家标准 C 语言)代码，或把定点 DSP 程序编译成能在嵌入式系统中执行的 C 代码。这些也是 DSP 实现的现代辅助工具，从事 DSP 工作的技术人员常常用到它。

由上述可见，不论是基于高速 DSP 的软硬结合实现，还是专用硬件实现技术，都涉及很多知识和技术，不可能用一节或一章讲清楚，更不可能使读者理解、掌握并学会使用。例如，基于高速 DSP 的实现所涉及的内容有 DSP 软硬件原理与应用技术、DSP 开发平台技术，工程实现过程包括硬件电路设计与处理程序开发等。这些内容专业性很强，都必须经过系统学习和工程实践才能掌握。所以，信号处理工程师必须熟悉 DSP 的硬件结构、指令系统、软件开发平台、开发方法与开发过程。

但是，只要掌握了数字信号处理的基本原理，再学习其各种实现技术就比较容易。所以本书仅介绍数字信号处理硬件实现的基本概念和基本方法，以便读者建立数字信号处理的完整概念。

数字信号处理（第五版）

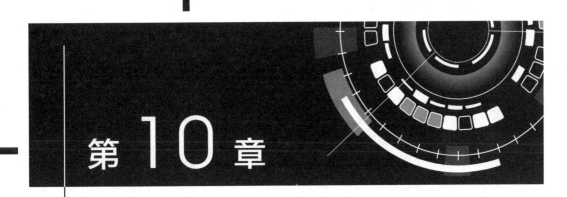

第 10 章

上机实验

数字信号处理是一门理论和实际密切结合的课程。为了深入掌握课程内容，应在学习理论的同时，认真做习题和上机实验。上机实验不仅可以帮助读者深入理解和消化基本理论，而且能锻炼初学者独立解决问题的能力。本章包括六个实验，前五个实验属基础理论实验，第六个属综合应用实验。实验名称如下：

实验一：系统响应及系统稳定性

实验二：时域采样与频域采样

实验三：用 FFT 对信号作频谱分析

实验四：IIR 数字滤波器设计及软件实现

实验五：FIR 数字滤波器设计与软件实现

实验六：综合实验——数字信号处理在双音多频拨号系统中的应用

任课教师可根据教学进度，安排学生上机进行实验。建议自学的读者在学习完第 1 章后做实验一；在学习完第 3、4 章后做实验二和实验三；实验四在学习完第 6 章后进行；实验五在学习完第 7 章后进行；实验六在学习完本课程后再进行。

10.1 实验一：系统响应及系统稳定性

1. 实验目的

(1) 掌握求系统响应的方法。

(2) 掌握时域离散系统的时域特性。

（3）分析、观察及检验系统的稳定性。

2. 实验原理与方法

在时域中，描写系统特性的方法是差分方程和单位脉冲响应，在频域可以用系统函数描述系统特性。已知输入信号，可以由差分方程、单位脉冲响应或系统函数求出系统对于该输入信号的响应，本实验仅在时域求解。在计算机上适合用递推法求差分方程的解，最简单的方法是采用 MATLAB 语言的工具箱函数 filter 函数。也可以用 MATLAB 语言的工具箱函数 conv 函数计算输入信号和系统的单位脉冲响应的线性卷积，求出系统的响应。

系统的时域特性指的是系统的线性时不变性质、因果性和稳定性。重点分析系统的稳定性，包括观察系统的暂态响应和稳态响应。

系统的稳定性是指对任意有界的输入信号，系统都能得到有界的系统响应。或者系统的单位脉冲响应满足绝对可和的条件。系统的稳定性由其差分方程的系数决定。

实际中检查系统是否稳定，不可能检查系统对所有有界的输入信号，输出是否都是有界输出，或者检查系统的单位脉冲响应满足绝对可和的条件。可行的方法是在系统的输入端加入单位阶跃序列，如果系统的输出趋近一个常数（包括零），就可以断定系统是稳定的[19]。系统的稳态输出是指当 $n \rightarrow \infty$ 时系统的输出。如果系统稳定，信号加入系统后，系统输出的开始一段称为暂态响应，随 n 的加大，幅度趋于稳定，达到稳态输出。

注意：在以下实验中均假设系统的初始状态为零。

3. 实验内容及步骤

（1）编制程序，包括产生输入信号、单位脉冲响应序列的子程序，以及用 filter 函数或 conv 函数求解系统输出响应的主程序。程序中要有绘制信号波形的功能。

（2）给定一个低通滤波器的差分方程为

$$y(n) = 0.05x(n) + 0.05x(n-1) + 0.9y(n-1)$$

输入信号

$$x_1(n) = R_8(n), \quad x_2(n) = u(n)$$

① 分别求出 $x_1(n) = R_8(n)$ 和 $x_2(n) = u(n)$ 的系统响应，并画出其波形。

② 求出系统的单位脉冲响应，画出其波形。

（3）给定系统的单位脉冲响应为

$$h_1(n) = R_{10}(n)$$

$$h_2(n) = \delta(n) + 2.5\delta(n-1) + 2.5\delta(n-2) + \delta(n-3)$$

用线性卷积法求 $x_1(n) = R_8(n)$ 分别对系统 $h_1(n)$ 和 $h_2(n)$ 的输出响应，并画出波形。

（4）给定一谐振器的差分方程为

$$y(n) = 1.8237y(n-1) - 0.9801y(n-2) + b_0 x(n) - b_0 x(n-2)$$

令 $b_0 = 1/100.49$，谐振器的谐振频率为 0.4 rad。

① 用实验方法检查系统是否稳定。输入信号为 $u(n)$ 时，画出系统输出波形。

② 给定输入信号为

$$x(n) = \sin(0.014n) + \sin(0.4n)$$

求出系统的输出响应，并画出其波形。

4. 思考题

(1) 如果输入信号为无限长序列，系统的单位脉冲响应是有限长序列，可否用线性卷积法求系统的响应？如何求？

(2) 如果信号经过低通滤波器，把信号的高频分量滤掉，时域信号会有何变化？用实验内容(2)的①的结果进行分析说明。

5. 实验报告要求

(1) 简述在时域求系统响应的方法。

(2) 简述通过实验判断系统稳定性的方法。分析实验内容(4)的①的稳定输出的波形。

(3) 对各实验所得结果进行简单分析和解释。

(4) 简要回答思考题。

(5) 打印程序清单和要求的各信号波形。

10.2 实验二：时域采样与频域采样

1. 实验目的

时域采样理论与频域采样理论是数字信号处理中的重要理论。要求掌握模拟信号采样前后频谱的变化，以及如何选择采样频率才能使采样后的信号不丢失信息；要求掌握频域采样会引起时域周期化的概念，以及频域采样定理及其对频域采样点数选择的指导作用。

2. 实验原理与方法

时域采样定理的要点是：

① 对模拟信号 $x_a(t)$ 以 T 进行时域等间隔理想采样，形成的采样信号的频谱 $\hat{X}(j\Omega)$ 是原模拟信号频谱 $X_a(j\Omega)$ 以采样角频率 $\Omega_s(\Omega_s=2\pi/T)$ 为周期进行周期延拓。公式为

$$\hat{X}_a(j\Omega) = \text{FT}[\hat{x}_a(t)] = \frac{1}{T}\sum_{n=-\infty}^{\infty} X_a(j\Omega - jn\Omega_s)$$

② 采样频率 Ω_s 必须大于等于模拟信号最高频率的两倍以上，才能使采样信号的频谱不产生频谱混叠。

利用计算机计算上式并不方便，下面我们导出另外一个公式，以便在计算机上进行实验。

理想采样信号 $\hat{x}_a(t)$ 和模拟信号 $x_a(t)$ 之间的关系为

$$\hat{x}_a(t) = x_a(t)\sum_{n=-\infty}^{\infty}\delta(t - nT)$$

对上式进行傅里叶变换，得到：

$$\hat{X}_a(j\Omega) = \int_{-\infty}^{\infty} \left[x_a(t) \sum_{n=-\infty}^{\infty} \delta(t-nT) \right] e^{-j\Omega t} \, dt$$

$$= \sum_{n=-\infty}^{\infty} \int_{-\infty}^{\infty} x_a(t) \delta(t-nT) e^{-j\Omega t} \, dt$$

在上式的积分号内只有当 $t=nT$ 时，才有非零值，因此：

$$\hat{X}_a(j\Omega) = \sum_{n=-\infty}^{\infty} x_a(nT) e^{-j\Omega nT}$$

上式中，在数值上 $x_a(nT)=x(n)$，再将 $\omega=\Omega T$ 代入，得到：

$$\hat{X}_a(j\Omega) = \sum_{n=-\infty}^{\infty} x(n) e^{-j\omega n}$$

上式的右边就是序列的傅里叶变换 $X(e^{j\omega})$，即

$$\hat{X}_a(j\Omega) = X(e^{j\omega}) \big|_{\omega=\Omega T}$$

上式说明采样信号的傅里叶变换可用相应序列的傅里叶变换得到，只要将自变量 ω 用 ΩT 代替即可。

频域采样定理的要点是：

① 对信号 $x(n)$ 的频谱函数 $X(e^{j\omega})$ 在 $[0, 2\pi]$ 上等间隔采样 N 点，得到：

$$X_N(k) = X(e^{j\omega}) \big|_{\omega=\frac{2\pi k}{N}} \qquad k = 0, 1, 2, \cdots, N-1$$

则 N 点 $\text{IDFT}[X_N(k)]$ 得到的序列就是原序列 $x(n)$ 以 N 为周期进行周期延拓后的主值区序列，公式为

$$x_N(n) = \text{IDFT}[X_N(k)]_N = \left[\sum_{i=-\infty}^{\infty} x(n+iN) \right] R_N(n)$$

② 由上式可知，频域采样点数 N 必须大于等于时域离散信号的长度 M（即 $N \geqslant M$），才能使时域不产生混叠，则 N 点 $\text{IDFT}[X_N(k)]$ 得到的序列 $x_N(n)$ 就是原序列 $x(n)$，即 $x_N(n)=x(n)$。如果 $N>M$，$x_N(n)$ 比原序列尾部多 $N-M$ 个零点；如果 $N<M$，则 $x_N(n)=\text{IDFT}[X_N(k)]$ 发生了时域混叠失真，而且 $x_N(n)$ 的长度 N 也比 $x(n)$ 的长度 M 短，因此，$x_N(n)$ 与 $x(n)$ 不相同。

在数字信号处理的应用中，只要涉及时域或者频域采样，都必须服从这两个采样理论的要点。

对比上面叙述的时域采样原理和频域采样原理，得到一个有用的结论：这两个采样理论具有对偶性，即"时域采样频谱周期延拓，频域采样时域信号周期延拓"。因此，将它们放在一起进行实验。

3. 实验内容及步骤

（1）时域采样理论的验证。给定模拟信号

$$x_a(t) = A e^{-\alpha t} \sin(\Omega_0 t) u(t)$$

式中，$A=444.128$，$\alpha=50\sqrt{2}\pi$，$\Omega_0=50\sqrt{2}\pi$ rad/s，它的幅频特性曲线如图 10.2.1 所示。

现用 DFT(FFT) 求该模拟信号的幅频特性，以验证时域采样理论。

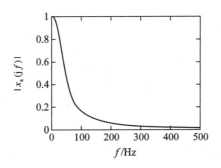

图 10.2.1 $x_a(t)$ 的幅频特性曲线

按照 $x_a(t)$ 的幅频特性曲线，选取三种采样频率，即 $F_s=1\text{ kHz}$，300 Hz，200 Hz。观测时间选 $T_p=64\text{ ms}$。

为使用 DFT，首先用下面的公式产生时域离散信号，对三种采样频率、采样序列按顺序用 $x_1(n)$、$x_2(n)$、$x_3(n)$ 表示。

$$x(n) = x_a(nT) = Ae^{-anT}\sin(\Omega_0 nT)u(nT)$$

因为采样频率不同，得到的 $x_1(n)$、$x_2(n)$、$x_3(n)$ 的长度不同，长度（点数）用公式 $N = T_p \times F_s$ 计算。选 FFT 的变换点数为 $M=64$，序列长度不够 64 的尾部加零。

$$X(k) = \text{FFT}[x(n)] \qquad k = 0, 1, 2, 3, \cdots, M-1$$

式中，k 代表的频率为

$$\omega_k = \frac{2\pi}{M}k$$

要求：编写实验程序，计算 $x_1(n)$、$x_2(n)$ 和 $x_3(n)$ 的幅度特性，并绘图显示。观察分析频谱混叠失真。

（2）频域采样理论的验证。给定信号如下：

$$x(n) = \begin{cases} n+1 & 0 \leqslant n \leqslant 13 \\ 27-n & 14 \leqslant n \leqslant 26 \\ 0 & \text{其他} \end{cases}$$

编写程序分别对频谱函数 $X(e^{j\omega}) = \text{FT}[x(n)]$ 在区间 $[0, 2\pi]$ 上等间隔采样 32 点和 16 点，得到 $X_{32}(k)$ 和 $X_{16}(k)$：

$$X_{32}(k) = X(e^{j\omega})\big|_{\omega=\frac{2\pi}{32}k} \qquad k = 0, 1, 2, \cdots, 31$$

$$X_{16}(k) = X(e^{j\omega})\big|_{\omega=\frac{2\pi}{16}k} \qquad k = 0, 1, 2, \cdots, 15$$

再分别对 $X_{32}(k)$ 和 $X_{16}(k)$ 进行 32 点和 16 点 IFFT，得到 $x_{32}(n)$ 和 $x_{16}(n)$：

$$x_{32}(n) = \text{IFFT}[X_{32}(k)]_{32} \qquad n = 0, 1, 2, \cdots, 31$$

$$x_{16}(n) = \text{IFFT}[X_{16}(k)]_{16} \qquad n = 0, 1, 2, \cdots, 15$$

分别画出 $X(e^{j\omega})$、$X_{32}(k)$ 和 $X_{16}(k)$ 的幅度谱，并绘图显示 $x(n)$、$x_{32}(n)$ 和 $x_{16}(n)$ 的波形，进行对比和分析，验证总结频域采样理论。

提示：频域采样用以下方法容易编程实现。

（1）直接调用 MATLAB 函数 fft 计算 $X_{32}(k)=\text{FFT}[x(n)]_{32}$ 就得到 $X(e^{j\omega})$ 在 $[0, 2\pi]$

的 32 点频率域采样 $X_{32}(k)$。

（2）抽取 $X_{32}(k)$ 的偶数点即可得到 $X(e^{j\omega})$ 在 $[0, 2\pi]$ 的 16 点频率域采样 $X_{16}(k)$，即 $X_{16}(k) = X_{32}(2k)$，$k = 0, 1, 2, \cdots, 15$。

（3）当然，也可以按照频域采样理论，先将信号 $x(n)$ 以 16 为周期进行周期延拓，取其主值区（16 点），再对其进行 16 点 DFT（FFT），得到的就是 $X(e^{j\omega})$ 在 $[0, 2\pi]$ 上的 16 点频率域采样 $X_{16}(k)$。

4. 思考题

如果序列 $x(n)$ 的长度为 M，希望得到其频谱 $X(e^{j\omega})$ 在 $[0, 2\pi]$ 上的 N 点等间隔采样，当 $N < M$ 时，如何用一次最少点数的 DFT 得到该频谱采样？

5. 实验报告及要求

（1）运行程序，打印要求显示的图形。

（2）分析比较实验结果，简述由实验得到的主要结论。

（3）简要回答思考题。

（4）附上程序清单和有关曲线。

10.3　实验三：用 FFT 对信号作频谱分析

1. 实验目的

学习用 FFT 对连续信号和时域离散信号进行谱分析的方法，了解可能出现的分析误差及其原因，以便正确应用 FFT。

2. 实验原理

用 FFT 对信号作频谱分析是学习数字信号处理的重要内容。经常需要进行谱分析的信号是模拟信号和时域离散信号。对信号进行谱分析的重要问题是频谱分辨率 D 和分析误差。频谱分辨率直接和 FFT 的变换区间 N 有关，因为 FFT 能够实现的频率分辨率是 $2\pi/N$，因此要求 $2\pi/N \leqslant D$。可以根据此式选择 FFT 的变换区间 N。误差主要来自用 FFT 作频谱分析时，得到的是离散谱，而信号（周期信号除外）是连续谱，只有当 N 较大时，离散谱的包络才能逼近于连续谱，因此 N 要适当选择大一些。

周期信号的频谱是离散谱，只有用整数倍周期的长度作 FFT，得到的离散谱才能代表周期信号的频谱。如果不知道信号周期，可以尽量选择信号的观察时间长一些。

对模拟信号进行谱分析时，首先要按照采样定理将其变成时域离散信号。如果是模拟周期信号，也应该选取整数倍周期的长度，经过采样后形成周期序列，按照周期序列的谱分析进行。

3. 实验步骤及内容

（1）对以下序列进行谱分析：

$$x_1(n) = R_4(n)$$

$$x_2(n) = \begin{cases} n+1 & 0 \leqslant n \leqslant 3 \\ 8-n & 4 \leqslant n \leqslant 7 \\ 0 & 其他 n \end{cases}$$

$$x_3(n) = \begin{cases} 4-n & 0 \leqslant n \leqslant 3 \\ n-3 & 4 \leqslant n \leqslant 7 \\ 0 & 其他 n \end{cases}$$

选择 FFT 的变换区间 N 为 8 和 16 两种情况进行频谱分析。分别打印其幅频特性曲线，并进行对比、分析和讨论。

（2）对以下周期序列进行谱分析：

$$x_4(n) = \cos \frac{\pi}{4}n$$

$$x_5(n) = \cos \frac{\pi}{4}n + \cos \frac{\pi}{8}n$$

选择 FFT 的变换区间 N 为 8 和 16 两种情况分别对以上序列进行频谱分析。分别打印其幅频特性曲线，并进行对比、分析和讨论。

（3）对模拟周期信号进行谱分析：

$$x_6(t) = \cos 8\pi t + \cos 16\pi t + \cos 20\pi t$$

选择采样频率 $F_s = 64$ Hz，对变换区间 $N=16, 32, 64$ 三种情况进行谱分析。分别打印其幅频特性，并进行分析和讨论。

4. 思考题

（1）对于周期序列，如果周期不知道，如何用 FFT 进行谱分析？

（2）如何选择 FFT 的变换区间？（包括非周期信号和周期信号）

（3）当 $N=8$ 时，$x_2(n)$ 和 $x_3(n)$ 的幅频特性会相同吗？为什么？$N=16$ 呢？

5. 实验报告要求

（1）完成各个实验任务和要求，附上程序清单和有关曲线。

（2）简要回答思考题。

10.4　实验四：IIR 数字滤波器设计及软件实现

1. 实验目的

（1）熟悉用双线性变换法设计 IIR 数字滤波器的原理与方法；

（2）学会调用 MATLAB 信号处理工具箱中滤波器设计函数（或滤波器设计分析工具 FDATool）设计各种 IIR 数字滤波器，学会根据滤波需求确定滤波器指标参数。

（3）掌握 IIR 数字滤波器的 MATLAB 实现方法。

（4）通过观察滤波器输入、输出信号的时域波形及其频谱，建立数字滤波的概念。

2. 实验原理

设计 IIR 数字滤波器一般采用间接法（脉冲响应不变法和双线性变换法），应用最广泛的是双线性变换法。基本设计过程是：① 将给定的数字滤波器的指标转换成过渡模拟滤波器的指标；② 设计过渡模拟滤波器；③ 将过渡模拟滤波器系统函数转换成数字滤波器的系统函数。MATLAB 信号处理工具箱中的各种 IIR 数字滤波器设计函数都是采用双线性变换法。第 6 章介绍的滤波器设计函数 butter、cheby1、cheby2 和 ellip 可以分别被调用来直接设计巴特沃斯、切比雪夫 1、切比雪夫 2 以及椭圆模拟与数字滤波器。本实验要求读者调用如上函数直接设计 IIR 数字滤波器。

本实验的数字滤波器的 MATLAB 实现是指调用 MATLAB 信号处理工具箱函数 filter 对给定的输入信号 x(n) 进行滤波，得到滤波后的输出信号 y(n)。

3. 实验内容及步骤

（1）调用信号产生函数 mstg 产生由三路抑制载波调幅信号相加构成的复合信号 st，该函数还会自动绘图显示 st 的时域波形和幅频特性曲线，如图 10.4.1 所示。由图可见，三路信号时域混叠无法在时域分离。但频域是分离的，所以可以通过滤波的方法在频域分离，这就是本实验的目的。

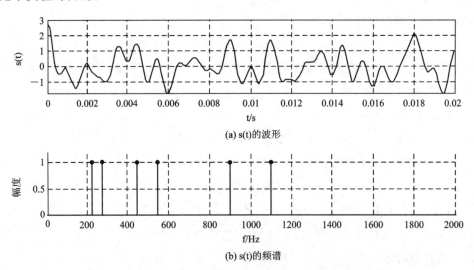

(a) s(t)的波形

(b) s(t)的频谱

图 10.4.1 三路调幅信号 st（即 s(t)）的时域波形和幅频特性曲线

（2）要求将 st 中三路调幅信号分离，通过观察 st 的幅频特性曲线，分别确定可以分离 st 中三路抑制载波单频调幅信号的三个滤波器（低通滤波器、带通滤波器、高通滤波器）的通带截止频率和阻带截止频率。要求滤波器的通带最大衰减为 0.1 dB，阻带最小衰减为 60 dB。

提示：抑制载波单频调幅信号的数学表示式为

$$s(t) = \cos(2\pi f_0 t)\cos(2\pi f_c t) = \frac{1}{2}\left[\cos(2\pi(f_c - f_0)t) + \cos(2\pi(f_c + f_0)t)\right]$$

其中，$\cos(2\pi f_c t)$ 称为载波，f_c 为载波频率，$\cos(2\pi f_0 t)$ 称为单频调制信号，f_0 为调制正弦

波信号频率，且满足 $f_c > f_0$。由上式可见，所谓抑制载波单频调幅信号，就是两个正弦信号相乘，它有 2 个频率成分：和频 $f_c + f_0$、差频 $f_c - f_0$，这两个频率成分关于载波频率 f_c 对称。所以，1 路抑制载波单频调幅信号的频谱图是关于载波频率 f_c 对称的两根谱线。容易看出，图 10.4.1 中三路调幅信号的载波频率分别为 250 Hz、500 Hz、1000 Hz。有关调幅(AM)和抑制载波调幅(SCAM)的一般原理与概念，请参考通信原理教材。

(3) 编程序调用 MATLAB 滤波器设计函数 ellipord 和 ellip 分别设计这三个椭圆滤波器，并绘图显示其损耗函数曲线。

(4) 调用滤波器实现函数 filter，用三个滤波器分别对信号产生函数 mstg 产生的信号 st 进行滤波，分离出 st 中的三路不同载波频率的调幅信号 $y_1(n)$、$y_2(n)$ 和 $y_3(n)$，并绘图显示 $y_1(n)$、$y_2(n)$ 和 $y_3(n)$ 的时域波形，观察分离效果。

4. 信号产生函数 mstg 清单

```
function st=mstg
%产生信号序列向量 st，并显示 st 的时域波形和幅频曲线
%st=mstg 返回三路调幅信号相加形成的混合信号，长度 N=800
N=800                          %N 为信号 st 的长度
Fs=10000;T=1/Fs;Tp=N*T;        %采样频率 Fs=10 kHz，Tp 为采样时间
t=0:T:(N-1)*T;k=0:N-1;f=k/Tp;
fc1=Fs/10;                     %第 1 路调幅信号的载波频率 fc1=1000 Hz
fm1=fc1/10;                    %第 1 路调幅信号的调制信号频率 fm1=100 Hz
fc2=Fs/20;                     %第 2 路调幅信号的载波频率 fc2=500 Hz
fm2=fc2/10;                    %第 2 路调幅信号的调制信号频率 fm2=50 Hz
fc3=Fs/40;                     %第 3 路调幅信号的载波频率 fc3=250 Hz
fm3=fc3/10;                    %第 3 路调幅信号的调制信号频率 fm3=25 Hz
xt1=cos(2*pi*fm1*t).*cos(2*pi*fc1*t);      %产生第 1 路调幅信号
xt2=cos(2*pi*fm2*t).*cos(2*pi*fc2*t);      %产生第 2 路调幅信号
xt3=cos(2*pi*fm3*t).*cos(2*pi*fc3*t);      %产生第 3 路调幅信号
st=xt1+xt2+xt3                             %三路调幅信号相加
fxt=fft(st, N);                            %计算信号 st 的频谱
%====以下为绘图部分，绘制 st 的时域波形和幅频特性曲线======
subplot(3, 1, 1)
plot(t, st);grid;xlabel('t/s');ylabel('s(t)');
axis([0, Tp/8, min(st), max(st)]);title('(a) s(t)的波形')
subplot(3, 1, 2)
stem(f, abs(fxt)/max(abs(fxt)), '.');grid;title('(b) s(t)的频谱')
axis([0, Fs/5, 0, 1.2]);
xlabel('f/Hz');ylabel('幅度')
```

5. 实验程序框图

实验程序框图如图 10.4.2 所示，供读者参考。

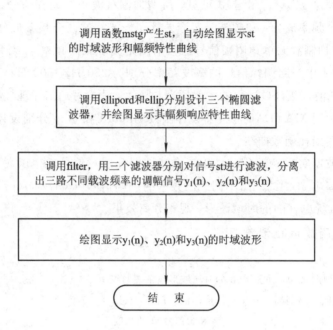

图 10.4.2 实验四程序框图

6. 思考题

（1）请阅读信号产生函数 mstg，确定三路调幅信号的载波频率和调制信号频率。

（2）信号产生函数 mstg 中采样点数 N＝1600，对 st 进行 N 点 FFT 可以得到 6 根理想谱线。如果取 N＝1800，可否得到 6 根理想谱线？为什么？N＝2000 呢？请改变函数 mstg 中采样点数 N 的值，观察频谱图验证您的判断是否正确。

（3）修改信号产生函数 mstg，给每路调幅信号加入载波成分，产生调幅（AM）信号，重复本实验，观察 AM 信号与抑制载波调幅信号的时域波形及其频谱的差别。

提示：AM 信号表示式：

$$s(t) = \left[A_\mathrm{d} + A_\mathrm{m} \cos(2\pi f_0 t) \right] \cos(2\pi f_\mathrm{c} t) \qquad A_\mathrm{d} \geqslant A_\mathrm{m}$$

7. 实验报告要求

（1）简述实验目的及原理。

（2）画出实验主程序框图，打印程序清单。

（3）绘制三个分离滤波器的损耗函数曲线。

（4）绘制经过滤波分离出的三路抑制载波调幅信号的时域波形。

（5）简要回答思考题。

10.5 实验五：FIR 数字滤波器设计与软件实现

1. 实验目的

（1）掌握用窗函数法设计 FIR 数字滤波器的原理和方法。

（2）掌握用等波纹最佳逼近法设计 FIR 数字滤波器的原理和方法。

（3）掌握 FIR 滤波器的快速卷积实现原理。

（4）学会调用 MATLAB 函数设计与实现 FIR 滤波器。

2．实验内容及步骤

（1）认真复习第 7 章中用窗函数法和等波纹最佳逼近法设计 FIR 数字滤波器的原理；

（2）调用信号产生函数 xtg 产生具有加性噪声的信号 xt，并自动显示 xt 及其频谱，如图 10.5.1 所示。

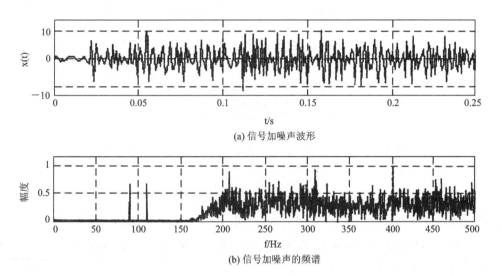

(a) 信号加噪声波形

(b) 信号加噪声的频谱

图 10.5.1　具有加性噪声的信号 xt(即 x(t))及其频谱图

（3）请设计低通滤波器，从高频噪声中提取 xt 中的单频抑制载波调幅信号，要求信号幅频失真小于 0.1 dB，将噪声频谱衰减 60 dB。观察 xt 的频谱，确定滤波器指标参数。

（4）根据滤波器指标选择合适的窗函数，计算窗函数的长度 N，调用 MATLAB 函数 fir1 设计一个 FIR 低通滤波器。并编写程序，调用 MATLAB 快速卷积函数 fftfilt 实现对 xt 的滤波。绘图显示滤波器的频响特性曲线、滤波器输出信号的幅频特性图和时域波形图。

（5）重复(3)，滤波器指标不变，但改用等波纹最佳逼近法设计 FIR 滤波器，调用 MATLAB 函数 remezord 和 remez 设计 FIR 数字滤波器。比较两种设计方法设计的滤波器阶数。

提示：

① MATLAB 函数 fir1 和 fftfilt 的功能及其调用格式请查阅本书 7.2.4 节和 3.4.1 节；

② 采样频率 Fs=1000 Hz，采样周期 T=1/Fs；

③ 根据图 10.5.1(b)和实验要求，可选择滤波器指标参数：通带截止频率 f_p=120 Hz，阻带截止频率 f_s=150 Hz，换算成数字频率，通带截止频率 ω_p=2πf_pT=0.24π，通带最大衰为 0.1dB，阻带截止频率 ω_s=2πf_sT=0.3π，阻带最小衰为 60 dB。

3．实验程序框图

实验程序框图如图 10.5.2 所示，供读者参考。

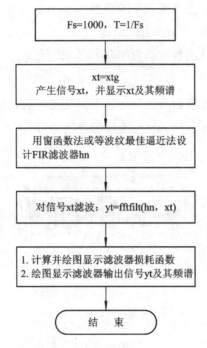

图 10.5.2　实验五程序框图

4. 思考题

（1）如果给定通带截止频率和阻带截止频率以及阻带最小衰减，如何用窗函数法设计线性相位低通滤波器？请写出设计步骤。

（2）如果要求用窗函数法设计带通滤波器，且给定通带上、下截止频率为 ω_{pl} 和 ω_{pu}，阻带上、下截止频率为 ω_{sl} 和 ω_{su}，试求理想带通滤波器的截止频率 ω_{cl} 和 ω_{cu}。

（3）解释为什么对同样的技术指标，用等波纹最佳逼近法设计的滤波器阶数低。

5. 实验报告要求

（1）对两种设计 FIR 滤波器的方法（窗函数法和等波纹最佳逼近）进行分析比较，简述其优缺点。

（2）附程序清单，打印实验内容要求绘图显示的曲线图。

（3）分析总结实验结果。

（4）简要回答思考题。

6. 信号产生函数 xtg 程序清单

```
function xt＝xtg
%实验五信号 x(t)产生函数，并显示信号的时域波形和幅频特性曲线
%xt＝xtg 产生一个长度为 N，有加性高频噪声的单频调幅信号 xt，N＝1000，
%采样频率 Fs＝1000 Hz
%载波频率 fc＝Fs/10＝100Hz，调制正弦波频率 f0＝fc/10＝10 Hz
N＝1000；Fs＝1000；T＝1/Fs；Tp＝N＊T；
t＝0：T：(N－1)＊T；
```

```
fc＝Fs/10；f0＝fc/10；                    %载波频率 fc＝Fs/10，单频调制信号频率为 f0＝Fc/10
mt＝cos(2 * pi * f0 * t)；                %产生单频正弦波调制信号 mt，频率为 f0
ct＝cos(2 * pi * fc * t)；                %产生载波正弦波信号 ct，频率为 fc
xt＝mt. * ct；                            %相乘产生单频调幅信号 xt
nt＝2 * rand(1, N)－1；                   %产生随机噪声 nt
%＝＝＝＝＝设计高通滤波器 hn，用于滤除噪声 nt 中的低频成分，生成高通噪声＝＝＝＝＝
fp＝150；fs＝200；Rp＝0.1；As＝70；%滤波器指标
fb＝[fp, fs]；m＝[0, 1]；                 % 计算 remezord 函数所需参数 f, m, dev
dev＝[10^(－As/20), (10^(Rp/20)－1)/(10^(Rp/20)＋1)]；
[n, fo, mo, W]＝remezord(fb, m, dev, Fs)；% 确定 remez 函数所需参数
hn＝remez(n, fo, mo, W)；                 % 调用 remez 函数进行设计，用于滤除噪声 nt 中的低频成分
yt＝filter(hn, 1, 10 * nt)；              %滤除随机噪声中低频成分，生成高通噪声 yt
%＝＝＝＝＝＝＝＝＝＝＝以下为绘图部分＝＝＝＝＝＝＝＝＝＝＝＝
xt＝xt＋yt；%噪声加信号
fst＝fft(xt, N)；k＝0:N－1；f＝k/Tp；
subplot(3, 1, 1)；plot(t, xt)；grid；xlabel('t/s')；ylabel('x(t)')；
axis([0, Tp/5, min(xt), max(xt)])；title('(a) 信号加噪声波形')
subplot(3, 1, 2)；plot(f, abs(fst)/max(abs(fst)))；grid；title('(b) 信号加噪声的频谱')
axis([0, Fs/2, 0, 1.2])；xlabel('f/Hz')；ylabel('幅度')
```

10.6 实验六：数字信号处理在双音多频拨号系统中的应用

1. 引言

双音多频(Dual Tone Multi Frequency，DTMF)信号是音频电话中的拨号信号，由美国 AT&T 贝尔公司实验室研制，并用于电话网络中。这种信号制式具有很高的拨号速度，且容易自动监测识别，很快就代替了原有的用脉冲计数方式的拨号制式。这种双音多频信号制式不仅用在电话网络中，还可以用于传输十进制数据的其他通信系统中，如电子邮件和银行系统中。这些系统中用户可以用电话发送 DTMF 信号，选择语音菜单进行操作。

DTMF 信号系统是一个典型的小型信号处理系统，它用数字方法产生模拟信号并进行传输，其中还用到了 D/A 变换器；在接收端用 A/D 变换器将其转换成数字信号，并进行数字信号处理与识别。为了提高系统的检测速度并降低成本，还开发出一种特殊的 DFT 算法，称为戈泽尔(Goertzel)算法，这种算法既可以用硬件(专用芯片)实现，也可以用软件实现。下面首先介绍双音多频信号的产生方法和检测方法，包括戈泽尔算法，最后进行模拟实验。下面先介绍电话中的 DTMF 信号的组成。

在电话中，数字 0～9 的中每一个都用两个不同的单音频传输，所用的 8 个频率分成高频带和低频带两组，低频带有四个频率：679 Hz，770 Hz，852 Hz 和 941 Hz；高频带也有

四个频率：1209 Hz，1336 Hz，1477 Hz 和 1633 Hz。每一个数字均由高、低频带中各一个频率构成，例如 1 用 697 Hz 和 1209 Hz 两个频率，信号用 $\sin(2\pi f_1 t) + \sin(2\pi f_2 t)$ 表示，其中 $f_1 = 679$ Hz，$f_2 = 1209$ Hz。这样 8 个频率形成 16 种不同的双频信号。具体号码以及符号对应的频率如表 10.6.1 所示。表中最后一列在电话中暂时未用。

表 10.6.1　双频拨号的频率分配

列 行	1209 Hz	1336 Hz	1477 Hz	1633 Hz
697 Hz	1	2	3	A
770 Hz	4	5	6	B
852 Hz	7	8	9	C
941 Hz	*	0	#	D

DTMF 信号在电话中有两种作用，一个是用拨号信号去控制交换机接通被叫的用户电话机，另一个作用是控制电话机的各种动作，如播放留言、语音信箱等。

2. 电话中的双音多频(DTMF)信号的产生与检测

1) 双音多频信号的产生

假设时间连续的 DTMF 信号用 $x(t) = \sin(2\pi f_1 t) + \sin(2\pi f_2 t)$ 表示，式中 f_1 和 f_2 是按照表 10.6.1 选择的两个频率，f_1 代表低频带中的一个频率，f_2 代表高频带中的一个频率。显然采用数字方法产生 DTMF 信号，方便而且体积小。下面介绍采用数字方法产生 DTMF 信号。规定用 8 kHz 对 DTMF 信号进行采样，采样后得到时域离散信号为

$$x(n) = \sin\frac{2\pi f_1 n}{8000} + \sin\frac{2\pi f_2 n}{8000}$$

形成上面序列的方法有两种，即计算法和查表法。用计算法求正弦波的序列值容易，但实际中要占用一些计算时间，影响运行速度。查表法是预先将正弦波的各序列值计算出来，寄存在存储器中，运行时只要按顺序和一定的速度取出便可。这种方法要占用一定的存储空间，但是速度快。

由于采样频率是 8000 Hz，因此要求每 125 ms 输出一个样本，得到的序列再送到 D/A 变换器和平滑滤波器，输出便是连续时间的 DTMF 信号。DTMF 信号通过电话线路送到交换机。

2) 双音多频信号的检测

在接收端，要对收到的双音多频信号进行检测，检测两个正弦波的频率是多少，以判断所对应的十进制数字或者符号。显然，这里仍然要用数字方法进行检测，因此要将收到的时间连续 DTMF 信号经过 A/D 变换，变成数字信号进行检测。检测的方法有两种，一种是用一组滤波器提取所关心的频率，根据有输出信号的 2 个滤波器判断相应的数字或符号；另一种是用 DFT(FFT)对双音多频信号进行频谱分析，由信号的幅度谱判断信号的两

个频率，最后确定相应的数字或符号。当检测的音频数目较少时，用滤波器组实现更为合适。FFT 是 DFT 的快速算法，但当 DFT 的变换区间较小时，FFT 快速算法的效果并不明显，而且还要占用很多内存，因此不如直接用 DFT 合适。下面介绍 Goertzel 算法，这种算法的实质是直接计算 DFT 的一种线性滤波方法。这里略去 Goertzel 算法的介绍（请参考文献[19]），可以直接调用 MATLAB 信号处理工具箱中戈泽尔算法的函数 Goertzel，计算 N 点 DFT 的几个感兴趣的频点的值。

3. 检测 DTMF 信号的 DFT 参数选择

用 DFT 检测模拟 DTMF 信号所含有的两个音频频率，是一个用 DFT 对模拟信号进行频谱分析的问题。根据第 3 章用 DFT 对模拟信号进行谱分析的理论，确定三个参数：① 采样频率 F_s；② DFT 的变换点数 N；③ 对信号的观察时间的长度 T_p。这三个参数不能随意选取，要根据对信号频谱分析的要求进行确定。这里对信号频谱分析也有三个要求：① 频率分辨率；② 谱分析的频谱范围；③ 检测频率的准确性。

1）频谱分析的分辨率

观察要检测的 8 个频率，相邻间隔最小的是第一和第二个频率，间隔是 73 Hz，要求 DFT 最少能够分辨相隔 73 Hz 的两个频率，即要求 $F_{min}=73$ Hz。DFT 的分辨率和对信号的观察时间 T_p 有关，$T_{p\,min}=1/F_{min}=1/73=13.7$ ms。考虑到可靠性，留有富余量，要求按键的时间大于 40 ms。

2）频谱分析的频率范围

要检测的信号频率范围是 697～1633 Hz，但考虑到存在语音干扰，除了检测这 8 个频率外，还要检测它们的二次倍频的幅度大小，波形正常且干扰小的正弦波的二次倍频是很小的，如果发现二次谐波很大，则不能确定这是 DTMF 信号。这样，频谱分析的频率范围为 697～3266 Hz。按照采样定理，最高频率不能超过折叠频率，即 $0.5F_s \geqslant 3622$ Hz，由此要求最小的采样频率应为 7.24 kHz。因为数字电话总系统已经规定 $F_s=8$ kHz，因此对频谱分析范围的要求是一定满足的。按照 $T_{p\,min}=13.7$ ms，$F_s=8$ kHz，算出对信号最少的采样点数为 $N_{min}=T_{p\,min} \cdot F_s \approx 110$。

3）检测频率的准确性

这是一个用 DFT 检测正弦波频率是否准确的问题。序列的 N 点 DFT 是对序列频谱函数在 $0 \sim 2\pi$ 区间的 N 点等间隔采样，如果是一个周期序列，截取周期序列的整数倍周期，进行 DFT，其采样点刚好在周期信号的频率上，DFT 的幅度最大处就是信号的准确频率。分析这些 DTMF 信号，不可能经过采样得到周期序列，因此存在检测频率的准确性问题。

DFT 的频率采样点频率为 $\omega_k=2\pi k/N(k=0,1,2,\cdots,N-1)$，相应的模拟域采样点频率为 $f_k=F_s k/N(k=0,1,2,\cdots,N-1)$，希望选择一个合适的 N，使用该公式算出的 f_k 能接近要检测的频率，或者用 8 个频率中的任一个频率 f_k' 代入公式 $f_k'=F_s k/N$ 中时，得到的 k 值最接近整数值，这样虽然用幅度最大点检测的频率有误差，但可以准确判断所对应的 DTMF 频率，即可以准确判断所对应的数字或符号。经过分析研究认为 $N=205$ 是最好的。按照 $F_s=8$ kHz，$N=205$，算出 8 个基频及其二次谐波对应的 k 值以及 k 取整数时的频率误差见表 10.6.2。

表 10.6.2　8 个基频及其二次谐波对应的 k 值以及 k 取整数时的频率误差

8 个基频 /Hz	最近的整数 k 值	DFT 的 k 值	绝对误差	二次谐波 /Hz	对应的 k 值	最近的整数 k 值	绝对误差
697	17.861	18	0.139	1394	35.024	35	0.024
770	19.531	20	0.269	1540	38.692	39	0.308
852	21.833	22	0.167	1704	42.813	43	0.187
941	24.113	24	0.113	1882	47.285	47	0.285
1209	30.981	31	0.019	2418	60.752	61	0.248
1336	34.235	34	0.235	2672	67.134	67	0.134
1477	37.848	38	0.152	2954	74.219	74	0.219
1633	41.846	42	0.154	3266	82.058	82	0.058

通过以上分析，确定 $F_s = 8$ kHz，$N = 205$，$T_p = 25.625$ ms。键入数字时，按键时间大于 40 ms。

4. DTMF 信号的产生与识别仿真实验

下面先介绍 MATLAB 工具箱函数 goertzel，然后介绍 DTMF 信号的产生与识别仿真实验程序。goertzel 函数的调用格式为

Xgk = goertzel(xn, K)

其中，xn 是被变换的时域序列，用于 DTMF 信号检测时，xn 就是 DTMF 信号的 205 个采样值；K 是要求计算的 DFT[xn]的频点序号向量，用 N 表示 xn 的长度，则要求 $1 \leqslant K \leqslant N$。由表 10.2.2 可知，如果只计算 DTMF 信号 8 个基频时，

K = [18, 20, 22, 24, 31, 34, 38, 42]

如果同时计算 8 个基频及其二次谐波时，

K = [18, 20, 22, 24, 31, 34, 35, 38, 39, 42, 43, 47, 61, 67, 74, 82]

Xgk 是变换结果向量，其中存放的是由 K 指定的频率点的 DFT[x(n)]的值。设 X(K) = DFT[x(n)]，则 Xgk(i) = X(K(i))，i = 1, 2, …, length(K)。

DTMF 信号的产生与识别仿真实验在 MATLAB 环境下进行，编写仿真程序，运行程序，送入 6 位电话号码，程序自动产生与每一位号码数字相应的 DTMF 信号，并送出双频声音；再用 DFT 进行谱分析，显示每一位号码数字的 DTMF 信号的 DFT 幅度谱，按照幅度谱的最大值确定对应的频率；接着按照频率确定每一位对应的号码数字；最后输出 6 位电话号码。

本实验程序较复杂，所以将仿真程序提供给读者，只要求读者读懂程序，直接运行程序仿真。程序名为 exp6。程序分四段：第一段(2～7 行)设置参数，并读入 6 位电话号码；第二段(9～20 行)根据键入的 6 位电话号码产生时域离散 DTMF 信号，并连续发出 6 位号

码对应的双音频声音；第三段(22～25 行)对时域离散 DTMF 信号进行频率检测，画出幅度谱；第四段(26～33 行)根据幅度谱的两个峰值，分别查找并确定输入的 6 位电话号码。根据程序中的注释很容易分析编程思想和处理算法。程序清单如下：

```
% DTMF 双音多频拨号信号的生成和检测仿真程序：exp6.m
tm=[1, 2, 3, 65;4, 5, 6, 66;7, 8, 9, 67;42, 0, 35, 68];  %DTMF 信号代表的 16 个数
N=205;K=[18, 20, 22, 24, 31, 34, 38, 42];   %8 个基频对应的 8 个 k 值
f1=[697, 770, 852, 941];              %行频率向量
f2=[1209, 1336, 1477, 1633];          %列频率向量
TN=input('键入 6 位电话号码= ');         % 输入 6 位数字
TNr=0;                               %接收端电话号码初值为零
for m=1:6;                           %分别对每位号码数字处理：产生信号，发声，检测
    d=fix(TN/10^(6-m));              %计算出第 m 位号码数字
    TN=TN-d*10^(6-m);
    for p=1:4;
        for q=1:4;
            if tm(p, q)==abs(d); break, end    % 检测与第 m 位号码相符的列号 q
        end
        if tm(p, q)==abs(d); break, end        % 检测与第 m 位号码相符的行号 p
    end
    n=0:1023;                        % 为了发声，加长序列
    x = sin(2*pi*n*f1(p)/8000) + sin(2*pi*n*f2(q)/8000);% 构成双频信号
    sound(x, 8000);                  % 发出声音
    pause(0.1)                       %相邻号码响声之间加 0.1 秒停顿
    % 接收检测端的程序
    X=goertzel(x(1:N), K+1);         % 用 Goertzel 算法计算八点 DFT 样本
    val = abs(X);                    % 列出八点 DFT 的模
    subplot(3, 2, 1); stem(K, val, '.');grid;xlabel('k');ylabel('|X(k)|')
                                     % 画出 8 点 DFT 的幅度
    axis([10 50 0 120])
    limit = 80;                      %基频检测门限为 80
    for s=5:8;
        if val(s) > limit, break, end    % 查找列号
    end
    for r=1:4;
        if val(r) > limit, break, end    % 查找行号
    end
    TNr=TNr+tm(r, s-4)*10^(6-m);     %将 6 位电话号码表示成一个 6 位数，以便显示
end
disp('接收端检测到的号码为：')
```

disp(TNr)   % 显示接收到的 6 位电话号码

运行程序，根据提示键入 6 位电话号码 123456，回车后可以听见 6 位电话号码对应的 DTMF 信号的声音，并输出相应的 6 幅频谱图如图 10.6.1 所示，左上角的第一个图在 k= 18 和 k=31 两点出现峰值，所以对应第一位号码数字 1。最后显示检测到的电话号码 123456。

1）实验内容

（1）运行仿真程序 exp6.m，任意送入 6 位电话号码，打印出相应的幅度谱。观察程序运行结果，对照表 10.6.1 和表 10.6.2，判断程序谱分析的正确性。

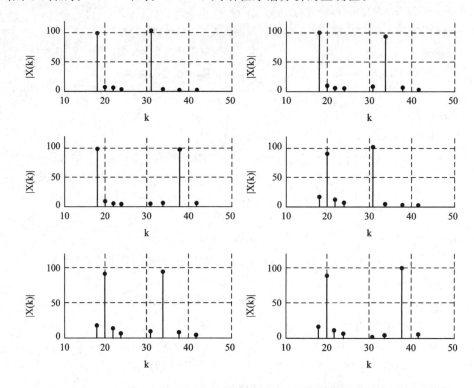

图 10.6.1   6 位电话号码 123456 的 DTMF 信号在 8 个近似基频点的 DFT 幅度

（2）分析该仿真程序，将产生、检测和识别 6 位电话号码的程序改为能产生、检测和识别 8 位的程序，并运行一次，打印出相应的幅度谱和 8 位电话号码。

2）实验报告

（1）打印 6 位和 8 位电话号码 DTMF 信号的幅度谱。

（2）简述 DTMF 信号的参数：采样频率、DFT 的变换点数以及观测时间的确定原则。

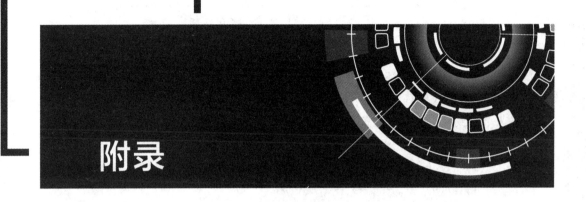

附录

附录 A　用 Masson 公式求网络传输函数 $H(z)$

已知信号流图，按照 Masson 公式可以直接写出传输函数 $H(z)$，Masson 公式为

$$H(z) = \frac{\sum_k T_k \Delta_k}{\Delta} \tag{A.1}$$

式中，Δ 称为流图特征式，其计算公式如下：

$$\Delta = 1 - \sum_i L_i + \sum_{i,j} L_i' L_j' - \sum_{i,j,k} L_i'' L_j'' L_k'' + \cdots$$

式中：$\sum_i L_i$ 表示所有环路增益之和；

　　$\sum_{i,j} L_i' L_j'$ 表示每两个互不接触的环路增益乘积之和；

　　$\sum_{i,j,k} L_i'' L_j'' L_k''$ 表示每三个互不接触的环路增益乘积之和；

　　T_k 表示从输入节点到输出节点的第 k 条前向通路的增益；

　　Δ_k 表示不与第 k 条前向通路接触的那部分流图的 Δ 值。

例如，利用 Masson 公式求图 A.1 所示流图的系统函数 $H(z)$，图中有四个环路：

　　L_1 由 $x_3 \to x_4 \to x_3$

　　L_2 由 $x_1 \to x_2 \to x_3 \to x_4 \to x_5 \to x_1$

　　L_3 由 $x_1 \to x_3 \to x_4 \to x_5 \to x_1$

　　L_4 由 $x_1 \to x_2 \to x_5 \to x_1$

它们的环路增益分别为：

　　$L_1 = -H_4 G_1$，$L_2 = -H_2 H_3 H_4 H_5 G_2$

　　$L_3 = -H_6 H_4 H_5 G_2$，$L_4 = -H_2 H_7 G_2$

互不接触的环路有一对，两个环路增益乘积为

　　$L_1 L_4 = H_4 G_1 H_2 H_7 G_2$

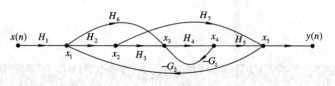

图 A.1

没有三个互不接触的环路，因此

$$\Delta = 1 + (H_4G_1 + H_2H_3H_4H_5G_2 + H_6H_4H_5G_2 + H_2H_7G_2) + H_4G_1H_2H_7G_2$$

从输入节点到输出节点有三条前向通路：

$$T_1 : x(n) \rightarrow x_1 \rightarrow x_2 \rightarrow x_3 \rightarrow x_4 \rightarrow x_5 \rightarrow y(n)$$
$$T_1 = H_1H_2H_3H_4H_5$$
$$T_2 : x(n) \rightarrow x_1 \rightarrow x_3 \rightarrow x_4 \rightarrow x_5 \rightarrow y(n)$$
$$T_2 = H_1H_6H_4H_5$$
$$T_3 : x(n) \rightarrow x_1 \rightarrow x_2 \rightarrow x_5 \rightarrow y(n)$$
$$T_3 = H_1H_2H_7$$

由于前向通路 T_1 和 T_2 没有不接触的环路，所以，$\Delta_1 = 1$，$\Delta_2 = 1$，与前向通路 T_3 不接触的环路只有 L_1，因此 $\Delta_3 = 1 + H_4G_1$，最后得到网络的传输函数为

$$H(z) = \frac{T_1\Delta_1 + T_2\Delta_2 + T_3\Delta_3}{\Delta}$$

附录 B MATLAB 信号处理工具箱函数索引表

版本 5.1(R12.1) 06 - 04 - 2001

分　类	函　数　名	功　能　说　明	本函数首次出现所在的章节或例题
滤波器分析	abs	幅值	2.6.3节
	angle	相角	2.6.3节
	freqs	模拟系统频率响应	—
	freqspace	为频率响应设定频率间隔	—
	freqz	数字滤波器频率响应	2.6.3节，例2.6.4
	freqzplot	频率响应绘制	—
	fvtool	滤波器可视化工具	—
	grpdelay	群时延	—
	impz	脉冲响应(离散的)	—
	unwrap	修正相位，使其范围不限于主角$\pm\pi$	—
	zplane	画出离散的零极点增益	2.6.3节，例2.6.4

数字信号处理（第五版）

分　类	函　数　名	功　能　说　明	本函数首次出现 所在的章节或例题
滤波器实现	conv	卷积计算	—
	conv2	二维卷积	—
	deconv	解卷积	—
	fftfilt	重叠相加滤波器实现	3.4.1节，例3.4.1
	filter	滤波器实现	5.3节
	filter2	二维滤波器实现	—
	filtfilt	零相位滤波	—
	filtic	确定滤波器原始条件	5.3节
	latcfilt	格形滤波器实现	—
	medfilt1	一维中值滤波	—
	sgolayfilt	Savitzky Golay 滤波器实现	—
	sosfilt	二阶环节(biquad)滤波器实现	—
	upfirdn	先高采样，后 FIP 滤波，再低采样	—
FIR 滤波器设计	convmtx	卷积矩阵	—
	cremez	复非线性相位等波动 FIR 滤波器设计	—
	fir1	基于窗函数 FIR 滤波器设计	7.2.3节，例7.2.1，例7.2.2，例7.2.3
	fir2	基于窗函数的任意响应 FIR 滤波器设计	7.3节
	fircls	约束最小二乘法任意响应滤波器设计	—
	fircls1	约束最小二乘法低通和高通滤波器设计	—
	firls	最小二乘法 FIR 滤波器设计	—
	firrcos	上升余弦 FIR 滤波器设计	—
	intfilt	插值 FIR 滤波器设计	—
	kaiserord	基于窗函数的 Kaiser 滤波器阶数选择	—
	remez	Parks McClellan 最适合 FIR 滤波器设计	7.4.2节，例7.4.1，例7.4.2，例7.4.3
	remezord	Parks McClellan 滤波器阶数估计	7.4.2节
	sgolay	Savitzky Golay FIR 平滑滤波器设计	—

分 类	函 数 名	功 能 说 明	本函数首次出现 所在的章节或例题
IIR 数字 滤波器设计	butter	巴特沃斯滤波器设计	6.2.2,例 6.2.2,例 6.2.5
	cheby1	切比雪夫 I 型滤波器设计	6.2.3 节
	cheby2	切比雪夫 II 型滤波器设计	6.2.3 节
	ellip	椭圆型滤波器设计	6.2.4 节,例 6.2.4
	maxflat	归一化的巴特沃斯低通滤波器设计	—
	yulewalk	耶鲁—沃克滤波器设计	—
IIR 滤波器 阶数估算	buttord	巴特沃斯滤波器阶数选择	6.2.2 节,例 6.2.2
	cheb1ord	切比雪夫 I 型滤波器阶数选择	6.2.3 节,例 6.2.3
	cheb2ord	切比雪夫 II 型滤波器阶数选择	6.2.4 节,例 6.2.3
	ellipord	椭圆形滤波器阶数选择	6.2.4 节,例 6.2.4
模拟低通 滤波器原型	besselap	贝塞尔滤波器原型	—
	buttap	巴特沃斯滤波器原型	6.2.2 节
	cheb1ap	切比雪夫 I 型滤波器原型(通带波动)	6.2.3 节
	cheb2ap	切比雪夫 II 型滤波器原型(阻带波动)	6.2.3 节
	ellipap	椭圆滤波器原型	6.2.4 节
模拟低通 滤波器设计	besself	贝塞尔模拟滤波器设计	—
	butter	巴特沃斯滤波器设计	—
	cheby1	切比雪夫 I 型滤波器设计	6.2.3 节,例 6.2.3
	cheby2	切比雪夫 II 型滤波器设计	6.2.3 节,例 6.2.3
	ellip	椭圆滤波器设计	6.2.4 节
模拟滤波器 频带变换	lp2bp	低通向带通模拟滤波器变换	—
	lp2bs	低通向带阻模拟滤波器变换	—
	lp2hp	低通向高通模拟滤波器变换	例 6.2.5
	lp2lp	低通向低通模拟滤波器变换	—
滤波器离散化	bilinear	有预先修正选项的双线性变换	例 6.4.2
	impinvar	脉冲响应不变法模拟向数字的转换	6.3 节,例 6.3.2

数字信号处理(第五版)

分　类	函　数　名	功　能　说　明	本函数首次出现所在的章节或例题
线性系统变换	latc2tf	格形或者格形梯形向传递函数转换	5.3节，5.7.2节
	polystab	使多项式稳定	—
	polyscale	多项式根乘以倍率	—
	residuez	Z变换部分分式展开	—
	sos2ss	级联二阶环节向状态空间转换	—
	sos2tf	级联二阶环节向传递函数转换	5.3节
	sos2zp	级联二阶环节向零极增益转换	—
	ss2sos	状态空间转换为二阶环节级联	—
	ss2tf	状态空间向传递函数转换	—
	ss2zp	状态空间向零极增益转换	—
	tf21atc	传递函数向格形或者格形梯形转换	5.3节，5.7.1节，5.7.2节
	tf2sos	传递函数向级联二阶环节转换	5.3节，例5.3.2，5.4.1节
	tf2ss	状态空间向传递函数转换	—
	tf2zp	传递函数向零极增益转换	—
	zp2sos	零极增益向级联二阶环节转换	—
	zp2ss	零极增益向状态空间转换	—
	zp2tf	零级增益向传递函数转换	—
窗函数	bartlett	Bartlett窗函数	6.2.2节
	barthannwin	修正巴特利特—汉宁窗	—
	blackman	布莱克曼窗函数	—
	blackmanharris	最小四项Blackman-Harris窗函数	—
	bohmanwin	Bohman窗函数	—
	chebwin	切比雪夫窗函数	—
	gausswin	高斯窗函数	—
	hamming	哈明窗函数	—
	hanning	汉宁窗函数	—
	kaiser	凯泽窗函数	—
	nutallwin	Nuttall最小四项Blackman-Harris窗函数	—
	boxcar	矩形窗函数	—
	triang	三角窗函数	—
	tukeywin	Tukey窗函数	—
	window	窗函数引入	—

附

录

分 类	函 数 名	功 能 说 明	本函数首次出现所在的章节或例题
变换	bitrevorder	将输入变换成倒序排列	—
	czt	线性调频 Z 变换	—
	dct	离散的余弦变换	—
	dftmtx	离散傅里叶变换矩阵	—
	fft	快速傅里叶变换	3.1.4 节，例 3.1.2
	fft2	二维快速傅里叶变换	—
	fftshift	交换矢量的一半	10.6 节
	goertzel	计算 DFT 的 Goertzel 算法	—
	hilbert	Hilbert 变换	—
	idct	离散的逆余弦变换	—
	ifft	快速傅里叶逆变换	3.1.4 节
	ifft2	二维快速傅里叶逆变换	—
倒谱分析	cceps	复倒谱	—
	icceps	逆复倒谱	—
	rceps	实例谱和最小相位重建	—
统计信号处理和谱分析	cohere	相干函数	—
	corrcoef	相关系数	—
	corrmtx	自相关矩阵	—
	cov	协方差矩阵	—
	csd	互相关谱密度	—
	pburg	用 Burg 方法功率谱估计	—
	pcov	用协方差方法功率谱估计	—
	peig	用特征向量方法功率谱估计	—
	periodogram	周期谱图方法功率谱估计	—
	pmcov	用修改协方差方法的功率谱估计	—
	pmtm	用 Thomson 多带方法功率谱估计	—
	pmusic	用 MUSIC 方法的功率谱估计	—
	psdplot	绘制功率谱密度数据	—
	pwelch	用 Welch 方法功率谱估计	—
	pyulear	用耶鲁—沃克 AR 方法的功率谱估计	—
	rooteig	用特征向量法作正弦频率功率谱估计	—
	rootmusic	用 MUSIC 法作正弦频率功率谱估计	—
	tfe	传递函数估计	—
	xcorr	互相关函数或自相关函数	1.6.6 节
	xcorr2	二维互相关	—
	xcov	协方差函数	—

分　　类	函　数　名	功　能　说　明	本函数首次出现所在的章节或例题
参数建模	arburg	用 Burg 方法 AR 参数的建模	—
	arcov	用协方差方法 AR 参数的建模	—
	armcov	用修改协方差方法 AR 参数的建模	—
	aryule	用耶鲁-沃克方法 AR 参数的建模	—
	ident	参看系统辨识工具箱	—
	invfreqs	模拟滤波器向频率响应拟合	—
	invfreqz	离散滤波器向频率响应拟合	—
	prony	Prony 离散滤波器拟合时间响应	—
	stmcb	Steiglitz McBride 迭代的 ARMA 建模	—
线性预测	rc2is	反射系数向反正弦参数转换	—
	rc2lar	反射系数向对数区域比转换	—
	rc2poly	反射系数向预测多项式转换	—
	rlevinson	逆 Levinson Durbin 递归	—
	schurrc	Schur 算法	—
多采样率信号处理	decimate	整数因子抽取	8.7 节
	downsample	抽取输入信号	—
	interp	整数因子内插	8.7 节
	interp1	通用一维插值透入（MATLAB 实现箱）	—
	resample	用新取样速度再抽样	8.7 节
	spline	三次样条内插	—
	upfirdn	先内插，后 FIR 滤波，再抽取	8.7 节
	upsample	对输入信号内插	—
波形产生	chirp	扫频的频率余弦发生器	—
	driic	Dirichlet(周期性 sinc)函数	—
	gauspuls	高斯高频脉冲发生器	—
	gmonopuls	高斯单脉冲发生器	—
	pulstran	脉冲序列发生器	—
	rectpuls	采样的非周期性的方波发生器	—
	sawtooth	锯齿函数	—
	sinc	sinc 或者 $\sin(\pi x)/(\pi x)$ 函数	—
	square	方波函数	—
	tripuls	采样的非周期性的三角形发生器	—
	vco	压控振荡器	—

附录

分　类	函　数　名	功　能　说　明	本函数首次出现 所在的章节或例题
专门的运算	buffer	把一个矢量缓冲到数据帧的矩阵中去	—
	cell2sos	将单元阵列转换为二阶级联矩阵	—
	cplxpair	把矢量变为复共轭对	—
	demod	解调	—
	dpss	离散的扩展球形序列（Slepian 序列）	—
	dpssclear	从数据库去除离散的扩展球形序列	—
	dpssdir	离散的扩展球形序列数据库子目录	—
	dpssload	从数据库下载离散的扩展球形序列	—
	dpsssave	向数据库写入离散的扩展球形序列	—
	eqtflength	使离散时间传递函数分子、分母系数等长	—
	modulate	为通信仿真调制	—
	seqperiod	在一个矢量中找到最小长度重复序列	—
	sos2cell	将二阶级联矩阵转换为单元阵列	—
	specgram	语音信号谱图	—
	stem	画出离散数据序列	—
	strips	画出条形图	—
	udecode	使输入二进制码均匀解码	—
	uencode	使输入信号均匀编码为 N 位二进制码	—
图形用户 界面工具	fdatool	滤波器分析设计工具	7.7 节
	sptool	信号处理工具	—
音频支持（这些函数不是工具箱函数，属于 MATLAB 基本部分）	sound	重放矢量成为声音	—
	soundsc	声音自动定标和重放矢量数	—
	wavplay	使用视窗音频的输出装置重放声音	—
	wavread	读微软.wav 声音文件	—
	wavrecord	使用视窗音频的输入装置记录声音	—
	wavwrite	写微软.wav 声音文件	—

参 考 文 献

[1]   丁玉美，高西全. 数字信号处理. 2 版. 西安：西安电子科技大学出版社，2001

[2]   高西全，丁玉美. 数字信号处理(第 2 版)学习指导. 西安：西安电子科技大学出版社，
      2001

[3]   OPPENHEIM A V, SCHAFER. Digital Signal Processing. Engelwood Cliffs, NJ：
      Prentice-Hall Inc. ，1975

[4]   胡广书. 数字信号处理：理论、算法与实现. 北京：清华大学出版社，1998

[5]   OPPENHEIM A V，等. 信号与系统. 刘树棠，译. 西安：西安交通大学出版社，
      1985

[6]   刘益成，孙祥娥. 数字信号处理. 北京：电子工业出版社，2004

[7]   MITRA S K. Digital Signal Processing a Computer-based Approach. 3rd ed.
      McGraw Hill higher education，2001

[8]   CONSTANTINIDES A C. Spectral Transformations for Digital Filters. proc. IEEE，
      1970，117(8)：1585 - 1590

[9]   LAM H Y-F . 模拟和数字滤波器设计与实现. 冯橘云，等译. 北京：人民邮电出版
      社，1985

[10] 陈怀琛. 数字信号处理教程：MATLAB 释疑与实现. 北京：电子工业出版社，2004

[11] 刘顺兰，吴杰. 数字信号处理. 西安：西安电子科技大学出版社，2003

[12] PROAKIS J G, MANOLAKIS D G. 数字信号处理：原理、算法与应用. 张晓林，
      译. 北京：电子工业出版社，2004

[13] LYONS R G. Understanding Digital Signal Processing. 北京：科学出版社，2003

[14] 丁玉美，高西全. 数字信号处理. 西安：西安电子科技大学出版社，2005

[15] CHEN C-T. Digital Signal Processing：Spectral Computation and Filter Design. 北
      京：电子工业出版社，2002

[16] ZAHRADNÍK P，VĬCEK M. Analytical Design Method for Optimal Equiripple
      Comb FIR Filters. IEEE Transactions on Circuits and Systems - Ⅱ：Express
      Briefs，2000，52(2)

[17] 楼顺天，李博菡. 基于 MATLAB 的系统分析与设计：信号处理. 西安：西安电子科
      技大学出版社，1998

[18] 陈怀琛，吴大正，高西全. MATLAB 及在电子信息课程中的应用. 3 版. 北京：电子
      工业出版社，2006

[19] 高西全，丁玉美. 数字信号处理：原理、实现及应用. 北京：电子工业出版社，2006

[20] MOODER J A. About this reverberation business. Computer Music Journal，1979，

3(2)：13-28

[21] 楼顺天，陈生潭，雷虎民. MATLAB 5.x 程序设计语言. 西安：西安电子科技大学出版社，2000

[22] 王世一. 数字信号处理. 北京：北京工业学院出版社，1987

[23] VAN DE VEGTE J. Fundamentals of Digital Signal Processing. 北京：电子工业出版社，2003

[24] 宗孔德. 多抽样率信号处理. 北京：清华大学出版社，1996

[25] 王宏. MATLAB 6.5 及其在信号处理中的应用. 北京：清华大学出版社，2004

[26] INGLE V K，PROAKIS J G. 数字信号处理及其 MATLAB 实现. 陈怀琛，王朝英，高西全，译. 北京：电子工业出版社，1998

[27] 粟学丽，刘琚. 数字信号处理教学中易混淆的问题讨论. 电气电子教学学报，2009，31(4)：39-41

[28] 陈生潭，郭宝龙，李学武，等. 信号与系统. 3 版. 西安：西安电子科技大学出版社，2008

[29] 胡广书. 数字信号处理导论. 2 版. 北京：清华大学出版社，2013

数字信号处理（第五版）